中国空气污染防治管理

The Management of
Air Pollution Prevention and Control in China

高明 著

社会科学文献出版社
SOCIAL SCIENCES ACADEMIC PRESS (CHINA)

前　言

空气是一切生命体赖以生存的基础要素，一般情况下人 7 天不进食或者 3 天不喝水才会面临死亡的威胁，但人停止呼吸 5 分钟就会导致死亡。空气作为一种公共物品，为人类所共享。良好的大气环境，是人类生活所必需的。但是，随着人类文明的发展，空气质量遭到了严重的破坏。在我国，雾霾已经成为严重的空气污染，如何治理雾霾是人们普遍关心的问题。大气污染已经成为党和政府面对的"攻坚战"对象之一。如何改善空气质量也成为考验党的执政智慧、塑造政府行政权威的重要一环。

本书研究团队多年来一直研究环境治理问题，几年前就着手计划撰写一本关于中国空气污染防治的书，目的是阐述中国空气污染防治管理的理论与实践，探讨有中国特色的空气污染防治管理的科学之道。

为了实现这个目的，本书采取了学术理论论证+政策实践评价的方法，推导未来的趋势，探索解决路径，创新方式方法。空气污染防治作为重要的公共政策议题，也是理论研究和社会关注的热点和焦点。本书在文献梳理的基础上进行理论分析框架建构，结合中国空气污染防治政策的实践历程，分析问题、论证趋势、规划对策，既有利于深化政策执行的分析理论，又有利于探索改善政策执行的微观路径。本书针对空气污染防治管理的客体基本属性、主体关系、治理路径、政策组合、组织构建等内容的内在逻辑，采取了以"合力生成"为线索、以"管理创新"为落脚点、以"清晰可读"为特点的写作形式。

本书以"合力生成"为线索，串联起六大主干部分内容，形成科学的篇章布局结构体系。

第一，我国空气污染的四个基本特征，即污染源多元性、存量累积性、移动无界性和负外部性，决定了空气污染防治需要合力进行。空气污染防治是多种要素耦合、持续的过程。某一区域内部空气污染具有连片性、传染性与交叠性，并通过溢出效应产生了空间关联；同时，以属地和部门管理为主导的传统环境管理体制与空气污染的区域性、复合性相冲突，需要进行空气污染防治模式的创新，以破除空气污染防治的"公地悲剧"及"搭便车"效应，及时进行协同治理，总体的方向是合作。

本书阐述了空气污染防治管理客体的内涵、属性、特征、类型以及影响因素，有助于认清空气污染的成因和防治对象，明确空气污染物的自然属性、非排他性和非竞争性的公共物品属性，以及空气污染的环境负外部性；分析空气污染物的属性和类型，有助于掌握空气污染的特征和规律；梳理中国各省份的空气污染问题和地区分布状况，有助于识别中国不同地区空气污染的形成和类型。

第二，我国空气污染防治是集体行动，涉及政府主体、市场主体和社会主体，需要共同行动。政府主体包括中央政府、各级地方政府，市场主体包括排污企业、环境治理企业，社会主体包括公众、环保社会组织、媒体等。按照利益相关者理论，空气污染防治涉及多个利益相关者，分析利益相关者及他们之间的相互影响，从他们之间的逻辑关系入手才能更好地进行空气污染防治的共同行动。

空气是典型的公共物品。"搭便车诅咒"是指个体乐意享受公共物品，却不愿承担相应的费用和成本。"囚徒困境"和集体行动困境的核心问题均为难以破解的"搭便车诅咒"。奥斯特罗姆认为，无论何时，只要他人贡献的收益没有排他性，其他人均可以分享所带来的外溢性收益，那么，其他人为共同利益做贡献的动力就会大大减弱。奥尔森也提出，除非一个集团中行动者数量非常少，或者存在强制或其他某些特殊手段使每个行动者按照他们的共同利益行事，否则寻求自我利益的、理性的行动者是不会采取行动以实现他们的共同利益的。一方面，空气污染防治本身具有的非竞争性和非排他性衍生了"搭便车"问题。防治主体和享用主体都有可能成为潜在的"搭便车"者。另一方面，区域空气污染防治还具有明显的外溢性特征，空气污染防治的成本与收益不对称问题很难解决，即空气污染防治的集体行动并不容易。

本书探究政府主体、市场主体与社会主体三者在空气污染防治上的互动关系，深刻认识这三类不同主体力量的来源，明确政府与企业、政府与公众、企业与公众之间的互动关系和行动逻辑，才能充分利用政府主体、市场主体与社会主体这三个主体的优势，最大限度地发挥不同主体的最优作用，充分调动三个主体各方面的力量，推动空气污染防治管理系统性工程的进展。因为空气污染的形成原因极为复杂，防治手段和方法的技术性要求很高，各类主体都不可能具备完全的理性与知识，需要在不断磨合的过程中逐步寻找较好的策略，寻求利益的动态平衡。

第三，我国空气污染防治管理的路径有政府路径、市场路径和社会路径，形成空气污染防治的合力需要各路径融合发力。不同环境管理路径并没有绝对的优劣，相互之间也没有排斥性，不必局限于某一种环境管理路径，也不必期待通过发展或完善某一种管理路径即可解决所有的环境问题，应当充分重视环境管理路径的多样性和独特性，从而进行环境管理路径的科学组合。环境善治的手段主要包括有效的法律、有权威和有效率的政府、政府与企业的伙伴关系、政府问责制、发挥社会的作用、公众参与环境管理、环境信息公开化等。防治主体是政府、社会、公民三大力量，他们的合作和博弈是环境善治的决策动机。

本书深入探讨了行政路径、市场路径和公众参与路径的内涵和主要作用，深入分析了这三种路径之间的关联性和互动逻辑。本书对三种路径进行对比分析，明确这三种路径在激励空气污染防治管理中的作用，剖析每一种管理路径的优势和不足，提出适合我国空气污染防治的路径融合方式。

第四，我国空气污染防治管理组织体系可分为科层制、参与式、多中心、网格化组织结构体系，各方力量合力促进空气污染防治。空气污染防治管理组织结构是组织各部分的排列顺序、空间位置、聚散状态、联系方式及其相互关系的一种模式，是整个空气污染防治管理系统的"框架"，是基于职务范围、责任、权利等形成的结构，也是实现目标的一种分工协作体系。空气污染防治具有很强的外部性特征，努力减少行政管理层次，精干设置机构，实行扁平化管理，构建上下贯通、运行顺畅、充满活力、令行禁止的组织体系，是汇聚各方力量形成集体行动的前提。

本书分析了我国当前空气污染防治管理组织体系的现状，介绍了横向上的协同或竞争关系和纵向上的垂直关系，同时系统阐述了这两种组织关系的具体内容，探究了新时代下空气污染防治管理组织体系的变革趋势，依据我国空气污染的形势以及组织结构特征，提出改革空气污染防治管理组织的建议，以更好地形成我国空气污染防治的集体行动。

第五，我国空气污染防治的政策工具创新，需要与空气污染防治相关的多方合力生成。政策工具创新是新时期空气污染防治的必然要求，因诸多利益需要平衡，利益相关者的行动力需要加强，为此，政策工具创新是亟待研究的任务。一是从添加政策工具（或治理工具）着手，加强以市场方式和协商（自治）方式为基础的协同工具箱建设。现有的空气污染防治工具主要是以行政方式为基础的工具箱，包括行政命令、指标分配、标准制定、上下监督和行政罚款等治理工具；以市场方式为基础的治理工具比较少且使用力度小。因此，要根据空气污染的特征，加强基于市场方式和协商（自治）方式的工具箱建设，增添新的政策工具。二是从完善防治系统协同机制着手，打造以政策协同、行政协同、服务（产品）协同和预警协同为内容的协同机制体系。三是从产权明晰和市场交易解决外部性问题角度，加快实行大气污染物排放权交易制度，有利于污染防治市场化有效运作，有利于实现对责任主体的激励与约束。

本书通过系统分析现行的空气污染防治相关政策和手段，以及执行效果和监督状况，有针对性地提出了适合我国当前空气污染防治管理的对策建议。本书主要从主体机制、目标管理机制、运行机制和保障机制方面，设计空气污染防治的创新思路，重点对以下机制进行建构：主体机制要解决如何确定区域空气污染防治主体和领导主体的问题；目标管理机制要解决在防治过程中各主体所预期的合作目标有效性、一致性的问题；运行机制要解决防治主体如何落实为实现共同目标所达成、制定的规章、制度、协议等，确保区域空气污染防治的可行性和有效性的问题；保障机制要解决如何建设防治工作长效稳定运行的一整套的保障管理体系的问题。

本书着眼于合力生成，研究空气污染防治的协同策略，包括政策协同、行政协同、服务协同和预警协同。政策协同是指各领域政策工具与环境治理目标要协同；行政协同是指政策实施过程要实现时间、空间上的协同；服务协同是公共事务之间的协同；而预警协同则是情态信息、事务处置的协同。探讨我国空气污染防治管理的政策工具的层次性、逻辑性和整体性的体系，增强政策工具效力。

第六，空气污染防治合力的生成需要智能化管理技术的支撑。在智能化时代，通过运用大数据、人工智能、区块链等技术工具，可以有效解决在良好的制度硬件设施之上由信息不对称引起的"软件"运行不畅问题，从而通过技术理性和制度理性的结合真正实现对环境问题的标本兼治，推动治理模式的再次升级，让良法能够带来善治。人工智能与环境治理的深度融合将带来环境治理的智能化变革。智能技术通过优化机器性能、减少能源消耗、控制污染物生成、提高检测效率等方式，不断地为空气污染防治注入新的活力。但在目前的环境治理体系下，人工智能技术仅局限于空气治理手段的改进领域，人工智能对空气污染治理能力的提升和倍增效应尚未充分释放，人工智能的深层次融合和系统化集成应用尚未充分开展。随着人民对空气质量的要求不断提升，全社会信息化和智能化水平不断提高，智能化管理空气就成了必然。本书从发挥人工智能的积极作用、引导和推动智能治理、实行智慧环保方面进行了探讨。

创新是一部书籍的灵魂，本书以"管理创新"为落脚点，致力于探求我国空气污染防治管理的理论和应用对策。

空气污染从表面上看是环境问题，实质上是复杂的经济与社会治理问题。空气污染防治的制度和政策工具的制定，既要考虑满足社会、经济与环境相协调的长期可持续发展战略，又要兼顾当前增强国家综合竞争实力、提高人民生活质量水平的现实利益，同时还必须考虑实际操作的可行性。本书从"可行性"和"前瞻性"两方面谋求创新，探索我国空气污染防治效率与责任并重的系统的、内生的治理之路。

本书基于问题导向，分析当前空气污染防治存在的困境与原因，针对体制机制不健全、实施效果较差等问题，从政策环境、政策结构和政策主体利益博弈角度，探索了新形势下我国空气污染防治举措从单一管理、属地管理向复合管理、协同管理转变，包括行政手段、经济手段与法律手段相结合的协同治理方案。本书借鉴国际先进管理经验，推进本土化应用，提出强化政府主导、党政同责、绩效考核、环保督查、协同治理、科学预警等，建立常态化互动机制，加强资源共享等方面的政策建议。本书还创新性地提出了空气污染防治管理的"行政+市场+社会"三者融合的支撑体系和实现路径。这些是本书对我国这个领域研究的新补充，可以为我国空气污染防治的理论研究与实践提供参考思路。

本书以"清晰可读"为特点，采用规范性和严谨性的写法，以便发挥智库成果的作用。

传播性和服务性是书籍的宗旨。科学研究成果最终要转化为现实生产力，为经济和社会发展服务。智库作为国家软实力的衡量指标之一，中国特色新型智库是国家治理体系和治理能力现代化的重要内容。纵观当今世界各国现代化发展历程，智库在国家治理中发挥着越来越重要的作用，日益成为国家治理体系中不可或缺的组成部分，是国家治理能力的重要体现。推进空气污染防治体系和治理能力现代化，要发挥环境智库的重要作用。我国空气污染防治工作进入"深水区"，政策制定和执行的难度都将不断升级。作为环境科学研究的工作者也有责任承担丰富环境智库的使命。

本书紧紧围绕我国空气污染防治的任务，力求把研究成果向资政建言转化，以期构建良好的"研究成果转化机制"、强大的"智库信息集成平台"和切实有效的"智库协同工作平台"，满足社会各界对环境相关问题的决策咨询需求。通过分析国际空气污染防治发展趋势，解析成功案例，总结我国现有的大气污染防治政策，本书提出空气污染防治政策在宏观层面、中观层面以及微观层面的改进建议，探讨建立有中国特色的空气污染防治管理政策体系。

中国空气污染防治管理的理论和实践在快速发展，涉及的知识和内容涵盖方方面面。本书从集成的角度，提炼了阐释框架，对相关研究进行了一次较全面的梳理，并提出政策建议，希望以此为中国空气污染防治贡献一份研究者的绵薄之力。本书得到众多先行学术研究的启发，笔者对列于参考文献中的作者和未能一一列出的学者表示深深的谢意！

高明

2022 年 9 月 6 日

目　录

第一章

研究的缘起、文献与逻辑

一 空气污染的形势

（一）世界空气污染的形势

空气污染是工业化和城市化进程的伴生物。不管是发达国家还是发展中国家，都不可避免地在其发展过程中遭遇空气污染问题。

20世纪30年代以来，随着工业化进程的不断加快，欧美发达经济体和亚非的发展中国家先后经历了煤烟型污染、光化学污染、酸雨等一系列空气污染问题。20世纪中叶，世界上爆发了几次严重的空气污染事件，如1930年比利时的马斯河谷事件、1948年美国宾州的多诺拉事件、1952年英国的伦敦烟雾事件。这些公害事件引起了人们的广泛关注，许多国家不得不采取措施治理空气污染（薛志钢等，2003）。

20世纪五六十年代，随着发达国家机动车拥有量的迅速增加，氮氧化物和碳氢化合物排放量日趋增长，空气中氮氧化物、有机污染物浓度也随之增长。美国洛杉矶曾发生了多起由空气中的氮氧化物、有机污染物导致的光化学烟雾事件。光化学烟雾事件标志着发达国家的城市进入机动车污染（或石油型污染）时代，人们对光化学烟雾的产生机理和防治措施进行了研究，开发了大量机动车尾气治理技术和低氮燃烧技术，然而时至今日，由氮氧化物和碳氢化合物的排放引起的污染仍未得到完全控制（高明、陈丽，2018）。

20世纪70年代至80年代初期，城市空气质量不断恶化，在人们为改善空气质量不断努力的同时，一个严重的空气污染问题出现在人们的面前，那就是酸雨。北欧、美洲和亚洲的一些国家如瑞典、美国、加拿大、中国等先后提出关注酸雨问题，发现酸雨会对高山湖泊的生态环境造成严重影响，且部分国家的空气污染类型开始复杂化，同一区域内会出现酸雨和光化学烟雾的二次污染等情况。20 世纪 90 年代后，PM2.5 和 PM10 成为空气污染热点问题，且随着社会经济的发展，空气污染类型越发复杂多变，其治理难度也随之加大。

空气污染的加剧，严重威胁着人们的身体健康。2016 年，世界卫生组织（WHO）发布了《大气污染：对污染暴露及其疾病负担的全球评估》，该报告显示：全球 PM2.5 年均浓度在 2008~2013 年增长了 8%，除部分美洲、欧洲及西太平洋等高收入地区大气污染程度呈现下降趋势，其他地区均呈现上升趋势；全球约 92% 的人口所在地区的 PM2.5 年均浓度超过了世界卫生组织空气质量准则值（10 微克/米^3）。其中，地中海东部区域高收入国家的 PM2.5 年均浓度达到了 91 微克/米^3，情况最为严峻；东南亚区域紧随其后，PM2.5 年均浓度为 55 微克/米^3。2012 年，全球约 300 万人的死亡与暴露于室外的大气污染有关，占全年总死亡人数的 1.25%。同年，联合国环境规划署（UNEP）在第二届联合国环境大会上发布《健康星球，健康人类》，该报告指出，大气污染已成为全球范围内对人类健康威胁最大的环境问题，采取行动改善大气质量已迫在眉睫。

空气污染会导致全球气候变化，其中最显著的便是全球气候变暖，这将严重威胁低地势岛屿和沿海地区人民的生产、生活和财产。全球气候变暖甚至会导致世界粮食生产及其分布状况发生变化（杨传贵、焦志延，2002）。空气污染物还会对臭氧层造成破坏，自 1958 年对臭氧层进行观察以来，人们发现高空臭氧层有减少的趋势（刘圣勇等，2003）。

空气污染所造成的危害已经没有了国界的限制，形成了全球性空气污染，成为与世界各国都有直接利害关系的问题。要解决这个问题，需要各国协调一致的行动，不论是发达国家还是发展中国家都应为此付出努力，在公平合理的原则基础上，承担起各自的责任与义务。

（二）中国空气污染的形势

随着我国工业化和城市化进程的快速推进，一系列环境问题也不断地涌现，尤其是空气污染问题已经成为影响我国社会经济健康可持续发展和人民群众身体健康的隐患。20 世纪 70 年代，我国的能源结构以煤炭为主，造成空气污染严重的污染源主要是秋、冬、春三季燃煤所产生的二氧化硫与烟尘；80 年代至 90 年代初期，我国部分地区出现了酸雨问题，这主要是因为我国当时使用高硫煤，为酸雨的形成创造了一定的条件；90 年代末，我国环境的主要污染源以燃煤和工业排放的二氧化硫、二氧化氮和粉尘为主，新增了汽车尾气、城市道路扬尘等排放产生的细颗粒物（PM2.5）、氮氧化物（NO_x），以及电镀、喷涂、印刷、油漆等产生的挥发性有机物等污染物，形成复合型的大气污染。同时，大气污染的范围也在不断扩大，甚至工业欠发达地区、边远地区、农村地区也出现持续性的大气污染。

21 世纪以来，我国 PM2.5 成为空气污染热点问题。PM2.5 作为一种主要来源于人为排放的空气污染物，已经引起了国家的高度重视。此外，挥发性有机物（VOCs）与氮氧化物的危害同样不容小觑，挥发性有机物与氮氧化物能够增强空气的氧化性，造成 PM2.5 在空气中的"生存能力"增强。2013 年，中国大气污染的现象表现为遭遇史上最严重的雾霾天气，全国平均雾霾天数达 29.9 天，波及 25 个省份中的 100 多个大中型城市，是 1961 年以来大气污染最严重的一年。2014 年，中国社会科学院发布的《全球环境竞争力报告（2013）》指出，中国的空气质量在 133 个国家中排名倒数第二，反映空气污染程度的三项关键指标——细颗粒物（PM2.5）、氮氧化物和二氧化硫排放量，中国分别为全球第四差、第二差、第三差。[1]

2014 年城市空气质量统计数据显示，我国 74 个大中城市的空气质量不达标天数比例超过 60%，在污染程度上，轻度、中度、重度污染的城市比例分别为 20.3%、7.2%、8.3%，严重污染城市比例为 3.9%。其中，北京、天津、河北等地区的 13 个大中城市，达标的城市占 31.5%，超标的城市占 68.5%，重度污染的城市占 22.6%，严重污染的城市占 19.3%。[2]

2016 年，32 个城市重度及以上污染天数超过 30 天，分布在新疆、河北、

---

①《社科院发布全球环境竞争力报告　中国排第 87 位》，新浪网，2014 年 1 月 10 日，http://news.sina.com.cn/c/2014-01-10/024929201992.shtml。

②《环境保护部发布 2014 年重点区域和 74 个城市空气质量状况》，中国政府网，2015 年 2 月 2 日，http://www.gov.cn/xinwen/2015-02/02/content_2813170.htm。

山西、山东、河南、北京和陕西。京津冀地区 13 个城市中，平均超标天数比例为 43.2%，有 4 个城市的优良天数比例低于 50%，以 PM2.5、O_3 和 PM10 为首要污染物的天数分别占污染总天数的 63.1%、26.3% 和 10.8%。[①]

2017 年，全国 338 个地级及以上城市中，239 个城市环境空气质量超标，占全部城市数的 70.7%。338 个城市发生重度污染 2311 天次、严重污染 802 天次，以 PM2.5 为首要污染物的天数占重度及以上污染天数的 74.2%，以 PM10 为首要污染物的占 20.4%，以 O_3 为首要污染物的占 5.9%。其中，有 48 个城市重度及以上污染天数超过 20 天，分布在新疆、河北、河南等 12 个省区（本刊编辑部，2018）。

2019 年 3 月，全国 337 个地级及以上城市平均优良天数比例为 88.3%，PM2.5 浓度为 41 微克/米^3，PM10 浓度为 74 微克/米^3，O_3 浓度为 116 微克/米^3，SO_2 浓度为 12 微克/米^3，NO_2 浓度为 30 微克/米^3，CO 浓度为 1.2 毫克/米^3。京津冀及周边地区 "2+26" 城市 2019 年 3 月平均优良天数比例为 74.5%，PM2.5 浓度为 54 微克/米^3。长三角地区 41 个城市 2019 年 3 月平均优良天数比例为 84.2%，PM2.5 浓度为 51 微克/米^3。2019 年 3 月，168 个重点城市中淄博、枣庄、潍坊、临沂等 20 个城市空气质量相对较差；仅有海口、拉萨、深圳等 20 个城市空气质量相对较好。[②]

2021 年，全国 339 个地级及以上城市（以下简称 339 个城市）中，218 个城市环境空气质量达标，占全部城市数的 64.3%，比 2020 年上升 3.5 个百分点；121 个城市环境空气质量超标，占 35.7%，比 2020 年下降 3.5 个百分点。若不扣除沙尘影响，339 个城市中环境空气质量达标城市比例为 56.9%，超标城市比例为 43.1%。[③]

当前我国在传统煤烟型空气污染尚未得到控制的情况下，以臭氧（O_3）、细颗粒物（PM2.5）和酸雨为特征的区域性复合型空气污染日益突出，区域内空气重污染现象大范围同时出现的频次日益增多，严重制约社会经济的可持续发展，威胁人民群众身体健康。

---

① 环境保护部：《2016 中国环境状况公报》，2017 年 6 月 5 日，http：//www.cnemc.cn/jcbg/zghjzkgb/201706/P020181010526764807445.pdf。

② 《生态环境部通报 2019 年 3 月和 1-3 月全国空气质量状况》，中国政府网，2019 年 4 月 13 日，http：//www.gov.cn/xinwen/2019-04/13/content_5382416.htm。

③ 生态环境部：《2021 中国生态环境状况公报》，2022 年 5 月 26 日，http：//www.gov.cn/xinwen/2022-05/28/5692799/files/349e930e68794f3287888d8dbe9b3ced.pdf。

（三）问题的提出

空气污染防治是事关民生和国家发展的大事，关乎人民群众根本利益、国家经济持续健康发展，以及社会和谐稳定。2012 年党的十八大提出，生态文明建设与经济建设、政治建设、文化建设、社会建设并列，形成"五位一体"的总体布局，把生态文明建设提高到了前所未有的战略高度。《国民经济和社会发展第十三个五年规划纲要》也明确提出，"坚持绿色发展，着力改善生态环境"，加大环境治理力度，形成政府、企业、公众共治的环境治理体系，实行联防联控和流域共治，深入实施大气、水、土壤污染防治行动计划。2017 年，习近平总书记在党的十九大报告中指出，我们要建设的现代化是人与自然和谐共生的现代化，要求着力解决突出环境问题，还提出了"坚持全民共治、源头防治，持续实施大气污染防治行动，打赢蓝天保卫战"的新要求。

我国为改善空气质量，进行了一系列积极的努力。2013 年 9 月，国务院印发了《大气污染防治行动计划》，明确提出了改善环境空气质量的十项具体措施，对空气污染防治工作进行专项推进。2015 年 8 月，第十二届全国人民代表大会常务委员会第十六次会议第二次修订了《大气污染防治法》，进一步完善了我国大气保护法律体系，切实加大了对环境违法行为的打击力度。2015 年 9 月起正式施行的《环境保护公众参与办法》明确规定，环境保护主管部门可以通过多种方式开展公众参与的环境保护活动，支持和鼓励公众对环境保护公共事务进行舆论监督和社会监督。2014 年 11 月，国家发展改革委、环境保护部等七部门联合发布《燃煤锅炉节能环保综合提升工程实施方案》，这是继火电行业大幅提高排放标准后，国家首次针对其他燃煤工业锅炉的环保提标改造措施。2017 年 3 月，国务院政府工作报告提出了"坚决打好蓝天保卫战"的号召。2018 年 7 月，生态环境部常务会议审议并原则通过《环境空气质量标准》（GB 3095—2012）修改单。由此可以看出，政府关于空气污染防治的政策紧跟时代发展步伐，在不断地更新改进。面对空气污染的强烈袭击，一些地方政府也积极开展行动，并制定了相关规定，如《四川省灰霾污染防治实施方案》《北京市大气污染防治条例》《兰州市实施大气污染防治法办法》《山西省落实大气污染防治行动计划实施方案》《南京市扬尘污染防治管理办法》等。2021 年

10 月，生态环境部等 10 部门与北京市等 7 省市发布《2021—2022 年秋冬季大气污染综合治理攻坚方案》。

尽管全国上下都重视空气污染问题，也出台了许多政策和法规，但我国的空气污染情况依然不容乐观。这主要是因为大气污染成因复杂、渠道多元，同时还具有可预测性差、爆发性强和跨区域特征明显等特点，治理难度大、成本高。同时，由于经验不足和认识的局限性，我国大气污染治理还面临许多挑战和亟待解决的问题，比如大气污染治理的法律法规体系还不完善，推进污染治理的体制机制还不健全，地区之间不能协调联动和形成合力，地方政府缺乏污染防治管理经验和治理技巧，污染监管手段不足和执法不严等，所以我国的空气污染防治管理还需要进一步加强。

在中国要求高质量发展的今天，推进空气污染防治管理有着重要意义。第一，加强空气污染防治管理是社会进步的必然要求。人类的生存依托健康的大气环境，空气污染对人们健康的危害最直接、最严重，尤其是对婴幼儿的危害巨大，恶劣的空气对人类呼吸系统以及生长发育都有很大的影响。只有维护好健康良好的大气环境，人类的生存和发展才能得到保障，人类社会发展才会得以延续。而人类的身心健康是社会发展、和谐进步的基本前提。第二，加强空气污染防治管理是经济高质量发展的必然要求。我国是一个发展中国家，正处于经济高速发展时期，经济的快速发展有赖于环境和资源的支撑，而空气污染问题可能成为制约我国经济和社会可持续发展的一个重大因素。第三，加强空气污染防治管理是保护生态环境的必然要求。生态环境是一个完整的自然系统，而大气环境是人类生存环境系统中的重要组成部分，而且大气环境与人类生存环境之间密切相关，互相影响。空气污染是全球气候变暖的罪魁祸首，我国积极推行空气污染防治管理措施，积极响应世界大气环境保护号召。

二　空气污染防治研究进展

（一）国外空气污染防治研究进展

1. 空气污染防治管理主体的研究

（1）关于空气污染防治管理中政府主体的研究

Underdal（2010）认为，大气环境是一种具有最大公共性、难以分割性、难以衡量性的公共资源，在其受到破坏并引发公共治理的初期，政府的作用将远远超过市场和社团自治，因此为了使大气污染防治效率最大化，应充分发挥政府的主导作用。Zheng 等（2014）认为，中国较高的污染气体排放量对本国和世界都造成了环境挑战，而中国地方政府领导者对这种外部性经济活动的演变具有重大影响力和自由裁量权，也就是说，地方政府所采取的空气污染防治行为在很大程度上关系着当地的空气污染水平。随着空气污染防治理念的深入和空气污染的严重化，学者们开始认识到政府协同防治的必要性。Bergin 和 West（2005）认为在各自为政的空气污染防治模式下，容易出现"碎片化治理"现象和"三不管"地带。Wagner（1996）发现地方政府合作治理空气污染相对于单个政府的"单打独斗"式治理更具优势。同样的，Engesgaard 等（2007）提出地方政府间应加强合作，建立空气质量管理组织，从而提高空气污染防治效率。

此外，还有部分学者分析了中央政府与地方政府在空气污染防治中的竞争与合作关系。Ashby 和 Anderson（1981）研究了中央政府和地方政府在大气污染监管与防治方面存在的权利冲突和利益博弈。Kamieniecki 和 Ferrall（1991）以美国加利福尼亚州的空气质量管理计划（AQMP）为例，分析了中央政府与地方政府在空气污染防治目标上存在差异和利益冲突时的协调问题，并提出了可能的解决措施。Wang 和 Wheeler（2005）利用中国 3000 多家工厂的数据估算了内生执法的计量经济模型，发现地方政府在中央统一执法的压力下，为了实现经济目标会有选择性地降低对高经济贡献企业的环保要求。

（2）关于空气污染防治管理中市场主体的研究

企业既是社会财富的创造者，又是空气污染的制造者。企业面对环境压力，通常会做出不同的行为选择。Sharma（2000）根据企业应对环境规制的态度，将企业管理分为两类，即服从型环境管理和自愿型环境管理，其中，服从型环境管理是指企业遵守环境管制规范并实施标准化的环境行为，自愿型环境管理是指企业不仅仅局限于遵守环境管制规范，还会主动减少经营活动对环境的污染。企业污染防治行为直接影响企业污染治理效率，而不同的影响因素会给企业的污染防治行为带来不同的影响。影响企业环境行为的因素通常可以归为内、外两方面，外部因素包括来自政府的规制压力、利益相关者的压力，内部因素包括企业规模、企业所有制性质、企业管理者对环境的态度等。

　　一直以来，政府规制对企业空气污染防治行为的影响备受学者的关注。Dasgupta 等（2004）发现，中国江苏省镇江市环保部门执行环境检查和征收排污费有利于降低该地区企业污染气体的排放。Parker 和 Nielsen（2009）通过观察澳大利亚 999 家大型企业在政府环境规制下的行为，发现环境规制强度越大，企业采取空气污染防治行为的可能性越大。除了政府规制之外，消费者、投资者、竞争企业等利益相关者的压力也是推动企业采取空气污染防治行为的重要原因之一。Hofman（2001）研究了可能影响企业空气污染防治行为的利益相关者群体，主要包括原材料供应商、消费者、股东、企业员工、竞争者、政府部门、监管机构、金融机构、当地社区及相关社会群体、非政府组织和大众媒体等。Egri 和 Yu（2012）发现社会利益相关者压力能显著推动企业采取空气污染防治行为，企业履行社区责任也有助于缓解其与当地公众和政府的关系。Vazquez 和 Liston（2010）认为企业管理者感知的利益相关者压力对其采取空气污染防治行为具有正向影响。

　　外部因素在很大程度上影响着企业的空气污染防治行为，但内部因素的影响作用也不容忽视。企业规模是决定企业空气污染防治行为的主要内部因素之一，Hussey 和 Eagan（2007）调查了制造业企业的规模对企业空气污染防治行为的影响，认为中小制造企业比大企业采取的防治行为更为消极。企业所有制类型对企业空气污染防治行为也有一定的影响，Earnhart 和 Lizal（2002）对捷克 1993~1998 年的企业排污数据进行回归分析，发现企业的所有制类型与企业空气污染防治行为之间存在显著关联，国有比重越大的企业，其废弃物的排放量越少。此外，企业管理者的态度对企业空气污染防治行为也起着重要的作用，Anderson 和 Bateman（2000）认为组织的环保意识越强，特别是环保拥护者在组织中占有很大比例或者处于组织决策高层时，组织采取空气污染防治行为的可能性越大。

　　（3）关于空气污染防治管理中社会主体的研究

　　Bulkeley 和 Mol（2003）认为在空气污染防治中充分发挥公众的监督和参与作用，可以有效推动环境决策的制定和执行。Farzin 和 Bond（2006）认为扩大公民权利与加强民主监督能够提高空气污染防治政策的制定效率，改善空气污染治理效果。Cent 等（2014）分析了公众参与对多层级空气污染防治的重要作用，Feldman（2012）更是乐观地认为未来一段时间内公众参与空气污染治理将起到越来越重要的作用。Matthias（2004）认为大气污染的有效防治需要自然科学专家和社会科学专家的共同参与，其中前者提供数据、技术方面的支持，后者负责法律法规、政策等方面的解读。Kapaciauskaite（2011）提出非政府组织和私营部门参与空气污染治理推动了多层次共同治理结构的形成，提升了空气污染防治效率。虽然社会参与在空气污染防治中具有重要作用并扮演着重要角色，但也存在一定的缺陷。例如，Gera（2016）指出，社会组织在公共协商和交流方面的缺陷严重限制了其参与空气污染协同治理的程度。

（4）关于空气污染防治管理中多主体协同的研究

空气污染防治是一项复杂的系统工程，需要政府、企业、公众和环保组织等多方面密切协作，优势互补、分工负责、共同推动，进而实现以最低的治理成本获得最大的环境效益。Savitch 和 Vogel（2009）认为，由政府、企业和公众等多主体构建的区域性公共事务合作组织可以有效推动区域空气污染防治。Kalapanidas 和 Avouris（2010）认为，空气污染问题是一个公共问题，采用多主体系统进行空气污染防治有利于构建全民治理模式。Shen 和 Lisa（2018）认为，中国空气污染防治主要是政府、企业和公众之间的接触，作为主导者的政府可以通过信息共享、利益协调和信任建设，引导多个利益相关者的行动选择，从而规范企业污染行为，增强公众环保意识。Lemos 和 Carmen（1998）考察了由国家技术官员和公众组成的临时联盟，发现国家政府部门和社会团体的合作有可能避免传统政策制定中的对抗模式，从而发挥更大的作用。

2. 空气污染影响因素的研究

（1）经济增长与空气污染

20 世纪 90 年代，Grossman 和 Krueger（1991）基于跨国面板数据证明人均收入是影响空气污染水平的重要因素，并提出了倒"U"形的环境库兹涅茨曲线（EKC 曲线）：在经济发展初期，环境污染水平随着人均收入的增加而上升，但到了一定发展阶段，环境污染水平将随着人均收入的增加而下降。在这之后，大量的研究文献基于此框架探讨了经济增长与空气污染之间的关系，并对 EKC 曲线假说进行了完善和检验。Selden 和 Song

（1995）运用效应模型分别对二氧化硫、二氧化碳、氮氧化物等空气污染物进行考察，研究表明，空气污染会随着人均 GDP 的增长而增加，在达到一定峰值后，又会随着人均 GDP 的增长而减少，总体呈现倒"U"形关系。Carson 等（1997）利用美国 50 个州的七种污染物数据分别对人均收入进行分析，计量结果与 EKC 预测的结果十分吻合。许多学者通过对不同国家或地区在不同时期内的数据进行实证分析研究，验证了经济增长与空气污染之间存在倒"U"形曲线关系的结论，但也有部分学者发现经济增长与空气污染呈现同步型、"N"形、倒"N"形、"U"形等关系（Bruyn et al.，1998；Song et al.，2008）。Bagliani 等（2008）将生态足迹指标作为空气污染治理压力的表征，探究了 141 个国家人均收入与空气污染治理压力的关系，结果表明，二者之间不存在倒"U"形关系。He 和 Richard（2010）认为，经济增长和空气污染的关系之所以呈现不同曲线形状和拐点，是因为各学者选取的研究对象不同、样本时间跨度不一、环境和经济指标变量以及计量检验模型各异。

（2）城市化、人口集聚与空气污染

随着有关空气污染影响因素研究的深入，学者们开始探究城市化与人口集聚对空气污染的影响。Fenger（1999）对世界多个国家的城市化与空气污染的关系进行研究，发现由城市化进程引起的人口增长、交通污染、工业化发展与能源消耗是造成空气质量恶化的重要原因。Hughes 和 Mason（2001）认为，城市化快速发展带来的一系列城市弊病是空气污染的主要来源，如机动车大量增加带来的交通污染，城市化发展中大量高楼大厦的建立产生的粉尘污染等。Mayer（1999）认为，城市化带来的人口增长与集聚是导致空气污染的主要原因。20 世纪 70 年代初，Ehrlich 和 Holdren（1971）首次将人口规模纳入空气污染的影响因素中，提出人口数量、人均收入与空气污染防治之间存在交互作用。Cheney（2000）以美国加利福尼亚州的数据证明了人口规模与空气污染物排放之间存在显著关系。Shin-suke（2015）在 IPAT 模型框架下，利用面板数据求得 CO_2 排放的人口规模弹性在 1.41 和 1.65 之间（人口规模变化对该地区碳排放系数的影响）。在此基础上，Cole 和 Neumayer（2004）考虑总人口规模、人口年龄结构、城市化率和平均家庭规模对 CO_2 和 SO_2 排放的影响，结果发现，发展中国家的人口增长、人口结构变化和人口流动对 CO_2 的排放量产生了显著影响。

（3）工业化、产业结构与空气污染

工业生产活动是城市经济的发展主体，工业生产规模和产业结构对空气污染物浓度必然会产生显著影响。Brimblecombe（1988）认为，伴随工业化的不断发展，工业生产将成为大气污染的主要来源，尤其是以煤炭为主的各类燃料大量燃烧带来的工业烟尘以及其他有害气体的排放。Zhang等（2015）研究了北京的空气污染原因、现状以及防治政策，发现北京的空气污染与快速的工业化和机动化密切相关。Li等（2016）认为，工业化和城市化带来了极其严重的空气污染，对人类健康、空气能见度和气候变化产生了越来越大的负面影响。Chauhan和Pawar（2010）研究发现，哈里瓦市的工业化、城市化发展导致该市二氧化硫（SO_2）、氮氧化物（NO_x）、浮游粒子状物质（SPM）等空气污染物急剧增加。面对当前的空气污染，学者们提出通过产业结构升级来改善空气污染状况。Oosterhaven和Broersma（2007）认为，产业结构升级是改善空气质量的主要措施；Liu等（2015）指出，逐步淘汰高耗能产业和优先使用清洁能源有利于减少区域污染源的排放；Aiken和Carl（2004）表明，推动制造业的产业结构升级能显著促进生产效率的提升，同时有效控制大气污染物的排放。

3. 空气污染防治政策的研究

在空气污染防治政策的相关研究中，国外学者更多关注的是中央政府与地方政府在政策制定中的合作与冲突、空气污染政策工具选用及效果、空气污染治理政策实施的成本与效益等。在中央政府与地方政府关系方面，Ashby（1983）研究了中央政府与地方政府监管和控制空气污染政策的权力博弈问题。Kamieniecki和Ferrall（1991）以加利福尼亚州清洁空气方案修订为例，分析了地方政府空气污染防治政策与中央政府标准之间的协调问题。伯特尼（2004）就如何建立跨州空气质量局以分配中央和地方政府污染监管权的问题进行了探讨和研究。Gormley（1987）分析了中央和地方政府如何确定空气质量管理标准和分配执行权的问题，认为关键在于清洁空气是否应优先考虑成本，如美国俄亥俄州由于严重依赖制造业且失业率高，所以缺乏执行清洁空气政策的动力。在政策工具选用及效果方面，Merrifield（2010）介绍了美国现行空气质量政策的主要特点和美国环境质量委员会关于命令-控制与经济激励相结合的空气质量政策改革，并分别从监管部门和工厂管理者的角度分析政策前景。Cook（2002）在研究美国公民对美国环境质量委员会基于市场机制的空气污染控制效果的评价时，发现更多的美国公民支持使用经济手段的激励方案。Cha（1997）通过审查美国空气污染控制政策，发现命令-控制型政策效率低下，建立市场激励机制是污染控制政策的改革趋势。在成本与效益方面，Aaker 和 Bagozzi（1982）用结构方程模型检验了空气污染、汽车驾驶里程、政治态度与限制汽油配给等空气污染控制政策之间的关系，发现最终的空气污染控制政策取决于替代方案的成本。Carnevale 等（2014）认为，区域决策者在评估空气污染防治政策时会综合权衡政策的实施成本和治理效益。

随着研究的深入，国外学者开始关注空气污染防治政策的未来影响评估。Dholakia 等（2013）利用温室气体和空气污染的相互作用模型，对印度德里市不同部门的空气质量法规进行了综合分析，研究了当前政策对印度德里未来空气质量的影响。Lott 等（2017）研究了英国能源部门脱碳政策对室外空气污染的共同影响，认为能源部门是控制温室气体（GHG）排放和对人类健康与环境产生负面影响的其他类型空气污染的主要贡献者。Radu 等（2016）分析了气候和空气质量政策之间的协同作用，发现 2030 年后需要更严格的控制政策，以防止活动增多导致的排放增加。Toman 等（1994）和 Pandey（2004）认为，空气污染减排政策的实施会对控制大气污染物的排放产生显著效果。Lurmann 等（2015）在上述研究基础上，证实了南加州评估问责制和空中管制政策对大气污染治理的有效性。

（二）国内空气污染防治研究进展

1. 空气污染防治管理主体的研究

空气污染防治管理涉及众多利益主体，他们为了不同的目的而联合或对抗，呈现复杂多变的关系状况。概括来说，学者们认为空气污染防治管理的主体包括政府主体、市场主体以及社会主体。

在空气污染防治管理中，政府扮演着主导者的角色，是不可或缺的重要主体，也是学者们研究的重点。蔡艺（2012）、白瑞清（2011）认为，大气环境具有外部性特点，政府须在空气污染防治中承担主体责任。盛文沁（2003）提出政府在大气污染治理方面承担着不可推卸的责任，履行环保职责、重点解决自身在大气污染治理中的缺位和错位问题是建设高可信度政府的必经之路。陈翀（2015）指出当下空气污染问题日益严重，显示出地方政府在生态环境保护与空气污染防治中的职能滞后问题。王春玲和付雨鑫（2013）指出我国大气污染防治中地方政府责任缺失主要表现在决策和监管执行上。李玲（2014）从政府责任角度出发，对大气污染治理中的政府职责进行了探讨，并提出要在政绩考核、财税机制等方面加以完善，从而实现大气污染治理效果的改进。

市场主体在空气污染防治管理中作用的发挥，主要是通过市场机制实现的。霍艳斌（2012）提出仅靠传统的命令控制模式即收取排污费的方式来控制大气污染还远远不够，引入市场机制，通过排污权交易控制企业的污染物排放总量，已经成为长三角各地方政府为解决环境污染问题努力尝试的一个新途径。刘薇（2015）指出建立市场化生态补偿制度是我国生态环境保护事业发展的必然趋势，京津冀地区的高污染企业多、大气污染形势严峻，应该在京津冀地区实施以排污权交易为主的市场化大气污染生态补偿模式，充分发挥市场对污染企业的控制作用和对清洁企业的支持作用。郭宇燕和扈航（2016）认为对于地方小城市而言，在以市为单位的空间区域，建立地方大气污染物排放权交易机制并完善相关的配套制度，有利于实现大气污染治理的市场化，倒逼企业减少污染气体排放。

公众参与空气污染治理的作用也逐渐显现出来，李胜（2009）认为空气污染防治是多方共同参与的结果，除了提高中央政策的可信度与强化地方问责制外，还应鼓励社会公众参与环保行动以提高治理效率。郑思齐等（2013）指出公众的高环境关注度能有效地推动地方政府关注环境治理问题，且公众环境关注度越高，空气污染的环境库兹涅茨曲线拐点出现得越早，即能够更快地进入经济增长与环境改善双赢的发展阶段。谭奕（2013）以多中心治理理论为研究视角，通过文献研究法、问卷调查法、访谈法等了解公众参与空气污染防治的现状，揭示南宁市公众在参与大气污染防治过程中存在的问题，并从四个方面提出了完善公众参与空气污染治理的对策建议。此外，关于社会公众如何参与空气污染防治，高桂林和陈云俊（2014）从经济学的视角出发，构建了公众参与大气污染防治的路径。薛澜和董秀海（2010）研究发现，公众事后参与对企业的低技术类型监督，如举报企业漏排行为等，反而会产生对政府监督的挤出效应，最终导致社会整体的空气污染防治效果不一定最佳；而公众事前参与对企业污染气体决策实施的高技术类型监督，如公众参与环评等举措，则会更有效地提高社会整体空气污染防治效果。

此外，也有学者从联防联治、协同治理等角度对大气污染防治问题进行探讨，认为大气的流动性、跨域性等特点，需要不同地区的政府部门之间加强合作，同时发挥非政府组织、公众等群体在大气污染防治方面的重要作用，形成一个多元化的协同网络治理机制。当前学术界对空气污染防治管理主体间互动关系的研究主要集中在以下几个方面。

第一，地方政府与污染企业之间的互动关系。蓝庆新和陈超凡（2015）分析了地方政府在多重目标导向下与污染企业之间既冲突又相互依赖的关系，由于利益共存和复杂人际关系的渗透，地方政府与污染企业之间形成了某种合谋。朱德米（2010）认为企业在配合政府进行空气污染防治的过程中往往处于被动状态，如果政府与企业保持监督与被监督的角色，其治理效果远不如采取企业与政府合作措施的效果。熊鹰和徐翔（2007）通过分析政府经济干预政策和企业行为选择，发现加大对企业的惩罚力度只能起到暂时控制污染的作用，而从长期来看，政府和企业应加强合作，一方面，政府努力营造企业参与环保的良好环境，完善环境监督机制，另一方面，企业也应该主动控制污染的产生，降低污染治理成本。王一兵（2006）主要从博弈论的角度对空气污染防治中企业不合作问题进行了深入分析，并提出可利用税收－补贴管制机制获得博弈均衡，促成政企合作，改善空气污染状况。此外，张学刚和钟茂初（2011）则认为提高企业的名誉成本和政府对污染采取放任态度的政策成本也是改善空气质量的有效途径。

第二，政府与社会主体合作。吴柳芬和洪大用（2015）认为大气污染治理政策的制定和实施，是社会公众参与和政府主导的双重力量通过互动合作而产生的结果。李艳芳（2005）认为公众参与大气污染防治是公众参与环境保护的一个相对薄弱的领域，其原因包括大气环境要素的公共性更强、污染危害隐蔽、污染范围广泛、治理难度大等。针对这种现状，国家需要在立法上对公众参与做出突破性、具体的规定，包括宣传、鼓励、严格执法、明确职责、建立公益诉讼制度等，以便社会主体更好地发挥作用。

第三，政府、企业和公众三者的协同。徐健和冯涛（2013）认为空气污染防治需要政府投入大量的人力、物力和财力，同时需要政府、公众、社会三个主体切实意识到大气污染治理的重要性以及迫切性。蔡岚和魏满霞（2018）的研究认为，有效防治空气污染需要政府积极搭建协同治理平台、建立并完善多方参与协同治理的制度并注意规制自身的角色。王喆和周凌一（2015）以协同发展为契机，从区域多元主体协同治理角度研究了京津冀空气污染防治问题。王惠琴和何怡平（2014）运用协同理论从建立区域政府间协调机制、地方政府与企业之间的非政府协调组织、普通公众与地方政府之间的监督机制、高校科研院所与地方政府之间的决策参谋机制四个方面构建了空气污染防治体系。魏娜和赵成根（2016）以协同治理理论为分析工具，对京津冀跨区域大气污染协同治理的既有实践与可行性基础进行了研究。

2. 空气污染影响因素的研究

（1）自然影响因素

在探讨自然因素对空气污染的影响时，国内学者主要从气象因素和地形因素两个方面进行研究。

在气象因素方面，学者们主要探讨的是温度、气压、风速与相对湿度对空气污染的影响。肖建能等（2016）运用统计分析方法研究了厦门空气污染的影响因素，结果表明，温度与气压会严重影响厦门的空气质量，而风速与相对湿度对空气污染的影响并不明显。赵晨曦等（2014）收集了北京市 2012~2013 年 PM2.5 和 PM10 的各月浓度均值，并运用斯皮尔曼相关系数对其进行分析后发现，PM2.5 和 PM10 的浓度与气温和空气相对湿度呈正相关关系，与风速呈显著的负相关关系。黄俊等（2018）通过分析 2015 年广州市 O_3 的监测数据和气象数据，发现 O_3 的浓度与气温呈正相关关系，与相对湿度及气压呈负相关关系，另外还发现高气温、强辐射、低气压、长时间日照以及相对湿度较小的环境更易使 O_3 浓度增加。

在地形因素方面，许文轩等（2017）对华北地区的数字高程模型进行起伏度分析，并将其分级以与相应等级的空气质量指数建立联系，发现空气污染主要集中在平原地区，起伏度较高的山地和高原的空气污染水平较低。刘宁微等（2008）以辽宁为例，研究了地形对空气污染物扩散的影响，结果表明，地形的存在会导致风速降低、逆温增强，而这些不利于污染物输送及扩散，造成污染物的堆积和滞留，从而使污染物浓度增加。

（2）社会影响因素

在早期研究中，国内学者多关注空气污染与地方经济发展水平之间的关系。凌亢等（2001）分析了1988~1998年南京的空气污染数据，发现南京城市化进程和社会经济发展水平之间呈现不规律的发展态势，进一步研究得出影响空气污染的主要因素为经济发展水平和城市化进程，经济实力越强，城市化水平越高，空气污染指数就越高。刘军等（2017）基于2012~2015年我国119个地级及以上城市的面板数据，采用动态空间面板模型分析中国大气污染的影响因素，研究表明，大气污染与经济发展水平之间存在显著的倒"U"形关系，验证了环境库兹涅茨曲线的存在。陆虹（2000）提出运用三次样条插值法扩展数据并建立状态空间模型，以考察我国经济发展和空气污染的关系，结果证实二者存在复杂的交互关系，并非过去一直强调的倒"U"形关系。

另外，工业生产活动是城市经济的发展主体，工业生产规模和产业结构对城市污染物浓度必然会产生显著影响。城市工业生产特征在一定程度上决定了城市发展的资源环境效应，因此，国内学者普遍认为产业结构变动和技术进步是影响区域空气质量的重要因素。张可和豆建民（2015）根据中国287个地级及以上城市的数据，运用MIMIC模型（多指标多原因模型）构建了集聚综合指数，并用广义倾向性评分法（GPS）实证分析了不同产业集聚水平对空气污染的影响。石磊等（2018）选取1999~2015年京津冀地区产业结构和大气污染物排放数据，分别建立第二产业比例与SO_2、工业烟（粉）尘排放量的向量自回归（VAR）模型，并进行脉冲响应函数（IRF）分析，研究发现，产业结构调整对不同地区不同污染物的影响方向、影响大小、影响持续时间均有所差异。牛海鹏等（2012）采用中国1985~2009年的统计数据，对经济结构、经济发展以及污染物排放的关系进行实证研究，指出了EKC模型存在的问题，进一步论述了基于经济结构调整所体现出的经济发展与污染物排放的倒"U"形曲线关系。高明和吴雪萍（2017）运用熵权法与灰色关联分析法分析了北京市2001~2012年空气质量的影响因素，结果表明，产业结构和工业污染排放与北京的空气质量之间具有密切联系。

随着研究的深入，学者们对空气污染影响因素的探讨也逐渐多元化，这主要体现在将人口流动、人口规模、人口结构等因素纳入实证模型中进行考量。陈强强等（2009）通过建立 STIRPAT 模型对甘肃省生态足迹的人文驱动因素进行了研究，实证结果显示，城市人口数量的增加及外来人口的迁入会增加生态环境压力，对生态系统造成破坏。王立猛和何康林（2006）以中国环境压力的时间差异为切入点，采用 1952~2003 年全国能源消费数据，分析人口规模、富裕度等人类驱动力对环境压力的影响。杜雯翠和张平淡（2019）以 1992~2010 年全球 106 个国家的跨国面板数据为样本，从理论和实证两个角度分析老龄化与环境污染的关系，研究发现，低收入国家的人口老龄化对环境污染的影响主要通过生产效应实现，而中等收入国家和高收入国家的人口老龄化对环境污染的影响则主要通过生活效应实现。

（3）空气污染影响因素的研究方法

在探索空气污染影响因素时，国内学者大多通过建立模型进行实证研究，而研究范围遍布全国各地，在考虑地区差异的前提下，不同学者对模型和方法的选取也会有所差别。一方面，王瑞鹏和王朋岗（2013）、杨阳等（2016）、宋锋华（2017）、梁若冰和席鹏辉（2016）借助脉冲响应函数、方差分解、协整检验、主成分分析法、多元线性回归、STATA 软件、双重差分法（DID）、断点回归方法（RD）以及 RDID 等准实验方法进行研究，发现城市化、年平均饱和水汽压、城市建成区面积、地区海拔落差、产业结构、能源结构、人口密度以及城市轨道交通等都是造成当前我国城市大气污染问题的主要原因。另一方面，刘军等（2017）、李斌和李拓（2014）、王兴杰等（2015）通过建立动态空间面板模型、系统 GMM 模型、门限模型、STIRPAT 模型、数据包络分析模型等，进一步提出经济发展方式、城市绿化建设、清洁能源技术、能源利用效率、人口结构、城市化等是影响空气污染的重要因素。

3. 空气污染防治对策的研究

近年来，国内对空气污染防治对策的研究主要涉及法制、技术、监督、协同等方面。

在法制方面，李天相（2013）认为国家大气治污最严产业政策的出台，可以倒逼东北地区火电行业朝着"大力发展生物质能发电"方向转型，同时结合热电联产、煤炭消费总量控制、老工业基地产业升级改造、发展公共交通以及完善地方性规范标准等措施严格控制大气污染排放，促进区域经济与环境保护协调发展。朱京安和杨梦莎（2016）通过分析京津冀地区空气污染状况，提出建立完善的法律机制、成熟的市场机制和有效的公众参与机制是打破京津冀空气污染治理困境的有效举措。王超奕（2018）对我国部分区域大气污染联防联控现状进行研究，认为可以从完善法律法规政策体系、建立区域横向生态补偿机制、实现区域内政策协同、提高区域协调协作水平四个方面着手解决区域大气污染问题。王俊和陈柳钦（2014）探讨了我国能源消费结构转型与大气污染治理对策的关系，发现要改善大气环境和解决雾霾问题，必须加快相关政策法规的出台，以推动能源结构的优化和调整。

在技术方面，王庆梅（1999）依据历史监测数据，通过构建大气污染预测预报模型分析天气预报参数与主要污染物的关系，并在此基础上制定了大气污染预测预报的方法及污染防治对策。席胜伟（2006）认为以 SO_2 为主的工业废气污染会严重影响人们的生产生活，而防治废气污染的关键就是引进低污染、低排放的先进技术。孙克勤等（2008）发现我国工业污染治理技术正处于研发瓶颈期，提出必须改变传统技术开发模式，学习国外全方位、多尺度仿真技术，并将此技术投入大型火电产业，实现脱硫脱硝技术的开发和应用。王书肖等（2017）论述了我国近年来在空气污染排放参数库本地化、排放清单编制方法、时空和物种分配技术等方面的进展，并在此基础上结合我国当前大气复合污染防治需求，提出了目前大气污染物排放清单编制面临的挑战，以及对排放清单编制技术的未来展望。林艳和周景坤（2018）系统梳理了我国雾霾防治技术创新体系存在的问题，并通过借鉴美国的防治技术经验，提出了优化我国雾霾防治技术创新政策的五点启示，即加大雾霾防治公共财政资金的投入、建立雾霾防治技术创新人才激励的长效机制、加快雾霾防治技术研发的市场化建设、完善雾霾防治技术创新法律体系、构建"官、产、学、军"四位一体的联动机制。

在监督方面，白洋和刘晓源（2013）认为空气污染的有效治理需在预防为主、防治结合立法理念的指引下，通过落实政府环境责任，按照源头治理和总量控制的治理模式，从"防""治""未然"三个层面，运用规划制度、环境标准制度、环评制度、总量控制制度、区域联防制度、预警监测制度等手段进行全过程监管。王晋和陆小成（2017）、李云燕等

（2018）以减少重污染天数、提升空气质量优良天数比例为目的，通过梳理京津冀地区大气污染治理执法监督相关的法律法规，对比分析大气污染治理不同阶段的污染特征、污染来源，并结合近年来典型的重污染实例，探讨现阶段京津冀地区创新环境执法监督检查机制落实的具体举措。董丽英（2016）提出虽然中央每年从财政中拨付巨额资金专项用于空气污染防治，但专项资金的使用效果尚不明显，为此建立健全雾霾治理审计监督机制是必要的。

在协同方面，张菊等（2006）对比分析了 1983~2003 年北京郊区环境数据，发现经济、文化、地理特征都是影响空气污染防治对策实施的主要因素，因此必须综合协调社会各方面的力量才能有效改善大气环境。尚丽萍等（2018）从多中心治理理论出发，以兰州市大气污染治理为研究对象，深刻分析了当前大气污染治理方面存在的问题，并在多中心治理理论指引下构建了以政府为主导，企业、公众及非政府环保组织共同参与的四维治污体系。空气污染的有效治理除了需要政府、企业和公众等关键主体的相互合作，还需要构建政府与政府之间的区域联防联控和利益协调机制。燕丽等（2016）认为改善区域空气污染现状需要加强顶层设计，制定区域空气质量评估制度，构建区域应急预警体系，强化区域政策协调。王一彧（2017）提出成立跨行政区域的管理机构以协调区域空气污染治理，并定期召开联席会议，制定联合监测和区域限批制度，建立环境信息共享和区域协调机制。曹锦秋和吕程（2014）认为以雾霾为主的区域复合型大气污染是中国目前乃至今后一段时间内所面临的主要大气污染问题，而这一问题是我国现行的具有"属地"特征的环境管理制度无法解决的，故我国亟须建立跨行政区域的大气污染联防联控机制，协调区域内不同行政机构之间的大气污染治理行动。

4. 空气污染防治政策工具的研究

（1）政策工具的演变

国际上最初是从市场和行政角度将空气污染防治政策工具划分为命令-控制型工具和市场化工具（Eskeland and Jimenez，1992）。随着空气污染治理理论和实践的不断发展，以公众为主导的自愿参与式政策工具逐步进入政策领域。自此，经济合作与发展组织（1996）将环境政策工具划分为直接管制式、市场机制式以及劝说式手段三类。世界银行则在经济合作与发展组织的基础上将市场机制式政策工具详细划分为利用市场、创建市场、环境管制和公众参与四种类型（哈密尔顿等，1998）。而大多数研究则是基于政策工具对被规制者的强制性，将空气污染防治政策工具分为命令-控制型、市场激励型和公众参与型三大类（秦颖、徐光，2007）。例如，陈永国等（2017）建立了"经济、社会、技术"三位一体的雾霾治理政策工具，并将其分为强制型、经济型和自愿型三类。吴芸和赵新峰（2018）认为政府的空气污染治理效果依赖于对管制型、市场型和自愿型三种政策工具的恰当使用。后来，对空气污染防治政策工具的研究逐渐深入，学者们又在强制型、市场型、自愿型分类基础上对政策工具进行了进一步的划分。李健等（2013）将政策工具分为供给型、环境型、需求型三类。李晓玉和蔡宇庭（2017）通过统计分析发现，中国在空气污染防治政策工具的使用中，整体上以环境型政策工具为主，供给型政策工具的使用频率低于环境型，需求型政策工具的应用最少。

（2）政策工具的选择和使用效果研究

随着空气污染防治管理的政策工具越来越多元化，学者们开始针对不同政策工具的比较和选择、使用效果进行探讨。

在政策工具的比较和选择上，国内学者在这个领域的研究大都是对西方学者的观点进行延伸和改进。宋英杰（2006）认为空气污染防治政策工具的选择受到制度、技术等许多因素的制约，但更科学合理的选择标准应是使遵守成本、行政成本及污染损害成本总和最小化。刘丹鹤（2010）则主张通过静态效率收益、动态创新激励、行政管理成本、政策激励相容、实施机制条件等方面的权衡和比较来进行政府空气污染防治政策工具的选择。朱喜群（2006）从强制程度、直接程度、自治程度和量化程度方面综合考量强制型、市场型和自愿型政策工具选择的优劣。此外，邢华和邢普耀（2018）以京津冀及周边地区秋冬季大气污染综合治理攻坚行动为例，对纵向嵌入式治理的大气污染防治政策工具进行分析，认为各种政策工具应该形成互补优势，把握好政府介入的程度，保持制度的稳定性和持续性，从而更好地发挥政策工具的作用。

在政策工具的使用效果上，不同学者从不同角度得出的结果也存在差异。郭庆（2014）认为传统的行政强制手段具有确定性和可操作性，因此命令-控制型政策工具的治理作用效果要大于市场激励型和公众参与型政策工具。王红梅和王振杰（2016）以北京市 PM2.5 治理数据为样本，从效益、效率和可接受性三个维度入手，运用层次分析法对不同空气污染防治政策工具进行评价和检验，结果表明，经济激励型政策工具的效果最佳。郑石明和罗凯方（2017）基于我国 29 个省市 2005 ~ 2014 年大气污染治理面板数据，运用超效率 DEA 模型测算出三类政策工具对大气污染治理效率的影响，分析得出我国管制型和市场型政策工具对大气污染治理均有成效，而自愿型政策工具对大气污染治理效率暂无正向影响。黄清子等（2019）根据中国 2013 ~ 2016 年 4 个直辖市和 27 个省会城市的面板数据，研究元治理视域下大气污染防治政策工具的实施效果，结果表明，政府直接调整责任主体行为的政策工具优于间接调整的政策工具。

三　空气污染防治管理的"五位一体"研究框架

本书以空气污染防治为核心，以提高空气污染防治管理效率为线索，围绕空气污染防治管理的客体、主体、组织、路径、机制和措施几大部分展开，主干内容如下。

（一）空气污染防治管理的客体

本书基于空气污染相关的理论基础，对空气污染防治管理的客体进行研究。首先，对空气污染防治管理客体的概念、内涵和特征进行了相关的界定，并深入分析了空气污染防治管理客体自身存在的公共物品属性和环境的负外部性、空气污染防治管理客体的特征和污染类型，以及空气污染防治管理客体可能给人类社会带来的危害和影响等。其次，通过对空气污染防治管理客体这些方面的分析，能够让公众更加了解空气污染防治管理客体的内涵，掌握空气污染防治管理客体的规律性，以便公众和其他研究学者更加熟悉空气污染物。最后，结合我国空气污染防治管理客体的实际情况，提出适合我国解决空气污染问题的对策和建议，同时为本书之后的其他章节奠定了理论基础和相关的学术研究基础。

（二）空气污染防治管理的主体

本书基于空气污染防治管理的主体，研究空气污染防治管理主体的分类、主体之间的权责明细、主体的具体作为以及他们的行为逻辑等。首先，针对空气污染防治管理的主体多元性进行了探讨，主要分析政府主体（中央政府、地方政府）、市场主体（排污企业、环境治理企业）和社会主体（公众、环保社会组织、媒体）三者关系；其次，对政府、市场和社会这三个不同主体关于空气污染防治管理的具体作为进行了阐述；再次，探究了政府、市场和社会这三个主体的行为逻辑，以及找出了促使政府、市场和社会主体产生作为的具体因素；最后，针对政府、市场和社会各个主体的特征，分别对三个主体的互动关系和形成合力的促进动力进行了详细分析。

（三）空气污染防治管理的组织

本书围绕空气污染防治管理的组织架构，首先，阐述了我国空气污染防治管理的组织沿革，分别从分散的组织形式阶段、组织架构阶段、组织体制实现独立统一阶段和组织结构进一步优化阶段这四个阶段展开了介绍；其次，分析了我国当前空气污染防治管理组织的现状，具体包含当前的组织架构、组织的横向和纵向关系以及区域组织机构；再次，对我国空气污染防治管理的组织进行了相关评价，分别从组织治理经验和组织存在的问题这两个方面进行评价，还分别介绍了美国、日本和英国等发达国家的空气污染防治管理组织及其经验，同时基于以上相关研究，从横向体系、纵向体系、属地管理和多中心合作组织以及网络化治理层面重构了我国空气污染防治管理组织体系；最后，重点分析我国空气污染防治管理的网络组织，主要包括组织网络的形式、网络化环境治理的运行以及组织网络形成的障碍，并针对这些方面提出了网络运行的相关对策和建议。

（四）空气污染防治管理的路径

本书针对空气污染防治管理的路径，首先，详细论述了空气污染防治管理的路径类型，即行政管理路径、市场管理路径以及志愿管理路径；其次，对行政管理路径、市场管理路径和志愿管理路径这三个路径的具体内容展开阐述，分别介绍了每个空气污染防治管理路径的基本原理、主要包含的手段和方法、自身存在的优点和缺点，以及每个空气污染防治管理路径所适用的条件；再次，基于空气污染防治管理路径融合的观点，对多元治理模式以及这几个路径的组合方法展开了深入探究；最后，基于以上相关研究，并结合我国当前空气污染形势和空气污染防治管理路径的现状，提出了一些适应我国空气污染防治管理的相关路径建议和对策。

（五）空气污染防治管理的机制和措施

根据我国空气污染防治管理现状，本书首先梳理和归纳了当前我国现行的空气污染防治管理方法和措施，然后对现有的这些空气污染防治管理方法和措施进行分析，最后结合我国空气污染的现状和特征，从空气污染防治管理方式综合化、空气污染防治管理措施精准化、空气污染防治管理主体多元化、空气污染防治管理组织结构网络化、空气污染防治管理技术智能化、空气污染防治管理协同化这六个方面入手，再结合当前我国空气污染防治管理的局势，分别从空气污染防治管理的行政政策体系、市场机制、组织体系、监管、协同机制、排放权市场建设、预警以及保障空气污染防治管理的支撑系统等八个方面，有针对性地提出了适合新时期我国空气污染防治管理的对策和建议。

综上，通过本书的一系列详细介绍和论述，读者可以全方位了解我国空气污染防治管理整个流程体系的组成部分和运作方式，以及当前我国空气污染防治管理的现状和存在的一些难题等。与此同时，读者通过阅读本书可以认识到我国空气污染防治管理中的机理和关键环节，有利于政府空气污染防治管理行动的顺利开展；对美国、英国和日本等发达国家的优秀经验的介绍和总结，有助于借鉴发达国家先进的空气污染防治管理经验和教训，有助于帮助政府、企业与社会公众认清当前空气污染较为严峻的形势以及防治工作的紧迫性，从思想上提高对空气污染防治的重视程度，为进一步开展空气污染防治活动提供经验借鉴，提高污染治理效率，降低不确定性和风险性。

| 第二章 |

空气污染防治管理的客体

客体指主体实践活动和认识活动的对象，是与主体相对应的客观事物、外部世界，是主体认识和改造的一切对象，即同认识主体相对立的外部世界。本书研究的客体是大气环境，是地球上绝大多数生物可以在其中生存的混合气体。空气污染是一个复杂的现象，是因在特定时间和地点空气污染物浓度受到许多因素影响而形成的。本章将对客体进行"解剖"，厘清是什么，为后续章节的为什么、怎样做的论述奠定基础。

第一节　空气污染的概述

一　空气污染的概念

按照国际标准化组织（ISO）的定义，空气污染又称大气污染，通常是指由于人类活动或自然活动过程中某些物质进入大气中，达到足够的浓度并持续一定时间，危害人类身体健康、动植物生存或环境的现象。换言之，只要是某一种物质存在的量、性质及持续时间足够对人类或其他生物、财物产生影响，我们就可以称其为空气污染物，而这种存在所造成的现象就是空气污染（刘清等，2012）。

二　空气污染源

（一）自然污染源

自然污染源一般由自然灾害带来，包括火山爆发喷出的大量火山灰和二氧化硫，森林火灾产生的大量二氧化硫、二氧化氮、二氧化碳和碳氢化合物，也包括有机物分解产生的碳、氮和硫的化合物，还包括大风刮起的沙土以及散布于空气中的细菌、花粉等。自然污染源难以人为控制，但是它所造成的污染往往是局部的、短暂的，通常在空气污染中起次要作用（刘泽常等，2004）。

1. 风力扬尘

风力扬尘是指在裸露的泥地房屋建设施工、道路与管线施工、房屋拆除、物料运输、物料堆放、道路保洁、植物栽种和养护等人为活动中，在风力、人为活动带动及其他活动带动下，粉尘颗粒物进入空气，对空气造成污染。风力扬尘会使空气变得污浊，影响周边环境，对人体健康也有一定的危害，长期下来会造成如支气管炎、肺癌等疾病。

2. 火山爆发

火山爆发是一种自然现象，是由地球内部的熔融物质在压力作用下喷出导致的。一旦火山爆发，会排放出 H_2S、CO_2、CO、HF、SO_2 及火山灰等颗粒物，其中大量的火山灰和二氧化硫会导致部分地区烟雾弥漫、毒气熏人，造成空气污染。

3. 森林火灾

森林火灾一般是由雷电等自然原因引起的，在林地内自由蔓延和扩展，给森林、森林生态系统和人类带来一定危害和损失的林火行为。森林火灾是一种突发性强、破坏性大、处置救助较为困难的自然灾害。一旦森林发生火灾，会排放出大量的二氧化硫、二氧化氮、二氧化碳和碳氢化合物等，对周围的空气造成污染。

4. 生物腐烂

生物腐烂是指动植物有机体因微生物的滋生而被破坏，造成生物最终烂掉。动物完全腐烂会产生二氧化碳、二氧化氮和水，散发出臭味并对空气造成一定的污染，但有些会很快地被生态系统中的分解者分解，而植物腐烂主要会分解为水、二氧化碳等。因此，生物腐烂的产物是否会对大气环境造成影响取决于生物的类别与组成成分。

（二）人为污染源

人为污染源是指由人类生产和生活活动造成的污染，我们通常所说的空气污染主要是指人为因素引起的污染。

1. 人类生活产生的污染

（1）生活炉灶与采暖锅炉

人们日常生活中的生活炉灶和采暖锅炉需要消耗煤炭，而煤炭在燃烧过程中会释放大量的灰尘、二氧化硫、一氧化碳等有害物质污染空气。尤其是在冬季采暖的季节，生活炉灶与采暖锅炉是人们生活中最主要的空气污染源。

（2）垃圾焚烧

垃圾焚烧是一种传统的垃圾处理方法。垃圾焚烧处理后，减量化效果明显，可以节省用地，还可以消灭各种病原体，将有毒有害物质转化为无害物，故垃圾焚烧成为城市垃圾处理的主要方法之一。但生活垃圾焚烧烟气中的二噁英类剧毒物质会对大气环境造成很大危害，现代城市的垃圾焚烧炉皆配备了良好的烟尘净化装置，会减少对空气的污染。但农村垃圾焚烧，尤其是田地垃圾焚烧并没有采取特别的处理措施。

2. 生产活动产生的污染

（1）工业燃煤排放污染

在我国，大量煤炭是通过直接燃烧使用的，包括火力发电、工业锅（窑）炉、民用生活炉灶和采暖锅炉等，其中工业燃煤所占比例较大，大量的煤炭燃烧会向空气中排放出许多二氧化硫、二氧化碳和烟尘，进而对空气造成一定程度的污染。

（2）工业废气污染

工业生产排放是空气污染的一个重要来源。由工业生产排放到空气中的污染物种类繁多，有烟尘、硫氧化物、氮氧化物、有机化合物、卤化物、含碳化合物等。

（3）工地扬尘污染

工地扬尘污染是指在施工场地以及房屋建设施工、道路与管线施工、房屋拆除等工业活动中，由风力产生的粉尘颗粒物会对空气造成污染。

3. 交通运输产生的污染

汽车、火车、飞机、轮船是当代的主要运输工具，它们以煤或石油为燃料，行动中产生的废气是重要的空气污染物，交通工具尾气排放是城市空气污染的主要来源之一。特别是城市中的机动车数量庞大而且集中，机动车排放的尾气主要有一氧化碳、二氧化硫、氮氧化物和碳氢化合物等污染物。

三　空气污染的主要类型

（一）还原型污染

还原型污染因含有二氧化硫等还原型污染物而得名，是指二氧化硫（SO_2）、一氧化碳（CO）和颗粒物在低温、高湿阴天、小风、逆温及当地地形条件的影响下覆盖在城市上空，对人体健康造成极大的危害。20 世纪50 年代的伦敦烟雾是典型的还原型污染，主要由高湿度、低温、静风、逆温，以及大量煤烟难以扩散形成的。

（二）氧化型污染

氧化型污染多发生在以石油为主要燃料的地区，污染物主要来自汽车尾气，所以又叫汽车尾气型大气污染。其主要的一次污染物是 CO（一氧化碳）、NO_x（氮氧化物）、CH（碳氢化合物）等。它们在太阳短波光作用下发生光化学反应生成醛类、O_3 等二次污染物，这些污染物具有极强的氧化性，对眼睛黏膜组织有强刺激性，使人流泪。著名的洛杉矶烟雾就是典型的氧化型污染。氧化型污染主要发生在交通运输业发达、经济发展迅猛的城市区域，部分农村地区由于经济发展落后、交通闭塞等原因还未有此种类型的污染。

（三）石油型污染

石油型污染是指汽车尾气和石油化工厂废气排放到空中后，在阳光照射下发生光化学反应所形成的光化学烟雾。石油型污染多发生于一些常使用石油燃料的重工业区域。

（四）区域复合型污染

区域复合型污染是指空气中多种来源的多种污染物在一定的空气条件下，发生多种界面间的相互作用、彼此耦合构成的复杂空气污染体系，主要表现为大气氧化型污染物和细颗粒物浓度增加、大气能见度显著下降和环境恶化趋势向整个区域蔓延。

（五）其他特殊污染

其他特殊污染主要是指各类工业企业排出的各种化学物质，比如从工厂生产过程中排出和意外事故所释放的氯气、氟化物、金属蒸气或酸雾等废气所引起的空气污染。

四 空气污染评价指标

（一）空气污染指数

1. 空气污染指数内涵

空气污染指数（API）是将常规监测的几种空气污染物浓度简化成单一的概念性指数值形式，并分级表示空气污染程度和空气质量状况，适用于表示城市的短期空气质量状况和变化趋势。目前用于衡量空气质量的污染物主要有烟尘、悬浮颗粒物、可吸入悬浮颗粒物（浮尘）、二氧化氮、二氧化硫、一氧化碳、臭氧、挥发性有机物等。

2. 空气污染指数分级标准

空气污染指数是根据空气质量标准和各项污染物的生态环境效应及其对人体健康的影响来确定污染指数的分级数值及相应的污染物浓度限值。

《空气质量周报》所用的空气污染指数的分级标准如下：第一，空气污染指数 50 对应的污染物浓度为国家空气质量日均值一级标准；第二，空气污染指数 100 对应的污染物浓度为国家空气质量日均值二级标准；第三，空气污染指数 200 对应的污染物浓度为国家空气质量日均值三级标准。

空气污染指数更高值段的分级对应于各种污染物对人体健康产生不同影响时的浓度限值。第一，空气污染指数为 0~50，空气质量级别为 Ⅰ 级，空气质量状况属于优。此时，不存在空气污染问题，对公众的健康没有任何危害。第二，空气污染指数为 51~100，空气质量级别为 Ⅱ 级，空气质量状况属于良。此时，空气质量被认为是可以接受的，除极少数对某种污染物特别敏感的人以外，对公众健康没有危害。第三，空气污染指数为101~150，空气质量级别为Ⅲ（1）级，空气质量状况属于轻微污染。此时，对污染物比较敏感的人群，例如儿童和老年人、呼吸道疾病或心脏病患者，以及喜爱户外活动的人，他们的健康状况会受到影响，但对健康人群基本没有影响。第四，空气污染指数为151~200，空气质量级别为Ⅲ（2）级，空气质量状况属于轻度污染。此时，几乎每个人的健康都会受到影响，对敏感人群的不利影响尤为明显。第五，空气污染指数为201~300，空气质量级别为Ⅳ级，空气质量状况属于中度污染。此时，每个人的健康都会受到比较严重的影响。第六，空气污染指数大于300，空气质量级别为Ⅴ级，空气质量状况属于重度污染。此时，所有人的健康都会受到严重影响。

3. 空气污染指数计算公式

中国目前计入空气污染指数的污染物暂定为二氧化硫、氮氧化物和总悬浮颗粒物。当某种污染物浓度为 C_i（$C_{i,j} \leq C_i \leq C_{i,j+1}$），其污染分指数为：

$$I_i = \frac{(C_i - C_{i,j})(I_{i,j+1} - I_{i,j})}{C_{i,j+1} - C_{i,j}}$$

式中，I_i 是第 i 种污染物的污染分指数；C_i 是第 i 种污染物的浓度值；$I_{i,j}$ 是第 i 种污染物 j 转折点的污染分项指数值；$C_{i,j}$ 是第 j 转折点上第 i 种污染物（对应于 $I_{i,j}$）的浓度值；$C_{i,j+1}$ 是第 $j+1$ 转折点上第 i 种污染物（对应于 $I_{i,j+1}$）的浓度值。

各种污染物的污染分指数都计算出以后，取最大值为该区域或城市的空气污染指数 API，即：

$$API = \max(I_1, I_2, \cdots, I_n)$$

（二）空气质量指数

1. 空气质量指数内涵

空气质量指数（AQI）是定量描述空气质量状况的无量纲指数，是报告每日空气质量的参数，主要描述了空气清洁或者污染的程度，以及对人体健康的影响。空气质量指数的重点是评估呼吸几小时或者几天污染空气对健康的影响。空气质量指数越大、级别和类别越高、表征颜色越深，说明空气污染状况越严重，对人体健康的危害也就越大。

2. 空气质量指数分级标准

根据规定，空气质量状况依照空气质量指数大小可分为 6 级。①

第一，空气质量指数为 0~50，空气质量级别为一级，空气质量状况属于优。此时，空气质量令人满意，基本无空气污染，各类人群可正常活动。

第二，空气质量指数为 51~100，空气质量级别为二级，空气质量状况属于良。此时，空气质量可接受，但某些污染物可能对极少数异常敏感人群的健康有较小影响，建议极少数异常敏感人群减少户外活动。

第三，空气质量指数为 101~150，空气质量级别为三级，空气质量状况属于轻度污染。此时，易感人群症状有轻度加剧，健康人群出现刺激症状，建议儿童、老年人及心脏病、呼吸系统疾病患者减少长时间、高强度的户外锻炼。

第四，空气质量指数为 151~200，空气质量级别为四级，空气质量状况属于中度污染。此时，易感人群症状进一步加剧，可能对健康人群心脏、呼吸系统有影响，建议疾病患者避免长时间、高强度的户外锻炼，一般人群适量减少户外运动。

第五，空气质量指数为 201~300，空气质量级别为五级，空气质量状况属于重度污染。此时，心脏病和肺病患者症状显著加剧，运动耐受力降低，健康人群普遍出现症状，建议儿童、老年人和心脏病、肺病患者停留在室内，停止户外运动，一般人群减少户外运动。

第六，空气质量指数大于 300，空气质量级别为六级，空气质量状况属于严重污染。此时，健康人群运动耐受力降低，有明显症状，提前出现某些疾病，建议儿童、老年人和病人留在室内，避免体力消耗，一般人群避免户外活动。

3. 空气质量指数计算公式

首先，对照各项污染物的分级浓度限值（AQI 的浓度限值参照 GB 3095—2012，API 的浓度限值参照 GB 3095—1996），以细颗粒物（PM2.5）、可

---

① 参见生态环境部发布的《环境空气质量指数（AQI）技术规定（试行）》。

吸入颗粒物（PM10）、二氧化硫（SO_2）、二氧化氮（NO_2）、臭氧（O_3）、一氧化碳（CO）等各项污染物的实测浓度值（其中 PM2.5、PM10 为 24 小时平均浓度）分别计算得出空气质量分指数（Individual Air Quality Index，IAQI）：

$$IAQI_P = \frac{IAQI_{Hi} - IAQI_{Lo}}{BP_{Hi} - BP_{Lo}} - (C_P - BP_{Lo}) + IAQI_{Lo}$$

其中，$IAQI_P$ 指污染物项目 P 的空气质量分指数；C_P 是污染物项目 P 的质量浓度值；BP_{Hi} 是（相应地区的空气质量分指数及对应的污染物项目浓度指数表中）与 C_P 相近的污染物浓度限值的高位值；BP_{Lo} 是（相应地区的空气质量分指数及对应的污染物项目浓度指数表中）与 C_P 相近的污染物浓度限值的低位值；$IAQI_{Hi}$ 是（相应地区的空气质量分指数及对应的污染物项目浓度指数表中）与 BP_{Hi} 对应的空气质量分指数；$IAQI_{Lo}$ 是（相应地区的空气质量分指数及对应的污染物项目浓度指数表中）与 BP_{Lo} 对应的空气质量分指数。

其次，从各项污染物的 IAQI 中选择最大值确定为 AQI，当 AQI 大于 50 时将 IAQI 最大的污染物确定为首要污染物：

$$AQI = \max\{IAQI_1, IAQI_2, IAQI_3, \cdots, IAQI_n\}$$

其中，IAQI 指空气质量分指数；n 为污染物项目数。

最后，对照 AQI 分级标准，确定空气质量级别、类别及表示颜色、健康影响与建议采取的措施。简言之，AQI 就是各项污染物的空气质量分指数（IAQI）中的最大值，当 AQI 大于 50 时 IAQI 最大的污染物为首要污染物，IAQI 大于 100 的污染物为超标污染物。[①]

（三）空气污染的主要污染物

1. 细颗粒物

细颗粒物又称细粒、细颗粒、PM2.5，指环境空气中空气动力学当量直径小于等于 2.5 微米的颗粒物。它能较长时间地悬浮于空气中，其在空气中含量浓度越高，就代表空气污染越严重。虽然 PM2.5 只是地球大气成分中含量很少的组分，但它对空气质量和能见度等有重要的影响。与较粗

---

① 参见生态环境部发布的《全国城市空气质量日报》。

的大气颗粒物相比，PM2.5粒径小，面积大，活性强，易附带有毒、有害物质（如重金属、微生物等），且在大气中的停留时间长、输送距离远，因而对人体健康和大气环境质量的影响更大。

2. 可吸入颗粒物

可吸入颗粒物通常是指粒径在10微米以下的颗粒物，又称PM10，主要来自在未铺沥青和水泥的路面上行驶的机动车、材料的破碎碾磨处理过程以及被风扬起的尘土。可吸入颗粒物被人吸入后，会聚集在呼吸系统中，引发许多疾病，对人类危害很大（刘泽常等，2004）。

3. 二氧化硫

二氧化硫（SO_2）是一种比较常见的大气污染物，是一种无色有刺激性气味的气体。二氧化硫主要来源于含硫燃料（如煤和石油）的燃烧、含硫矿石（特别是含硫较多的有色金属矿石）的冶炼、化工和硫酸厂等的生产过程。

4. 二氧化氮

二氧化氮（NO_2）是一种棕红色、高度活性的气态物质，能溶于水，是一种强氧化剂。人为释放二氧化氮的主要来源是燃烧过程（供热、发电以及机动车和船舶的发动机）。除此之外，大气核试验也是二氧化氮的一个来源。

5. 臭氧

臭氧（O_3）是氧的同素异形体，常温下是一种有特殊臭味的蓝色气体，微溶于水，易溶于四氯化碳或碳氟化合物。与高层大气臭氧层不同的是，地面的臭氧是光化学烟雾的一个主要组成部分，是由诸如车辆和工业释放出的氮氧化物（NO_x）等污染物以及由机动车、溶剂和工业释放的挥发性有机物（VOCs）与阳光反应而形成的。

6. 一氧化碳

一氧化碳（CO）则是含碳物质燃烧不充分的产物，其主要的来源是汽车尾气。一氧化碳的化学性质较为稳定，在大气中不易与其他物质发生化学反应，可在大气中停留几天时间。

7. 碳氢化合物

碳氢化合物包括烷烃、烯烃和芳香烃等复杂多样的含碳和氢的化合物，大气中大部分碳氢化合物的人为来源是石油燃料的不充分燃烧、机动车排气和蒸发过程。其中多环芳烃类物质大多数具有致癌作用，特别是苯并［a］芘是致癌能力很强的物质（苯并［a］芘是第一个被发现的环境化学致癌物）。碳氢化合物的危害还在于参与大气中的光化学反应，生成危害更大的光化学烟雾。

8. 挥发性有机物

按照世界卫生组织的定义，挥发性有机物是指沸点在 $50\sim250℃$ 的化合物，室温下饱和蒸汽压超过 133.32Pa，在常温下以蒸汽形式存在于空气中的一类有机物。美国国家环境保护局对其的定义是除 CO、CO_2、H_2CO_3、金属碳化物、金属碳酸盐和碳酸铵外，任何参与大气光化学反应的含碳化合物。[①]

五　空气污染的特征

（一）影响范围广

空气污染的影响范围广，主要是因为空气始终是流动的，而且空气移动具有无界性，扩散十分广泛，活动范围始终不受限制。此外，正是由于空气移动无界性这一特性，空气污染不再局限于单个城市单个区域，而是随着空气污染的扩散延伸到周边城市或随气候与风向影响扩散到上游或下游城市地区。一个城市的空气质量一般受到本地源空气和周边源空气的综合影响（徐健、冯涛，2013），这致使城市群内的空气污染变化过程呈现明显的同步性（张艳等，2010）。

（二）治理难度大

当前我国大多数城市存在空气污染的环境问题，但是这一环境问题由于污染源难以控制、治理措施不完善、治理力度不大等原因，整个治理工作存在众多困难。此外，一些工业城市的兴起和发展需要大量的工业生产作为支撑，对这些城市的治理尤为困难，因为经济发展方式的转变是一个漫长的过程，而且目前我国公众的环保意识还比较差，在日常生活中缺乏环保意识，在一定程度上也增加了空气污染的治理难度。

---

① 参见美国国家环境保护局（EPA）关于 VOCs 的定义。

（三）来源多样性

随着社会经济的快速发展，空气污染源类型逐渐增加，不仅有工业活动产生的二氧化硫、二氧化碳和烟尘等污染物，还有居民生活产生的灰尘、二氧化硫、一氧化碳等污染物。近年来，随着国家经济的发展以及人们生活水平的提高，交通运输工具不断增加，私家车数量也逐渐增加，由此产生的汽车、飞机等交通工具尾气也有所增加，这在一定程度上加剧了空气污染。

六　空气污染的危害及其影响

（一）危害人类身体健康

空气污染对人体的危害是多方面的，主要表现是造成呼吸道疾病与生理机能障碍，以及使眼鼻等处的黏膜组织受到刺激而患病。尤其是当空气中污染物的浓度很高时，会造成急性污染中毒，或使病状恶化，甚至在几天内夺去几千人的生命。即使空气中污染物浓度不高，但人体长年累月呼吸被污染后的空气，也会引起慢性支气管炎、哮喘、肺气肿及肺癌等疾病。

（二）危害植物生长繁殖

空气中的污染物，尤其是二氧化硫、氟化物等污染物浓度很高时，会对植物产生急性危害，使植物叶片表面产生伤斑，或者使叶片直接枯萎脱落；当污染物浓度不高时，会对植物产生慢性危害，有时可能表面上看不见什么危害症状，但植物的生理机能已受到影响，造成植物产量下降，品质变坏。

（三）影响建筑物和材料

空气污染可使建筑物、桥梁、文物古迹和暴露在空气中的金属制品、皮革、纺织品等受到损害。这种损害包括玷污性损害和化学性损害两个方面：玷污性损害主要是粉尘、烟等颗粒物落在器物上造成的，有的可以通过清扫和冲洗除去，有的很难除去；化学性损害是由于空气污染物的化学作用，器物腐蚀变质，如二氧化硫及其生成的烟雾、酸滴等，能严重腐蚀金属表面，使得一些材料变质。

（四）影响天气和气候

1. 形成酸雨

空气中的二氧化硫经过氧化形成三氧化硫，随自然界的降水下落形成硫酸雨。硫酸雨能使大片森林和农作物毁坏，腐蚀纸制品、纺织品、皮革制品，污染建筑物等。

2. 增高大气温度

在一些大工业城市，工业生产活动使得每天都有大量废热空气污染物排放到空气中，造成近地面空气的温度比四周郊区要高一些，这种现象在气象学中被称作"热岛效应"。

3. 影响全球气候

研究表明，在有可能引起气候变化的各种空气污染物中，二氧化碳具有重大的作用。从地球上无数烟囱和其他种种废气管道排放到空气中的大量二氧化碳，约有 50% 留在空气里。二氧化碳能吸收来自地面的长波辐射，使近地面空气温度增高，这种现象被称为"温室效应"。

经粗略估算，如果空气中二氧化碳含量增加 25%，近地面温度可以增加 $0.5 \sim 2℃$；如果增加 100%，近地面温度可以增高 $1.5 \sim 6℃$。有专家研究表明，如果空气中的二氧化碳含量照现在的速度增加下去，会使南北极的冰川融化，导致全球气候异常（徐健、冯涛，2013）。

4. 影响大气降水量

从重工业城市排出来的微粒，其中有很多具有水汽凝结核的作用。因此，当空气中有其他一些降水条件与之匹配的时候，就会出现降水天气。在重工业城市的下风地区，降水量更多。

5. 减少太阳辐射量

工厂、发电站、汽车、家庭取暖设备向空气中排放的大量烟尘微粒，使空气变得非常浑浊，从而遮挡了阳光，使到达地面的太阳辐射量减少。据观测统计，在重工业城市烟雾不散的日子里，太阳光直接照射到地面的量比没有烟雾的日子减少了近 40%（徐健、冯涛，2013）。

第二节 空气污染防治管理的行为特征

一 空气污染防治管理的公共物品属性

（一）公共物品内涵

1. 公共物品概念

公共物品是指由公共资金或资源投入用于满足社会公共需要的物品。根据公共物品特性可将公共物品分为两类。

①纯公共物品：具有完全的非竞争性和非排他性，如国防和灯塔等，通常采用免费提供的方式，在现实生活中并不多见。

②准公共物品：具有有限的非竞争性和局部的排他性，即超过一定的临界点，非竞争性和非排他性就会消失，拥挤就会出现。准公共物品可以分为两类：一是公益物品，如义务教育、公共图书馆、博物馆、公园等；二是公共事业物品，也称自然垄断产品，如电信、电力、自来水、管道、煤气等（曾峻，2006）。

2. 公共物品属性

一是非排他性，即供给者和消费者对某一特定物品的控制程度，使他人使用或占有某一特定物品和服务的难易程度。在现实生活中，有些物品是做不到排他性的，如国防、公园设施等，而有些物品极容易排除其他潜在的使用者，如衣服、食物等。

二是非竞争性，即公共物品的消费方式，公共物品是由多个消费者共同使用的，且一部分人对公共物品的消费使用并不影响另一部分人对它的使用，彼此之间不存在利益冲突。比如广播电视，多个消费者可以共同使用、互不影响，而私人物品便做不到这一点。

（二）空气污染防治管理的公共物品属性

空气污染防治管理具备公共物品的属性，其非排他性体现在当政府部门对某一区域空气污染进行治理，并不影响或是阻止公众对大气环境的免费享受，也不会影响社会第三部门或社会公众保护大气环境、治理当地空气污染问题。

非竞争性体现在当本地污染源涉及跨界影响时，基于行政辖区内的污染影响而制定的传统属地环境管理体系难以满足区域大气污染控制需求，需要打破行政管辖边界，进行区域整体协调和管理。其中一个主体对区域空气污染进行防治管理，并不会影响其他主体进行空气污染防治管理，不同主体间并不是竞争的关系，他们的行为是相辅相成的。

二 空气污染防治管理的集体行动逻辑

（一）集体行动逻辑内涵

1. 集体行动逻辑的概念

集体行动的逻辑指出，个人理性不是实现集体理性的充分条件，因为理性的个人在实现集体目标时往往具有"搭便车"的倾向（靳永翥，2006）。

集体行动逻辑的基本含义是：除非一个集团中的人数很少，或者除非存在强制或其他某些特殊手段促使个人按照他们的共同利益行动，理性的、自利的个人将不会采取行动以实现他们共同的或集团的利益。

2. 集体行动逻辑的主要内容

首先，集体行动逻辑关注的首要问题不是人们如何成功地采取集体行动，而是"集体行动失败"，或者说"集体行动的困境"。集体行动并不是一种自然现象，在很多情境下，"集体不行动"才是自然的结果（Oliver，1993）。

其次，集体行动困境出现的原因是"搭便车"。"搭便车"不能简单地理解为个人不参与集体行动。个人不参与集体行动存在两种情形：一是个人有其他人供给集体物品的预期，所以自己采取不合作；二是供给某些集体物品需要满足一定规模的资源条件，个人认为自己即使采取合作也不能影响集体物品的最终供给，所以决定不参与集体行动。在这两种情形中，只有第一种情形才会导致集体行动困境的"搭便车"行为（Frohlich and Oppenheimer，1970）。

最后，集体行动的逻辑是对集体行动困境的解释，这主要是针对大集体而言的。小集体同大集体相比，具有不同的集体行动特性。即使不采用强制手段或实施选择性激励，小集体也能够摆脱集体行动的困境。研究者将集体行动的逻辑与集体行动困境对应起来，与集体行动理论的主旨有关，集体行动的逻辑"主要关注大集体，引入小集体只是为了比较和对照"（Sufrin，1965）。

（二）空气污染防治管理的集体行动逻辑

由于大气环境的公共属性，以及空气污染流动性大、移动无界性等特征，空气污染防治行动需要结合政府部门、相关企业、社会公众、社会第三部门的所有力量，相互协力才能有效应对空气污染问题。在此过程中，政府部门、相关企业、社会公众、社会第三部门之间存在大大小小的集体，其中不同类型集体的空气污染防治行动存在差异性，而不同大小的集体行为差异是由集体利益导致的。

根据集体的属性，集体利益分为"排他的集体利益"和"相容的集体利益"。相容性指一个未参加者获得收益并不会影响其他参加者的收益，比如减税。排他性指一个小集体在追求同种利益时会使其他同行业的组织利益受损，如市场竞争主体彼此寻求价格与产量之间的平衡。但在不同的目标条件下，相容性与排他性可相互转换。排他集体肯定排斥他人进入最低限度，而不会有共同一致的行动；相容性集体则可能实现集体共同利益，但也只是可能而已，因为存在"搭便车"问题。

相比大集体，小集体常能自愿组织起来采取行动支持其共同利益，而大集体通常做不到这一点。这在空气污染防治管理中得到了充分体现，由政府、企业、公众、第三部门组成的大集体，由于许多"搭便车"行为存在，空气污染治理目标得不到较好的实现，而比如第三部门这样的小集体，由于集体目标明确且成员数量较少，成员们愿意主动采取行动投入空气污染治理中，以维护彼此的共同利益。相容性大集体提供公共物品会越来越困难，这就需要设计一种"有选择性的激励"机制，包括奖赏（提供非集体物品、奖金、荣誉）和惩罚（罚款、通报批评、开除）。比如政府部门针对排污超标的企业采取罚款、公开批评等措施，对积极采取空气污染治理的企业给予物质和精神奖励，这些都是为了激励企业更好地配合空气污染防治管理，以实现改善大气环境的目标。

第三节　空气污染防治管理的理论依据

一　公共治理理论

（一）公共治理理论内涵

1. 公共治理理论概念

公共治理理论是指政府的能力和职能有限，需要重新界定政府的权限范围及其行使方式，抛弃以往传统的公共管理和服务的垄断及强制性质，强调政府、企业、团体和个人的共同作用，将部分公共责任转移到非政府机构和个人身上，而公共管理人员和管理机构必须尽职尽责，对公民的要求做出及时和负责任的反应，改变行政反应迟钝的状况，而且政府不能整天疲于应付，而是有自知之明，做自己应做和能做的事。此外，公共治理理论不强求自上而下、等级分明的社会秩序，而是重视网络社会各种组织之间平等对话的系统合作关系（魏涛，2006）。

2. 公共治理理论主要内容

在公共治理得以运用之前，公共管理中主要采用两种管理方式：一种是层级制的集权式政府管理方式，另一种是市场化的管理方式。但是，在实践中，这两种方式都存在缺陷。在社会资源的配置中，既存在市场失灵，又存在政府失灵。市场失灵是指仅运用市场的手段，无法达到经济学中的帕累托最优，市场在限制垄断、提供公共物品、约束个人的极端自私行为、克服生产的无政府状态等方面存在内在的局限性，单纯的市场手段不可能实现社会资源的最优配置。同样，仅仅依靠政府的层层计划和行政命令等手段，也无法实现资源配置的最优化，最终不能促进和保障公民的政治利益和经济利益。公共治理理论在综合两者的基础上，加入第三部门，因此公共治理理论实际上是由政府、市场和第三部门共同治理国家和社会的一种理论。可以说，公共治理理论既是对福利经济学关于市场失灵论的超越，也是对公共选择理论关于政府失败论的超越。公共治理是在各相关学科对政府理论研究发展到一定阶段后互相渗透、相互融合、综合发展的产物（滕世华，2003）。

公共治理是由多元的公共管理主体组成的公共行动体系，包括政府部门和非政府部门，其中非政府部门包含私营部门和第三部门。公共治理主体间的责任界限存在一定的模糊性，这与治理主体多元性有密切联系。由于在某些领域人们对政府全面履行公共管理责任的能力抱有的期望大大降低，而且在社会经济领域中涌现了大量非政府组织，这些非政府组织具有满足多方面需要、解决社会问题而无须让政府干预的优势，所以部分公共责任转移到在公共管理领域表现杰出和勇于承担义务的非政府组织和个人身上。因此，政府在社会公共治理中扮演"元治理"的角色，就是作为"治理的治理"，旨在对市场、国家、市民社会等治理形式、力量或机制进行一种宏观安排，重新组合治理机制。在社会公共管理网络中，政府虽不具有绝对权威，却承担着建立和指导社会组织行为大方向的行为准则的重任（Stoker，2002）。

（二）公共治理理论在空气污染防治管理中的应用

空气污染防治的非竞争性、非排他性造成了社会群体普遍的"搭便车"行为，越来越多的人追逐这种不需要付出劳动、成本即可获得利益的事物或活动，最终导致经济社会整体无法实现帕累托最优，社会资源在不断涌入的利益集团及个人的压榨中即将枯竭，造成空气污染问题。而公共治理理论在众多利益集团捆绑的枷锁中开辟了一条新的解决途径，使人们渐渐认识到空气污染防治的重要性，调动了公众参与空气污染治理的积极性，增强了公众的环境危机意识，这需要充分利用社会资本，实现公共资源的优化配置（于满，2014）。在正确的引导鼓励下，人们将利用社会资本，把分散于各界各部门的社会资源进行有机整合，通过沟通、联系、彼此互信，自发建立独立于政府的公共组织，共同维护公共环境，采取切实可行的措施倡导空气污染的治理，充分利用社会可分配资源，实现资源的最优配置（何翔舟、金潇，2014）。

二　委托代理理论

（一）委托代理理论内涵

1. 委托代理理论概念

委托代理理论是 20 世纪 60 年代末 70 年代初兴起的经济学理论，其实质是研究在委托人不得不对代理人的行为后果承担风险的前提下，委托人和代理人之间关系和相互作用的结果及其调整（赵蜀蓉等，2014）。现代意义的委托代理的概念最早是由罗斯提出的，"如果当事人双方，其中代理人一方代表委托人一方的利益行使某些决策权，则代理关系就随之产生"。委托代理理论从不同于传统微观经济学的角度来分析企业内部、企业之间的委托代理关系，它在解释一些组织现象时优于一般的微观经济学（郑和平，2003）。

2. 委托代理理论主要内容

最早的委托代理理论数学模型是威尔逊（Wilson）、史宾斯（Spence）和泽克毫森（Zeckhauser）、罗斯（Ross）在研究"状态空间模型化方法"过程中给出的，用来解释股东和经理人的关系。随后，莫里斯（Mirrlees）、格罗斯曼（Grossman）和哈特（Hart）、罗杰森（Rogerson）分别对模型进行了进一步的修正完善，使委托代理模型的应用得到了推广。1990 年，弗登伯格（Fudenberg）、霍姆斯特姆（Holmstrom）和米尔格罗姆（Milgrom）构建参数化模型，研究了作为代理人的政府官员的约束性、多项工作、雇佣制度优势、资产所有权、专业化分工后指出，在与委托人同样的利率条件下，代理人如果能够自由进入资本市场，所签订的短期合同可以达到与长期合同同样的效果（Fudenberg et al. , 1990）。1991 年，萨平顿（Sappington）提出了重点研究道德风险的委托代理模型，该模型利用规制设计的贝叶斯方法设计管制，引入委托人对代理人的经验环境的概率信息，研究普遍的委托人与代理人之间的关系与激励问题（Kofman and Lawarree, 1996）。

委托代理理论是制度经济学契约理论的主要内容之一，主要研究的委托代理关系是指一个或多个行为主体根据一种明示或隐含的契约，指定、雇用另一些行为主体为其服务，同时授予后者一定的决策权，并根据后者提供的服务数量和质量为其支付相应的报酬。授权者就是委托人，被授权者就是代理人。委托代理关系起源于"专业化"的存在。当存在"专业化"时就可能出现这种关系，在这种关系中，代理人由于相对优势而代表委托人行动。而且委托代理理论创造性地提出了信息和风险的观点：完善信息可以降低决策的盲目性，促进经济效率提高。在组织中，通过建立完善的信息收集、获取、传递和处理系统，委托人可以有效地限制代理人的机会主义行为，减少代理成本；组织的未来命运不仅与组织成员的自身行为有关，而且在很大程度上取决于外部环境，从而带来了难以预计的风险。委托代理理论中的不确定性与人们对待风险的态度相关，它将影响到究竟会达成基于行为的代理合同还是基于结果的代理合同这一关键问题。

（二）委托代理理论在空气污染防治管理中的应用

由于我国行政管理机制的特殊性，中央政府与地方政府所形成的委托代理关系存在信息不对称、道德风险、逆向选择等问题，政府对企业、政府对社区以及公共权力治理约束等一系列行政管理中常见的问题都可以通过委托代理理论进行正规化、系统化、标准化的定性或定量分析与研究。随着委托代理理论的不断完善和发展，这一理论也被广泛地应用到了我国的行政管理过程中。由于社会分工和职业化的发展，公共部门面临着目标冲突和信息不对称等问题，因此公共部门的委托代理关系的建立和企业的委托关系具有相似性。

在我国，公共资源的初始委托人是全体人民，中央政府和地方政府是"自上而下"的委托代理关系。在空气污染防治管理的过程中，中央政府和地方政府是全体人民的代理人，而空气污染治理的初始委托人是人民，所以各级政府代表人民进行公共环境治理。由于空气污染的公共属性以及其治理的困难程度，由各级政府代表社会公众进行空气污染治理，会使治理行动更有效率，同时各级政府比社会公众拥有更多的优势，更有利于空气污染治理，而且多任务委托代理模型能够有效地为政府在制定激励机制、提供最优决策等方面提供理论依据及实施建议。

三　公共选择理论

（一）公共选择理论内涵

1. 公共选择理论概念

公共选择理论又称新政治经济学或政治学的经济学，是一门介于经济学和政治学之间的新的交叉学科。它以微观经济学的基本假设，尤其是理性人假设、原理和方法为分析工具，研究和刻画政治市场上的主体的行为和政治市场的运行（方福前，1997）。公共选择是指人们提供什么样的公共物品、怎样提供和分配公共物品以及设立相应匹配规则的行为与过程。公共选择理论则期望研究并把研究结果影响人们的公共选择过程，从而实现其社会效用的最大化（孔志国，2008）。

2. 公共选择理论主要内容

公共选择理论是由著名经济学家詹姆斯·布坎南提出的。而构成公共选择理论方法论的三个主要因素，即方法论的个人主义、理性人假设、把政治过程视为一个交换过程，是由维克塞尔提出、布坎南总结得出的。公共选择理论的个人主义方法论认为，个体是整体的基本细胞，个体行为是分析集体行为的前提。但事实上，虽然许多个体相互组合构成了整体，但整体绝不是个体简单加总的产物。个体是具体的事物，它具有多样性和系统性的特点，所以要想了解个体的特点与内在实质，仅从个体出发是不够的，还应该从人们的日常行为方面去研究。另外，个体间相互作用所产生的效果大小，不仅受个体本身因素的影响，还受各种外在环境条件的影响。公共选择理论的基本特点是以"经济人"的假定为分析武器，探讨在政治领域中经济人是怎样决定和支配集体行为，特别是对政府行为的集体选择所起到的制约作用。

同时，公共选择理论较为系统地思考了政府与市场的关系。首先，公共选择理论强调政府官员的"经济人"属性，认为其政治行为中包含一定的经济利益因素；其次，公共选择理论认为，政府在行政过程中的行为和认知能力是有限的，再加上信息障碍等问题，致使政府行为的失效甚至负效应；最后，公共选择理论注重法治与制度建设思想，对约束政府行为、提高政府决策效率有其重要意义。

公共选择理论的研究对象是公共选择问题，公共选择就是指人们通过民主决策的政治过程来决定公共物品的需求、供给和产量，是把私人的个人选择转化为集体选择的一种过程，也可以说是一种机制，是利用非市场决策的方式对资源进行配置。所以说，公共选择在本质上就是一种政治过程（宋延清、王选华，2009）。而公共选择作为一种政治过程，有着不同的方面，即要经过立宪、立法、行政和司法三个过程。第一阶段即立宪阶段，所进行选择的是制定根本性的法规来约束人们的行为；第二阶段即立法阶段，主要是在现行的规则和法律范围内开展集体活动；第三阶段即行政和司法阶段，也即执行阶段，它将立法机构通过的法案具体付诸实施，并且执行各项决策。在这三个阶段中，问题最多的是行政和司法阶段，这个阶段的操作难度也是最大的，因此，通常认为这个阶段是公共选择理论最为重要的阶段。从行政的角度来研究和阐述公共选择理论的相关问题，无疑是最具有现实意义的（王臻荣、常轶军，2008）。

（二）公共选择理论在空气污染防治管理中的应用

我国的环境规制政策由中央政府统一制定，地方政府作为环境规制的执行者，受到现行分权管理体制的影响，使得中央政府和地方政府在环境规制目标上产生错位。地方政府的环境规制总是在经济增长和外部性治理之间进行权衡，甚至被外部性的产生者所"俘虏"，其结果是环境规制无效，空气污染严重。政府环境规制的目的在于弥补市场对环境污染负外部性的缺陷，达到环境资源配置的帕累托最优，提高社会环境资源的福利水平。但实际上，环境规制实施会产生较高的隐性成本，使得环境规制效率低下，空气污染严重。在实际工作中要注意以下两点。

一是政府部门利用环境规制者的身份，拥有高度垄断性的规制权力来开展"寻租活动"。政府部门为了部门或官员个人的利益而利用行政规制权力，巧立名目地"设租"。作为污染者的企业为了减少环境污染内部化的成本，为了获得政府的特殊政策优惠，花费大量的时间与精力进行游说，更多采用金钱或礼品去疏通关系以获得环境污染的特权。政府部门甚至可以动用某些手段，制造不平等的竞争，从一开始就扭曲环境资源配置，使一部分人"合法"地获取租金的特权。这些行为的实质就是行政腐败、权力腐败。政府环境职能的扩张，也为环境寻租创造了机会，如政府发放的许可证因为包含了利益再分配的权力，就会有人为了获得许可而行贿，空气污染治理的效果势必会大打折扣。

二是政府空气污染的监督成本高。政府环境规制部门的官员出于追求个人政治租金最大化的动机，会尽可能强化政府的环境规制，扭曲市场机制的作用。这种行为过程势必会带来权力腐败。为了防范和控制环境规制过程中的腐败行为，政府相关部门必须加大监督力度，从而带来监督成本的增加，包括事前的防范成本、事中的监督和制约成本、事后的处理成本。政府环境规制的程度越大，官员拥有的权力越大，对权力的监督就越困难，监督成本也就越高（孙晓伟，2011）。

四　环境权理论

（一）环境权理论内涵

1. 环境权理论概念

环境权是指特定的主体对环境资源所享有的法定权利。对公民个人和企业来说，环境权就是享有在安全和舒适的环境中生存和发展的权利，主要包括环境资源的利用权、环境状况的知情权和环境侵害的请求权；对国家来说，环境权就是国家环境资源管理权，是国家作为环境资源的所有人，为了社会的公共利益，利用各种行政、经济、法律等手段对环境资源进行管理和保护，从而促进社会、经济和自然的和谐发展。①

2. 环境权理论主要内容

环境权作为新型的权利，并非一项单独的权利，而是一个由公权和私权、程序性权利和实体性权利所构成的内容丰富的权利体系。它在程序上表现为国家环境管理的参与决策权，在实体上则被赋予民事权利的性质。它以资源的开发权、利用权为中心，体现作为公共物品的环境对个体的客观价值，通过成本—收益的效用比较参与经济流通过程。

按照环境权所依据的法律属性的不同，可以将之分为私法意义上的环

---

① 《我国公民环境权益将在立法中"具体化"》，搜狐网，2003 年 11 月 5 日，http：//news. sohu. com/50/30/news215213050. shtml。

境权和公法意义上的环境权。前者是公民个人所依法享有的在安全舒适的环境中生存和发展的权利；后者是一种环境管理权。私法意义上的环境权多体现在《宪法》《民法总则》《民事诉讼法》《刑法》等法律上，比如民法规定"公民享有生命健康权""违反国家保护环境防止污染的规定，污染环境造成他人损害的，应当依法承担民事责任"，就说明了公民个人享有在安全舒适的环境中生存和发展的权利，这种权利受法律保护，不得侵害和剥夺；而公法意义上的环境权则体现在《环境保护法》《行政诉讼法》等法律上，比如环境保护法规定"县级以上地方人民政府环境保护行政主管部门，对本辖区的环境保护工作实施统一管理"，就表明了环境保护行政主管机关的环境资源管理权。

私法意义上的环境权的主体一般包括公民个人和群体两类，而公法意义上的环境权的主体则多为国家以及一部分的组织和法人。需要说明的是，群体主体多为法人或者其他非法人组织和团体，他所享有的私法意义上的环境权可以落脚到公民个人环境权的基础之上，所以环境权实际上包括两部分：公民个人的环境权和国家的环境资源管理权。至于企业的环境权，与公民个人的环境权并无二致，只是侧重点有所不同，具体的含义有所差别。① 比如企业的环境权更加注重环境资源的利用权和环境状况的知情权，而公民个人的环境权则较为注重环境侵害的请求权。

（二）环境权理论在空气污染防治管理中的应用

大气环境是公民作为生物个体生存的基本物质条件和空间场所的提供者，是人类生存的必要条件，保护大气环境的目的在于保证人类的生存繁衍，因此环境权的最低限度标准不是单纯的医学上划分疾病与健康的标准。环境权不是公民个人对其居住环境的占有权、使用权、处分权，因而不是财产权；环境权也不是要求他人不直接侵害公民生命健康的权利，因而它也不是人格权。环境权始终以环境为权利客体，要求实现人类价值观的彻底转换，是建立在人与自然和谐共处基础上的新型权利（吕忠梅，1995）。空气污染问题的产生及恶化，使公民产生了保护环境的权利要求，

---

① 《保障公民环境权将迎来中国环保重大变革》，搜狐网，2007 年 2 月 16 日，http：//news.sohu.com/20070216/n248269765.shtml。

生态学和环境科学的发展更使国家具备了保护这一权利的物质手段，因此国家应及时将这一应有权利奉为法律权利。而在现代社会权利法定原则下，环境权的法律化是使环境权利得到保障的前提条件，也是国家担当环境管理职责的法律依据。所以，空气污染危害公民的身体健康，正是涉及公民环境权受损，政府应积极进行空气污染防治管理，保障公民的环境权。

五　责任政府理论

（一）责任政府理论内涵

1. 责任政府理论概念

从狭义的角度看，责任政府其实是"一种需要通过其赖以存在的立法机关而向全体选民解释其所做的决策并证明这些决策是正确合理的行政机构"（陈国权、徐露辉，2008）。这种定义是建立在对英国责任内阁制的运行机制的总结基础上的传统责任政府理论，这种责任政府运行的环境与支撑是英国的民主制度。基于责任政府与民主的关联性，一般认为"责任行政或责任政府既是现代民主政治的一种基本理念，又是一种对政府公共行政进行民主控制的制度安排"（Wilding and Laundy，1971）。

2. 责任政府理论主要内容

传统责任政府理论的基本观点可概括如下：第一，议会的信任构成政府的执政资格；第二，政府一旦在议会的重大表决中失败，即视为政府丧失议会的信任；第三，政府对议会负责，而负责方式主要指向议会报告工作，并在丧失议会信任后辞职；第四，内阁必须团结一致，接受首相控制；第五，政府采用两种形式对议会负责，即政府集体负责制和大臣个人负责制；第六，文官不对议会负责。传统责任政府理论是在特定的历史背景下产生的特定的政府理论（蒋劲松，2005）。

现代责任政府理论强调责任政府的核心特征应该是责任政治。责任政治作为现代民主政治的一个基本特征，其含义可以狭义地理解为责任内阁制政府，即行政机关由代议机关产生并对代议机关负责的政权组织形式。而广义的责任政治则指人民能够控制公共权力的行使者，使其对公共权力的行使符合人民的意志和利益，直接或间接地对人民负责的政治形式。在广义的责任政治中，责任政治的责任就形式而言包括法律责任和政治责任。其中，法律责任是指责任主体因违法而承担相应法律后果；政治责任则不一定要违法才构成责任后果，责任主体在政府工作中违反道德或政治上的约定均可以构成政治责任，政治责任主要体现在官员在政府工作中应负的责任。

一般来说，政府责任的内容是随着社会经济的发展不断扩展的。政府责任与生俱来就包含的内容有政治责任、行政责任、法律责任和道德责任。随着时代的变化，公众对环境的重视加强，政府责任中增加了政府环境责任。政府环境责任，通常也称作政府生态责任，是指法律规定的政府以公众环境利益为指向在环境保护方面应尽的义务，以及政府因未履行规定义务造成的否定性后果应承担的责任。《斯德哥尔摩宣言》曾庄严地宣告，各国政府都负有保护和改善现代人赖以生存的环境的责任，各国政府应加强各自环境保护机构的作用发挥，并提高各机构治理环境的能力。

（二）责任政府理论在空气污染防治管理中的应用

政府的公共责任并不能附着在抽象的概念上，总是要由集体或个人成为可追究的责任主体。近年来，我国城市空气污染问题日趋严重，社会大众谈"霾"色变，社会舆论普遍追问政府治理城市空气污染是否尽责，并由此引发社会公众对政府治理空气污染不力的抱怨和不满。这不仅严重影响政府的公信力，也容易诱发环境群体性事件。由于整个生态环境在人类频繁的活动下不断恶化，尤其是近年来广为诟病的空气污染，所以，政府必须将工作重心适时地转移到履行环境保护的职能与义务上。

依法梳理政府在城市空气污染防治中的职能定位，明确政府在城市空气污染防治中的责任，是提升政府治理城市空气污染能力的前提（姜晓萍、张亚珠，2015）。政府环境责任的核心是政府环境法律责任，因此，建立健全空气污染防治法律法规和标准体系，成了空气污染防治中政府责任的重中之重。落实政府在空气污染防治过程中的责任后，要积极履行其职责，严格执行，确定落实。环境法律能否得到有效贯彻落实，关键在于执行是否到位，因此监督环境法律的执行也成为空气污染防治中地方政府责任的重要内容之一。为了保证地方政府及其相关被赋予环保职能的机构及时、充分地履行环境保护职责，防止其因"经济人"本能而趋利避害、懈怠职责，必须加强对其环境行政执法充分性的问责监督。对于政府在空气污染防治行为中的缺失，要采取事后问责机制，追究政府的责任缺失，给社会公众一个交代并及时吸取教训。

六　协同理论

（一）协同理论内涵

1. 协同理论概念

协同学亦称协同论或协和学，是研究不同事物共同特征及其协同机理的新兴学科，是十几年来获得发展并被广泛应用的综合性学科。它着重探讨各种系统从无序变为有序时的相似性。协同论的创始人赫尔曼·哈肯把这个学科称为"协同学"，一方面是由于我们所研究的对象是许多子系统的联合作用，以产生宏观尺度上的结构和功能；另一方面是由于它是由许多不同的学科进行合作，以发现自组织系统的一般原理。

2. 协同理论主要内容

协同学是由西德的理论物理学家赫尔曼·哈肯于1971年创立的，它的基本假设是：在无生命物质中，新的、井然有序的结构会从混沌中产生，并随着恒定的能量供应而得以维持（哈肯，2005）。基于这种假设，赫尔曼·哈肯在其《高等协同学》一书中明确提出了协同学的研究对象，即"协同学是研究由完全不同性质的大量子系统（诸如电子、原子、分子、细胞、神经元、力学元、光子、器官、动物乃至人类）所构成的各种系统"。

协同学是一门研究普遍规律支配下的有序的、自组织的集体行为的科学，这就使得协同学不仅在自然科学领域，而且在社会科学领域也得以广泛应用。协同学研究中面临对两种现象的解释，一是有序的集体行为的发生，二是自组织行为的发生。对集体行为和自组织行为发生的阐释构成了协同学中的两个基本原理——支配原理和自组织原理。

协同学的支配原理是以"序参数"为核心的。序参数是一种描述宏观系统有序度的参数，它代表着宏观系统的序的状态（王贵友，1987）。以"序参数"为基础的支配原理的作用过程中，子系统之间的关联便是协同学中所指的序参数。同时协同学也认为系统宏观结构由几个序参数共同决定，由此引出了协同的二层含义：一是子系统之间的协同合作产生宏观的有序结构，二是序参数之间的协同合作决定着系统的有序结构。然而在系统中并非只存在协同，也存在竞争。协同形成结构，竞争促进发展，这是相变过程中的普遍规律（郭治安等，1988）。

协同学的自组织原理可以分为两类：他组织和自组织。如果一个系统靠外部指令形成组织，这就是他组织；如果不存在外部指令，系统按照相互默契的某种规则，各尽其责而又协调自动地形成有序结构，这就是自组织。系统新的有序结构和功能的形成是系统自己组织起来的，是大量子系统之间既相互竞争又相互合作，共同作用的结果，这种作用和行动没有外部指令的支配。自组织过程是开放系统的非平衡相变过程。自组织过程强调系统内部各子系统（或各个要素）之间的差异与协同，强调差异与协同的辩证统一以达到的整体效应（李汉卿，2014）。

（二）协同理论在空气污染防治管理中的应用

协同理论对于开放系统下的社会多元化的协同发展具有较强的指导意义。中国市场化改革所带来的是各个主体间的竞争关系的增强，这一举动虽然为经济社会的发展注入了活力，但是也引发了一系列环境污染问题，如空气污染问题。协同理论尊重竞争，更强调不同子系统或者行为体的协同，以发挥整体大于部分之和的功效。这对于因片面强调竞争所带来的空气污染问题的解决更具有现实意义，因此协同理论有助于空气污染治理效果的改善，从而促进社会协同发展。

为应对我国空气污染的区域性特点、协调解决区域空气污染问题，一些地方政府开始走上区域协同治理之路，极大地推动了中国空气污染治理进程（彭向刚、向俊杰，2015）。尤其在目前的空气污染防治管理中，由于空气污染的移动无界性以及空气污染类型的复杂性，空气污染问题已经成为跨领域、跨区域的公共问题，依靠单个地区各自为政的属地管理模式已不能适应区域空气污染治理要求，打破行政区划限制，统筹协调不同利益主体，实现跨行政区域协同，已然成为我国空气污染治理的重要突破口

（罗文剑、陈丽娟，2018）。解决空气污染问题亟须完善区域联防联控机制，其防治管理往往涉及不同区域多个主体之间的责任，需要中央政府与地方政府、地方政府与地方政府等政府相关部门协调沟通，相互合作，共同解决问题。在涉及多个政府主体职责时，政府部门要树立协同治理空气污染的理念，建立具有权威性的协同治理机构，还要梳理不同区域间相冲突的法律和政策，为府际协同治理空气污染奠定法治基础等。除了政府相关部门的主导作用外，空气污染防治还涉及相关的排污企业、治污企业、社会公众等相关利益方。在空气污染防治的过程中，政府要平衡各个利益方之间的合法权益和利益，建立科学合理的生态补偿机制，推动空气污染防治行动的顺利进行。

第三章

空气污染防治管理的主体

主体指在社会实践中认识和改造世界的人，存在形式可区分为个人主体、群体主体和人类整体主体。集体行动贯穿整个人类社会的始终，只要存在单个个体无法实现的公共物品的供给问题，就存在集体行动的现象。空气污染防治管理是典型的集体行动，而每个行动者都有自己的逻辑出发点。本章将对空气污染防治管理的主体构成、作为、行为逻辑以及相互关系进行探讨。

第一节 空气污染防治管理主体构成的多元性

空气污染防治管理主体分为政府主体（中央政府、地方政府）、市场主体（排污企业、环境治理企业）和社会主体（公众、环保社会组织、媒体），如图 3-1 所示。空气污染防治从单一政府主体到政府、市场和社会主体多元化的过程，实际上也是政府、市场、社会三大主体在环境治理中的责任关系建立、发展和明确的过程（冯贵霞，2016）。这种多元利益主体互动关系的形成正在打破自上而下、政府单中心的传统线性循环治理模式，不同主体之间相互作用和影响，共同推进空气污染防治管理的进程。

一 政府主体

（一）中央政府

中央政府具有广义与狭义概念的区别：广义的中央政府不仅包括国务院，还有全国人大、全国政协等；狭义的中央政府是由国务院及其各职能

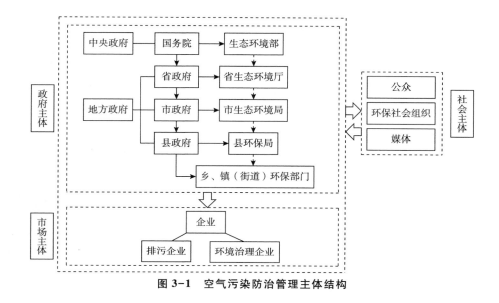

图 3-1 空气污染防治管理主体结构

部门共同组成的。图 3-1 中的中央政府主要是指国务院及其各环保相关职能部门。

由于空气污染治理的公共物品属性，中央政府对地方政府的管辖不可避免。中央政府发布的政策文件是空气污染防治的基础，中央政府是政府决策的推动者和宏观战略的设计者。在每一个阶段性转折期，中央政府所提出的战略思想都是空气污染防治措施改进的宏观方向。同时，自上而下的政策模式在中国占据主体地位，即中央政府在决策上具有绝对权威，地方政府服从于中央政府的决策。2015 年施行的《环境保护法》和 2018 年修正的《大气污染防治法》明确指出，国务院及有关部门有权建立与完善全国统一的空气污染防治基本制度，划分空气污染防治事权与财权，监督管理地方政府实施的空气污染防治成效并建立空气污染防治考核评价制度。

根据 2018 年 2 月 28 日通过的《中共中央关于深化党和国家机构改革的决定》，国务院新组建了生态环境部，不再保留环境保护部。组建生态环境部统一负责生态环境监测和执法工作，统一监督管理污染防治、核与辐射安全。生态环境部内设大气环境司（京津冀及周边地区大气环境管理局）主要负责全国大气、噪声、光等污染防治的监督管理工作，包括拟订和组织实施城市大气环境质量相关政策、规划、法律、行政法规、部门规章、标准、规范及考核；承担大气污染物来源解析工作；组织划定大气污染防治重点区域，指导或拟订相关政策、规划、措施；建立重点大气污染物排放清单和有毒有害大气污染物名录，组织拟订重污染天气应对政策措施；组织实施区域大气污染联防联控协作机制，承担京津冀及周边地区大气污染防治领导小组日常工作。

另外，除生态环境部外，国家发展改革委、工业和信息化部、财政部、自然资源部、住房和城乡建设部、交通运输部、农业农村部、中国气象局以及国家能源局等部门也对空气污染防治政策的制定有影响。从职权分布看，生态环境部是环境决策及执行的核心主体，对空气污染防治进行统一监督管理，负责制定相关政策和规划，对国家级项目进行环境审批等。其他部门是空气污染防治过程中的重要参与者，它们通过制定部门法规、相关行业技术标准，或采用某种政策工具影响空气污染防治过程，各部门空气污染防治相关职能详见表3-1。

表3-1　空气污染防治相关部门职能

部门名称	空气污染防治相关部门职能
生态环境部	建立健全空气污染防治基本制度；重大空气污染问题的统筹协调和监督管理；落实国家减排目标的责任；提出空气污染防治领域固定资产投资规模和方向、国家财政性资金安排的意见；从源头上预防、控制空气污染责任；空气污染防治的监督管理；空气质量监测和信息发布；空气污染防治科技工作；组织、指导和协调空气污染防治宣传教育工作
国家发展改革委	综合分析经济社会与资源、环境协调发展的重大战略问题；拟订能源资源节约和综合利用、发展循环经济的规划和政策措施并协调实施，参与编制环境保护规划；协调环保产业和清洁生产促进有关工作；组织协调重大节能减排示范工程和新产品、新技术、新设备的推广应用；承担国家应对气候变化及节能减排工作领导小组有关节能减排方面的具体工作
财政部	加强空气污染防治的决策部署，落实好空气污染防治监管经费，增加空气污染防治投入；逐步淘汰造成严重污染的设备和技术，及时调整污染排污费制度；设立用于支持地方开展大气污染防治工作的专项资金；实施与健全生态补偿制度；推进环境保护税、资源税等税制改革
自然资源部	负责自然资源调查监测评价；负责自然资源统一确权登记工作；负责自然资源资产有偿使用工作；制定并实施自然资源领域科技创新发展和人才培养战略、规划和计划

续表

部门名称	空气污染防治相关部门职能
住房和城乡建设部	建立健全城乡建筑节能标准，推进建筑节能和绿色建筑工作，负责建筑工地施工扬尘、施工噪声、城镇道路扬尘和生活垃圾焚烧等污染防治工作；指导地方加快供热供暖体制改革；建立与完善环境影响评价法律法规和建设项目环境影响评价文件；引导实施城乡生活污水、生活垃圾、建筑垃圾处理设施建设和重大减排项目
工业和信息化部	参与制定"散乱污"企业及集群整治标准，配合生态环境部门开展"散乱污"工业企业排查和分类；在重点区域实施秋冬季重点行业错峰生产，各地针对钢铁、建材、焦化、铸造、电解铝、化工等高排放行业，科学制定错峰生产方案，实施差别化管理；严厉打击生产销售排放不合格机动车行为，撤销相关企业车辆产品公告
农业农村部	秸秆综合治理；调查处理农业生产行为造成的农业环境污染事故，协同环境保护行政主管部门对属于工业污染和其他污染造成的农业环境污染事故进行调查处理
科技部	加强空气污染防治科技统筹协调，促进科研成果开放共享
中国气象局	拟定气象工作的方针政策、法律法规、发展战略和长远规划；制定、发布气象工作的规章制度、技术标准和规范并监督实施；承担气象行政执法和行政复议工作；构建重污染天气监测预警体系
国家能源局	负责能源行业节能和资源综合利用，组织推进能源重大设备研发，组织协调相关重大示范工程和推广应用新产品、新技术、新设备；参与制定与能源相关的资源、财税、环保及应对气候变化等政策，提出能源价格调整和进出口总量建议
商务部	指导中国企业进一步规范对外投资合作活动中的环境保护行为，开展污染防治工作，制定废气、废水、固体废物或其他污染物的排放标准；鼓励企业开展清洁生产，推进循环利用
国家质量监督检验检疫总局	参与因锅炉等特种设备事故造成环境污染的调查处理；负责对空气污染监测机构和排污单位空气监测计量器具配置、周期检定、使用情况和监测数据的计量监督管理
交通运输部	统筹交通基础设施空间布局，全面推进绿色交通基础设施建设；推广港口岸电、LNG等新能源和清洁能源应用；开展柴油货车污染治理专项行动、船舶污染防治专项行动、港口设施污染防治专项行动以及路域环境污染治理等专项行动
公安部	依法协助环境保护部门对机动车尾气污染进行监督管理和检测；依法查处涉及环境保护的刑事案件和治安案件

（二）地方政府

中央政府与地方政府在空气污染治理中扮演不同的角色，承担不同的责任。地方政府既接受中央政府领导，又是地方最高行政机关，这种双重身份决定其既要维护中央政府利益，又要保障地方利益。因此，我国地方政府是中央政府进行地方治理的代理机构，也是地方经济建设和社会发展的领导者。一方面，作为代理机构，地方政府拥有所在区域的管辖权，并在保护地方公共利益的前提下，对国家层面制定的法律、决策、文件等负责实施执行。另一方面，作为地方领导主体，地方政府是地方经济社会发展的政治支持系统，在地方经济与社会发展中发挥着关键性的作用。在空气污染防治过程中，地方政府需要对行政区域内的空气质量负责，制定空气污染防治规划，保障资金投入，采取防治措施，严格控制和有计划地削减重点空气污染物排放总量，实现空气质量改善目标，使本行政区域的空气质量达到国家和省规定的标准。

从图 3-1 可知，地方政府包含省政府、市政府以及县政府，与之相对应的环保部门分别是省生态环境厅、市生态环境局、县环保局。省生态环境厅的根本职能是依法对全省环境保护工作实施统一监督管理，对辖区内的环保工作实行统一规划、统一监测、统一标准、统一法规、统一发布信息，强化宏观调控和执法监管力度，确保全省环境安全；市生态环境局将原环境保护局的职责，以及国家发展改革委的应对气候变化和减排职责，国土资源和房屋管理局的监督防止地下水污染职责，水利局的编制水功能区划、排污口设置管理、流域水环境保护职责，农业与农村委员会的监督指导农业面源污染治理职责等进行整合，是主管全市环境保护工作的部门；县环保局负责拟订全县空气污染防治的规范性文件、保护规划、政策并组织实施与监管。此外，乡、镇（街道）环保部门处在环保工作落实的最前沿，乡镇干部对本区域情况熟、与群众关系密切、对工作路数熟，对于环境问题发现得快、看得清，有利于及时发现辖区突发环境问题，及时化解各类环境信访矛盾，切实维护群众权益，对开展乡镇环保工作具有重要作用。

二　市场主体

（一）排污企业

地方政府承担地方环境质量改善的主要责任，而排污企业作为空气污染首要源头，是地方政府环境政策实施的主要对象。2017 年，环境保护部办公厅印发了《重点排污单位名录管理规定（试行）》（以下简称《规定》），明确重点排污单位筛选条件，规范重点排污单位名录管理。《规定》对重点排污单位名录实行分类管理，按照受污染的环境要素分为水环境重点排污单位名录、大气环境重点排污单位名录、土壤环境污染重点监管单位名录、声环境重点排污单位名录，以及其他重点排污单位名录五类，同一家企业事业单位因排污种类不同可以同时属于不同类别重点排污单位。

（二）环境治理企业

2005 年之后，国家加大了对环保基础设施的建设投资，有力地拉动了相关产业的市场需求，环保产业总体规模迅速扩大，产业领域不断拓展，产业结构逐步调整，产业水平明显提升。一是发展先进环保技术和装备，包括垃圾处理、脱硫脱硝、高浓度有机废水治理、土壤修复、监测设备更新等，重点攻克膜生物反应器、反硝化除磷、湖泊蓝藻治理和污泥无害化处理技术装备等；二是发展环保产品，包括环保材料、环保药剂，重点研发和产业化示范膜材料、高性能防渗材料、脱硝催化剂、固废处理固化剂和稳定剂、持久性有机污染物替代产品等；三是发展环保服务，建立以资金融通和投入、工程设计和建设、设施运营和维护、技术咨询和人才培训等为主要内容的环保产业服务体系，加大污染治理设施特许经营实施力度。

随着环保产业转型升级趋势的加快和企业科技竞争力的增强，排污企业的治污需求也不断增加，由专门提供环境服务的第三方采购环境服务，实现"治污"的第三方经营，将成为中国环保产业发展的必然趋势和创新模式。所谓环境污染第三方治理是指，排污企业通过缴纳费用或按合同约定支付费用，委托专业的环保服务公司进行污染治理的新模式。环境污染第三方治理涉及排污企业、环保企业、地方政府、金融机构、公众和环保部门等多个主体，排污企业承担污染治理的主体责任，第三方治理企业按照有关法律规章以及排污企业的具体委托要求承担约定的污染治理责任，金融机构为环境污染治理第三方提供融资支持，环保部门履行污染排放及污染治理的监管职能，公众享有环境知情权和监督权，地方政府为专业环保公司提供税收减免及环保专项基金支持等相关政策扶持。同时，第三方治理将市场机制引入环境污染治理领域，专业环境服务公司提供治污的外部服务，使排污企业由排污者转变为治污监督者，节约下来的排污费用由排污企业与环境服务商共享，理顺了各方的责任关系，达到了环境治理的目的。

三　社会主体

（一）公众

随着生活水平的提高，人民群众对生态环境质量的要求也从过去的"求生存""盼温饱"向现在的"求生态""盼环保"转变。因此，公众的需求作为环境污染防治和生态环境保护的重要动力和重要源泉，其参与的程度、深度、广度影响着环境治理水平。空气污染防治中的公众参与是指在空气污染防治中公民有权通过一定程序或途径参与一切与空气污染防治有关的活动，使之符合广大公民的切身利益。通过公众参与，公众能充分自由地发表自己的意见和见解，从而影响决策者的行动，达到有效维护公众自身环境利益的目的；有效地激发公众主人翁意识，在实践中不断提高环境觉悟和参与能力，自觉遵守和执行有关空气污染防治的规定，从而加强政府与公众之间的联系合作，充分发挥公众的监督作用；增强空气污染防治的向心力、凝聚力，从而有利于空气污染防治，推动整个环境保护事业的发展，促进人与自然的和谐相处。

（二）环保社会组织

环保社会组织是为社会提供环境公益服务的非营利性社会组织，具有明显的环保导向。政府部门发起组建的环保社会组织和学术环保社团占

90%以上，民间自发组成的环保志愿者组织力量相对薄弱。近年来，在党和政府高度重视和引导下，环保社会组织作为公众参与环境保护的核心力量，能够成为连接政府、企业与公众的桥梁与纽带，在提升公众环保意识、促进公众参与环保行动、开展环境维权与法律援助、参与环保政策制定与实施、监督企业环境行为、促进环境保护国际交流与合作等方面做出了积极贡献。

中国的环保社会组织大致上可以分为四类：一是在官方支持下成立的环保社会组织，如中华环保联合会、中华环境保护基金会、中国环境文化促进会，以及各地环境科学学会、环境保护产业协会、野生动物保护协会等；二是由民间自发组织成立的环保社会组织，比较有影响力的有自然之友、地球村等，这些组织不以赢利为目的，主要从事环境保护工作和监督企业排放等；三是高校学生参与的环保社团；四是国外环保组织的驻华机构。其中，第一类环保社会组织的官方性质浓厚，一般由政府主导，受政府影响较大；至于第四类国外环保组织的驻华机构，其活动领域受到限制，发挥的环保作用相对较小。当前，民间环保社会组织和高校环保社团是中国环保社会组织中最为活跃的部分，也是人们最为关注的部分。

（三）媒体

随着信息传播技术的发展，微博、论坛、博客、官方网站、微信等新媒体兴起，改变了传统媒体在公共政策运行过程中的角色，逐渐从信息传播发展为充当利益调停的协商平台。在媒体的积极参与和推动下，公众加大了对政府响应空气污染防治行动的监督力度。媒体对一系列连续事件的报道和对公众态度的真实呈现，推动空气污染防治进入政府议程首位，国家随即出台了号称"史上最严"的大气污染防治行动计划。事件、消息自主跟踪以及连续报道的形式，成为社会公众讨论空气质量问题的新方式，促使公众对政府响应的监督更加强烈。此外，媒体在近年来的环保公开约谈中充分发挥了舆论压力的作用，督促地方政府和污染企业明确自身责任，有效地支持了政府强力治污政策的实施。可见，在空气污染防治进程中，媒体增加了公众自我表达的频率，并与政府组成对话协商的平台。媒体充分发挥在舆论环境中的作用，推进政府与公众的互动，构建新型政策网络关系，推动公众意见走向"共识的民意"，促进民意形成政策，在民意与政策中寻求平衡。

第二节 空气污染防治管理主体的作为

一 政府主体的作为

（一）中央政府

1. 空气污染防治基本制度的建立与完善

中央政府在空气污染防治中主要负责全国性的统一规划和政策制定的战略性工作，如统一制定环境法律法规、编制中长期环境规划和跨区域重大环境保护规划，建立全国环境质量与污染排放等标准体系，统一进行环境污染治理和生态变化监督管理等。具体来说，组织测算并确定区域空气环境容量，开展空气环境承载力评估；承担空气污染物来源解析工作；拟订全国空气污染防治规划，指导编制城市空气质量限期达标和改善规划；建立对各地区空气质量改善目标落实情况考核制度；组织划定空气污染防治重点区域，指导或拟订相关政策、规划、措施；组织拟订重污染天气应对政策措施；建立重点空气污染物排放清单和有毒气体名录；承担空气污染物排污许可、总量控制、排污权交易具体工作；建立并组织实施新生产机动车、非道路移动机械环保监管和信息公开制度。

2. 空气污染防治的资金管理

（1）保障空气污染防治宏观管理资金来源

发挥中央政府环境保护宏观调控作用，建立统一环境保护规则，全国环境保护工作管理的相关经费应纳入部门年度预算、重大科技专项等，由财政部门予以统筹保障。

（2）保障中央政府投资国家空气质量监管能力建设与运行

国家空气质量监管能力建设主要包括中央本级空气质量监管能力建设与运行、国家空气质量监管网络能力建设与运行两大方面。中央本级空气质量监管能力相关直属事业单位、派出机构等能力建设，由中央政府100%投资，资金主要通过部门预算资金予以安排。国家空气质量监管网络能力建设与运行，主要包括国家环境空气监测网、国家直属站、区域站等国家空气质量监测网建设与运行，国控重点污染源自动监控网络建设与运行，国控重点污染源监督性监测建设与运行等，由中央财政 100% 投资，中央可通过安排转移支付委托地方建设运行，在中央财政环保专项资金、预算内基本建设资金中予以安排。

（3）保障中央政府维护国家环境安全资金来源

国家环境安全保障项目主要涉及区域环境安全的跨流域和跨区域重大环境问题评估、重大规划实施与重大项目建设、国际环境履约等方面，中央政府投资要在环保专项资金、预算内基本建设资金中统筹考虑安排。在相关专项资金中，将上述有关空气污染防治方面纳入资金支持范围，并予以保障。

3. 空气污染防治的监督管理

（1）制定排污许可具体办法与实施步骤

2018 年《大气污染防治法》规定国务院制定排污许可的具体办法和实施步骤，企业事业单位和其他生产经营者向空气排放污染物，应当依照法律法规和国务院环境保护主管部门的规定设置空气污染物排放口。

（2）制定重点空气污染物排放总量控制目标

重点空气污染物排放总量控制目标，由国务院环境保护主管部门在征求国务院有关部门和各省、自治区、直辖市人民政府意见后，会同国务院经济综合主管部门报国务院批准并下达实施；确定总量控制目标和分解总量控制指标的具体办法，由国务院环境保护主管部门会同国务院有关部门规定。

（3）推行重点空气污染物排污权交易

建立排污权有偿使用和交易制度，是我国环境资源领域一项重大的、基础性的机制创新和制度改革，是生态文明制度建设的重要内容，将对更好地发挥污染物总量控制制度作用、在全社会树立环境资源有价的理念、促进经济社会持续健康发展产生积极影响。国家逐步推行重点空气污染物排污权交易，对超过国家重点空气污染物排放总量控制指标或者未完成国家下达的空气质量改善目标的地区，省级以上人民政府环境保护主管部门应当会同有关部门约谈该地区人民政府的主要负责人，并暂停审批该地区新增重点空气污染物排放总量的建设项目环境影响评价文件。

（4）制定全国大气环境质量与大气污染源监测、评价规范

国务院环境保护主管部门负责制定大气环境质量和大气污染源的监测

和评价规范，组织建设与管理全国大气环境质量和大气污染源监测网，组织开展大气环境质量和大气污染源监测。一方面，制定环境监测制度和规范，组织实施环境质量监测和污染源监测，组织对环境质量状况进行调查评估、预测预警，建立和实行环境质量公告制度，统一发布国家环境综合性报告和重大环境信息；另一方面，建立重污染天气监测预警体系，国务院环境保护主管部门会同国务院气象主管机构等有关部门，国家大气污染防治重点区域内有关省、自治区、直辖市人民政府，建立重点区域重污染天气监测预警机制，统一预警分级标准。

（5）开展重点区域联防联控与环保督察工作

建立重点区域空气污染联防联控机制，统筹协调重点区域内空气污染防治工作。国务院环境保护主管部门根据主体功能区划、区域空气质量状况和空气污染传输扩散规律，划定国家空气污染防治重点区域并报国务院批准。同时，研究制定环保督察方面的法律法规，拟订环境监察行政法规、部门规章、制度并组织实施，不断完善长效机制，完善中央和省级环境保护督察体系，负责重大环境问题的统筹协调和监督执法检查。

4. 组织、指导与协调空气污染防治宣传教育工作

主要负责以下几方面的空气污染防治宣传教育工作：一是制定并组织实施环境保护宣传教育纲要，开展生态文明建设和环境友好型社会建设的宣传教育工作，推动社会公众和社会组织参与环境保护；二是拟订环境保护宣传教育政策、规划、行政法规、纲要，并组织实施；三是负责组织环境保护重大新闻发布，协调重要环境新闻的采访报道；四是审核重大活动的新闻稿件；五是协调中央有关部门开展环境宣传教育工作；六是负责管理部属报刊、图书出版工作；七是归口管理社会公众参与方面的环保业务培训，推动社会公众和社会组织参与环境保护；八是承担环境保护社会表彰工作和国际环境奖项推选。

（二）地方政府

1. 构建本行政区域空气污染防治的政策调控体系

（1）贯彻落实国家关于空气污染防治的法律法规

贯彻执行国家环境保护的方针、政策和法律法规；起草有关环境保护的地方性规范、规章草案；拟订环境保护政策，参与制定与环境保护相关的经济、技术、资源配置和产业政策；监督实施国家环境保护标准，组织制定并监督实施地方环境保护标准。

（2）负责制定本行政区域空气污染防治法规政策

制定本行政区域国民经济和社会发展规划、主体功能区划；负责环境保护目标责任制工作；负责落实国家和本行政区域减排目标，根据国家和省核定的主要污染物减排目标，组织制定并监督实施主要污染物排放总量控制计划及相关政策，监督、核查各地污染物减排任务完成情况，实施总量减排考核并公布考核结果。

2. 构建本行政区域空气污染防治的协同治理机制

空气的流动性和污染源的多样性使得多元主体协同治理十分必要。一方面，地方政府不仅要切实履行保护和改善本行政区域内空气质量的职责，还要加强上下级之间、部门之间、区际的合作，做到责任共担、利益共享。2018年《大气污染防治法》规定，重点区域内有关省、自治区、直辖市人民政府应当确定牵头的地方人民政府，定期召开联席会议，按照统一规划、统一标准、统一监测、统一防治措施的要求，开展空气污染联合防治，落实空气污染防治目标责任。另一方面，整合社会力量共同参与治理，加强地方政府与社会之间的合作。通过政策措施引导企业、社会组织、公民的行为偏好，鼓励全民参与治理，培养全民保护大气环境的自觉性，促使"政府领导、企业施治、市场驱动、公众参与"的大气污染防治机制的形成。

3. 监督本行政区域空气污染防治管理工作

监督管理是地方政府在空气污染防治中的主要职责，我国当前实行的是统一监管和分部门监管相结合的体制，即在县级以上人民政府环境保护行政主管部门对空气污染防治统一监督管理下，各部门在各自职责范围内分部门分级负责的管理体制。2018年《大气污染防治法》从排污项目建设审查批准、排污报备、征收排污费制度、排污许可证、限建限排限期治理、污染处理设备淘汰制、应急处理、大气污染监测制度等多方面入手，对地方政府在空气污染防治中的具体权责做了规定，包括强化源头控制、加强执法监管、强化监测防控等职责。县级以上地方人民政府环境保护主管部门负责组织建设与管理本行政区域大气环境质量和大气污染源监测网，开展大气环境质量和大气污染源监测，统一发布本行政区域大气环境质量状况信息。

此外，地方政府的监督管理还包括对企业、社会组织、公民等主体排污行为的监管，以及对政府自身监管职责履行情况的内部监管，及时发现并纠正偏离治理目标的行为。

4. 构建本行政区域空气污染防治考核问责机制

对责任履行的考核问责是保障责任落实的关键。政府既是考核问责的主体又是考核问责的对象，既要对企业、社会组织、公民违反大气环境保护的行为进行追责，又要对地方政府及其工作人员是否履行职责、履职效果如何进行考核问责。地方政府要组织开展环境保护执法监督检查，牵头协调重特大环境污染事故和生态破坏事件的调查处理，指导、协调各地重特大突发环境事件的应急、预警工作，协调解决跨区域环境污染纠纷，监督实施环境监测制度和规范，组织实施环境质量监测和污染源监督性监测。2014 年《环境保护法》第六十条规定："企业事业单位和其他生产经营者超过污染物排放标准或者超过重点污染物排放总量控制指标排放污染物的，县级以上人民政府环境保护主管部门可以责令其采取限制生产、停产整治等措施；情节严重的，报经有批准权的人民政府批准，责令停业、关闭。"此外，该法第六十二条也规定："重点排污单位不公开或者不如实公开环境信息的，由县级以上地方人民政府环境保护主管部门责令公开，处以罚款，并予以公告。"

二 市场主体的作为

（一）排污企业

排污企业是空气污染物排放的重要主体之一，也是治理的主力之一。空气污染问题的经济学症结是外部性，具有非排他性和非竞争性的特点。一个排污企业的排放行为会影响到一定范围内其他企业与社区居民的利益。而节能减排具有正外部性，即使其他企业和居民不参与空气污染防治也能够免费享受减排带来的利益。另外，空气资源的使用不受限制，因此很难通过产权的界定和收费来约束其他人享用大气的行为。现代企业制度的建立，使排污企业成为自负盈亏、独立核算的经济实体，其利益主体地位突出。

一方面，排污企业从事经营活动需要有目的性或利益性较强的经营活动来诱导，否则排污企业对外部信号就不会或不愿做出反应。排污企业的行为目标是尽可能增加自身利益，实现自身效益最大化，这集中体现了排污企业强烈的利润动机，此时排污企业为了保持在成本、产品价格上享有的优势，会更倾向于违规排污。另一方面，排污企业出于自身生存和长远发展考虑，会更愿意承担包括污染防治在内的社会责任。作为微观上节能减排投入主体的排污企业，其保护大气环境的责任感显著不同于宏观层面上站在全局战略高度对待空气污染问题的政府。对排污企业而言，保护大气环境是持续发展和取得长远利益的方法，可通过购买设施设备、实施脱硫脱硝工程、处理二氧化物、执行除尘措施、运用清洁能源技术、投入劳动力等实现合法排污。

（二）环境治理企业

环境治理企业以污染治理技术研发、销售环保产品、自然保护开发经营以及环境保护宣传服务为业务，是政府实施污染防治政策的载体，是一种专业赋予的角色责任。政府对其他行业的影响可以通过政策直接作用于企业来实现，而对环境治理企业的影响是通过影响排污企业的行为间接实现的。如果没有政府的管制和经济激励，排污企业不会主动治理污染，环境将持续恶化。因此，政府通过制定强制性的环境政策迫使排污企业减少污染排放，并购买污染治理技术、环境治理产品与污染治理外包等环境治理企业的业务，从而为环境治理企业提供了发展空间。

其中，在环境污染治理中，我国政府以"市场化、专业化、产业化"为导向，建立排污者付费、第三方治理机制，引导社会资本积极参与，不断提升空气污染治理效率和专业化水平。具体而言，一是排污企业承担污染治理的主体责任，可依法委托环境治理企业开展治理服务，依据与环境治理企业签订的环境服务合同履行相应责任和义务，环境治理企业按有关法律法规和标准及合同要求，承担相应的法律责任和合同约定的责任；二是政府或排污单位与环境治理企业依据相关法律法规签订环境服务合同，明确委托事项、治理边界、责任义务、相互监督制约措施及双方履行责任所需条件，并设立违约责任追究、仲裁调解及赔偿补偿机制。政府或排污单位可委托各方共同认可的环境检测机构对治理效果进行评估，并作为合同约定的治理费用的支付依据。在环境污染治理公共设施和工业园区污染治理领域，当政府作为环境治理企业委托方时，因排污企业违反相关法律或合同规定导致环境污染，政府可依据相关法律或合同规定向排污企业追责。若环境治理企业在有关环境服务活动中弄虚作假，对造成的环境污染和生态破坏负有责任的，除依照有关法律法规予以处罚外，还与造成环境污染和生态破坏的其他责任者承担连带责任。

三 社会主体的作为

（一）公众

1. 参与空气污染防治的决策

空气污染防治的决策参与是指公众在空气污染防治措施或规定制定时和实施之前的参与。一方面，当综合决策部门或环境保护主管部门在制定空气污染防治措施或规定时，相关主管部门在门户网站、当地主流媒体上公布草案，公众可以通过座谈会、论证会、听证会等渠道参与空气污染防治的法规和政策制定。另一方面，在空气污染防治决策推进过程中，为了提高环境决策透明度，将民意支持度作为决策的重要参考，建立环境决策民意调查制度。此时，公众可以通过社会问卷调查、专家论证会等方式了解决策内容并提出意见。

2. 参与空气污染的监督

在空气污染防治措施或规定实施过程中，公众主要是监督性的参与。在这一阶段，一是担任环境保护特约监察员，对环境保护主管部门的环境执法工作进行监察。二是担任环境保护监督员，监督企业的环境保护行为和建设项目的环境事务。尤其是积极参与涉及公众环境权益的有关专项规划和环境影响评价，公众可以通过信函、传真、电子邮件或者建设单位提供的其他方式，在规定时间内将填写的公众意见表等提交建设单位，反映与建设项目环境影响有关的意见和建议。三是有偿监督举报，公众发现任何单位和个人有污染环境和破坏生态的行为，可以通过信函、传真、电子邮件、"12369"环保举报热线、政府网站等途径，向环境保护主管部门举报，并设立有奖举报专项资金。

3. 参与空气污染的末端评估

空气污染的末端评估是指公众对空气污染防治措施或规定实施后的参与，是把关性的参与。一是对空气污染防治的目的、所要达到的程度进行验收，邀请公众代表参加；二是对空气污染防治过程中产生的纠纷进行处理，充分听取公众的意见和要求，处理意见和结果要以听证会等方式充分、广泛地向公众公布；三是公众对空气污染防治过程中出现的问题进行信访举报，做好中央环保督察"回头看"交办信访工作，重视信访问题的核实与调查，尊重、保护信访举报者的权利。

（二）环保社会组织

1. 环保公益诉讼

2014 年《环境保护法》明确规定符合条件的社会组织，可依法提起公益诉讼。为了配合《环境保护法》的推行，全国人大常委会也修正了《民事诉讼法》和《刑事诉讼法》，符合条件的环保组织和检察机关都可以提起环境公益诉讼。在这个大背景下，一些环保社会组织扛起了环保公益诉讼的大旗，针对环境污染问题发起诉讼，甚至出现了一些环保社会组织跨区域发起环保公益诉讼，且得到了政府和社会的广泛关注。经过近 10 年的努力，环保社会组织参与环境公益诉讼成效初显，提高了企业环境违法成本，同时也推动了公众广泛关注的环境污染事件的解决，保护了公众环境权益，在化解环境冲突的过程中推动了美好生活的实现，使绿水青山成为可能。

2. 调查企业排污情况和监督企业

监督工业污染排放，推动品牌绿色供应链采购，促进企业实现清洁生产，主动承担社会责任。环保社会组织与企业互动沟通，共同从事生态修复工作，并监督企业按规划落实修复任务。企业与政府两者具有利益密切性，地方政府规制企业时会出现如下情况：一方面，政府代表公众利益防控企业排污；另一方面，它与企业的利益一致，有时会放任企业排污。民间环保社会组织因其不依附政府，自由度较大，其行动往往不受政府限制。正因如此，一些环保社会组织在接受公众的环保投诉后，会热情地从事企业排污的调查工作，甚至向媒体直接公布其调查结果。当其调查的结果与政府公布的数据有差距时，会倒逼政府"认真"地履行职责，迫使政府改进管理工作。

3. 从事环保和污染治理宣传

提高全社会环境意识、开展环境宣传教育、倡导公众参与环境保护，是我国环保社会组织开展的最普遍的工作。环保社会组织通过组织环保公益活动、出版书籍、发放宣传品、举办讲座、组织培训、加强媒体报道等方式进行环境宣传教育，为提高我国社会公众的环境意识做出了突出贡献。2007年以来，我国出现了许多以高校为主体的环保志愿者组织（社团），志愿者人数众多。我国政府的引领作用日益显著，政府不仅给予专业上的指导，且通过政府购买服务的方式，让环保社会组织配合政府从事诸如推进"垃圾分类""环保宣传""污染报告"等工作。

4. 开展空气污染防治学术交流

环保社会组织召开学术年会、专题研讨会等多种形式的学术会议，营造良好学术环境，促进环境学科发展与技术创新；开展环境保护科普工作，面向社会公众普及环境科学知识与技术，提高全民环境科学素养；建设环境智库，针对环境保护领域的科技创新、战略规划、管理政策和产业发展等组织相关研究，为政府、企业和其他社会组织或机构提供咨询建议，为环境保护科技创新服务，包括科技成果评价、技术鉴定、举办相关展览展示和技术交流等，提供科技成果引进、推广和交易服务，推动产学研用结合；推动国际民间环境科学技术的交流与合作，促进同其他国家和地区环境科学技术团体和科技工作者的友好交往；促进环境保护领域科技人才职业资格国际互认。

（三）媒体

1. 政策解读与宣传

一方面，进行宣传、告知等政策解读。大众传媒被认为是"第四大力量"，可以通过宣传国家关于空气污染防治的方针、政策与法律制度，引导公众从国家全局高度关注空气质量问题以及保护生态环境的战略重要性。在全社会范围内广泛进行环保的宣传教育，进一步培育公众的环保意识，提高公众参与环保行动的自觉性，运用多种方式引导公众通过绿色消费、绿色出行和绿色低碳生活方式等途径，在人与自然的关系中学会约束人的行为，实现人与自然的和谐。另一方面，通过价值导向、科学普及等方式对人们产生潜移默化的教育作用。近年来，各种自媒体不断兴起，其影响力已经从政策解读扩展至包括政策执行在内的整个政策过程。在空气污染防治领域，新闻媒体可以发现政策盲区、推动政策议题的形成、宣传政策文本、实时跟踪监督政策执行、参与并影响政策推进全过程。

2. 跟踪监督政策的执行

随着自媒体时代的到来，媒体主要有两方面的作用：一方面，在政府包容的情形下，以正面监督为导向的媒体报道，可以强化外部监督力量的作用，不会对政策执行过程直接进行干扰，有利于提高政策执行的有效性；另一方面，无序的、混乱的媒体参与会降低政策执行的有效性，因为这种情形无法给政策执行主体提供合理的方案，强大的压力反而迫使政府部门越来越封闭和保守。因此，随着媒体的政策影响力不断提升，媒体发挥着自律与监督作用，而非无限地放大某些政策议题，故意博得公众眼球。此外，媒体通过对空气污染重大事件的报道和曝光，可以形成强大的社会舆论压力，督促相关部门采取解决问题的各种有效措施，从而发挥媒体在空气污染防治中的舆论监督作用。

第三节　空气污染防治管理主体的行为逻辑

一　政府主体的行为逻辑

（一）中央政府

生态环境关系民生、反映民意、影响民心，保护生态环境是我们党执政为民的重要体现。因此，中央政府以人民的利益需求为根本的价值追求，站在国家全局的战略高度，其行为逻辑是积极进行空气污染防治。

从历史发展过程看，生态文明建设和生态环境保护从认识到实践发生了历史性、转折性、全局性变化，中央政府对生态环境保护的态度越来越明确、坚决。1982年党的十二大首次谈到环境和生态问题，认为保护生态环境能够为发展农业生产、解决温饱问题服务；1992年党的十四大将环境保护纳为基本国策，重视环境资源的合理使用，之后又提出了可持续发展战略，并致力于缓解经济发展与生态环境保护之间的矛盾；2007 年党的十七大以后，环境保护被提升为小康社会建设的基本目标，并将环境保护与政权稳定联系起来。而 2012 年党的十八大以后，习近平总书记在多个场合强调了"既要金山银山，又要绿水青山""绿水青山就是金山银山"，认为生态环境保护与经济发展同等重要，并指出了其中的转换关系。这显然是对环境保护重要性的又一次理论深化，可以理解为中国共产党和中央政府态度的又一次转变，也是民意所在、民心所向，是社会公众关注的焦点。

良好的生态环境是人民对美好生活向往的重要内容，是实现中华民族永续发展的内在要求，是增进民生福祉的优先领域。近年来，中共中央、国务院把生态文明建设摆在更加重要的战略位置，并将其纳入"五位一体"总体布局，做出一系列重大决策部署，出台《生态文明体制改革总体方案》，实施大气、水、土壤污染防治行动计划。党的十九大报告提出，要坚决打好防范和化解重大风险、精准脱贫、污染防治的攻坚战，将生态环境保护、坚决打好污染防治攻坚战作为党和国家的重大决策部署。2018年 7 月，国务院公开发布《打赢蓝天保卫战三年行动计划》，以京津冀及周边地区和长三角地区等重点区域为主战场，进一步降低细颗粒物浓度，明显减少重污染天数，旨在持续改善空气质量，增强人民群众的蓝天幸福感。长期以来忽视生态环境保护、生态恶化的状况得到明显改善，但与人民群众改进生态环境质量的强烈要求还存在距离。我国空气污染形势严峻，以可吸入颗粒物、细颗粒物为特征污染物的区域性大气环境问题日益突出，损害人民群众身体健康，影响社会和谐稳定。当前空气污染的严峻形势要求我国政府加快建设生态文明制度，改革生态环境保护管理体制机制，持续实施大气污染防治行动，为人民群众提供更高质量的生态环境，实现可持续发展。

（二）地方政府

我国的治理体系具有中央集权与地方分权的特征，这也决定了中央政府与地方政府在空气污染治理中所扮演的角色与承担的责任不同。地方政府既要维护中央政府利益又要保障地方利益实现的双重身份，决定了地方经济发展与环境保护是地方政府的双重目标。若对地方政府的监管不到位，地方政府的政策执行容易受制于经济利益导向而产生偏颇，往往会忽视环境污染治理。因此，影响地方政府的空气污染防治行为主要有以下五个方面。

1. 中央政府权威

在空气污染防治管理中，中央政府是政府权力和政策资源的核心，政策最终决定权在于中央政府。中央政府能够通过增强部门职权以加大整个政权系统的环保压力，如生态环境部机构升级所带来的职权、话语权的增强，而生态环境部职权增加的同时责任也增加。因此，中央政府通常以各种方式将压力层层传递，如以专项督查和环保约谈的方式构建环保压力传导机制。中央政府在政策运行过程中的显性作用，最突出的表现是以国务院为主导的方式，国务院主导和推进着几乎所有部门之间联合的国家层面的重大政策。这一方面是由我国行政管理体制决定的，另一方面也说明国务院在政策执行中承担着成员间权力协调的角色，更进一步说明了中央政府的权威性。按照权力结构关系的紧密程度，中央政府与地方政府由于同属于行政管理体制内，二者联系互动是整个政策系统中最为频繁的。中央政府所决定的空气污染防治政策通常为导向性的、方针性的，或是依据法律法规而做出的限定具体实施范围的举措，具体的操作则由地方政府来实行。因此，按照权力和政策资源多寡的划分，地方政府主要代表地方利益，在行政体制上服从中央领导。

2. 经济发展

传统粗放式的经济发展模式具有"高投入、高消耗、高污染和低产出"的特征，通常以牺牲资源环境为代价来谋求经济的增长。不可否认，该发展模式在一定程度上促进了经济的快速发展和人们生活水平的提升。但从经济学角度来看，传统发展模式以低劳动价格、低资源价格和低环境成本等为代价获得市场经济活动，产生资源能源浪费、环境污染等一系列负外部效应。而负外部效应产生的外部成本并没有纳入个人生产成本和经济决策中，导致价格失真、社会效益损失等后果，最终不利于社会资源配置。

因此，地方政府有责任开展环境保护工作，积极采取措施转变原有的经济发展模式以及经济发展与环境保护之间的关系，促进经济的可持续健康发展。通过摒弃粗放式的经济发展方式，尊重并体现资源、能源和环境的价值，使外部成本内部化，倒逼市场经济活动摆脱低端经济的特征，走出"微笑曲线"的底部，实现高效率发展。从短期来看，环境保护对经济增长可能会有一定的影响，但环境保护影响的通常是粗放、低端的经济活动区域，对宏观经济的负面作用较小。从长远来看，环境保护工作对经济发展可以起到优化、升级、引导作用。

3. 环保绩效考核

经济社会的全面发展是中央政府统筹决策的出发点，地方政府主要从地方的经济增长和社会发展出发，并掌控着地方环保资源的调配权。地方政府注重经济增长而忽视环保的行为，在很大程度上是因为受到以经济增长为主的官员考核制度、财政制度等的影响。针对日益严峻的环境污染问题，我国在建立环境责任体系的过程中陆续颁布了各项环境相关的法律，以及大量的行政法规、规章、地方性环境保护规范和地方政府规章。特别是国务院出台《关于落实科学发展观加强环境保护的决定》（国发〔2005〕39号）和《关于印发节能减排综合性工作方案的通知》（国发〔2007〕15号）等文件后，明确将环境保护纳入干部晋升考核之中，建立与现行干部考核体系挂钩的环保政绩考核体系。因此，绿色 GDP 成为考核各级党政"一把手"政绩的重要因素，环境绩效在官员升迁、调任中的作用不容忽视（罗党论、赖再洪，2016）。因此，当中央政府调整考核指标，将环保相关指标纳入领导干部考核体系，改革考核管理制度之后，地方政府对自身环保责任有所重视，迫使其政策执行的重心转移到环保与经济协调发展的思路上来，因而在地方层面涌现出不少产业升级和能源调整方面的政策创新举措。

4. 环保督察压力

环保督察作为党的十八大以来中共中央、国务院关于推进生态文明建设和环境保护工作的一项重大制度安排，是打好污染防治攻坚战的重要手段。环保督察划定了环保红线，更好地落实了环保法规定的环保主体责任，也更好地督促地方落实"党政同责"和"一岗双责"，推动解决了一大批突出环境问题，提升了地方党委、政府环境保护责任意识。通过环保督察，地方党政领导干部进一步树牢生态优先、绿色发展理念，环保责任和压力自上而下层层传导，全社会环境保护意识显著增强。一是党委、政府"党政同责""一岗双责"的意识进一步增强。市县党政领导将环境保护作为促进经济社会健康发展的战略手段，并摆在了更加重要的战略位置，做到了以环境保护倒逼城市管理水平提升、以环境保护倒逼经济转型、以环境保护促进民生改善。二是职能部门责任担当、协调联动的意识进一步强化。通过环保督察，地方官员充分认识到自身在环境保护工作中的职能定位，强化了责任意识、担当意识、履职意识。各职能部门对督察发现的问题能够坚决整改、彻底整改，与环保部门的协调联动更加密切，环保执法协同性增强，有效地解决了环境保护"最先一公里"和"最后一公里"问题。

5. 社会关注度

环境的社会关注度来源于国内外环境，公众和政府环境危机意识的建构来自社会多种文化舆论。因此，社会心理环境主要体现为公众的空气环境价值认知、空气污染耐受度和空气污染关注情况，支持型社会心理环境能够对空气污染防治政策执行产生推动作用。社会关注度的提高能够提升地方政府的政治信心，使得地方政府对大气政策加入更多的政治性解读，加大地方政府执行政策的力度，赚取更多的政治表现。如果这种政治信号持续加强，则有可能导致地方政府行动逻辑从自利向代理人的转换。同时，社会关注度的提高改变了社会风气，影响人们的环境认知和生活方式，也有利于政府污染治理信息与污染企业信息公开，以及地方政府改变政策制定与执行的出发点，投入更多的环保资金，从而获得长期收益。

二　市场主体的行为逻辑

在空气污染防治管理中，由相关企业组成的市场主体是政府环境规制的主要对象，且从环境保护道义上而言，企业也必须承担污染治理的社会责任。然而，企业通常不会主动、自愿地实施污染防治措施，其行为受到以下五个方面的影响。

（一）自身利益最大化

企业作为"理性人"，其行为选择通常是从自我利益最大化出发，企业在大气污染物减排上既有成本也有收益。其中，成本有直接成本与间接成本的区分。直接成本指企业进行大气污染物减排，如购买设施设备、实施脱硫脱硝工程、处理二氧化物、执行除尘措施、运用清洁能源技术、投入劳动力等直接支付的费用；间接成本主要是指实施节能减排影响其他产业的发展，制约某些产业发展速度，使企业收入下降等。企业在大气污染防治方面的收益也可分为直接收益和间接收益。直接收益包括因节能减排促进了低污染产品产量增长、能源消耗降低和大气污染物减少而带来的收益；间接收益包括由大气环境的改善带来了社会、生态和经济效益。作为"理性经济人"的企业会对大气污染防治中投入的成本与获得的收益进行比较。另外，由于我国政府环境法律法规和市场的经济手段会对企业排污行为进行规制或补贴，企业在决定减排与否时还会考虑政府与市场在大气污染方面的监管或奖励力度。尤其是当政府制定严格的环境政策或奖励政策，实行强有力的监管或补贴措施时，企业通常不会违背环境政策，同时企业的减排成本能够得到补偿。因此，在这种情境下，企业通常会主动进行减排。

（二）企业可持续发展

在粗放型的生产方式中，社会需要的最终产品仅占原材料总投入量的20%~30%，而70%~80%的资源最终进入环境，造成环境污染和生态破坏，形成以"先污染、后治理"为基本特征的环境保护模式。末端治理在解决我国环境污染问题方面取得了一定成效，随着时间的推移，特别是工业化进程的加快和可持续发展战略的实施，末端治理的先进性更加明显。先进的环保设备、清洁生产能够在确保产品满足人类物质文化需要的前提下，通过不断改进管理和推进技术进步等措施，达到提高资源利用率、减少污染物产生等目的。可见，注重环保设施的运用，强调污染预防治理，能够摒弃末端治理弊端，在源头上预防和减少污染，在给企业带来经济效益的同时取得良好的环境效益。这种节能、降耗、减污的生产方式降低了包括废弃物处理费用在内的产品成本，能够做到增产、增效、不增污，且在废弃物处理、设置设施上会取得相应的剩余容量，从而减少新增设施的投资与运行费用。与此同时，生产技术的创新、资源利用效率的提高能够改善产品品质，生产出符合国际标准的环境友好产品，从而大大提高产品的市场占有率，促进企业的可持续发展。

（三）环境管制压力

我国在环境治理过程中逐渐形成了较为成熟的环境污染规制，如"三同时"制度、排污收费制度、城市环境综合治理定量考核制、污染限期治理制度、排污申报及排污许可证制度、污染集中控制制度等。同时，在环境管理实践中形成的现场检查制度、污染事故报告制度、淘汰制度、重点污染物排放量核定制度等，对企业行为也起到约束作用。就空气污染防治而言，企业排污行为主要受以下方面的约束。

1. 施工建设阶段的监控制度

实施环境影响评价制度、"三同时"制度的目的是保证工业企业在施工建设阶段符合环保要求。政府通过排污申报制度，掌握企业的实际排污情况，并通过环保部门抽检来验证排污数据的真实性，并在此基础上建立排污许可证制度；通过《可再生能源法》和《清洁生产促进法》强化企业节约能源的行为并推广可再生能源的使用，从源头削减污染排放。实施排污收费制度的目的是进一步促进产业结构和能源结构调整，鼓励工业企业使用清洁能源、采用先进工艺技术和设备，减少在生产、服务和产品使用过程中的污染排放；通过《环境监测管理办法》《环境监测质量管理规定》《污染源自动监控管理办法》《污染源监测管理办法》等行政法规，监控工业企业排污行为。

2. 大气环境相关的各类标准、政策和规范

大气环境相关的各类标准、政策和规范包括环境空气质量标准、保护农作物空气污染最高允许浓度等大气环境质量标准；水泥、电池、轧钢、炼钢、火电、橡胶、玻璃等50多种行业的空气污染物排放标准和综合排放标准、监测以及防治的技术规范；各类空气污染固定源、移动源排放标准等；技术政策或技术规范，如机动车排放、硫酸、钢铁、水泥、制药等各行业空气污染防治技术政策。

3. 环境行政处罚

随着环境问题日益严峻，中国环境管制也呈现出横向管制手段多元化、纵向立法与执法严厉化的发展趋势。从2015年6月环境保护部发布《2014中国环境状况公报》，2014年全国人大常委会修订《环境保护法》，接着环境保护部发布按日计罚、查封扣押、限产停产、行政拘留、企业事业单位环境信息公开、突发环境事件调查处理等配套文件中可以看出，我国当前的环境管制呈现立法和执法的严格性。与此同时，我国从多方面加大了对大气环境违法行为的处罚力度。一是除倡导性的规定外，有其他违法行为就有处罚。2018年《大气污染防治法》的条文有129条，其中法律责任条款就有30条，规定了大量的具体的有针对性的措施，并有相应的处罚责任。具体的处罚行为和种类接近90种，提高了这部新法的可操作性和针对性。二是提高了罚款的上限。如超标、超总量指标排放大气污染物的，责令改正或限制生产、停产整治，并处10万元以上100万元以下的罚款，对于情节严重的情况，报经有批准权的人民政府批准，责令停业、关闭。三是规定了按日计罚。在新修订的《环境保护法》规定的基础上，细化并增加了按日计罚的行为。四是丰富了处罚种类。如行政处罚中有责令停业、关闭，责令停产整治，责令停工整治、没收，取消检验资格，治安处罚，等等。

（四）企业的环保意愿

1. 空气污染防治的经济补偿

大气污染防治补偿机制是利用以庇古为代表的政府干预理论和以科斯为代表的市场理论来实现外部效应内部化的关键（高明、吴雪萍，2015），各种激励型的环境政策是企业进行节能减排的动力。其中，政府补偿在空气污染防治中对企业发挥着主要的引导和约束作用，具体措施包括财政转移支付、发放排污权、税收优惠、押金退款机制等。此外，市场补偿是政府补偿的有效补充，是大气污染防治补偿机制创新的主要方向。它是市场交易主体自觉采用经济方式进行环境市场产权交易，以达到保护环境、改善生态目的的总称。其最大的特征是自愿性，市场主体自愿决定补偿与否、补偿的数额与方式。在政府法律法规的保障下，发挥市场机制的基础性作用，有助于归还企业的"主体"地位。

2. 履行污染防治的社会责任

企业的环境社会责任是指企业在追求自身利益最大化和股东利益最大化的过程中，对生态环境保护和社会可持续发展所承担的社会责任，主要包括企业在保护环境方面所承担的法律责任和道德责任。企业的环境社会责任来自外部压力与内部动因。

外部压力来自三方面。第一，社会大众对企业社会责任的要求提高。随着生活质量的提高，社会大众对企业的期望已逐渐从创造就业机会、带动经济增长等消极面转变为履行社会责任、提高生活质量等积极面。在一般大众的观念中，企业已无法以追求利润最大化或追求经济发展为由刻意逃避对环境的保护责任。第二，政府对环境保护的积极规范。政府制定的环境保护计划及规范对企业的运营活动造成了相当大的影响。第三，国际社会对环境议题的自律与规范。环境问题并非单一国家或地区的问题，而是全球性的问题，是人类社会要共同承担的。近年来，环境问题与国际贸易联系日益密切，从而迫使企业重视环境的保护。

从内部动因来看，企业承担环境社会责任也是自身经济发展的需要。企业从追求利益的本质出发，充分认识到企业利益与环境，特别是企业的可持续发展能力与环境，社会的关系不再是分离、对立的，而是相互促进、相互协调的。

（五）社会监督力量

非正式环境规制的监督力量日益显露，无形中对企业行为产生了压力。在新媒体环境下，市场主体如何做到及时准确地更新环境信息、接受社会舆论监督，逐渐成为企业信用体系的基础。在环境污染治理中，社会力量的发挥受到了党和国家的重视，并得到了进一步规范。《环境信息公开办法（试行）》《企业信息公示暂行条例》《企业事业单位环境信息公开办法》《环境保护公众参与办法》等行政法规规定，建设单位在建设管理过程中，要举行论证会、听证会，或者采取其他形式，征求有关单位、专家和公众的意见。

此外，2014年新修订的《环境保护法》就信息公开和公众参与设立了专章，为公众参与环境保护设立了基本原则和具体制度。基于现有的制度体系，非正式环境规制主要通过三种路径实现对污染企业的监管：第一，与污染企业进行协商；第二，通过影响政策制定者对污染企业进行限制；第三，通过示威游行、抵制污染企业产品、法律诉讼要求赔偿等形式满足自身利益诉求。

三　社会主体的行为逻辑

空气污染形势严峻，重污染天气问题时有发生，这与人民群众改善生态环境质量的强烈要求还存在一定差距。在空气污染治理方面，社会主体对清洁空气的强烈诉求，促使其行为逻辑是积极支持并参与到空气污染防治管理中去。社会主体的污染防治行为受到以下几个方面的影响。

（一）公众与环保社会组织

1. 个人经济理性

伴随社会公众自主意识、民主政治参与意识的增强与社会资源拥有量的增多，公众在追求个人利益的同时也关注公共利益，通过主动关注、积极维权、主动参与等方式兼顾个人经济理性和社会责任的实现。

2. 环保意识

随着民间环保公益组织的发展，越来越多的公民开始自发地利用各种途径进行环境维权。各类环保组织以募捐筹资、技术推广、法律帮助、防霾知识宣传等方式，自发地进行空气污染防治活动，并积极调动社会资源，这在一定程度上推进了相关政策的制定与调整。同时，在空气污染防治进程中，越来越多的公众人物运用自身的职业技能、公众影响力和号召力，发起大气污染防治相关议题，引起了政府的重视和社会的广泛关注。公众人物充当了一种政策企业家的角色，利用自身拥有的社会资本推动公共议题最终成为公共政策，其特殊影响力由自身特殊的职业身份、人际关系以及教育背景而结成的关系网络构成，并推动、指引公共事件的发展。

（二）媒体

1. 公众利益

媒体是人民利益的代表，是公共利益的维护者和代言人。借助互联网论坛、博客、微博、微信等工具，我国自下而上的利益表达渠道开始畅通，新媒体的地位与作用日益突出。公众借助媒体平台表达自己的意愿，追求自己真正的利益主张，主动参与政府涉及公共利益的决策与执行，对公共政策的制定及实施产生影响。在空气污染防治进程中，媒体凝聚了社会共识，为多元意见表达提供了一个多元化、去中心化的开放公共空间，增加了公众自我表达的频率，充分表现出尊重和保护社会成员基本权利的原则。媒体提供了公共商谈机制，与政府构成对话协商的平台，在公众中间以及公众与政府之间架起了双向沟通桥梁，充分发挥了媒体在舆论环境中的作用，构建了新型的政策网络关系，显示出媒体以协商、和平的方式处理不同利益主体之间的冲突的行为方式。

2. 社会关注度

公众是制约和监督媒体的主体之一，公众关注度将显著地影响媒体报道。媒体应客观反映事实真相，忠实地反映社情民意，正确地引导和引领舆论。社会主体对空气污染防治的关注能够加大政府对空气污染防治行动的监督力度，而媒体对一系列连续事件的报道和对公众态度的真实呈现，能有效推动空气污染防治进入政府议程首位。同时，各类党报、都市类以及专业行业类报纸、新闻网站、官方微博等逐渐普及，这些传媒既具有行政身份又能迎合公众阅读趣味，在反馈公众利益诉求方面具有更大的权威性，因而在"党政宣传"角色的同时，充当"社会代言"的角色。

第四节 空气污染防治管理主体间的关系

中央政府通过其政治理念指导地方政府行为，而地方政府基于中央权威、干部绩效考核、环保督察以及社会关注度等实施空气污染防治管理工作，影响在空气污染防治政策执行中的行为逻辑及其结果。当然，除了中央政府与地方政府关系，其他因素如政府与企业、政府与公众、企业与公众的关系也会影响到空气污染防治管理过程（见图3-2）。因此，空气污染防治管理主体间的关系分为以下五种类型。

一 中央政府与地方政府间关系

中央政府与地方政府在空气污染防治过程中承担着不同的职责，中央政府具有绝对的权威性，负责从宏观层面把控大气污染防治的总体目标，

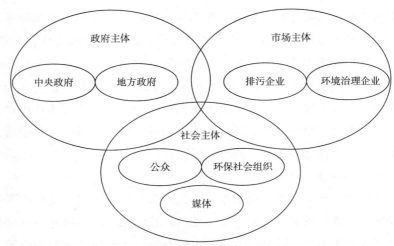

图 3-2　空气污染防治管理主体间关系

而地方政府则负责具体的实施过程。地方政府可分为本地政府与外地政府两种类型，各自负责本行政区域的污染防治问题，可采取单独治理或与周边地区合作治理两种方式。因此，可将中央政府与地方政府的关系进行整合，分为四种类型：第一，无中央政府约束下的地方政府属地治理；第二，有中央政府约束下的地方政府属地治理；第三，无中央政府约束下的地方政府间合作治理；第四，有中央政府约束下的地方政府间合作治理。

（一）无中央政府约束的属地治理

在无中央政府约束条件下，本地政府和外地政府是否采取大气污染治理策略主要取决于治理成本和治理收益；而当本地政府和外地政府均采取治理策略时，是否进行合作治理取决于达成合作的交易成本以及合作所带来的共同收益和公共收益。在无中央政府约束下属地治理的博弈情景中，以本地政府为例，当本地政府与外地政府均不采取治理策略时，本地政府将会遭受本地空气污染带来的损失以及外地的空气污染对本地的负外部效应影响；当本地政府不治理、外地政府治理时，本地政府将在外地政府的正外部效应影响下，承受本地空气污染带来的损失；当本地政府治理、外地政府不治理时，本地政府将获得治理空气污染所带来的自身收益和公共收益，也相应需要承担治理空气的成本、因治理空气在短期内的经济增长损失以及外地政府辖区的空气污染对本地的负外部效应影响；当本地政府和外地政府均采取治理策略时，在该种情境下地方政府选择单独进行属地治理，此时本地政府收益由治理的自身收益、公共收益、成本和经济损失组成。

在没有中央政府的约束下，属地治理博弈最终会向地方政府一方治理、一方不治理的方向演进，地方政府难以自发进行大气污染的治理活动。考虑到外地政府大气污染治理对本地政府的正外部效应，地方政府在演化博弈的学习过程中倾向于"搭便车"行为（高明等，2016）。

（二）有中央政府约束的属地治理

有中央政府约束的属地治理是指中央政府要求地方政府之间采取空气污染的合作治理。对于地方政府来说，若均采取不治理的策略，中央政府将分别对其进行惩罚；若一方治理、一方不治理，中央政府将对不治理一方进行惩罚而对治理一方进行生态补偿；若双方都选择治理，中央政府将对选择合作治理形式的政府进行奖励。相比无中央政府约束下的属地治理，有约束下的属地治理的博弈支付矩阵中增加了中央政府对不进行空气污染治理的地方政府的惩罚和对进行空气污染治理一方（另一方不治理）的生态补偿。即使中央政府对地方政府的治理采取约束措施，在属地治理背景下的地方政府的稳定策略依然会向着一方治理、一方不治理的方向演进，中央政府的政策面临失灵窘境，地方政府依旧倾向于"搭便车"行为。

在属地治理情景中，无论中央政府是否对地方政府进行约束，在空气污染的负外部性和治理空气的正外部性影响下，地方政府在空气污染治理上均倾向于"搭便车"行为，演化博弈的策略选择朝着一方治理、一方不治理的方向演进。另外，如果国家相关规定和政策不做出调整，依然采用属地模式进行空气污染治理，中央政府对地方政府的调控措施将面临失灵困境。

（三）无中央政府约束的合作治理

当本地政府和外地政府均选择治理策略时，各地方政府除了获得治理空气污染带来的收益和承担治理成本与经济损失外，还有政府合作治理所带来的公共收益和共同收益，同时也要接受达成合作联盟所付出的交易费用。地方政府治理空气的自身收益和公共收益、空气污染带来的损失和合作治理所带来的共同收益、公共收益越高，地方政府间越倾向于合作治理；相应地，地方政府治理空气的成本、经济损失和达成合作的交易成本越低，地方政府间也就越倾向于合作治理。

（四）有中央政府约束的合作治理

在有中央政府约束下地方政府合作治理的情景中，中央政府除了对不治理的地方政府进行惩罚、对治理的地方政府进行生态补偿外，还增加了对本地、外地政府达成合作治理联盟的奖励。相比无约束下的合作治理模式，中央政府对不治理的地方政府的惩罚、对治理一方的生态补偿和对合作治理的奖励值越大，说明中央政府对地方政府的调控力度越大，惩罚、奖励与补偿的程度越高，地方政府间越倾向于合作治理。综上而言，在合作收益和中央政府约束的双重作用下，地方政府间有意愿达成空气污染合作治理联盟，而合作收益与中央政府约束的程度决定了治理联盟的持续性及治理的有效性。

在合作治理的情景中，无论地方政府是否受到中央政府的约束，地方政府间的稳定策略均达成合作治理或均不治理的方向演进。为了促使地方政府间的稳定策略向合作治理的方向演化，需提高治理收益和合作收益，同时降低治理成本和合作成本。但在一定的经济水平和技术条件下，短期内实现收益和成本的突破具有较大难度。鉴于当前空气污染治理的紧迫性，必须借助外部力量，即中央政府对地方政府的惩罚、奖励、补偿等措施，迫使地方政府沿着合作治理的路径演化。因此，在合作治理情景中，无论有无约束，地方政府的稳定策略演进路径都是一样的，但在中央政府约束下，地方政府的稳定策略能快速有效地向合作治理的方向演进。

二 地方政府与市场主体间关系

按照博弈理论假设，企业与政府都具有理性经济人的特征，企业以自身经济利益最大化为目标采取行为策略；而地方政府受到激励机制的扭曲等各方面因素影响，只按少数人的社会福利最大化来决策，以致决策更偏离公共利益的价值取向。地方政府是在特定的区域内行使立法权、司法权和行政权的实体，在地方发展目标与中央政策目标有所偏离的情况下，它更多考虑的是地方性问题，与国家严控环境成本、走可持续发展的整体战略保持一致的难度较大，其行为往往会受短期经济利益追求的制约，而企业是地方经济发展的生力军，地方发展的经济利益与企业利益高度相关。同时，地方政府自身所负有的环保职责、目标以及社会责任，面对法规约束、中央政府的考核问责和社会公众的压力，又与企业利润最大化的目标及行为发生冲突。因此，空气污染防治中地方政府与企业之间的策略互动关系是一种博弈关系，主要表现为零和、共谋与合作三种形式。

（一）地方政府与企业之间的零和博弈关系

环境污染属于由负的经济外部性导致的市场失灵问题。因为在传统的观念和体制中，空气等公共环境资源没有明确的财产权和使用价格，导致企业无偿使用公共环境资源，而不必主动承担或不用全部承担污染的社会成本。一旦没有外部约束，这种公共环境资源的无偿使用将导致污染者没有治理污染的动力与压力。因此，公共事务的治理需要一个行动者承担起外部强制监管和约束的角色。地方政府是空气污染防治政策执行的主体，通过对排污者收取税费、罚款等来强制企业治理污染，承担外部强制监管和约束的角色。在特殊情况下（如中央政府的强力高压命令），地方政府必须采取最极端的方式来处理严重恶化的环境问题，如利用强行关停整治、搬迁等手段处理污染企业。这使得地方政府必须牺牲一定时期内的经济增长目标，而企业的生产利润在短期内会下降，地方政府与企业之间形成了零和博弈关系。从表面上看，地方政府因采取强力治污措施而导致地方财政收入在短期内有所下降，企业生产利润因而大减，但实际上只要做好相应措施，实现环境与经济双赢的绿色循环低碳发展的目标，地方政府与企业都是最终的获益方。

（二）地方政府与企业之间的共谋关系

政府行为的基本原则是社会福利最大化，当社会福利最大化的行动目标内化为激励因素时，政府行为才会实现正向发展。但在现实中，由于以地方经济增长为核心的政绩考核方式、区域经济竞争、法律规制不健全等因素的作用，地方政府行为往往会偏离社会福利最大化的价值目标，与企业"共谋"，导致利益共同体的形成。在空气污染防治政策执行中，地方政府与企业之间形成"共谋"的原因主要如下。

第一，地方政府与企业之间存在切实的"经济利益链"。企业对地方财政收入、就业以及居民收入的影响显著，地方政府在空气污染治理中存在地方保护主义，空气污染的环境规制政策常常不能有效落实。"共谋"有利于增加地方政府的财政收入，同时地方官员更有机会因良好的经济政绩而得以升迁。

第二，企业排污违法成本偏低、治污成本高。以钢铁行业为例，如果按照目前国家规定的环保标准来核查，几乎 2/3 的企业不会达标，因为环保投入巨大加上治污成本高，所以一些企业宁愿选择给政府交罚款，也不愿意搞环保行动（杨烨、王璐，2014）。2018 年修正的《大气污染防治法》虽然将处罚的上限提高至 100 万元，但是考虑到经济增长或迫于财政压力，地方政府往往对违法排污企业放松监管或处罚，地方政府仍拥有一定的自由裁量权。因此，对违法企业的法律处罚仍远远不足，也缺乏对地方政府监管缺失行为的有效规制。同时，守法企业治污成本很高，导致产品在价格竞争上处于劣势，造成市场竞争失利。可见，遵循现行标准或法规的企业受到了损失，违反现行标准或法规的企业却获得了收益。此外，即使政府给予企业治污补贴，使企业引进污染处理设备，但维护治污设备的成本往往很高，相比之下，政府给予的补贴远不如偷排换来的效益多。

第三，缺乏信息公开与监督，治污费被异化为排污"通行费"。地方政府要求企业缴纳治污费，意在通过价格杠杆减少企业排污行为。然而，关于企业缴纳的治污费的用途，至今各地环保部门都没有公开信息。

第四，地方政府与企业之间的寻租行为。地方政府环保机构可从企业排污的收费或罚款中获利，如超收奖励和罚款分成，企业利用这样的策略空间将其违法排污行为转化为排污许可。同时，这种策略空间的存在，诱使某些政府官员为谋取个人利益放松监管甚至阻止他人监管，导致环境执法不力。

（三）地方政府与企业之间的合作关系

随着空气污染日趋严重，地方政府面临的治污压力增大，特别是 2013 年《大气污染防治行动计划》以及相关实施意见出台后，治污任务被分解到地方政府和重点企业，将地方政府治污效果纳入地方官员绩效考核体系，建立环境保护问责机制，明确了地方政府和企业的主体责任，特别是企业"治污主力军"的角色。企业从被监管、被处罚的对象，转化为地方政府治污的合作伙伴，此时地方政府与企业之间不仅仅是利益同盟关系，更是责任共同体的关系。这种合作关系主要体现在，地方政府更多地通过推行清洁生产、节能减排、排污权交易等经济型工具，扶持从事"第三污染治理"企业的发展，并采用与重点企业签订治污承诺、第三方监管等自愿协议方式促进企业主动治污，由此形成地方政府与企业的良性互动。基于消费者绿色消费、环境经济政策与社会舆论等方面的压力，企业通过推行清洁生产、环境管理质量认证体系、循环经济等来减少污染排放，并树立良好的企业社会形象，促使地方政府与企业之间形成一种良性的合作关系。

合作关系是政府通过经济政策工具约束企业污染排放的外部性行为，把外部监管转化为内生约束。政府通过帮助企业提高环境管理能力，运用补贴或减免税费等形式改进企业的环境基础设施。企业严格遵守政府的产业空间布局和产业调整政策，建立企业的社会责任体系，提高产品的绿色竞争力。地方政府与企业之间在环境保护目标设定、政策执行、政策监督等方面形成伙伴关系。

三　地方政府与社会主体间关系

由博弈论可知，地方政府和公众在对待环境污染问题上，会根据自身利益最大化取向互相揣摩对方，并采取对自身有利的策略。研究发现，面对空气污染时，地方政府会根据当前的实际情况，按照发展经济的需求和公众的污染承受能力选择使自身利益最大化的策略，而公众往往从受污染损害的程度、集体行动的可能性等方面选择环境抗争策略。然而，从其利益角度出发的"经济"行为本身及其结果并不意味着它一定是好的或是合理的，作为"经济人"的地方政府和公众，其行为本身也在趋利性的作用下具有一定的不合理性，因而在公众与地方政府关于空气污染的对局中，双方为了各自利益最大化的目标便形成了博弈关系。这种博弈关系在一定程度上能解释地方政府与公众对待空气污染时的行为意向。

公众与地方政府作为空气污染治理博弈格局中的博弈主体，都将按照使自身利益（报酬函数）最大化的准则做出各自的策略选择，其中可供公众和地方政府选择的策略均是"作为"和"不作为"，分别表现为：面对空气污染时，政府在"作为"的策略下进行空气污染防治，在"不作为"的策略下保持沉默；公众在"作为"的策略下进行举报、信访、控告等环境抗争活动，在"不作为"的策略下保持沉默。于是公众与地方政府的策略有：地方政府和公众均有作为；地方政府有作为，公众不作为；地方政府不作为，公众有作为；地方政府和公众均不作为。

面对环境污染，公众进行作为的概率有赖于地方政府补偿与惩罚机制的设置。对地方政府而言，污染处罚金额越大，对污染行为惩治执行得越彻底，表明政府的执法力度也越大。在这样强大的政策信号下，污染者非法排污所获得的额外利润与面临的巨额罚款威胁相比，没有激励作用，导致公众进行抗争的人数减少，个人行动的成本提高，所能带来的收益也越少，因此公众选择进行抗争的概率下降。同时，公众潜在抗争的规模与人数，决定了地方政府进行空气污染治理活动所能获得的公信力大小，也就是说，公众抗争的规模越大，参与抗争的人数越多，对地方政府公信力的影响就越大。此时，地方政府采取有效措施治理污染所带来的公信力就越大，在不作为情况下丧失的公信力就越大。实质上，地方政府在这种激励约束框架下，能调动更多的公众对空气污染行为进行监督，即促使公众抗争的个体行为向群体行为转化，这样的格局才能起到有效监督污染的作用。在整个博弈过程中，有可能影响公众抗争的是地方政府对污染行为的惩治力度以及对当事人的补偿程度。这也间接解释了地方政府在面对经济发展竞争与财政收入增加的双重压力下，采取机会主义策略所带来的尴尬局面。面对空气污染与治理的困局，以自利性为出发点的博弈双方（地方政府及其辖区公众）除了应关注自身利益之外，还应承担更多的环保义务。

四 市场主体与社会主体间关系

污染企业和社会公众两个主体之间产生的博弈活动处于该博弈链条的最基础环节。企业面对的行为策略主要有两种类型：一种是在环保方面的投入充分，虽然企业利润有一定的降低，但达到了政府规定的排放标准；

另一种是企业在环保方面的投入不是很充分，造成企业在污染排放方面不能满足政府制定标准的要求，而环保投入减少的部分成了企业利润的一部分。对于第一种类型，社会公众和企业两个主体之间表现出正常的良好关系；对于第二种类型，公众的健康等相关收益将因污染的负面影响而减少。因此，为了有效保持自己的收益水平，社会公众需要通过各种有效渠道，采取一定的措施，迫使企业减少污染，而采取法律诉讼的方式是现阶段争取污染损失赔偿的最有效的方式。

如果博弈是在信息不完全的条件下进行的，则社会公众在关键信息方面处于弱势地位，即公众在参与该项博弈时，没有能力准确掌握提出诉讼时需要花费的成本多少，也不能事前较为准确地判断诉讼收益的补偿性，这造成公众通过诉讼获取的赔偿收益可能难以充分弥补诉讼成本，简单来说就是公众会陷入不利境地。在这种情况下，如果社会公众决定针对企业污染提出诉讼，则公众可以获取的收益大于不提出诉讼获取的收益，那么社会公众提出诉讼将有利于保护自己的利益。如果博弈是在信息完全的条件下开展的，则社会公众可以对诉讼成本有着准确而充分的认知。在这种情况下，地方政府对污染企业进行监管时管理力度的差异性，以及地方相关法律法规建设程度的差异性，使得公众通过诉讼来维护自身利益，这将导致两种情况：一种是获取的赔偿收益不能弥补诉讼成本，另一种是通过诉讼获取的赔偿收益高于提出诉讼时付出的成本。如果获取的赔偿收益不能弥补诉讼成本，社会公众就会放弃诉讼这一行为策略。而当社会公众决定不采取诉讼的方式来应对污染时，企业可能产生两种收益：一是企业在排污不达标的情况下获取的收益即企业利润；二是在排污达标的情况下，企业获取的收益为企业利润减去企业未达到环保投入标准的罚金。对比可知，企业一定会倾向于污染不达标的方式，那么公众将倾向于采取诉讼的策略。在公众采取诉讼策略时，当企业在污染治理方面投入的费用要低于其可能遭遇的行政惩罚和相应的赔偿费用总和时，污染企业会尽量争取排放达标的结果；反之，企业更愿意保持排放不达标的情况。

五　地方政府、市场主体与社会主体的关系

中国对企业排污治理实施统一环境规制下的地方政府负责制。排污企

业向所在地地方政府（环境保护行政主管部门）申报在生产、经营过程中
排放污染物的种类、数量、浓度、排放去向以及排放方式等，地方政府进
行总量控制和执法监督。当企业完全达标排放时，地方政府按国家规定的
标准收取排污费；当企业超标排放或偷排漏排时，除了排污费以外还要缴
纳相应罚款。在排污治理实践中，基于自身利益的考虑，企业（包括第三
方治污企业）在现有排污处理技术和成本的约束下有瞒报排污量、偷排漏
排的主观动机，甚至有"计算偷排多少吨后被发现是合算"的心理，存在
大量偷排漏排等违法现象。因此，排污企业的行为策略空间为（达标排
污，不达标排污）。对于地方政府来说，一方面，出于政绩、发展需要的
考虑，"过度"监督导致企业发展困难，会影响地方政府绩效，存在"消
极"治污的可能性；另一方面，由于企业的瞒报、偷排漏排等违法行为相
对隐蔽，地方政府受监控技术、水平等方面的限制，监管十分困难，存在
监督"失效"的情况。因此，地方政府的行为策略空间为（严格监督，不
严格监督）。社会主体包括公众、环保社会组织和媒体等。从长期来看，
公众并不会"置身事外"，且随着其环保和法制意识的不断增强，公众具
备参与监督的积极性。公众可以通过举报、上访、曝光、诉讼、索赔等方
式对企业非法排污进行监督，保护自身权益，但也可能因为成本、技术手
段、举证取证困难、意识薄弱等原因不参与监督。因此，公众的行为策略
空间为（参与监督，不参与监督）。

从地方政府的角度分析，选择严格监督策略将付出成本，此时若企业
进行净化排污的同时公众选择监督策略，当地空气污染得到改善，会给地
方政府带来潜在的社会收益；相反，只要企业或公众任一主体选择不合作
方式，都会加重空气污染，此时因上级政府惩罚和公信力下降会带来负收
益。因此，需要降低地方政府的监督成本，加强中央政府对地方政府排污
治理不严格的问责。当企业群体达标排污的比例增加且达标排污的成本下
降时，地方政府将选择严格监督策略。

从污染企业的角度分析，当污染企业选择净化排污策略时，因购买净
化设备和环保材料而产生成本，此时若地方政府选择严格监督策略，污染
企业因采取净化排污方式而获得地方政府奖励；当污染企业选择直接排污
策略时，可能会获得额外收益，但由此造成的空气污染给企业和公众带来
了潜在损失，不过若此时地方政府进行严格监督或公众采取监督策略，污

染企业会受到政府罚款。因此，降低排污企业达标排污的成本，地方政府群体严格监督的比例增加，且加大对企业非法排污的惩罚力度及增加对公众损害的赔偿额，能够促使排污企业朝着选择达标排污策略演化。

从社会主体的角度来看，当公众选择监督策略时，举报污染企业将产生成本，但会获得地方政府奖励。同时，若地方政府进行严格治理或污染企业选择净化排污，则形成的良好生活环境将带来长远收益。因此，构建公众参与监督的合理机制，加强地方政府监督，有利于公众朝着选择参与监督策略演化。

在这三方关系中，排污企业达标治污的成本和非法排污引致的罚款、地方政府的监督成本和上级问责引致的损失、公众参与的成本及损害赔偿等因素影响各主体行为策略。总体来看，地方政府官员由于受到绩效考核和晋升机制的影响，过度追求地方业绩，起初将放松对污染企业的规制。随着空气污染程度的恶化，地方政府逐渐加强环境治理，越来越多的地方政府部门采取严格治理策略，加大对污染企业直接排污的罚款力度，并积极鼓励公众参与到空气污染防治中。当地方政府采取严格治理方式使得形象提升所带来的社会效益大于严格治理成本、污染企业净化排污所获得的收益大于直接排污需要支付的罚款和环境恶化带来的损失、政府对公众监督的奖励和雾霾改善带来生活质量提高的心理价值大于监督成本时，有利于构建政府、市场与社会主体之间的合作机制。

第四章

空气污染的影响因素

"万物皆有联"，事物之间具有相互影响、相互制约、相互印证的关系。空气污染具有联动性，本章从客观因素和主观因素方面，寻找影响因果关系，探讨大气污染的成因及传导途径。

第一节　自然条件因素

一　气象条件

气象条件是影响空气污染物扩散的主要因素，历史上发生过的重大空气污染危害事件几乎都是在不利于污染物扩散的气象条件下发生的，因此，了解气象条件对空气污染物扩散的影响机理，有利于进一步掌握空气污染物的扩散规律，进而采取有效措施抑制空气污染的形成。在气象学中，气象要素主要是指用于描述物理现象与状态的物理量，包括气压、气温、湿度、云、风、能见度以及太阳辐射等。

（一）大气

1. 大气湍流

低层大气中的风向总是不断发生变化，出现上下左右摆动，风速时强时弱，在风的这种强度与方向随时间不规则变化下形成的空气运动称为大气湍流。湍流运动是由无数结构紧密的流体微团——湍涡组成，湍涡的大小和发展基本不受空间限制，在较小的平均风速下就能形成很高的雷诺数（Reynolds number，一种可用来表征流体流动情况的无量纲数，利用雷诺数可区分流体的流动是层流还是湍流，也可用来确定物体在流体中流动所受到的阻力），最终达到湍流状态。近地层的大气始终处于湍流状态，大气边界层内的气流因受到下垫面的强烈影响，输送速率比分子扩散速率大几个数量级，湍流运动更为剧烈。大气湍流会造成流场各个部分强烈混合，当气体污染物进入大气后将迅速从高浓度区向低浓度区扩散稀释，扩散程度取决于湍流运动的强度。

以烟气扩散为例，在大气湍流的混合作用下，湍涡将产生的烟团不断推至空气中，同时又将周围的空气卷入烟团，进而形成烟气的快速扩散稀释过程。反之，如果大气中只有风而无湍流运动，则烟团扩散速率会很慢且可能在烟囱口就被直接冲淡稀释。因此，烟在大气中的扩散特征主要取决于是否存在湍流运动及湍涡的尺度大小。

2. 大气稳定度

大气稳定度是指大气中的某一气团在垂直方向上的稳定程度。一团空气在受到某种外力作用时将产生垂直方向上的上升或者下降运动，当运动到某一位置时外力会消除，气团运动可能就会出现以下三种情况：一是气团仍然继续加速向前运动，这时的大气称为不稳定大气；二是气团保持静止，趋向于停留在外力去除时的位置或者开始做匀速运动，不加速也不减速，这时的大气称为中性大气；三是气团逐渐减速并有返回原先高度的趋势，这时的大气称为稳定大气。大气稳定度是影响大气污染物扩散的又一重要因素，随着气温层结的分布情况而发生改变。

以烟流扩散形态为例，烟流在不同气温层结的大气中运动时将产生不同的扩散形态，形成不同的烟云，典型的烟云主要包括波浪形、锥形、带形、爬升形、熏烟形等，通过这些典型的烟云可以简单地判断大气稳定度，分析空气污染的变化趋势。通常情况下，大气越不稳定，污染物扩散速率越快，反之则越慢。具体来看，当近地面的大气处于不稳定状态时，上部气温低而密度大，下部气温高而密度小，两者之间形成的密度差导致大气在垂直方向上产生强烈对流，进而促进污染物迅速扩散；反之，当大气处于逆温层结的稳定状态时，大气上下运动会受到抑制，各种排向大气的污染物只能大量积聚在局部地区，得不到迅速扩散，当停留时间足够长且污染物浓度增大到一定程度时，大气污染就可能产生。

（二）云量及辐射

云量及辐射与大气稳定度具有密切关系，二者相互作用，在一定程度上也影响着大气污染物的扩散。一般来说，晴天白昼，特别是午后，太阳辐射最强，地面增温明显，温度层结递减，大气极不稳定；晴朗夜间，尤其是黎明前，地面有效辐射大，降温快，形成逆温，大气极为稳定；日出及日落为转换期，大气几乎接近中性状态。在大气稳定状态转换过程中，云层发挥着至关重要的作用，不仅对辐射起屏障作用，还会阻挡白天太阳辐射和夜间地面向上辐射，进而削弱白天和夜间的逆温，削弱程度取决于云量的多少。总体效果是使垂直温度梯度变小，进而影响大气稳定度。但是在阴天，这种温度层结的昼夜变化几乎消失，大气接近中性状态。

（三）气压

在同一季节下，气压相对高的天气不容易造成空气污染，气压相对低的时候则相反。具体来看，气压高时城市上空气流下沉造成气流堆积，气流进一步由市中心向城市周边移动，移动过程中同时将城市中的空气污染物带向周边地区，从而降低城市空气污染程度；气压低时城市上空气流上升，城市四周气流向市中心聚集，同时将周边地区的空气污染物带向市中心，加剧城市空气污染。此外，由于城市热岛效应的存在，当城市上空由周边地区向市中心流动的气流与高气压形成的气流势力相对或城市热岛环流较强时，城市中心近地层会形成比较明显的污染层，污染层以上空气质量较为良好。

（四）气温

气温变化对大气污染的影响主要体现在水平方向和垂直方向上，比较而言，垂直方向的气温变化对空气污染的影响更为明显（薛志钢等，2003）。

水平方向上的气温变化主要是指城市热岛效应，城市气温比郊区气温高，较强的暖气流在城市中心上升，较冷的空气在郊外上空下沉，由此形成了城郊环流，气流便将城市周边的空气污染物带到市中心并进一步堆积，造成城市空气污染加剧；垂直方向上的气温变化是指气温随着高度增加而逐渐下降的现象，一般情况下平均海拔高度每上升 100 米，气温便会大约降低 0.6℃，此时低层大气温度相对较高且空气密度小，高层大气温度较低且空气密度大，大气层结容易发生上下对流运动，将近地面大气中的污染物向高空乃至远方输送，从而进一步降低城市空气污染程度。然而在某些特殊天气条件下，气温将随高度增加而升高，例如在近地面空气冷却较快或者上空有一股较暖空气飘来时，上层空气温度就会高于近地面空气，产生逆温现象，发生该现象的大气层则称为"逆温层"。

逆温现象出现时大气层结处于稳定状态，大气垂直运动受到很大程度限制，上下层空气流动减少，近地面大气污染物"无路可走"，不能向上扩散和稀释而只能向下蔓延，如工厂里烟煤燃烧排放的烟尘、汽车尾气和地面上扬起的尘埃等有害气体，进一步加剧了城市空气污染。而且，逆温出现时风速一般都比较小，污染物更不易扩散，空气湿度一旦加大就极易产生雾。逆温现象的发生季节存在一定特点，通常情况下北半球夏季夜短，逆温层较薄，消失也快；冬季夜长，逆温层较厚，消失较慢。具体来看，冬季大气扩散条件差，大气水平和垂直方向流动性都比较小，导致人为活动产生的大气污染物在低空不断积累，降雪天气又进一步使空气湿度增加，水汽较多使得颗粒物容易作为凝结核加速生成，因此极易形成污染天气；到了夏季，太阳辐射很强，大气对流活动进一步加剧，逆温逐渐消失，降雨天气较多，空气污染相对减轻（高云，2014）。

（五）风速和风向

1. 风速

风是边界层内反映大气动力稳定性的重要气象参数，风速的大小对污染物的扩散、稀释和三维输送起着重要作用，与空气污染程度密切相关。一般而言，风速的大小决定着污染物输送的远近，在其他条件相同情况下，风速与污染物浓度基本呈负相关关系。风速越大，污染物扩散稀释能力越强，大气中污染物浓度也就越低，但是风速过大又会将地面的尘粒带到空中，形成浮尘、扬沙或严重的沙尘暴天气，进而影响城市空气质量；当风力强度微弱或处于静风时，大气湍流作用将不能进一步促进污染物的扩散和稀释，再加上风速流经城区时受城市高楼的阻挡和摩擦而明显减弱，污染物在城区和近郊周边不断堆积，城市大气污染物浓度日益增加，城市空气污染进一步加剧（冯媛媛，2017）。

2. 风向

风向也是影响空气质量的重要因素，风向的变化决定着污染物的传送方向。风向与空气污染的关系主要表现在风对污染物的水平输送作用上，进入大气中的污染物受风向影响而漂移，依靠风的输送作用顺风而下，从而在下风向地区得到稀释。因此，通常情况下，城市下风向地区的大气污染程度比较严重，而污染物排放源的上风向地区基本不会形成空气污染。也就是说，当城市处于重污染企业的下风向时，城市空气污染会加剧；当处于上风向时，城市空气污染会减轻。

（六）降水和湿度

1. 降水

降水是指空气中的水汽冷凝并降落到地表的现象，它包括两部分，一是大气中水汽直接在地面或地物表面及低空的凝结物，如霜、露、雾和雾凇，又称为水平降水；另一部分是由空中降落到地面上的水汽凝结物，如雨、雪、霰雹和雨凇等，又称为垂直降水。降水对空气污染具有净化作用，能有效减少扬尘，清除大气中的悬浮颗粒、气态污染物（李宏斌，2011）。通常情况下，降水量越大、持续时间越长，降水后空气污染物浓度越低，保持低浓度的时间也越长。降水对空气污染的净化效果不仅与污染物自身的吸湿性能、带点状况、粒径大小有关，还与降水量、雨雪直径、降水时间、电荷情况等因素相关。有关研究表明，气溶胶粒子的粒径大小超过 2 微米时就可以被降雨吸附，但对不同污染物的吸附程度有所不同，可吸入颗粒物吸附程度最大，SO_2 次之，NO_2 最小（唐永顺，2004）。此外，被吸附的污染物还会以不同形式存在，有的被载到受体表面，有的则溶于雨雪中发生化学反应，如 SO_2、NO_2 分别转化为硫酸盐、硝酸盐。但是如果污染物浓度较高，一旦溶解于降水中就会形成酸雨，从而演变为另一种污染自然环境的因素，这种情况下则需要采取具体的治理措施。

2. 湿度

当大气环境的湿度较大时，水汽就会悬浮在大气环境中，而 SO_2、NO_2 等易溶于水的污染物就会被水汽吸附而形成酸雾，进一步加剧大气污染程度。当空气较为干燥时，即使在大气环境污染较为严重的地区，裸露在外界的物体被污染的可能性也很小。

二　下垫面状况

下垫面是气候形成的重要因素，是指在热量、动量和水汽交换过程中与大气相互作用的地球表面（土壤、草地、水体等），下垫面性质对大气温度、湿度、风等有很大影响。除气象条件外，下垫面状况也是影响城市空气污染的重要因素，这是因为下垫面的粗糙度及其构成情况直接影响着一个地区的气象条件，具体来看主要有以下几个方面。

（一）城市下垫面

城市气候的形成与原有下垫面性质改变和人类活动强度密切相关，城市下垫面是导致城市气候形成的直接原因。影响气流的下垫面动力学特性主要指摩擦、阻滞、抬升等作用。城市中建筑物参差错落，形成许多高宽比不同的街谷。建筑物分布密度与城市湍流摩擦速度关系密切，无建筑物时摩擦速度较小，湍流动量较小；随着古建筑物密度的增加，摩擦速度增大、湍流动量增大，但当建筑物密度超过一定程度时摩擦速度又开始减小，湍流动量减小。总体上在城市街谷中风速较小不易散热，导致城市的气温高于郊区。总之，城市建筑与设施从根本上改变了下垫面的动力学特征，使城市下垫面粗糙度比郊区大，风速减小且风向不稳定。由城乡水平温差（一般在3℃以上）引起的热岛效应和热岛环流导致冷空气从四周的乡村流向市中心，市中心近地面形成复合上升气流并将暖空气带到高空，市中心上空与乡村区域形成补偿的辐射和下沉气流，上升气流与下沉气流组成完整的闭合环流，即热力湍流。

（二）水域下垫面

在较大水域和陆地的交界处，水面和陆地的热力、动力作用截然不同，局地的气象条件也会随之发生变化。海陆风环流正是在水、陆热性质不同导致彼此间存在温差的情况下产生的，主要发生在海陆交界地带，周期为24小时。白天太阳辐射导致陆地升温比海洋快，海陆大气之间由此产生了温度差、气压差，使得低空大气由海洋流向陆地形成海风，高空大气从陆地流向海洋形成反海风，与陆地上升气流、海洋下降气流一起形成了海陆风局地环流；夜晚由于有效辐射发生了变化，陆地比海洋降温快，海陆之间产生了与白天相反的温度差、气压差，使得低空大气从陆地流向海洋形成陆风，高空大气从海洋流向陆地形成反陆风，与陆地下降气流和海面上升气流一起构成了海陆风局地环流。

因此，一个城市若想在海边建设工厂，必须具体考虑到海陆风的影响，因为有可能出现这种情况：在夜间随陆风吹到海面上的污染物在白天又随海风吹回来，或者进入海陆风局地环流中，污染物不能被充分地扩散稀释反而造成更为严重的空气污染。

（三）山地下垫面

山地下垫面对污染物扩散最明显的影响是山谷风和逆温。山谷风是山风和谷风的总称，发生在山区，主要是由于山坡和谷底受热不均产生，周期同样为 24 小时。具体来看，白天太阳先照射到山坡上，使山坡上的大气温度比山谷上同高度的大气温度高，进而在近地面形成了由山谷吹向山坡的谷风，在高空形成了由山坡吹向山谷的反谷风，它们与山坡上升气流、山谷下沉气流一起形成了山谷风局地环流；夜间山坡和山顶比谷底冷却得快，使得山坡和山顶的冷空气顺山坡下滑到谷底形成了山风，在高空则形成了山谷吹向山顶的反山风，它们与山坡下沉气流和山谷上升气流一起构成了山谷风局地环流。山风和谷风的方向相反且在一般情况下比较稳定，但在山谷风转换期风向不稳定，时而山风，时而谷风，时进时出，反复循环，这时若有大量污染物排入山谷中，污染物极不易扩散，若在山谷中停留时间过长则有可能造成严重的空气污染。

此外，由于山区较为复杂的地形结构，夜间山坡冷却得快，冷空气沿山坡下滑在谷底积聚，再加上谷底风速小，所以逆温发展的速度比平原快，逆温层也更厚。如果凹地四周是封闭的，冷空气逐渐堆积滞留，形成逆温强度很大的"冷湖"，即使在日出后消散得也很慢。

三 植物绿化

（一）植物对大气物理性颗粒的净化作用

植物绿化主要通过截留和去除等过程净化空气。截留过程涉及植物截获、吸收和滞留等，去除过程包括植物吸收、降解、转化、同化等。大气中的物理性颗粒主要是指粉尘。研究表明，植物绿化可以通过吸滞粉尘以及减少空气含菌量起到净化空气的作用（孙文哲等，2011）。

（二）植物对化学性气体污染物的净化作用

大气中的化学气体主要是指各种有毒有害的气态、液态物质，包括二氧化硫、二氧化碳、氮氧化物、一氧化碳、臭氧、氟化氢、氯气、光化学烟雾等有害的化学物质。植物对化学性气体污染物的净化作用主要表现在三个方面。一是吸收与吸附。植物枝干表面可以吸收、吸附固体颗粒及溶液中的离子、气体分子；植物叶面的皮孔能够吸收并储存有害气体，特别是可溶性气体，吸收量随湿度增大而增加。二是代谢降解。植物降解是指植物通过代谢过程降解污染物并将其以被束缚的状态保存或通过植物自身的物质来分解植物体内外污染物的过程。三是植物转化和同化。植物转化是植物保护自身不受污染物影响的重要生理反应过程，主要将污染物由一种形态转化为另一种形态。通常情况下，植物不能将有机污染物彻底降解为 CO_2 和 H_2O，而是经过一定的转化后隔离在植物细胞的液泡中或与不溶性细胞结合，如木质素。植物同化是植物对含有植物营养元素的污染物进行吸收、同化，从而促进植物体自身生长的一种现象。大气有害物质中的硫、碳、氮等都是植物生命活动所需要的营养元素，植物通过气孔将 CO_2、SO_2、NO_2 吸入体内，参与代谢，最终以有机物的形式储存在氨基酸和蛋白质中。

（三）植物对大气生物性颗粒的净化作用

大气生物性颗粒主要包括放线菌、酵母菌和真菌等空气中的微生物以及一些病原体微生物，这些空气中的微生物和病原体微生物主要通过空气传播危害人体健康。它们可能附着在尘埃上随着空气流动，而植物的树冠能够阻挡这些空气流动，从而有效地抑制了这些病原体的传播途径，间接地减少周围空气中的菌落数量。除此之外，植物的挥发性分泌物也具有一定的杀菌能力。

综上所述，植物绿化对空气污染物的净化作用主要包括五个方面：植物体表附着和吸收、植物体表代谢降解、植物体的转化、中和缓冲、植物同化与超同化作用。针对不同污染物，植物的净化作用也有所差异。例如，植物对 SO_2 的吸收净化主要分为两部分，一部分由植物表面附着的粉尘等固体污染物吸附，另一部分溶解在细胞液里成为亚硫酸盐，毒性较小；植物对 NO_2 的吸收净化主要包括同化、超同化作用；植物对重金属的吸收净化作用主要是利用植物叶片上的气孔和枝条上的皮孔通过呼吸作用吸收大气中的重金属元素，然后在体内通过氧化还原过程进行中和，形成无毒物质（即降解作用）。此外，植物的净化能力也随树种不同、季节变化、空气污染程度不同而略有差异。

第二节　经济发展因素

一　经济发展水平

经济发展水平是影响大气环境的首要因素，大部分学者主要运用环境库兹涅茨曲线分析经济增长与空气污染之间的关系。国外学者早在 20 世纪 90 年代初期就开始进行研究，Grossman 和 Krueger（1991）通过二氧化硫、微尘和悬浮颗粒物三种污染物研究了环境质量与收入的关系，证明了 EKC 曲线的存在。之后，空气污染排放物与人均 GDP 存在 EKC 曲线关系的结论也进一步得到了证实（Song et al.，2008；Fodha and Zaghdoud，2010；Iwata et al.，2010）。国内学者对经济发展与空气污染的研究主要出现于 2000 年以后，对于二者关系的探讨也大多以 EKC 理论为基础，研究指出，我国经济增长与主要空气污染物排放同样存在倒 "U" 形曲线关系（孙明宇、程佳新，2017；闫兰玲等，2014；宋锋华，2017；艾小青等，2017），此后还进一步讨论了其他曲线形式的存在（许正松、孔凡斌，2014；何枫等，2016；杨肃昌、马素琳，2015a）。总而言之，以往众多研究表明，经济增长与空气污染存在显著的相关关系。

一般情况下，地区生产总值代表着一个地区的经济发展规模和经济增长数量。一方面，各个经济主体在社会生产活动过程中通常只考虑经济增长给社会带来的正效用，一味追求 GDP，忽略可持续发展原则，经济发展规模不断扩大，资源投入不断增加，能源消耗日益增多，造成生产过程中产生的污染物排放量越来越多，由此造成了严重的空气污染问题（康春婷，2017）；另一方面，地区生产总值也在很大程度上反映了一个地区的经济发展水平和人们的生活质量，在经济发展水平越高的地区，人们对大气环境质量的要求往往也越高，政府也有充足的资金来加大对空气污染的治理力度，空气污染问题得到进一步改善（冷艳丽等，2015）。

二　产业规模与结构

（一）产业规模

产业规模的扩大会对污染物排放总量的增加起到正向促进作用，即存在产业规模效应。一般而言，随着工业经济的快速发展、产业规模的不断扩大，资源、能源投入也随之增加，由此产生的污染物排放量也会越来越多，大气环境质量将日益恶化（彭鹏，2013）。具体来看，产业规模的扩大意味着经济生产活动需要投入更多的资源、能源来维持，而资源是有限的，在现有资源无法满足的情况下，大规模的开采活动势必会出现，开采过程中对生态环境造成或大或小的破坏现象也会长期存在，如此下去只会破坏生态环境的自净平衡能力。除此之外，在资源利用过程中也同样存在损害环境的现象。基于现有技术水平，资源利用普遍存在效率低下、浪费严重等问题，污染物产生量与排放量大幅增加，尤其是煤、化石能源消耗产生的大量污染物，资源、能源的耗竭程度势必会加剧，造成严重的空气污染问题。

（二）产业结构

产业结构是影响大气环境的重要社会因素，不同产业结构对大气环境质量的影响不同，一般情况下，影响程度从大到小依次是第二产业、第一产业、第三产业。

第一产业是指广义上的农业，包括种植业、林业、畜牧业和渔业，整体上对生态环境会造成一定的负面影响。在种植业方面，主要通过农业耕作过程中药剂喷洒遗留下来的残留物分解物质、农业用地土壤的有机碳排放 CO_2、土壤硝化与反硝化过程排放的 NO_2 以及秸秆燃烧排放的气体等造成空气污染。在林业方面，大量砍伐森林一方面引发滑坡、泥石流、洪水等灾害，破坏生态环境，另一方面植被减少将影响对温室气体的吸收，降低环境自净能力。在畜牧业方面，牲畜呼吸、产生粪便、分解饲料产生的粉粒都会造成空气污染（陈雪娇，2012）。

第二产业包括制造业、采矿业、建筑业、燃气及水的生产和供应业、电力等行业，对经济发展贡献很大，对生态环境也造成更多的污染，在很大程度上影响了大气环境质量。一方面，第二产业发展能够促进地区经济增长，进一步为推动生态环境建设、改善环境质量提供最基础的物质支持；另一方面，高污染行业得到迅速发展，能源需求大且利用效率低，污染物排放量增多，加剧空气污染。例如，化工、冶金、水泥、钢铁、发电等高污染行业生产过程中排放出的污染物都是雾霾天气的罪魁祸首。具体来看，制造业在生产过程中由燃煤产生的二氧化硫、挥发性有机物等排放量较大，进而造成灰霾污染（胡冰，2016）；建筑业发展过程中的建筑施工将产生大量粉尘，进而造成烟粉尘污染；交通运输业将通过车辆运输行驶过程中排放的氮氧化物、一氧化碳等造成尾气污染，引起公路扬尘污染；采矿业在施工过程中会产生有毒有害的炮烟、矿尘，冶炼过程中也会产生烟气，这些有毒有害的烟气在造成空气污染的同时还会严重威胁人们的健康（刘芳，2011）。

第三产业是指除了第一产业、第二产业外的其他所有行业的总和，包括服务业、商业等行业在内。第三产业存在能耗低、对资源依赖小、污染排放少等特点，对经济发展贡献大，但对大气环境的污染程度相比其他两个行业轻得多。

（三）工业结构

工业结构是指生产要素在工业系统各部门间的比例构成和它们之间的相互依存、相互制约关系。工业结构的环境效应主要通过改变工业生产规模、工艺流程以及技术水平，影响资源需求种类及利用率，整体上从组织结构、行业结构及技术结构三方面对空气污染产生影响。

首先，在工业组织结构方面，大企业所占比例是工业组织结构高度化的重要指标。大企业具有融资、技术开发和资本经营等综合功能，依靠强大的资金、技术支持来发展循环经济、清洁生产等模式，不仅可以缓解经济发展面临的资源压力，而且对改善大气环境具有重大意义。当前全球低碳经济发展模式盛行，绿色生产及消费观念得到转变，大企业相比中小企业更容易通过获得规模经济来提高生产要素的综合利用率，达到产出增加而单位产出污染排放下降的结果，进而实现控制污染物排放强度的目标，再加上规模大的企业更容易成为政府环境管理机构监控的目标，这在很大程度上进一步降低了污染物的排放强度。

其次，在工业行业结构方面，按资源消耗和污染排放程度不同，工业行业主要可以分为重污染行业和轻污染行业。重污染行业在生产过程中需要消耗更多的资源、能源，排放的污染物也相对较多，如钢铁、火电、水泥、机电制造等工业企业，其在生产过程中通过工业锅炉与窑炉的燃烧产生了大量含有氮氧化物以及二氧化碳的废气，这些都是造成空气污染问题的主要物质。相比之下，轻污染行业的资源、能源需求相对较小，对大气环境的污染程度也较轻。因而通过优化工业行业结构，调整和改进生产方式、生产工艺及技术，提高资源利用效率，减少能源消耗总量，实现减排目标，将有利于改善大气环境质量，进一步促进经济、资源与环境的协调发展。

最后，在工业技术结构方面，具有先进技术的企业在生产过程中将会利用较为先进的节能减排技术、环保技术不断提高资源利用效率，实现对空气污染物排放强度的有效控制，最终生产和排放出更少的污染物，产出附加值更高的产品，从而改善大气环境质量。相比之下，技术相对落后的企业则会产出附加值较低的产品，污染物产生量和排放量也会更多，造成较为严重的空气污染问题。

三　科技投入与技术水平

（一）科技投入

科技投入是开展科技活动的物质基础，是科技创新与进步的前提条件，是社会进步和经济增长的重要保障，同时也是推动节能减排、改善环境质量、提高区域生态效率水平的关键因素。一方面，科研资金、人才、设备投入的增加，推动污染物处理水平提升，将直接作用于空气污染物的产生、排放、治理等过程，进一步提高空气污染物治理效率，进而实现大气环境质量改善的目的。另一方面，科技投入的增加对产业结构优化、能源消费结构调整具有重要推进作用，对减少和控制空气污染源具有重大意义。

此外，已有研究表明，科技投入还将通过作用于直接投资来影响环境质量，主要包括以下几个方面：第一，科技投入能够强化直接投资的直接环境效应，通过直接作用于企业环保技术研发和科研结构绿色创新，提升企业的能源利用率与污染物处理效率；第二，科技投入通过技术溢出效应，增强直接投资对环境的正外部性，通过支持内资企业从事技术研发活动，帮助内资企业吸收外资的技术溢出，加强对先进技术的模仿、学习、吸收与转化，进而改进技术，提升我国企业的能源利用效率，推进节能环保技术研发；第三，科技投入有利于培育技术密集型产业的比较优势，从而吸引资本进入技术密集型产业，弱化直接投资的负向环境效应（秦晓丽、于文超，2016）。

（二）技术水平

一个国家的技术水平在一定程度上反映了这个国家的投入产出率和污染治理能力。当一个国家的技术水平较高时，其对资源、能源的利用效率将得到提升，污染物排放处理效率也将提高，进而减轻空气污染程度；反之，将增加空气污染物排放量，造成空气污染日益严重的局面。技术水平的提升一方面会推动空气污染控制技术进步，促进污染控制基本方法种类增多，推进污染物净化设备质量的改善，简化并优化污染物处理的工艺流程，进而提升污染物控制水平和处理效率；另一方面在很大程度上会提升经济发展质量，促进经济发展结构、能源消费结构的调整，进一步控制空气污染产生的源头。随着技术水平的提高，企业会将绿色生产技术应用于实际生产环节，提高能源利用效率，从而减少生产环节中污染物的排放量，减小其对空气污染的影响，改善空气质量（刘军等，2017）。与此同时，技术水平的提升也会加强对可再生能源、清洁能源的合理开采与利用，推动节能减排技术、环保技术的研发。

四 环保投入

环保投入的增加对顺利开展空气污染防治工作具有重要意义。一方面，环保投入的增加将直接促进环境基础设施建设投资，扩大城市环境基础设施建设的覆盖面，提高环境基础设施建设水平和质量，从而改善城市环境质量。另一方面，环保投入的增加会加大对工业污染源治理、废气治理的投资力度，促进污染物处理设备质量的改善，引进先进、节能的环保设备和环保工艺，提升污染物预防、处理能力与技术水平，从而抑制污染物的产生和排放。

五 贸易开放程度

目前关于贸易开放程度与空气污染之间的关系还没有明确的定论，大多数研究是以外商直接投资来表示贸易开放程度，进而研究外商直接投资与空气污染的关系。研究主要围绕三种观点展开，即"污染避难所"假说、"污染光环"假说、综合效应理论。其中，"污染避难所"假说是指，在其他条件相同的情况下，跨国企业更倾向于在环境标准相对低下的国家或地区进行投资和生产，使得这些国家成为污染的"天堂"，该假说暗含着外商直接投资与环境污染之间的双向关系，虽然到目前为止仍无一致的结论，但大量研究已表明外商直接投资确实对生态环境造成了一定的负面影响；"污染光环"假说则从另一个角度发现了二者之间的关联性，认为外商直接投资与东道国企业投资相比具有更高的技术效率，可以通过技术外溢效应来改善当地的环境状况；综合效应理论则全面分析了外商直接投资的环境效应，认为其存在复杂多维的特征，强调外资企业可以通过多种途径（技术、规模、规制和结构等）来影响东道国的环境。

综合来看，片面强调外商直接投资对环境污染的影响正负是不客观的，外商直接投资的环境效应应该是复杂多维的，需要综合全面的分析和把握。外商直接投资其实是一把"双刃剑"，对东道国环境的影响效应既有积极的一面，也有消极的一面。外商直接投资对大气环境的影响机制可以分解为规模效应、增长效应和结构效应，这三种效应对东道国大气环境的影响或正或负，其综合作用的结果即外商直接投资的环境净效应。

具体来看，规模效应主要体现在外商直接投资的流入将形成新的生产能力，促进生产要素需求的增加，推进生产规模的扩大，从而导致自然资源的过度开发和利用，使得污染物的产生和排放增加，最终造成空气污染问题，引起环境质量下降，因此规模效应整体上体现为加剧东道国的环境污染程度。

增长效应主要通过两种途径表现出来。第一，通过促进东道国地区经济增长，扩大经济规模，提高地区收入水平，同时增强环保意识，保证地方政府有充足的资金加大对空气污染的治理力度。第二，通过示范模仿和关联效应对东道国产生技术溢出效应，提高地区技术水平和生产效率，减少单位产出的资源、能源消耗和污染物排放，从而改善大气环境质量，因此增长效应主要表现为改善东道国空气污染状况。

结构效应主要是因为目前大多数发展中国家在大力推进工业化进程，引进的外资也大多流入第二产业，第二产业的能源消耗和污染物排放水平都比较高，进而引起污染密集型产业的扩张，对大气环境质量产生负的结构效应，进一步阻碍发展中国家生态环境的改善（李斌等，2011）。

第三节　居民生活因素

一　居民收入水平

居民收入水平对空气污染具有双重作用。一方面，居民收入水平的提高在一定程度上会加剧空气污染。经济高速增长促进居民收入水平提高，居民生活质量得到改善，消费需求、消费水平、消费能力也将有所提升，这意味着社会生产活动需要消耗更多的资源、能源，也将排放出更多的污染物副产品，导致空气污染进一步加剧。另一方面，居民收入水平的提高对改善大气环境质量也具有重要意义。随着居民收入的增加，生活水平得到提升，人们的精神文化需求也不断增加，环保意识在很大程度上得到增强，对大气环境质量也有了更高的追求，从而推动空气污染防治工作的顺利开展。此外，已有研究表明，随着居民收入水平的提高，公众对健康的需求也随之高涨，大多数公民已经展现出对清洁空气较强的支付意愿（李斌等，2011），这在一定程度上能缓解空气污染问题，但这种大环境支付意愿还受地区环境污染程度、受教育程度等因素影响。

二　生活习惯

（一）炉灶与锅炉

空气污染物主要来自燃料的燃烧，除工业、交通运输等最主要的空气污染源外，还有来自居民生活过程中燃烧所产生的污染物。城市里大量民用生活炉灶和锅炉密集聚集在居住区内，燃烧时需要消耗大量煤炭，产生更多污染物，造成居住区内严重的空气污染问题。生活炉灶和锅炉一般以煤为燃料，例如蜂窝煤和煤球，其次是液化石油气、煤制气和天然气。同时，大多数燃烧设备效率低，导致燃料燃烧不完全，再加上较低的烟囱高度，有些生活炉灶甚至不安装烟囱，导致烟粉尘、二氧化硫、一氧化碳等有害物质大量排放，污染大气环境。

（二）空调和供暖

随着城市经济增长和居民收入增加，居民生活水平不断提升，空调使用数量也在不断增加。空调是一种特殊装置，主要用来对空气的温度、湿度进行调整，因此必须有水参与进去发挥作用，而水在空调的作用下与一些颗粒状物质形成气溶胶，当其通过风管进行气流循环时，其中携带的细菌、微生物等就逐渐沉积下来并附着在空调的相关部件上。有研究证明，空调中换热器的翅片、加湿器、过滤器以及风管内壁皆是灰尘的聚集地，也是细菌等微生物的滋长地，导致细菌大量繁殖，形成二次污染源。因此，空调的制冷、制热功能在给人们带来舒适的同时也对室内的空气质量产生了负面效应，成为一个重要的污染源。

此外，近年来城市规模不断扩大，发展速度日益加快，人口数量不断增加，采暖使用需求也随之急剧增加，尤其在我国北方由采暖导致的空气污染问题日益严重。以哈尔滨为例，已有研究表明，2017 年在哈尔滨为期183 天的供暖中只有 68 天空气达标，污染天数为 115 天，其中重度污染和严重污染天数为 35 天,可见供暖期间空气污染十分严重,尤其当出现静风和逆温条件时,城市污染物更不易扩散,空气污染程度进一步加剧(涂正革等,2018)。因此,北方冬季供暖地区更需要结合实际情况,利用清洁能源进行供暖,对污染情况进行重点、全面的监测,最大限度地减少空气污染的天数。

(三) 秸秆焚烧

秸秆焚烧是指通过火烧形式将农作物秸秆销毁的一种行为,主要原因包括:一方面,秸秆处理成本太高,但滞留在田地会影响下一季农作物的播种;另一方面,焚烧产生的草木灰也能成为一种肥料。在我国农村,每当夏收、秋收之季便能看见大量秸秆被燃烧,滚滚浓烟带来的不仅是资源浪费,更加剧了大量有毒、有害物质的排放,造成严重的空气污染问题,威胁到人与其他生物体的健康。我国是一个农业大国,全国每年燃烧的秸秆量更是十分巨大,由此带来的空气污染问题十分严重。

三　环保意识

居民环保意识的提升对防治空气污染、改善大气质量具有重要作用。一方面,随着居民环保意识的提升,居民在生产、生活上会更加注重其自身行为对环境质量的影响,为了追求更高的环境质量水平而倾向于选择更加环保的生活方式、消费模式;另一方面,环保意识水平的提升意味着居民将更加积极主动地参与到环境治理过程中,积极为治理空气污染问题出谋划策,为进一步推动空气污染防治工作贡献自身力量。此外,居民环保意识的提升也会提高其环境污染支付的意愿,推动空气污染防治工作的顺利开展。

四　传统习俗

在我国,受到传统习俗的影响,燃放烟花爆竹、焚烧纸钱等行为已经司空见惯,逢年过节尤其能看到烟花爆竹的大量燃放。烟花爆竹燃放产生的烟雾、灰尘往往可以飘到很远的地方,即使在农村地区也一样会通过大气运动将其带到城市上空，对城市大气质量产生极大的挑战。近年来，随着"禁放令"的施行，烟花爆竹的燃放受到了一定程度的限制，但农村地区受传统习俗的影响比较大，且农村居民由居住分散导致管理难度大、难以管理和查处现象普遍存在，进一步阻碍了空气污染治理工作的全面进行。

第四节　城市建设因素

一　产业集聚

对一个城市而言，产业集聚在推动城市规模扩大和人口过度集中的过程中，对经济增长和城市环境势必会造成一定的影响。从理论上讲，这种影响主要表现在两个方面。第一，增加资源和能源的消耗。城市产业集聚、人口集中以及城市规模扩大都会带来生产规模的扩大和消费总量的增加，尤其是以第二产业为主的城市生产方式将消耗更多的资源和能源，最终势必会产生更多的污染物，产生严重的环境污染，造成城市环境承载力下降，进而导致城市社会经济发展倒退。第二，提高资源和能源的利用效率。城市化通过产业集聚、人口集中促进集聚地区的关联企业成为共生体，综合集中利用原料、能源和"三废"资源，地区知识水平、技术外部性也通过学习效应进一步提高，因而能够提高城市原材料的利用效率，减少污染物的产生和排放。

综上，产业集聚对城市大气环境的影响具有复杂性特征，我们应该辩证分析产业集聚的环境效应。一方面，产业集聚会增加资源和能源的消耗，排放更多的污染物；另一方面，产业集聚会产生正环境外部性，减少污染物的排放。

二　城市化进程

城市化对空气污染的影响存在不确定性。一方面，城市化导致人口不断向城市迁移，慢慢形成人口规模和集聚效应，导致生产和消费需求不断增长，使得城市经济活动更加频繁，由此导致资源、能源的供应不足。而能源消费结构的不合理性更是进一步加剧了城市生产生活污染的排放，甚至远超城市大气环境容量，导致城市空气质量持续恶化。另一方面，城市化也可能使社会劳动生产效率提高，促进居民收入不断增加，高收入者越来越多，居民生活水平越来越高，对环境质量的要求也随之提高，进而对政府的环境治理水平和能力提出更高要求，迫使政府出台更多环保措施，开展更多环保工作，最终实现城市大气环境质量改善的目标。

总而言之，城市化与空气污染具有一定的相关性，城市建设发展过程中应推动城市健康发展，走资源节约、环境友好的新型城市化道路，实现城市化对环境质量的正外部性。

三　人口规模和结构

（一）人口规模

人是社会的主体，是生产者也是消费者，物质生产主要以人口规模为基础，从而满足人类生存的基本需要。随着社会进步和经济发展，人口数量急剧增长，各种需求日益增加，如交通需求、用电量需求等，这些需求的增加同样会导致能源消耗和污染物排放量增加，进而造成城市空气污染。人口规模的变化可能会带来以下两种倾向。

第一种，人口规模扩大会直接导致生产和生活领域产生的空气污染物排放增加。首先，工厂可能会因充足的劳动力供给和旺盛的市场需求而增加产品生产，从而产生包括废气在内的各类污染物；其次，人们对住房、车辆使用的需求都会逐步增加，进一步导致建筑施工、汽车生产、运输过程中污染物的排放，其中施工过程将产生大量粉尘，而车辆的快速增多以及使用频率的增加将导致汽车尾气中含有的一氧化碳、氮氧化物、颗粒物和碳氢化合物等有毒有害气体的增加，造成空气污染并威胁人体健康；最后，人口规模过大还将造成交通拥堵，导致车速变慢，进一步增加污染物浓度，加剧空气污染。此外，城市供暖、供电设备也会因人口规模的扩大而排放更多的空气污染物。

第二种，人口规模较大的地区空气污染问题更为严重，已经威胁到人们的正常生产、生活状态，人们会更加主动关心环境问题，提升环保意识，进一步形成正确的社会舆论，对政府造成更大的环保压力，进而促进环保制度的建立健全和成熟完善（杨林、高宏霞，2012）。

（二）人口结构

人口结构对城市环境质量同样具有一定的影响。

一方面，人们职业结构不同对城市大气环境质量的要求也存在差异。对于从事工业生产的基层劳动者来说，他们长期在环境质量比较差的场所、车间工作，因而对工资的要求比对环境质量的要求更高；对于长期从事居民服务业、旅游业、信息技术服务业、教育科研事业等服务业的劳动者来说，他们更倾向于追求生活品质，因此对环境质量提出更高的要求。

另一方面，人口年龄结构分布情况对城市大气环境质量的要求也略有差异。如果一个地区劳动年龄人口占总人口比重较低，劳动力逐渐成为稀缺资源，可能会迫使地区经济增长方式发生改变，由原先高度依赖劳动力的粗放型经济发展模式加快向人力资本投资、科技投入和实现管理创新等要素结构模式转型升级，进而推动产业结构调整和优化，更倾向于发展那些具有资源能源消耗少、污染物排放少等特点的新兴产业。而老年人口比重的增加还会进一步促进有关老年人的生活服务、社会保险、医疗保健、医疗看护等行业的兴起，促进第三产业的发展，对城市大气环境质量的改善具有重大意义（范洪敏、穆怀中，2017）。例如，以发达国家为例，充分利用人口老龄化水平提高的阶段实现了由制造业经济向服务业经济、知识型经济的转型，既促进了经济的平稳快速增长，又实现了环境污染治理。相反，如果一个地区年轻人口较多，劳动力丰富，生产、消费需求进一步增加，导致经济生产发展过度依赖廉价劳动力，进而促进劳动密集型产业的扩张。这既不利于产业结构调整与优化，更会加剧资源、能源消耗，造成城市环境污染问题。

四 城市布局

城市布局是否合理对城市大气环境质量也具有重要影响。

一方面，汽车尾气作为雾霾产生的"元凶"之一，其排放居高不下与城市化布局和居民小区建设关系密切，居住地和工作地距离太远势必会增加汽车尾气的排放强度。随着我国城市"摊大饼式"的发展，居住地与就业地的距离越来越远，特别是特大居住小区的建设导致越来越多的人口在早晚间穿梭于城市，人车的大量流动对城市空气造成了严重污染。此外，城市公共设施分布不均也是造成大量车流、人流产生进而加剧空气污染的重要原因。目前我国很多大中城市的公共服务资源如优质学校、医院、大型图书馆、音乐厅等集中分布于中心城区，每天有大量的人员往返于远郊区、郊区、城区，形成人流、车流、物流在城市间的大范围、长距离的转移输送，进一步加剧了城市空气污染。

另一方面，密集的城市布局使得高强度集中排放的污染物很难在环境中得到自然净化。随着城市规模的不断扩大，城市居民居住区越建越多，面积越建越大，城市越来越密集，城市楼房之间的间隙越来越小，这些都十分不利于空气污染物的扩散。此外，由于空气污染空间溢出性的存在，目前我国雾霾污染严重的区域基本上处在城市群或城镇密集区域，每个城镇不仅自身污染物难以净化，而且相互"感染"，加剧城市空气污染的空间溢出效应。因此，城市在规划建设过程中要十分注重城市布局的合理性，除了要在城市内部设立安全带距离、缩短工作地和居住地以及功能区的出行距离外，还必须控制相邻城市之间的距离，合理测算和确定城市群、城市带之间的生态安全距离，在提高城市宜居性的同时为空气污染净化预留空间。

五 交通工具

随着经济的高速发展和居民生活水平的提高，城市机动车越来越成为人们生活中必不可少的交通工具，机动车保有量呈现快速增长的趋势，这在引起道路交通拥堵问题的同时进一步增加了汽车尾气的排放，排放的尾气一旦超出城市空气的自我净化能力，城市空气污染程度便会加剧。

机动车因其燃料不同对空气的污染程度也有很大差别，按照燃料可以将机动车分为汽油车、柴油车、天然汽车、电动车等，目前中国大多城市普遍使用的是汽油车和柴油车，其中，柴油车（尤其是黄标车）排放的氮氧化物和颗粒物较之汽油车高很多（武苗苗，2016）。机动车尾气是空气污染的重要源头，行驶过程中通常会排放出大量一氧化碳、氧化物等有毒物质，这些物质都是雾霾污染的主要成分，排放到空气中会进一步增加颗粒漂浮物的含量，加重空气污染，严重威胁社会生产、居民生活。此外，交通运输过程中产生的扬尘也是雾霾污染物的来源之一，私家车数量不断增加导致城市交通日益拥堵，在带来巨大交通压力的同时也将造成严重的空气污染问题，尤其是一些主要以柴油燃料为动力的大货车在运输过程中产生很多颗粒物质，不仅对空气造成了严重污染，而且危害到人们的身体健康。

六　市政建设

（一）道路建设

大多数城市没有进行城市建设的长远规划和设计，只重视城市基础设施建设，追求城市经济发展而忽视生态环境保护，造成城市建设后期遇到很大瓶颈，对城市大气环境造成显著的负面影响。例如，城市在进行市政道路建设过程中，人行道高于路面会出现凹陷状态，道路中的灰尘就会逐渐累积，长此以往就会出现扬尘问题，降低城市内部空气质量，导致城市空气污染。

（二）房屋建筑施工

扬尘是空气中悬浮颗粒物的重要组成部分，主要来源于建设工程施工和道路交通运输产生的尘土在风力、人为带动及其他外力作用下被带动飞扬而进入大气中。一方面，随着城市化进程的推进，城市建设速度不断加快，房地产业发展迅速，进而成为经济增长的重要支柱，但房地产开发过程中旧房屋的拆迁以及新房屋的施工建设都会增大城市大气环境的压力；另一方面，城市旧城改造和新城建设势必会增加对施工材料的需求，材料运输过程中也会产生大量扬尘，造成可吸入颗粒物逐渐增多，从而进一步恶化空气质量。因此，城市建设要加强扬尘治理，出台空气扬尘污染的相关治理措施，加大控制监督管理力度。

(三) 绿化建设

空气质量的好坏不仅取决于气体污染物的排放，还取决于城市环境对气体污染物的吸纳能力，除了环境自身的"自净能力"外，主要依靠城市绿化建设来完成（杨肃昌、马素琳，2015b）。绿化建设是指通过植树造林、种草种花等城市建设活动将城市中一定的地面覆盖或者装点起来，这些花草树木的栽种有助于吸附空气中的灰尘和粉尘，清除空气中的颗粒污染物，净化空气，改善空气质量。一般情况下，植物对空气污染物的吸收净化作用会受到空气污染程度影响，因此在进行绿化建设时要因地制宜，科学合理地选择绿化树种和环境保护林，改善城市绿化树种的结构，营建抗性强和净化能力强的城市环境保护林以达到改善大气环境的最佳效果。

第五节　能源消费因素

一　能源消费总量

能源消费是指生产、生活所消耗的能源，主要分为化石能源和非化石能源。化石能源由古代生物的化石沉积而来，是一种碳氢化合物或其衍生物，包括煤炭、石油和天然气等天然资源，这些都是人类社会必不可少的化石燃料，它们在不完全燃烧后都会不同程度地散发出有毒的气体；非化石能源指非煤炭、石油、天然气等化石能源经长时间地质变化形成，且只供一次性使用的能源，包括当前的新能源及可再生能源，其中可再生能源包含核能、风能、太阳能、水能、生物质能、地热能、海洋能等。

一方面，能源消费总量的增加间接表明了人类在不断开展能源开采活动，势必造成能源资源枯竭和生态环境稳定性遭到破坏等后果；另一方面，化石能源是目前全球消耗最多的能源，能源消费总量的增加意味着更多化石能源被消耗，在消耗过程中会新增大量温室气体，同时产生其他大量有毒有害气体，加剧空气污染。

二 能源消费结构

中国的能源消费结构可以用"富煤、贫油、少气"来形容。2017 年化石能源消费占中国整体能源消费的 86.2%，其中高污染、高排放的煤炭占 60.4%，石油占 18.8%，天然气仅占 7.0%，而低污染的水电、核电、风电仅占 13.8%。[①] 可见受能源储量与工业技术水平制约，我国目前还是没有摆脱对传统能源的依赖，尤其是在能源消费中严重依赖煤炭。天然气在能源消耗总量中的占比虽然呈现一定程度的上升趋势，从 2007 年的 3.0%上升到 2017 年的 7.0%，但是在整个化石能源消费中所占比重还是较低。与此同时，水电、核电、风电所占比重虽然总体上也呈现较为明显的增长趋势，从 2007 年的 7.5%增长到 2017 年的 13.8%，但是占比还是较小。

三 能源利用效率

能源利用效率的提升将在很大程度上促进燃料利用率的提高，保证燃料实现最大程度的燃烧，在推动经济增长的同时进一步减少空气污染物的排放。然而目前我国能源利用存在效率低、燃料燃烧不充分、清洁能源利用少等特点，尤其是以煤、石油、天然气为主的化石燃料的不充分燃烧大幅度增加了污染物的产生和排放。能源利用效率低下还将进一步导致人们的能源消耗需求不断增加，能源开采活动持续开展，加剧能源枯竭程度，造成生态环境破坏。

第六节　管理规制因素

一　环境保护治理体制

环境保护治理体制作为国家治理体系建设的重要组成部分，是推进我

---

① 数据来源于《中国统计年鉴 2018》，http://www.stats.gov.cn/tjsj/ndsj/2018/indexch.htm。

国生态文明建设的迫切需要，是解决突出环境问题的有力举措。一方面，完备的环境保护治理体制能够为中央和地方有关部门开展环境污染治理工作提供机制保障，充分调动相关责任主体保护环境的积极主动性，进一步整合分散的生态环境保护职能，充分发挥中央政府宏观调控、综合协调、监督检查职能，并与地方政府环境属地管理责任相结合，最终实现生态环境的整体保护和修复。另一方面，环境保护治理体制的完善有利于提升相关部门的环境监管能力、环境监察执法水平、环境治理水平，进一步协调和解决好环境保护和地方污染治理问题，做到污染防治的全防全控，有效改善生态环境质量，推进生态文明建设。

二　环境保护治理政策

环境保护治理政策的设计、出台和实施对有效防治环境污染具有重要意义，一方面可以充分调动社会公众参与环境污染治理的积极性，另一方面可以在很大程度上激发企业进行技术创新，使能源、资源、资本、劳动等要素在不同部门之间得到有效配置，实现环境质量的改善。例如，环境保护治理政策通过对重污染行业制定更加严格的排放标准，提高耗能、高污染行业的准入门槛，加大环保执法监督力度，提高排污收费标准，倒逼企业加强清洁技术的研发与使用等，有利于促进污染防治工作的顺利开展。

此外，政策工具的选择同样具有十分重大的意义。命令-控制型政策工具具有强制性，针对治理过程中存在的高污染、高耗能行为将起到严格遏制作用；市场激励型政策工具则通过利用市场经济手段来促进企业和社会自觉进行节能减排活动，通过财政政策和税收补贴等手段充分调动企业节能生产积极性，降低成本；公众参与型政策工具能促进环境信息公开机制的不断完善，空气污染治理过程中充分征询广大群众和社会组织的意见，加强环保意识宣传和教育，从思想上强化人们的环保理念和意识。

三　环境保护治理制度

我国在空气污染防治方面最主要的法规就是《大气污染防治法》，主要涉及大气污染防治标准和限期达标规划、大气污染防治的监督管理、大气污染防治的措施、重点区域空气污染联合防治、重污染天气应对以及相关法律责任等具体内容的规定，该法的贯彻、落实对我国空气污染防治工作的顺利开展起到了重要的作用。

除此之外，我国环境管理制度主要包括排污权交易制度、生态补偿制度、限期治理制度、污染集中控制制度、"三同时"制度等。其一，排污权交易制度是指一定区域内在污染物排放总量不超过允许排放量的前提下，内部各污染源之间通过货币交换的方式相互调剂排污量，这在一定程度上可以促进企业为实现自身利益而提高治污积极性，从而达到减少排污量、保护环境的目的；其二，生态补偿制度是以从事对生态环境产生或可能产生影响的生产、经营、开发、利用者为对象，以生态环境整治及恢复为主要内容，以经济调节为手段，以法律为保障的新型环境管理制度，有利于约束企业和个人对生态环境的过度消费，激励企业进行环保技术研发和节能减排，提升环境污染治理水平；其三，限期治理制度是指国家机关依法限定污染严重的项目、行业和区域在一定期限内完成治理任务并达到治理目标的规定的总称，有利于控制污染物总量，改善环境质量；其四，污染集中控制制度是要求在一定区域内建立集中的污染处理设施，对多个项目的污染源进行集中控制和处理，有利于提升资源利用效率，促进技术革新和设备质量改善，提高污染治理水平和能力；其五，"三同时"制度是指一切新建、改建和扩建的基本建设项目、技术改造项目、自然开发项目，以及可能对环境造成污染和破坏的其他工程建设项目，必须与主体工程同时设计、同时施工、同时投产使用的制度，有利于从源头上消除各类建设项目可能产生的污染，严格控制新的污染行为，减少污染物的产生和排放。

第五章

中国空气污染状况

认清现实是一种能力。空气污染防治必须在掌握客观事实的基础上，透彻地揭示污染来源和本质。进行空气污染客观现状研究，才能从现实中找到问题所在。本章对中国空气污染的总体状况，以及部分地区和行业的状况进行梳理，为寻求治理之道奠定了基础。

第一节 中国空气污染的总体状况①

一 中国空气污染现状

2021年我国扎实推进蓝天保卫战。持续开展重点区域秋冬季大气污染综合治理攻坚行动。开展夏季臭氧治理攻坚，臭氧浓度上升态势得到有效遏制。推进重点区域空气质量改善监督帮扶，发现并推动解决各类涉气环境问题1.6万余个。组织52个专家团队深入京津冀及周边等重点区域54个城市开展驻点跟踪研究和技术帮扶指导。各地因地制宜开展清洁取暖改造，2021年北方地区完成散煤治理约420万户。全国累计约1.45亿吨钢铁产能完成全流程超低排放改造。

但客观来说，目前我国空气污染天数、主要污染浓度、空气质量达标

---

① 本部分所用数据主要来自生态环境部历年《中国生态环境状况公报》，不同年份的数据统计范围可能存在差异。

城市占比等问题值得高度重视。

在城市各环境空气质量级别天数比例方面：2021 年，全国 339 个地级及以上城市（以下简称 339 个城市）发生轻度污染天数比例为 9.4%，中度污染天数比例为 1.8%，重度污染天数比例为 0.7%，严重污染天数比例为 0.7%（见图 5-1）。以 PM2.5、O$_3$、PM10、NO$_2$ 和 CO 为首要污染物的天数分别占总超标天数的 39.7%、34.7%、25.2%、0.6% 和不足 0.1%，未出现以 SO$_2$ 为首要污染物的超标天。

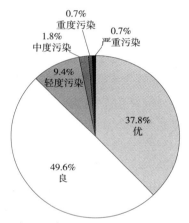

图 5-1　2021 年 339 个城市各环境空气质量级别天数比例

在主要污染物浓度方面：2021 年，PM2.5、PM10、O$_3$、SO$_2$、NO$_2$ 和 CO 浓度分别为 30μg/m^3、54μg/m^3、137μg/m^3、9μg/m^3、23μg/m^3 和 1.1mg/m^3。与 2020 年相比，六项主要污染物浓度均下降。若不扣除沙尘影响，PM2.5、PM10 平均浓度分别为 31μg/m^3 和 63μg/m^3，分别比 2020 年下降 6.1% 和上升 6.8%。PM2.5、PM10、O$_3$、NO$_2$ 和 CO 超标天数比例分别为 5.2%、4.4%、2.3%、0.2% 和不足 0.1%，未出现 SO$_2$ 超标天。与 2020 年相比，SO$_2$ 和 CO 超标天数比例基本持平，其他污染物超标天数比例均下降。另外，这六项污染物各级别城市比例如表 5-1 所示。

在城市空气质量达（超）标情况方面：2021 年，全国 339 个城市中 218 个城市环境空气质量达标，污染超标城市达到 121 个，分别占全部城市数的 64.3% 和 35.7%（见图 5-2）。若不扣除沙尘影响，339 个城市环境空气质量达标城市比例为 56.9%，超标城市比例为 43.1%。平均优良天数、

表 5-1　2021 年 339 个城市六项污染物各级别城市比例

单位：%

指标	一级	二级	超二级
PM2.5	6.2	64.0	29.8
PM10	23.9	58.1	18.0
O$_3$	2.7	82.6	14.7
SO$_2$	98.2	1.8	0
NO$_2$	99.7（一级、二级标准相同）		0.3
CO	100.0（一级、二级标准相同）		0

图 5-2　2021 年 339 个城市环境空气质量达（超）标情况

超标天数的比例分别为 87.5%、12.5%。其中，优良天数比例达到 100% 的仅有 12 个城市，占 3.5%；有 254 个城市优良天数比例为 80%~100%，占 74.9%；有 71 个城市优良天数比例为 50%~80%，占 20.9%；有 2 个城市优良天数比例低于 50%，占 0.6%（见图 5-3）。

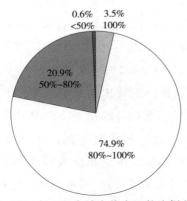

图 5-3　2021 年 339 个城市优良天数比例分布情况

此外，339 个地级及以上城市中包含了 168 个新空气质量标准监测实施城市（包含京津冀及周边地区、长三角地区、汾渭平原、成渝地区、长江中游、珠三角地区等重点区域以及省会城市和计划单列市，以下简称 168 个城市），本节对 168 个城市也重点进行了把控。具体来看，2021 年，168 个城市平均优良天数比例为 81.9%，比 2020 年上升 1.4 个百分点。其中，2 个城市优良天数比例为 100%，103 个城市优良天数比例为 80%~100%，63 个城市优良天数比例为 50%~80%。平均超标天数比例为 18.1%，以 O$_3$、PM2.5、PM10 和 NO$_2$ 为首要污染物的超标天数分别占总超标天数的 41.6%、41.1%、16.5% 和 0.9%，未出现以 SO$_2$ 和 CO 为主要污染物的超标天。

2021 年，168 个城市中 PM2.5 年均浓度超二级标准的城市有 87 个，占比 51.8%；PM10 年均浓度超二级标准的城市有 49 个，占比 29.2%；O$_3$ 年均浓度超二级标准的城市有 50 个，占比 29.8%，且达到一级标准的城市仅有 1 个；NO$_2$ 年均浓度超二级标准的城市有 1 个，占比 0.6%；SO$_2$ 和 CO 年均浓度全部达到二级及以上标准（见表 5-2）。具体各污染物浓度及达标城市比例见图 5-4 和图 5-5。

表 5-2 2021 年 168 个城市六项污染物各级别城市比例

单位：%

指标	一级	二级	超二级
PM2.5	1.8	46.4	51.8
PM10	8.3	62.5	29.2
O$_3$	0.6	69.6	29.8
SO$_2$	98.8	1.2	0
NO$_2$	99.4（一级、二级标准相同）		0.6
CO	100.0（一级、二级标准相同）		0

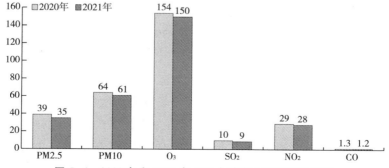

图 5-4 2020 年和 2021 年 168 个城市六项污染物浓度

注：CO 的浓度单位为 mg/m^3，其他指标均为 μg/m^3。

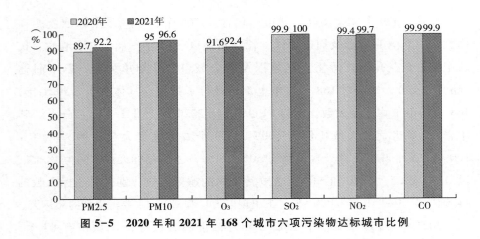

图 5-5 2020 年和 2021 年 168 个城市六项污染物达标城市比例

二　中国空气污染变化趋势

（一）空气质量变化情况

2013 年，我国开始对空气质量监测实施新标准，京津冀、长三角、珠三角等重点区域及直辖市、省会城市和计划单列市共 74 个城市按照新标准开展监测，依据《环境空气质量标准》（GB 3095—2012）对 SO_2、NO_2、$PM10$、$PM2.5$ 年均值，以及 CO 日均值和 O_3 最大 8 小时均值进行评价。2014 年，开展空气质量新标准监测的地级及以上城市新增至 161 个，其中 74 个为第一阶段实施城市，87 个为第二阶段新增市。2015 年，全国 338 个地级及以上城市全部开展空气质量新标准监测。

2018~2021 年，在全国地级及以上城市中，空气质量达标的城市个数由 121 个上升到 218 个，达标比例相应地由 35.8% 上升至 64.3%；污染超标城市的个数从 217 个下降到 121 个，但 2021 年污染超标比例仍然占 35% 以上（见图 5-6）。2018~2021 年平均优良天数比例由 79.3% 上升到 87.5%，平均超标天数比例从 20.7% 下降至 12.5%（见图 5-7）。

与此同时，城市发生重度及以上污染天数比例也有所下降，从 2018 年的 2.2% 下降至 2021 年的 1.4%。在污染物方面，PM2.5 污染最为严重，2018 年超标天数占监测天数的比例为 9.4%，2021 年降为 5.2%；2018 年 PM10 超标天数占监测天数的比例为 6.0%，2021 年降为 2.3%；O_3 超标

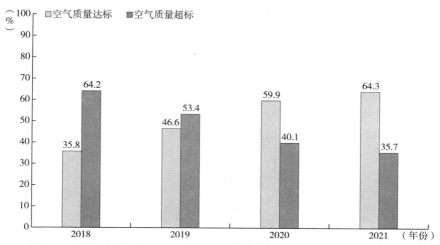

图 5-6　2018~2021 年全国地级及以上城市空气质量达（超）标城市比例

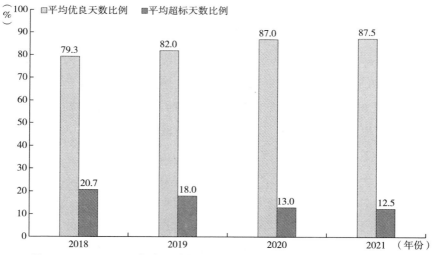

图 5-7　2018~2021 年全国地级及以上城市平均优良（超标）天数比例

天数占监测天数的比例近年来整体有所下降，2018 年约为 8.4%，2021 年降为 4.4%；其余污染物（NO_2、SO_2 和 CO）超标天数占监测天数的比例均较小。

此外，2018~2021 年 PM2.5、PM10、O_3、SO_2、NO_2 以及 CO 污染物浓度均值均有所下降（见图 5-8）。

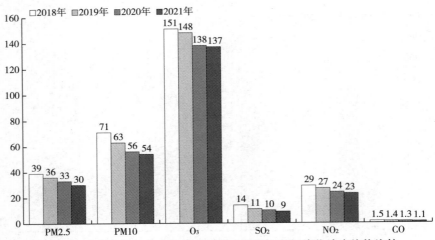

图 5-8 2018~2021 年全国地级及以上城市六项污染物浓度均值比较

注：CO 浓度单位为 mg/m³，其余指标均为 μg/m³。

2018 年以来，168 个新标准第二阶段监测实施城市（以下简称 168 个新标准城市）平均优良天数比例整体上保持上升趋势，由 2018 年的 70.0% 增加到 2021 年的 81.9%；平均超标天数比例整体上呈降低趋势，由 2018 年的 30.0% 降至 2021 年的 18.1%（见图 5-9）。主要污染物为 O_3、PM2.5 以及 PM10，以这三者为首要污染物的污染天数比例有所减少。在污染物浓度均值方面，PM2.5、PM10、O_3、SO_2、NO_2 以及 CO 逐年降低，2021 年浓度均值分别达到 $35\mu g/m^3$、$61\mu g/m^3$、$150\mu g/m^3$、$9\mu g/m^3$、$28\mu g/m^3$ 以及 $1.2mg/m^3$（见图 5-10）。在污染物超标天数占监测天数比例（以下简称超标天数比例）方面，PM2.5、PM10、O_3、SO_2、NO_2 以及 CO 超标天数比例均整体下降。PM2.5 超标天数比例从 2018 年的 14.3% 降至 2021 年的 7.8%，PM10 超标天数比例从 8.5% 降至 3.4%，O_3 超标天数比例从 13.7% 降至 7.6%，NO_2 超标天数比例从 2.3% 降至 0.3%，CO 超标天数比例从 0.1% 降至不足 0.1%，2021 年更是没有出现 SO_2 的超标天（见图 5-11）。

总之，近年来我国空气质量整体上有所改善，空气质量达标城市比例整体上呈增加趋势，平均超标天数比例也在不断降低，PM2.5、PM10、O_3、SO_2、NO_2、CO 等主要污染物总体上得到了一定的控制，但除 SO_2、CO 外，其他主要污染物达标城市比例仍然比较低，还需要进一步控制。

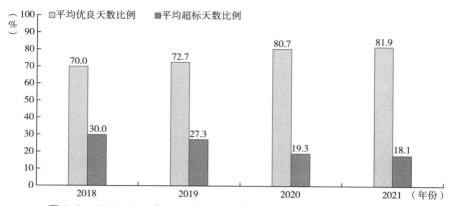

图 5-9 2018~2021 年 168 个新标准城市平均优良（超标）天数比例

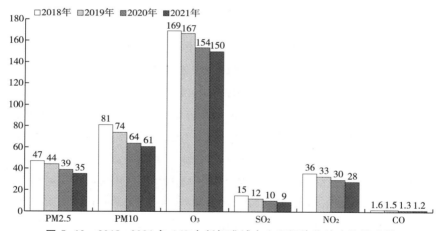

图 5-10 2018~2021 年 168 个新标准城市六项污染物浓度均值比较

注：CO 浓度单位为 mg/m^3，其余指标均为 $\mu g/m^3$。

（二）主要空气污染物排放变化趋势

随着我国工业化、城市化的快速推进，产业规模不断扩大，城市人口不断集聚，城市生产、居民生活需要消耗更多的资源、能源，导致污染物的产生量、排放量随之增多，由此需要治理的污染物总量也在不断增长。

在主要空气污染物排放变化情况方面，烟粉尘排放量呈波动变化趋势，2011~2012 年减少，2012~2014 年增加，并于 2014 年达到峰值

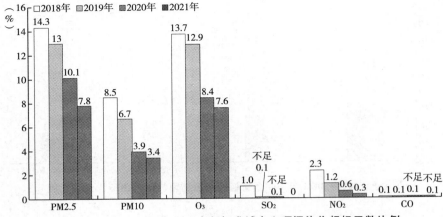

图 5-11　2018~2021 年 168 个新标准城市六项污染物超标天数比例

1740.8 万吨，随后于 2015 年降至 1538.0 万吨（见图 5-12）。从 2016 年开始，国家空气污染物统计数据口径发生变化，不再统计烟粉尘年排放量，改为统计颗粒物排放量。2016~2020 年，颗粒物排放量整体呈逐年下降趋势，由 1608.0 万吨降至 611.4 万吨（见图 5-13）。二氧化硫和氮氧化物的排放量整体呈下降趋势，二氧化硫排放量由 2011 年的 2217.9 万吨逐年降至 2020 年的 318.2 万吨，氮氧化物排放量由 2011 年的 2404.3 万吨逐年降至 2020 年的 1019.7 万吨（见图 5-14、图 5-15）。据此可知，2011~2020 年主要空气污染物整体上呈减少趋势，污染物排放量受到一定控制，但总体上污染物排放总量仍然较大，污染物治理形势依旧十分严峻。

图 5-12　2011~2015 年全国烟粉尘排放量

图 5-13　2016~2020 年全国颗粒物排放量

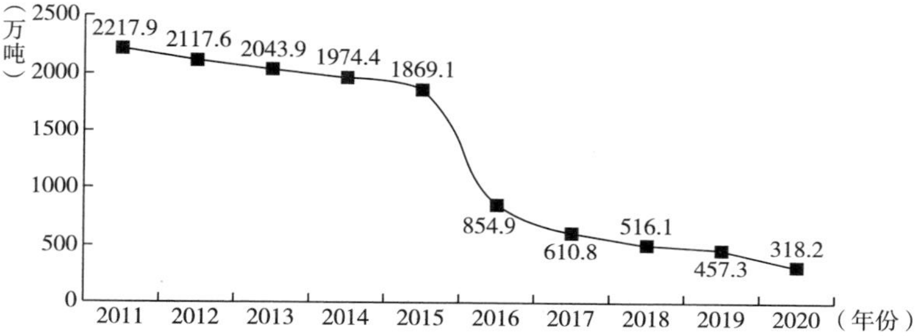

图 5-14　2011~2020 年全国二氧化硫排放量

图 5-15　2011~2020 年全国氮氧化物排放量

三　中国空气污染的时空分布特征

（一）主要空气污染物的时间分布特征

已有研究表明，空气中的污染物在不同的月份由于气候不同会出现较大的变化。在 NO_2 方面，由于 NO_2 受到降水变化的影响会进入其他环境介质，干季时 NO_2 质量浓度较高，湿季时则浓度较低。在 PM10 和 PM2.5 方面，二者月均质量浓度变化趋势极为相似，夏季质量浓度低，其余季节均处于较高水平。具体来看，在冬季，全国部分地区陆续进入采暖期，煤炭燃烧产生的颗粒物导致 PM10 和 PM2.5 显著增加；在春季，中国北部沙尘天气较多，使得 PM10 处于较高水平，相比之下，PM2.5 浓度更多受到人类活动的影响，沙尘自然来源比例则低于 PM10；在秋季，PM10 和 PM2.5 质量浓度较高可能是与污染物扩散条件差等因素有关。此外，关于 SO_2 月均质量浓度在 12 月较高，4~10 月平均质量浓度较低的情况，主要是因为湿季雨水丰沛，将大量 SO_2 冲刷到地面，进而使大气中的 SO_2 浓度下降（臧星华等，2015）。

（二）主要空气污染物的空间分布特征

根据臧星华等（2015）的相关研究，NO_2、PM10、PM2.5 和 SO_2 这 4 种污染物浓度在空间分布上有一定的差异。具体来看，第一，NO_2 年均质量浓度较高的地区主要位于河北南部及其周边地区以及长江三角洲等经济发达、人口密集的地区，质量浓度较低的主要位于东北地区、中西部以及西南等经济欠发达、人口密度较小的地区，出现这种分布差异的原因可能是 NO_2 质量浓度高的地区机动车密集，移动污染源排放集中，其他区域机动车密度较低，因而污染较轻；第二，PM10 污染在全国范围内较为普遍，其中年均浓度较高的地区主要位于京津冀及周边地区、西北地区，而中国南部沿海地区及内陆东南地区的质量浓度较低，这可能是因为西北地区受到来自西伯利亚的强冷空气影响，沙尘天气带来大量的粗颗粒使其成为高污染中心，而京津冀地区不仅受沙尘天气影响，工业污染的排放也很高；第三，PM2.5 污染同样在全国范围内较为普遍，污染较为严重的地区主要位于中国北方地区，其中京津冀地区污染最严重，可能是由北方地区工业排放量大且气候条件不利于扩散导致的；第四，SO_2 在全国范围内的污染程度较轻，年均浓度较高的地区主要分布在北方地区，其中河北与山西交界处以及山东东部地区污染最为严重，可能主要与该地区的电厂燃煤及工业锅炉排放有关。

（三）采暖期与非采暖期空气污染物的空间分布特征

臧星华等（2015）研究发现，我国主要污染物在采暖期和非采暖期的聚类分析结果非常相似，主要存在两大集群：第一类集群包括 PM2.5、

NO$_2$ 和 SO$_2$；第二类集群包括 PM10。这说明 PM2.5、NO$_2$ 和 SO$_2$ 的污染来源非常相似，而 PM10 与其他 3 种污染物集群距离较远，说明其污染来源可能与其他有所不同。例如，PM10 主要受自然源与人为源共同控制，而 PM2.5、NO$_2$ 和 SO$_2$ 的污染源中人为源占主导地位。

1. NO$_2$ 的空间分布特征分析

采暖期 NO$_2$ 质量浓度高值区主要位于河北南部、河南东部和山东西部等经济发达的地区，可能原因是北方采暖期高温锅炉燃烧、工业生产以及汽车尾气排放了大量的 NO$_2$。此外还有以长江三角洲和新疆为中心的两个相对高浓度区，主要与这些地区发达的工业有关。此外，非采暖期全国 NO$_2$ 的平均质量浓度较低，与采暖期相比，NO$_2$ 超标城市比例大幅减少，而且平均质量浓度整体下降，这是因为非采暖期降水较多，雨水冲刷使得大气中的 NO$_2$ 落入土壤，因而各城市的 NO$_2$ 平均浓度均有所降低。虽然华北平原也有雨水冲刷，NO$_2$ 的质量浓度也有所降低，但是其工业生产仍然使其污染物浓度相对较高。

2. PM10 的空间分布特征分析

中国 PM10 采暖期与非采暖期的空间分布有明显差异，但总体来看依然是北方地区较南方地区污染更为严重。采暖期 PM10 的平均质量浓度约为非采暖期的 2 倍，这主要与北方采暖期大量供暖导致煤炭大量燃烧有关，尤其在北方环渤海经济圈，不但燃煤采暖而且工业布局较为密集，因而颗粒物排放量较大，PM10 质量浓度也随之增加。非采暖期主要有两个污染高值区：一是河北南部地区，主要原因是该地区因生产钢铁而排放了大量颗粒物，再加上沙尘天气较多，进而导致该地区污染较为严重；二是以乌鲁木齐为中心的区域，由于西北地区受到来自西伯利亚的强冷空气影响，沙尘天气带来大量的粗颗粒物使该区域成为高污染中心。

3. PM2.5 的空间分布特征分析

中国 PM2.5 在采暖期与非采暖期的空间分布也同样存在明显差异，其中采暖期的平均质量浓度普遍高于非采暖期。煤燃烧产生的一次、二次颗粒物是采暖期大气颗粒物的主要来源（张军营等，2005）。目前我国 PM2.5 平均质量浓度高值的地区主要包括天津、河北南部、山东东部、河南、湖北以及东北部分地区等，这些地区工业布局密集、人口基数大、汽车保有量多、燃煤锅炉、机动车尾气以及周边城市重化工业污染物的排放，综合导致了较为严重的PM2.5污染。以新疆乌鲁木齐为中心的地区主要为煤烟型空气污染，可吸入颗粒物为首要污染物（陈晓月，2010），尤其是采暖期大气中PM2.5质量浓度严重超标。此外，非采暖期全国各城市PM2.5浓度均值仍然普遍超过二级浓度限值，但由于这一时期降水较多，雨水冲刷使得大气中的PM2.5落入土壤，并且该时期的气候有利于污染物扩散，因而各城市的平均污染浓度值有所降低，华北平原由于工业生产，PM2.5浓度依然保持较高值。

4. SO_2 的空间分布特征分析

采暖期北方城市 SO_2 浓度值明显高于南方城市，以北方和西北地区最为严重，主要是因为采暖期煤燃料的燃烧量大，SO_2 排放量也随之增加。在非采暖期，由于降水量较大，全国范围内 SO_2 浓度均有所降低。华北平原特别是山东东部地区污染较为严重，主要是因为华北地区工业布局较为密集，SO_2 排放量较大。东北地区和东南沿海 SO_2 质量浓度较低，主要是因为东南沿海地区受信风带影响再加上平坦的地势条件，有利于 SO_2 的进一步扩散，较高的植被覆盖率也有利于 SO_2 浓度的降低（吴晓娟、孙根年，2006）。

第二节　中国空气污染的重点行业

一　火电行业空气污染

（一）火电行业与空气污染

1. 火电行业主要空气污染物

火力发电主要利用发电动力装置将煤、石油、天然气等固体、液体、气体可燃物燃料燃烧时产生的热能转换成电能，主要转化设施包括燃煤锅炉、以油为燃料的锅炉或燃气轮机组、以气体为燃料的锅炉或燃气轮机组等。这些转化设施将热能转化成电能的过程中产生的主要空气污染物包括二氧化硫、氮氧化物、烟粉尘等。

火电行业在运作过程中，对煤燃料的燃烧主要会生成二氧化硫，在适当的温度范围内以及一定的过量氧和烟气中的金属氧化物的催化作用下还可转化成三氧化硫；燃料中所含的氮与氧在燃烧的高温条件下会进一步生成氮氧化合物，毒性强，危害性大；粉尘的产生主要包括输煤系统作业场所漂浮的煤尘、锅炉检修中接触及运行中产生的锅炉尘、干式除尘器运行中产生的粉尘、干灰输送系统及粉煤灰综合利用作业场所的粉尘、电焊操作产生的电焊尘、采用湿法和干法脱硫工艺的制粉制浆系统产生的石灰和石灰石粉尘、石膏干燥系统和脱硫废渣利用抛弃系统产生的粉尘等。

2. 火电行业污染排放标准演变历程

随着火电行业的快速发展，我国火电厂空气污染物排放标准也趋于严格，主要经历 8 个阶段（见表 5-3），每个阶段制定、修订的火电厂空气污染物排放标准均离不开当时的经济发展水平、污染治理水平以及人们对空气质量的要求。具体来看，第一阶段为 1973 年以前，当时中国经济落后，电力装机容量少，处于无标准阶段；第二阶段为 1973 年颁布的《工业"三废"排放试行标准》（GB J4—1973），火电厂空气污染物排放指标仅涉及烟尘和 SO_2，对排放速率和烟囱高度有要求，但对排放浓度无要求；第三阶段为 1991 年颁布的《燃煤电厂大气污染物排放标准》（GB 13223—1991），首次对烟尘排放浓度提出限值要求，并且针对不同类型的除尘设施和相应燃煤灰粉都制定了特别的排放标准限值；第四阶段为 1996 年颁布的《火电厂大气污染物排放标准》（GB 13223—1996），该文件首次增加氮氧化物作为污染物，要求新建锅炉采取低氮燃烧措施；第五阶段为 2003 年颁布的《火电厂大气污染物排放标准》（GB 13223—2003），进一步加严了污染物排放浓度限值，并对燃煤机组提出全面进行脱硫的要求；第六阶段为 2011 年颁布的《火电厂大气污染物排放标准》（GB 13223—2011），被称为中国史上最严标准，要求燃煤电厂进行脱硫、烟气脱硝，对重点地区的电厂还制定了更加严格的特别排放限值，并首次将 Hg 及其化合物作为污染物（朱法华等，2013）；第七阶段为 2014～2020 年超低排放阶段，2014 年 6 月国务院办公厅首次发文要求新建燃煤发电机组的空气污染物排放接近燃气机组排放水平，2015 年 12 月环境保护部、国家发展改革委等出台了燃煤电厂在 2020 年前全面完成超低排放改造的具体方案；第八阶段为 2021 年至今国家部门与各省区市出台的超低排放标准。

表 5-3　火电厂大气污染物排放标准和要求发展历程

单位：mg/m³

阶段	标准名称（编号）	燃煤机组最严格的浓度限值要求		
		烟尘	SO₂	NOₓ
第一阶段	无标准	—	—	—
第二阶段	《工业"三废"排放试行标准》（GB J4—1973）	无要求	无要求	不涉及
第三阶段	《燃煤电厂大气污染物排放标准》（GB 13223—1991）	600	无要求	不涉及
第四阶段	《火电厂大气污染物排放标准》（GB 13223—1996）	200	1200	650
第五阶段	《火电厂大气污染物排放标准》（GB 13223—2003）	50	400	450
第六阶段	《火电厂大气污染物排放标准》（GB 13223—2011）	30/20	100/50	100
第七阶段	《煤电节能减排升级与改造行动计划（2014—2020 年）》	10/5	35	50
第八阶段	国家发展改革委等部门与各省区市的超低排放基本标准规定（各省区市有所不同）	5	35	50

3. 火电行业烟气治理技术发展应用及减排效果

随着我国空气污染物排放标准日益严格以及超低排放国家专项行动的实施，火电厂空气污染防治技术迅速发展，一些技术已经处于国际领先水平，主要体现在除尘、脱硫、低氮燃烧与脱硝技术的发展与应用上。

在除尘技术方面，我国火电行业已经形成了以高效电除尘器、电袋复合除尘器和袋式除尘器为主的格局，安装袋式或电袋复合除尘器的机组比重有所提高，其中 2016 年火电厂安装电除尘器、袋式除尘器、电袋复合除尘器的机组容量分别占全国煤电机组容量的 68.3%、8.4%、23.3%。

在脱硫技术方面，我国火电行业已经形成了以石灰石-石膏湿法脱硫为主、其他脱硫方法为辅的格局，2015 年全国火电行业脱硫工艺以石灰石-石膏法为主，占 92.87%（含电石渣法等），海水脱硫、烟气循环流化床脱硫以及氨法脱硫分别占 2.58%、1.80%、1.81%，其他则占 0.93%。

截至 2016 年底，全国已投运火电厂烟气脱硫机组容量约 8.8 亿千瓦，占全国煤电机组容量的 93.0%，如果考虑具有脱硫作用的循环流化床锅炉，全国脱硫机组占煤电机组比例接近 100%。

在脱硝技术方面，火电行业已经形成了煤粉炉以低氮燃烧+SCR（选择性催化还原技术）为主，循环流化床锅炉以低氮燃烧+SNCR（选择性非催化还原技术）为主的格局，截至 2016 年底，全国已投运火电厂烟气脱硝机组容量约 9.1 亿千瓦，占全国煤电机组容量的 96.2%，其中采用 SCR 的机组占比在 95% 以上（郦建国等，2018）。

在污染物减排效果方面，2006 年之前随着火力发电量的增加，火电行业烟尘、二氧化硫排放量均呈缓慢增长趋势，2006 年分别达到 370 万吨和 1320 万吨。随着《火电厂大气污染物排放标准》（GB 13223—2003）的颁布实施，2007 年开始烟尘排放量出现拐点并逐年下降，SO_2 排放量开始回落，而 NO_x 排放由于 2011 年之前火电行业空气污染排放标准对其控制要求相对轻松，所以在此之前都随火力发电量的增加而显著增加，2011 年达到峰值 1107 万吨。此后，随着史上最严标准《火电厂大气污染物排放标准》（GB 13223—2011）和超低排放限值的实施，烟尘排放量继续下降，2016 年中国火电行业烟尘排放量约 35 万吨，不足 2006 年峰值的 10%。

从 2016 年开始，国家空气污染物统计数据口径发生变化，不再统计烟粉尘年排放量，改为统计颗粒物排放量，2016 年中国火电行业颗粒物排放量约 80.4 万吨，2020 年回落至 16.7 万吨；SO_2 排放量由 2016 年的 160.3 万吨回落至 2020 年的 37.4 万吨，仅占 2006 年峰值的 2.83%；NO_x 排放量则在 2012 年开始出现拐点并迅速回落，2020 年排放量约 61.2 万吨，仅占 2011 年峰值的 5.53%。

此外，在污染物排放绩效方面，中国火电行业随着空气污染物排放标准的不断趋严，单位火力发电产生的烟尘、SO_2、NO_x 排放量（排放绩效）均逐年下降，从 2015 年开始中国火电行业污染物排放绩效水平领先于美国。

（二）火电行业空气污染防治的形势与任务

1. 火电行业空气污染防治形势

（1）温室气体排放量巨大

我国燃煤、燃气发电机组单位发电量产生的 CO_2 排放量相差较大，前者单位发电量产生的 CO_2 排放量为 0.76~0.92 千克，后者仅占燃煤发电 CO_2 排放量的 45%~66%，我国燃煤发电量占火力发电量的 93%，因此将产生巨大的温室气体排放量。虽然现在对于温室气体 CO_2 是不是污染物存在很大疑义，但我国是《巴黎协定》的坚定支持者，故而需要继续履行对国际社会的承诺，减少温室气体的排放量，因此未来需要通过加大技术研发、大力发展可再生资源等措施来进一步减少燃煤发电煤耗以满足《巴黎协定》的要求。

如某些发电厂的"251 工程"煤电建设，即设计供电煤耗为 251 克/千瓦时，与国内的二次再热百万千瓦机组煤耗 266.18 克/千瓦时相比，下降 15 克/千瓦时左右，其发电效率和发电净效率将分别达到 50.57% 和 48.92%，但单位发电量的 CO_2 排放量比燃气机组仍然要高出 25% 左右。由此可见，未来火电行业在温室气体排放量控制方面仍然面临着巨大挑战，需要进一步在 CO_2 贮存和利用方面开展研究与示范。

（2）火电行业空气污染物削减任务重

尽管 2017 年我国全面实现了《大气污染防治行动计划》确定的目标，重污染天气明显减少，全国空气质量得到进一步改善，但与发达国家和世界卫生组织制定的环境空气质量标准要求还有很大差距，为了进一步改善环境空气质量，未来应加大燃煤清洁利用。国际能源署制定了 2020 年与 2030 年的燃煤电厂污染物排放目标，2020 年目标是烟尘为 1~2 毫克/米^3，SO_2 为 25 毫克/米^3，NO_x 为 30 毫克/米^3，2030 年目标是烟尘小于 1 毫克/米^3，SO_2 小于 10 毫克/米^3，NO_x 小于 10 毫克/米^3，目前我国虽已有部分电厂稳定实现了国际能源署 2020 年的目标，但与 2030 年的目标尚存在较大差距。可见中国燃煤发电产生的空气污染物要想得到进一步控制，还有很长一段路要走，需要在技术上继续突破，进一步减少火电空气污染物的排放。

2. 火电行业空气污染防治任务

2014 年 6 月，国务院办公厅印发《能源发展战略行动计划（2014—2020 年）》，首次提出"新建燃煤发单机组污染物排放接近燃气机组排放水平"，由此拉开了中国燃煤电厂"超低排放"的序幕。同年 9 月，国家发展改革委、环境保护部、国家能源局联合印发《煤电节能减排升级与改造行动计划（2014—2020 年）》，相关文件的出台进一步对火电行业空气污染防治提出了具体的任务要求。

第一，新建机组准入标准需要进一步加强，大气污染物排放应受到严格控制，一大批先进高效的脱硫、脱硝和除尘设施必须同步建设起来；第二，现役机组必须进一步进行改造升级工作，逐步实现对能耗高、污染重的落后燃煤小热电机组实施替代，火电厂应因厂制宜加快引进和使用成熟且适用的节能改造技术，例如汽轮机通流部分改造、锅炉烟气余热回收利用、电机变频、供热改造等技术；第三，环保设施改造任务必须逐步推进，尤其是要重点推进现役燃煤发电机组大气污染物达标排放环保改造，燃煤发电机组必须安装高效脱硫、脱硝和除尘设施，未达标排放的要加快实施环保设施改造升级，确保满足最低技术出力以上全负荷、全时段稳定达标排放要求；第四，加快技术创新和集成应用，保证技术装备水平得到提升，同时要掌握最先进的燃煤发电除尘、脱硫、脱硝等技术，积极推进煤电节能减排先进技术集成应用示范项目建设，创建一批重大技术攻关示范基地，推进科研创新成果产业化。

二　钢铁行业空气污染

（一）钢铁行业与空气污染

1. 钢铁行业主要空气污染物

钢铁行业主要是指以从事黑色金属矿物采选和黑色金属冶炼加工等工业生产活动为主的工业行业，包括金属铁、铬、锰等的矿物采选业、炼铁业、炼钢业、钢加工业、铁合金冶炼业、钢丝及其制品业等细分行业，产业规模大、工业流程长，从矿石开采到产品最终加工需要经过烧结、炼铁、炼钢、轧制很多生产工序，能源消耗多，污染物排放量大，因此，钢铁行业是我国工业领域的主要排污大户之一。随着钢铁行业规模的逐渐扩大，污染物排放量也日益增加，主要包括铁矿石、石灰石、煤炭和焦炭等原料在运输、装卸、存储、破碎、筛分、烧结、焦化、炼铁、炼钢以及轧钢的清理精整等过程中所散发的灰尘，高炉、焦炉、烧结机、炼钢炉发散出来的炉气，轧钢火焰清理、酸洗、精整的酸性气体和金属蒸汽，高炉渣分解并排出的二氧化硫气体等。

2. 钢铁行业污染物排放标准规定

钢铁行业是我国工业领域的主要排污大户之一，为了进一步强化该行业的空气污染物控制要求，从 2012 年开始我国共发布了《铁矿采选工业污染物排放标准》（GB 28661—2012）、《钢铁烧结、球团工业大气污染物排放标准》（GB 28662—2012）、《炼铁工业大气污染物排放标准》（GB 28663—2012）、《炼钢工业大气污染物排放标准》（GB 28664—2012）、《轧钢工业大气污染物排放标准》（GB 28665—2012）、《铁合金工业污染物排放标准》（GB 28666—2012）等 6 项钢铁行业污染物系列排放标准，对不同工业在不同生产工序或设施方面的主要污染物进行了浓度限值规定，包括颗粒物、二氧化硫、氮氧化物等主要污染物，详情见表 5-4。

表 5-4　钢铁行业污染物排放标准规定

单位：mg/m³

标准名称（编号）	污染物项目	生产工序或设施	浓度限值
《铁矿采选工业污染物排放标准》（GB 28661—2012）	颗粒物	选矿厂的矿石运输、转载、矿仓、破碎、筛分	20
《钢铁烧结、球团工业大气污染物排放标准》（GB 28662—2012）	颗粒物	烧结机、球团焙烧设备	50
	二氧化硫		200
	氮氧化物（以 NO_2 计）		300
	颗粒物	烧结机机尾、带式焙烧机机尾、其他生产设备	30
《炼铁工业大气污染物排放标准》（GB 28663—2012）	颗粒物	热风炉	20
	二氧化硫		100
	氮氧化物（以 NO_2 计）		300
	颗粒物	原料系统、煤粉系统、高炉出铁场、其他生产设施	25
《炼钢工业大气污染物排放标准》（GB 28664—2012）	颗粒物	转炉（一次烟气）	50
		铁水预处理、转炉、电炉、精炼炉	20
		连铸切割及火焰清理、石灰窑、白云石窑焙烧	30
		钢渣处理	100
		其他生产设施	20

续表

标准名称（编号）	污染物项目	生产工序或设施	浓度限值
《轧钢工业大气污染物排放标准》（GB 28665—2012）	颗粒物	热轧精轧机	30
		废酸再生	30
		热处理炉、拉矫、精整、抛丸、修磨、焊接机及其他生产设施	20
	二氧化硫	热处理炉	150
	氮氧化物（以 NO_2 计）	热处理炉	300
《铁合金工业污染物排放标准》（GB 28666—2012）	颗粒物	半封闭炉、敞口炉、精炼炉	50
		其他设施	30

3. 钢铁行业空气污染防治情况

钢铁行业规模大，污染物产生量多，对此国家出台了一系列法规和标准来推动钢铁行业的空气污染防治工作。《大气污染防治法》特别明确提出，钢铁等企业生产过程中排放的烟粉尘、硫氧化物和氮氧化物应该采取清洁生产工艺，配套建设除尘、脱硫和脱硝的工艺等。同时，还要求钢铁行业加强精细化管理，采取集中收集处理等措施严格控制粉尘和污染物排放，通过密封、围挡、遮盖、清扫、洒水等措施减少内部物料在堆存、传输、装卸等环节产生的粉尘和气态污染物。

近几年节能环保形势日益严峻，我国钢铁行业的发展观念已经发生了根本性转变，由过去先污染、后治理的传统观念转变为清洁生产、环境友好和绿色制造，同时正在由"增量、扩能"发展转变为"减量、升级"发展，即在减量发展阶段推进绿色发展，加快创建具备用地集约化、生产洁净化、废物资源化、能源低碳化等特点的绿色工厂。为了达到甚至超过国家的环保要求，钢铁行业不断推进提升节能减排水平、加速绿色低碳转型、破解企业节能环保难点等深化节能减排的管理措施，要求新建、改建、扩建项目必须遵循"从源头做起，设计高起点，工艺技术、环保设施一流"的理念，实现源头治理、过程控制和末端治理相结合。

通过化解钢铁行业过剩产能，依法依规取缔"地条钢"产能，极大地消除了困扰钢铁行业健康发展的顽疾。在此背景下，一方面，我国钢铁行业能源消耗不断降低；另一方面，二氧化硫、氨氮、氮氧化物等主要污染物的排放总量大幅度降低。通过一系列节能减排管理措施的实施，我国国内优质产能得到更好发挥，促使我国钢铁产能利用率基本恢复到合理水平，不仅节约了大量资源、能源，更在很大程度上减少了污染物的产生和排放。

（二）钢铁行业空气污染防治的形势与任务

1. 钢铁行业空气污染防治形势

钢铁行业是我国重要的原材料工业之一，是国民经济发展的物质基础。近年来钢铁行业规模不断扩大，但因产业结构和布局不合理，其对生态环境的负外部性影响也越来越大。

一方面，目前我国钢铁企业集中程度与生产专业化程度都较低，导致污染物排放分散，加大了大气污染防治难度。具体来说，我国钢铁行业产能全球第一，产能严重过剩，导致污染物排放量大、大气污染防治压力大；钢铁企业平均技术装备水平落后，治理设施落后，净化能力低下，可靠性差，难以长期稳定运行，导致钢铁行业大气污染防治缺乏有效的技术设备支持。

另一方面，钢铁行业包括各种金属矿物采选业、炼铁业、炼钢业、铁合金冶炼业等工业，工业种类多且流程长，在不同的生产工序或设施过程中都将产生大量的颗粒物、二氧化硫、氮氧化物等污染物，大气污染源多且污染物排放量大，进一步加剧钢铁行业空气污染防治形势，尤其是产生的氮氧化物、二氧化硫等污染物去除率处于较低水平，因此成为行业污染治理重点。

由此可见，我国钢铁行业空气污染防治仍然面临着技术水平落后、污染来源多、污染物排放量大、污染治理难度大的严峻形势。在此背景下，国家将钢铁行业污染治理列为大气污染防治任务的重中之重，强调钢铁行业深度治理是未来大气污染防治重点，进一步提出"推动钢铁行业超低排放改造"的主要目标，这在一定程度上缓解了钢铁行业空气污染防治的严峻形势。

2. 钢铁行业空气污染防治任务

2019 年 4 月，生态环境部等五部门联合印发《关于推进实施钢铁行业超低排放的意见》，强调实施钢铁企业超低排放改造是改善大气环境质量的重要举措，是打赢蓝天保卫战的必由之路，进一步对钢铁行业空气污染防治提出了主要目标和任务要求。

在主要目标方面，强调新建（含搬迁）钢铁项目原则上要达到超低排放水平，推动现有钢铁企业超低排放改造，到2020年底前，重点区域钢铁企业超低排放改造取得明显进展，力争60%左右产能完成改造，有序推进其他地区钢铁企业超低排放改造工作；到2025年底前，重点区域钢铁企业超低排放改造基本完成，全国力争80%以上产能完成改造。具体指标包括烧结机机头、球团焙烧烟气颗粒物、二氧化硫、氮氧化物排放浓度小时均值分别不高于10毫克/米³、35毫克/米³、50毫克/米³；其他主要污染源颗粒物、二氧化硫、氮氧化物排放浓度小时均值原则上分别不高于10毫克/米³、50毫克/米³、200毫克/米³。达到超低排放的钢铁企业每月至少95%以上时段小时均值排放浓度满足上述要求。

在具体任务要求方面，主要包括以下五点内容。

第一，严格新改扩建项目环境准入。严禁新增钢铁冶炼产能，新改扩建（含搬迁）钢铁项目要严格执行产能置换实施办法，按照钢铁企业超低排放指标要求，同步配套建设高效脱硫、脱硝、除尘设施，落实物料储存、输送及生产工艺过程无组织排放管控措施，大宗物料和产品采取清洁方式运输。

第二，积极有序推进现有钢铁企业超低排放改造。围绕环境空气质量改善需求，按照推进实施钢铁行业超低排放的总体要求，把握好节奏和力度，有序推进钢铁企业超低排放改造。加强对企业服务和指导，帮助企业合理选择改造技术路线，协调解决清洁运输等重大事项。

第三，依法依规推进钢铁企业全面达标排放。未实施超低排放改造的钢铁企业，应采取治污设施升级、加强无组织排放管理等措施，确保稳定达到国家或地方大气污染物排放标准，重点区域应按照有关规定执行大气污染物特别排放限值。

第四，依法依规淘汰落后产能和不符合相关强制性标准要求的生产设施。修订《产业结构调整指导目录》，提高重点区域钢铁行业落后产能淘汰标准。严格执行质量、环保、能耗、安全等法规标准，促使一批经整改仍达不到要求的产能依法依规关停退出。

第五，加强企业污染排放监测监控。钢铁企业应依法全面加强污染排放自动监控设施等建设，并与生态环境及有关部门联网，按照钢铁工业及炼焦化学工业自行监测技术指南要求，编制自行监测方案，开展自行监测，如实向社会公开监测信息，确保长期连续稳定达标或达到超低排放要求。

由此可见，国家对钢铁行业空气污染防治提出了较为严格的任务要求，未来很长一段时间内，钢铁行业将加快推进超低排放改造目标的实现。

三 水泥行业空气污染

（一）水泥行业与空气污染

1. 水泥行业主要空气污染物

水泥行业是我国经济建设的重要基础材料产业，也是主要的能源、资源消耗和污染物排放行业之一。水泥行业对大气环境产生最主要影响的污染物包括粉尘、二氧化硫和氮氧化物。

粉尘主要是由水泥生产过程中原料、燃料和水泥成品的储运以及物料的破碎、烘干、粉磨和煅烧等工序产生的废气排放引起的，总体包括原材料制备系统、熟料烧成系统以及水泥制成系统等产生的粉尘，其中石灰石破碎、黏土烘干、生料粉磨、水泥磨合、水泥包装及散装等过程的粉尘排放对大气环境造成的负面影响较大。二氧化硫主要来源于水泥原料或燃料中的含硫化合物以及高温氧化条件下生成的硫氧化合物。氮氧化物主要来源于燃料高温燃烧时空气中的 N_2 在高温状态下与 O_2 化合生成，其生成量取决于燃烧火焰温度，火焰温度越高，则 N_2 被氧化生成的氮氧化物量也就越多。

2. 水泥行业污染物排放标准规定

《水泥工业大气污染物排放标准》首次发布于 1985 年，1996 年进行了第一次修订，2004 年完成第二次修订，2013 年完成第三次修订。2022 年发布的《水泥工业大气污染物超低排放标准》团体标准，于 7 月 20 日实施，标准规定了水泥制造企业（含独立粉磨站）、水泥原料矿山、散装水泥中转站、水泥制品企业及其生产设施的大气污染物超低排放限值、监测及监督管理要求。该标准对水泥窑及窑尾余热利用系统污染物最高允许排放浓度分别为颗粒物每立方米 10 毫克、氮氧化物每立方米 100 毫克、二氧化硫每立方米 50 毫克、汞及其化合物每立方米 0.05 毫克、氨每立方米 8 毫克等（详情见表 5-5）。

表 5-5　水泥企业大气污染物超低排放最高允许排放浓度

单位：mg/m^3

生产过程	生产设备	颗粒物	二氧化硫	氮氧化物（以 NO$_2$ 计）	汞及其化合物	氨
矿山开采	破碎机及其他通风生产设备	10	—	—	—	—
水泥制造	水泥窑及窑尾余热利用系统	10	50	100	0.05	8[a]
	烘干机、烘干磨、煤磨及冷却机	10	50[b]	150[b]	—	—
	破碎机、磨机、包装机及其他通风生产设备	10	—	—	—	—
散装水泥中转站及水泥制品生产	水泥仓及其他通风生产设备	10	—	—	—	—

注：a 适用于使用氨水、尿素等含氨物质作为还原剂，去除烟气中的氮氧化物。b 适用于采用独立热源的烘干设备。

3. 水泥行业现行污染物处理技术

（1）粉尘排放治理技术

粉尘一直被认为是水泥企业最主要的污染物，产生于物料的破碎、粉磨、储存、烘干、输送、烧成、包装以及散装出厂等过程。一般情况下，整个水泥生产线有 30~40 个有组织粉尘排放点，其中排放气体最大的粉尘点是水泥窑头和窑尾。水泥工业目前使用的除尘技术主要是袋式除尘器、静电除尘器以及电袋复合除尘器，窑头、窑尾以及在磨机、破碎、转运等工序通风排气筒所产生的颗粒物可以通过采用覆膜滤料、增加滤料厚度和降低过滤风速等措施提高针对袋式除尘器的除尘效率，通过采用高频电源、脉冲电源、三相电源等措施来提高静电除尘器的除尘效率。其中水泥窑的窑头、窑尾一般需要对烟气降温调质，利用增湿塔等设施将高温气体降到150℃以下和适宜的比电阻，再利用袋式除尘器或静电除尘器净化处理。

（2）SO_2排放治理技术

水泥工业废气中的SO_2主要来源于水泥原料或燃料中的含硫化合物及在高温氧化条件下生成的硫氧化物，由于水泥回转窑内存在充足的钙和一定量的钾钠，所形成的硫酸盐挥发性较差，有90%以上残留在熟料中，因而水泥工业废气中排放的SO_2与其他工业窑炉（如电力锅炉）相比要少许多。

我国水泥工业采用的只是在生产过程中尽量减少SO_2产生的一些方法，其中最简单有效的方法就是新型干法生产线，通过选择合适的硫碱比并同时采用窑磨一体运行和袋收尘器除尘来达到目的。如果硫碱比合适则水泥窑排放的SO_2很少，甚至有些水泥窑在不采取任何净化措施的情况下，SO_2排放浓度也可以低于10毫克／米^3，但是随着原燃料挥发性硫含量（硫铁矿FeS_2、有机硫等）的增加，SO_2排放浓度也会增加。此外，部分水泥企业在SO_2无法达到超低排放要求的情况下可以考虑采用额外脱硫技术，例如干反应剂喷注法、热生料喷注法、喷雾干燥脱硫法、湿式脱硫法等。

（3）NO_x排放治理技术

水泥窑内的烧结温度高，过剩空气量大，因而NO_x排放量会很大，其中NO和NO_2是水泥窑NO_x排放的主要成分（NO约占95%）。近几年，大部分水泥厂采用选择性非催化还原技术，即将氨水或尿素等氨基物质在一定条件下与烟气混合，在不使用催化剂的情况下将氮氧化物还原成无毒的氮气和水，实现系统的NO_x减排大于50%的效果。也有少部分水泥厂窑头主燃烧器采用低NO_x燃烧器，选择分解炉分级燃烧技术，进而以最小的操作成本尽可能地降低NO_x在分解炉内的浓度。分解炉分级燃烧技术主要包括空气分级和燃料分级燃烧技术，通过利用助燃风的分级或燃料分级来降低分解炉内燃料NO_x的形成，控制还原炉内的NO_x，最终实现系统的NO_x减排目标，总体NO_x减排量也能达到10%~30%。但是如果将分级燃烧技术和选择性非催化还原技术联合起来使用，系统NO_x减排水平可能超过60%。

（二）水泥行业空气污染防治的形势与任务

1. 水泥行业空气污染防治形势

水泥行业是高污染、高能耗行业，水泥生产过程中产生的粉尘、氮氧化物等污染物对我国大气环境造成了严重的负面影响，进一步加剧了我国环保压力。在此背景下，国家陆续出台相关政策，提出水泥行业的减排目标，制定新的排放标准和技术规范，进一步控制水泥行业大气污染物排放。

2013 年，环境保护部和国家质量监督检验检疫总局联合发布的《水泥工业大气污染物排放标准》（GB 4915—2013）对水泥生产企业颗粒物、氮氧化物、二氧化硫等污染物都做出了明确要求。该标准规定氮氧化物排放标准收紧至 400mg/m³（重点地区 320mg/m³），二氧化硫排放标准收紧至 200mg/m³（重点地区 100mg/m³），粉尘排放标准收紧至 30mg/m³（重点地区 20mg/m³），这些标准对 2013~2022 年水泥行业空气污染防治起到了关键作用。

然而，我国水泥产量巨大，这意味着即便单位污染物排放指标已经相对严格，但是污染物排放总量仍然巨大，水泥行业空气污染防治形势仍然不容乐观。近年来，"超低排放改造"逐渐成为行业热门话题，部分水泥企业也开始提出水泥行业应该效仿煤电行业，推行"超洁净排放"，以便进一步降低污染物排放总量。2018 年以来，多个省区市连续出台水泥工业大气污染物特别排放值实施计划，要求水泥行业全部完成超低排放改造，最严苛地区要求颗粒物、二氧化硫、氮氧化物排放浓度要分别不高于 10mg/m³、50mg/m³、100mg/m³。然而，水泥生产工艺环节烦琐，工况复杂，治理环境恶劣，再加上我国水泥行业面临着产能过剩问题，市场竞争压力加大，企业控制成本高，因此超洁净排放在水泥行业的应用和推广仍存在不小阻力。

2. 水泥行业空气污染防治任务

在煤电行业实行"超低排放"的背景下，同样作为基础性工业的水泥行业的污染问题也备受关注，再加上当前我国水泥产业面临的困境，亟须探讨出新的治理方案来改变水泥行业空气污染现状。不容否认，实行超洁净排放既能够保卫蓝天，为环保贡献一份力，又能够加快淘汰落后产能，推进行业健康发展。未来水泥行业可以继续逐步地探索"超洁净排放"方案，同时积极寻求其他合理有效的办法，共同推动水泥行业空气污染治理，为打赢蓝天保卫战尽一份力。

总的来说，水泥行业空气污染防治任务主要有以下五点：第一，水泥行业要逐步实现产业的转型升级，产能过剩局面需要尽快得到改变；第二，行业整体环境污染治理必须得到加强，加快绿色工厂建设步伐；第三，进一步严格污染物排放标准，加快淘汰落后产能；第四，逐步加大环保投入，加快技术创新，实现技术设备改造和更新，从而尽快提升污染物治理效率，降低污染物治理成本；第五，进一步探讨"超洁净排放"方案，学习国外优秀案例，积极主动探寻一条可行的污染物治理技术路线。

四　焦化行业空气污染

（一）焦化行业与空气污染

1. 焦化行业主要空气污染物

焦化行业是工业领域的基础产业，也是为钢铁生产提供支撑服务的主要产业，其原理是以煤为原料进行高温干馏炼制，最终实现煤炭的热解过程。焦化行业产生的空气污染物分布在生产工艺的各个环节，主要来源于炼焦、化产回收、锅炉房、备煤及筛焦等车间，产生的污染物包括总悬浮颗粒物、SO_2、NH_3、NO_x 等，表现形式为粉尘、烟气和逸散气等。

首先，粉尘主要发生在备煤车间的原料堆场和粉碎机房，主要来自原料精煤的运输、贮存、配制、粉碎以及焦炉装煤等过程，产生的原因是局部污染，但在气候条件作用下这些粉尘将变成扬尘扩散到空气中进而造成较远距离的空气污染，使企业周围的空气质量恶化，同时损害居住区居民的身心健康。

其次，烟气主要发生在焦炉顶部、熄焦塔顶部和锅炉排烟，主要来自焦炉、推焦车、炉门、炉顶、熄焦塔、锅炉以及氨焚烧等产生的烟气，这些烟气中既有微小的浮尘和飘尘，也含有化学物质的成分，主要特点是分布广、分散性强以及污染面大。

最后，逸散气主要来自炼焦车间的荒煤气泄漏和化工车间的各种气体泄漏，主要成分是含硫化合物（SO_2、H_2S）和氨氮化合物（NH_3、NO_x）以及少量的氰化物。由于其逸散量较小且对四周的空气不会造成大面积的污染，但在化产回收车间和炼焦炉局部常常形成浓度较高的污染区，这些带有刺鼻气味的气体会对其中的工作人员造成健康的损害（郑庆荣，2005）。

2. 焦化行业空气污染物排放标准规定

《炼焦炉大气污染物排放标准》首次发布于1996年，2012年进行了第一次修订。2021年，生态环境部组织对《炼焦化学工业污染物排放标准》（GB 16171—2012）中大气污染物排放相关规定进行了修订。关于焦化行业大气污染物排放限值、监测和监控要求都做了明确的规定，进一步引导了炼焦化学工业生产和污染治理技术的发展方向。新建企业自2022年7月1日起，现有企业自2023年7月1日起，炼焦化学工业企业的大气污染物排放控制按新标准的规定执行，不再执行《炼焦化学工业污染物排放标准》中的相关规定，详情见表5-6。

表 5-6 大气污染物排放限值

单位：mg/m^3，$\mu g/m^3$

序号	污染物排放环节	颗粒物	二氧化硫	苯并[a]芘	氰化氢	苯	酚类	非甲烷总烃	氮氧化物	氨	硫化氢	监控位置
1	装煤	30	70	0.3	—	—	—	—	—	—	—	车间或生产设施排气筒
2	推（出）焦	30	30	—	—	—	—	—	—	—	—	
3	焦炉烟囱	15	30	—	—	—	—	80	150	8[a]	—	
4	干法熄焦	30	80	—	—	—	—	—	—	—	—	
5	管式炉、半焦烘干等燃用煤气的设施	15	30	—	—	—	—	—	150	—	—	
6	冷鼓、库区焦油各类贮槽及装载设施	—	—	0.3	1.0	—	50	50	—	20	5.0	

续表

序号	污染物排放环节	颗粒物	二氧化硫	苯并[a]芘	氰化氢	苯	酚类	非甲烷总烃	氮氧化物	氨	硫化氢	监控位置
7	苯贮槽及装载设施	—	—	—	—	6	—	50	—	—	—	
8	脱硫再生装置	—	—	—	—	—	—	—	—	20	5.0	
9	硫铵结晶干燥	50	—	—	—	—	—	—	—	20	—	车间或生产设施排气筒
10	生产废水处理设施	—	—	—	—	—	—	50	—	20	5.0	
11	精煤破碎、焦炭破碎、筛分、转运及其他需要通风的生产设施	15	—	—	—	—	—	—	—	—	—	

注：a 适用于采用氨法脱硫、脱硝的设施。

3. 焦化行业空气污染防治技术和方法

焦化行业产生的粉尘主要发生在备煤车间的原料堆场、粉碎机房以及筛焦楼等地方，控制粉尘的主要方法是加湿封闭。对原料堆场进行定时的喷水以减少粉尘的飞扬，对粉碎机房、筛焦楼等采取封闭的办法以保证粉尘局限在室内不发生扩散并造成污染。

烟尘、烟气主要发生在焦炉顶部、熄焦塔顶部和锅炉排烟，可以通过采用高压氨水喷射装煤技术减少装煤时的烟尘、烟气排放，采用水封上升管减少炉顶烟气排放，改进炉门炉框的密封结构配合副压出焦可减少炉门的烟气扩散，此外还可以在锅炉加装水膜除尘器或袋式除尘器来净化烟气，在炉顶安装集气罩集中回收炉顶的逸散气体。

逸散气体主要是化产回收车间泄漏的 SO_2、NH_3、NO_x 等气体，虽然量不大但对人体的危害较大，因此需要加强工艺管理和设备设施的日常维护，对于损坏的部件应立即更换并严格按照操作规程进行操作，进一步防止有害气体泄漏（Bruyn et al.，1998）。

（二）焦化行业空气污染防治的形势与任务

1. 焦化行业空气污染防治形势

作为典型的"两高一低"产业，焦化行业产能过剩与环境污染问题日益凸显，主要表现在排污环节多、污染强度高、污染物种类杂且毒性大。虽然近年来国家已经陆续出台相关政策，加大对焦化行业空气污染物排放的严格控制，但污染防治形势依然不容乐观。随着近年来超低排放理念的兴起，焦化行业超低排放已然成为一种趋势。

从 2017 年开始，国家和一些省份就开始针对焦化行业制定了更加严格的大气排放标准，新制定的标准限值比现行的特别排放限值更加严格，对无组织的排放也提出了更加明确、细化的要求。河北省作为我国焦化大省，在 2018 年印发的《炼焦化学工业大气污染物超低排放标准》（DB 13/2863—2018）中规定的污染物排放指标值均趋严于其他排放标准。此外，河南、江苏等省份更是直接提出全省焦化行业要深入推进超低排放改造计划，实现颗粒物、二氧化硫、氮氧化物等污染物的超低排放目标。超低排放已经逐渐成为焦化行业空气污染防治的目标。然而，我国焦化行业仍然面临着产能严重过剩、行业整体装备水平不高且利用效率低下、技术水平和管理水平总体落后、污染排放总量大等困境，因此整体上看焦化行业空气污染防治形势仍然比较严峻，全国范围内焦化行业的超低排放目标在短时间内不可能完全实现，任务十分艰巨。

2. 焦化行业空气污染防治任务

焦化行业作为我国空气污染防治重点控制的行业，打好焦化行业污染防治攻坚战对打赢蓝天保卫战起着至关重要的作用。随着超低排放理念在焦化行业领域的逐渐深入，焦化行业的空气污染防治任务将十分艰巨。

第一，焦化行业要加快产业优化布局，加大产业规模控制力度，保证焦化产能总体稳中有降，从而实现污染物排放总量大幅度降低的目标，进一步减轻空气污染防治压力；第二，加快污染物源头控制和综合治理工作步伐，进一步加强对焦炉装煤推焦、物料封闭储存、除尘等关键环节的无组织排放进行排查和深度治理，加强对无组织排放的监督管理，同时也需要加大对焦化行业环保设施和自动监测设备运行的监管力度；第三，积极探索一条新的行业发展模式，逐步推动绿色循环发展，加大节能降耗和环境治理的技术改进力度，通过多种形式的联合重组形成资源配置合理、污染物排放达标、资源合理利用的节约型、清洁型、循环型行业发展模式，为进一步有序推进焦化行业空气污染防治任务提供保障。

五　其他主要行业空气污染

（一）冶金工业空气污染

1. 冶金工业主要空气污染物

冶金工业是我国经济发展的重要基础，主要是指对金属矿物的勘探、开采、精选、冶炼，以及轧制成材的工业部门，包括黑色冶金工业（即钢铁工业）和有色冶金工业两大类。我国冶金工业生产过程中主要会产生颗粒物、二氧化硫等污染物，主要表现为钢铁工业废气和有色金属工业废气。

钢铁工业废气包括轻金属冶金废气、重金属冶金废气、稀有金属冶金废气等，主要来源于铁矿山原料及燃料运输、装卸及加工等过程产生的含尘废气，钢铁厂各种窑炉在生产过程中产生的含尘及有害气体，生产工艺中化学反应排放的废气等，存在废气排放量大、面积广，冶金炉窑排放的废气温度高、治理难度大、烟尘粒径小、吸附力强，烟气的排放阵发性强，废气具有回收价值等特点。有色金属工业废气主要来源包括有色金属矿山采选过程产生的粉尘、有色金属冶炼及加工过程产生的废气等，主要特点包括废气排放量大、污染面广、废气成分复杂、治理难度大、具有一定腐蚀性。

2. 冶金工业空气污染防治的形势与任务

冶金工业是我国产生重金属"三废"污染的重点行业，能源消耗高，能源利用率低，对生态环境污染比较严重，再加上当前我国冶金工业整体综合利用效率不高，存在严重的产能过剩问题，技术、创新能力也比较落后，这些都决定了冶金工业空气污染防治形势的严峻性。基于此背景，冶金工业空气污染防治任务同样艰巨，首要任务是实现节能降耗，通过不断开展相关工作提升减排效果，最终逐步改善冶金工业空气污染防治现状。

冶金工业实现节能降耗减排的目标需要围绕以下三点具体任务展开。第一，深入开展综合治理，加强对金属矿物在勘探、开采、精选、冶炼以及轧制成材等各个关键环节中无组织排放的监督和管理，减少污染物排放量；第二，加大科研投入，对那些落后的工艺和设备进行技术改造或者直接更新，为企业实现系统节能降耗的转变提供资金和技术支持；第三，加快技术创新，积极引进当前国外先进成熟的节能降耗技术，从而进一步节约原料、燃料和材料的使用，在一定程度上控制钢铁工业废气和有色金属工业废气的产生，减轻冶金工业空气污染防治压力。

（二）化工行业空气污染

1. 化工行业主要空气污染物

化工行业是我国国民经济发展中不可或缺的重要组成部分，从整体上看就是从事化学工业生产与开发的企业和单位的总称。化工生产过程中排放的气体，即化工废气，通常含有易燃、易爆、刺激性和有臭味的物质，包括硫的氧化物、氮的氧化物、碳氢化合物、碳的氧化物、氟化物、氯和氯化物、恶臭物质和浮游粒子等。

化工废气主要具有以下三个特点。第一，易燃、易爆气体较多。在石油化工生产中，特别是发生事故时会向大气排出大量易燃、易爆气体，如果不采取适当措施进行处理便容易引起火灾、爆炸事故，危害性很大，因此为了避免发生火灾和爆炸，通常把这些易燃、易爆气体排到专设的火炬系统进行焚烧处理。第二，排放物大都具有刺激性或腐蚀性。化工生产排出很多的刺激性和腐蚀性气体，包括二氧化硫、氮氧化物、氯气、氯化氢和氟化氢等，其中以二氧化硫和氮氧化物为主。因为化工生产过程中需要加热和燃烧的设备较多，这些设备无论用煤、重油还是天然气作为燃料都会导致其在燃烧过程中产生大量的二氧化硫和氮氧化物等气体。在硫酸生产和使用过程中也会产生大量的二氧化硫气体，直接损害人体健康，腐蚀金属、建筑物和器物的表面，并且极易氧化成硫酸盐降落到地面，污染土壤、森林、河流和湖泊。除此之外，在硝酸、硫酸、氮肥、尼龙和染料的生产过程中也会产生大量的氮氧化物，严重破坏农林业。第三，浮游粒子种类多、危害大。各种燃烧设备排放的大量烟气和化工生产排放的各种酸雾对环境的危害较大，化工废渣堆放过程中在温度、水分的作用下，某些有机物质也会发生分解并产生有害气体扩散到大气中，进一步造成大气污染。

2. 化工行业空气污染防治的形势与任务

化工行业由于工业门类繁多、工艺复杂、产品多样，所以在生产中排放的污染物也存在种类多、规模大、毒性强等特点，加工、贮存、使用和废弃物处理等各个环节都有可能产生大量有毒物质，进而影响生态环境、危及人类健康，因此空气污染防治形势也比较严峻。

化工行业空气污染防治任务主要围绕如何降低工业废气排放量并减小其对生态环境和人类健康的负面影响而展开。一方面，化工行业在空气污染防治过程中需要着重探讨由"末端治污"向"清洁生产"转变的技术路线，逐步有序开展清洁生产活动，加强对少废或无废工艺的开放和采用，保证将污染物最大限度地消除在工艺过程中；另一方面，化工行业还需要加快技术创新，尽快完成净化分离废气的关键技术开发和完善任务，实现废物资源化利用，同时进一步提升资源利用效率，减少污染物的产生和排放，最终减轻化工行业空气污染防治压力。此外，化工行业在生产过程中还需要注意安全管理，避免化工生产中事故的发生对周边环境造成大面积恶性污染，对大气环境造成严重破坏。

（三）交通运输业空气污染

1. 交通运输业主要空气污染物

交通运输业是指使用运输工具将货物或者旅客送达目的地，使其空间位置得到转移的业务活动，以国民经济中专门从事运送货物和旅客工作的社会生产部门为主体，包括铁路、公路、水路、航空等运输部门。随着交通运输业的迅速发展，城市环境污染问题也日益严重。据统计，城市中的颗粒物和二氧化硫相当一部分是由汽车排放产生的，城市化的快速发展使得汽车的使用量每年以10%的速度增加，机动车尾气排放已经成为空气污染的主要来源之一。

2. 交通运输业空气污染防治的形势与任务

随着城市机动车数量的增加，汽车尾气带来的空气污染问题日益严重，并引起了社会强烈关注，交通运输业空气污染防治形势严峻。交通运输业空气污染防治重点任务主要围绕如何打好运输结构调整攻坚战，以及如何实施柴油货车污染治理专项行动、船舶污染防治专项行动、港口设施污染防治专项行动、交通路域环境污染治理专项行动等行动而展开。当前，面对交通运输业日益严峻的空气污染防治形势，加快推进交通科技创新、全面统筹交通基础设施空间布局和推进绿色交通基础设施建设，对稳步推进交通运输污染防治攻坚行动至关重要。除此之外，进一步加快技术创新，全面推广 LNG 等新能源和清洁能源的开发利用也将为实现交通运输业空气污染防治目标提供重要技术保障。[①]

第三节　中国部分地区的空气污染状况

京津冀、长三角和汾渭平原是我国经济实力最强、人口密度最高、空气污染较为严重的区域。以下主要以这三大区域为例展开分析。

一　京津冀地区

（一）空气质量现状

京津冀地区作为我国政治中心和经济发展中心之一，近年来由于经济迅猛发展、人口急剧增加，加之特殊的地形和大气环境特点，空气污染状况变得日趋严重，引起了人们的普遍关注（王冠岚等，2016）。

据《2021 中国生态环境状况公报》，2021 年京津冀及周边地区（"2+26 城市"）优良天数比例范围为 60.3% ~ 79.2%，平均为 67.2%，比 2020 年上升 4.7 个百分点。28 个城市优良天数比例均在 50% 和 80% 之间。平均超标天数比例为 32.8%。其中，轻度污染为 24.0%，中度污染为 5.7%，重度污染为 2.0%，严重污染为 1.2%，重度及以上污染天数比例比 2020 年下降 0.7 个百分点。以 O_3、PM2.5 和 PM10 为首要污染物的超标天数分别占总超标天数的 41.8%、38.9% 和 19.3%，未出现以 NO_2、SO_2 和 CO 为

---

① 《交通运输部：2020 年完成交通运输污染防治攻坚任务　打赢蓝天保卫战》，北极星大气网，2018 年 6 月 26 日，http://huanbao.bjx.com.cn/news/20180626/908549.shtml。

首要污染物的超标天。北京优良天数比例为78.9%，比2020年上升2.1个百分点；出现重度污染6天，严重污染2天，重度及以上污染天数比2020年减少2天。

（二）首要污染物分布

已有研究表明，从整体上看，京津冀地区的首要污染物为PM2.5，除承德、秦皇岛、张家口以PM10为首要污染物外，大多数城市的PM2.5污染物比例明显高于其他污染物，PM10污染物仅次于PM2.5。除此之外，近年来京津冀地区的O_3污染物也有所增加，承德、张家口的O_3比例最高，达30%以上，同样也是影响该城市空气污染状况的主要污染物之一，保定、衡水、唐山等城市O_3污染物比例略低于PM10（杨旭，2017）。

（三）空气污染分布特征

1. AQI空间变化特征

京津冀地区AQI年均值整体呈现由南向北递减的趋势，高值中心位于河北中南部，邯郸、衡水、石家庄、邢台、保定5个城市AQI年均值都在130以上，是整个地区空气污染最严重的区域；次高值中心位于唐山、天津地区，AQI年均值在100和130之间；北部地区AQI较低，包括张家口、秦皇岛、承德等城市。其中，河北中南部是京津冀地区工业集中区和人口集聚地，工业生产和居民生活向大气中排放的污染物总量较大，同时该地区处于太行山东侧和燕山南侧，地形的阻挡不利于污染物的水平扩散，容易造成污染物在山前积累集聚而使得空气污染状况更加严重；唐山、天津位于渤海沿岸，容易受海风影响，通过海上清洁空气的输送进而减轻城市空气污染；北部地区局地污染源少，因而污染排放量较少，除此之外燕山的阻隔也在很大程度上阻碍了河北中南部地区污染物向北输送，再加上北部地区频繁的冷空气活动，导致全年风速较大而静稳天气较少，这种气象条件对污染物的扩散稀释十分有力。

2. AQI季节变化特征

整体而言，京津冀地区AQI季节均值呈现"冬高夏低"的变化特点，即冬季空气污染较重，夏季空气污染较轻。春季、秋季、冬季的AQI空间分布与年均分布类似，大体上也呈由南向北递减的趋势，高低值区域位置基本不变,但是不同季节 AQI 均值大小有所差异。冬季河北中南部空气污染严重,AQI 高达 220,明显高于其他季节。究其原因,采暖期煤等化石燃料消耗增加,污染物排放量明显增加,且冬季太阳辐射弱,大气层结相对稳定,容易形成逆温层,不利于污染物的扩散,进一步加剧了空气污染。与冬季相比,春季、秋季河北中南部地区 AQI 均值明显降低,北部地区 AQI 变化不大,但春季略高于秋季,主要是因为春季是北方沙尘天气的高发时期,偏北风携带上游沙尘,更容易对京津冀北部产生影响,造成颗粒物浓度上升。夏季京津冀地区 AQI 整体较低且空间差异相对较小,空间分布也与其他季节有所不同,高值中心位于北京、保定至衡水一带,而北部和东部 AQI 则较低。

二 长三角地区

(一) 空气质量现状

长三角地区经济最为发达、人口最为密集,已经成为我国空气污染治理的重点区域之一。随着长三角地区城市规模的不断扩张,以 PM10 和 PM2.5 为特征污染物的区域性大气环境污染问题日益突出,每年出现雾霾的天数达 100 天以上,个别城市甚至超过 200 天,城市间空气污染溢出效应越来越明显(孙亚男等,2017)。据《2021 中国生态环境状况公报》,2021 年长三角地区 41 个城市优良天数比例范围为 74.8%~99.7%,平均为 86.7%,比 2020 年上升 1.6 个百分点。其中,32 个城市优良天数比例在 80% 和 100% 之间,9 个城市优良天数比例在 50% 和 80% 之间。平均超标天数比例为 13.3%。其中,轻度污染为 11.3%,中度污染为 1.6%,重度污染为 0.2%,严重污染为 0.2%,重度及以上污染天数比例比 2020 年下降 0.1 个百分点。以 O_3、PM2.5、PM10 和 NO_2 为首要污染物的超标天数分别占总超标天数的 55.4%、30.7%、12.3% 和 1.7%,未出现以 SO_2 和 CO 为首要污染物的超标天。上海优良天数比例为 91.8%,比 2020 年上升 3.8 个百分点;无重度及以上污染天,比 2020 年减少 1 天。

(二) 首要污染物分布

长三角地区以 PM10 为首要污染物的比例相对稳定,以 SO_2 为首要污染物的比例较小且基本上呈逐年下降趋势，以 NO_2 为首要污染物的比例更小且趋向平稳态势。在季节分布特征上，PM10 在不同季节的比例有所差异，但整体上在所有污染物中的占比都是最高的。夏季时 3 种首要污染物的比例是所有季节中最低的，冬季时最高。这主要是因为长三角地区属于典型的季风气候，雨热同期，夏季对空气污染物有较好的清洁作用，而冬季大气层较为稳定，污染物不易扩散。在空间分布上，以 PM10 为首要污染物且比例占 80% 以上的城市主要包括杭州、南京、湖州、扬州、苏州等，低于平均水平的城市主要有镇江、南通、绍兴、宁波、上海，SO_2 污染最严重的城市是绍兴，NO_2 污染最严重的城市是宁波（王昂扬等，2015）。

（三）空气污染分布特征

1. API 空间变化特征

总体上看，长三角地区的江苏中南部城市空气污染指数较高，浙江东北部次之，上海最低。具体来看，以江苏南京为例，南京是我国主要的重工业城市，钢铁和化工等行业在国民经济中占主导地位，能源消耗大且污染物排放量多，地处内陆宁镇丘陵地区，与沿海地区相比，大气扩散条件较差，十分不利于污染物的扩散。上海空气污染指数较低主要是因为上海紧邻长江入海口，海洋性气候较长三角其他城市更为明显，因而空气中的污染物在海洋性气候的影响下更易于扩散，再加上空气湿度大，颗粒物易于沉积。

2. API 季节变化特征

API 季节变化主要是由自然因素引起的，取决于地区当时的气候条件。长三角地区秋季和春季大气层较为稳定，此时的气候条件不利于污染物的扩散，因此容易造成污染物的积累，雾霾天气也多出现在此季节；冬季长三角地区污染程度较轻，与北方地区冬季污染较为严重的情况形成对比，主要是因为南方地区冬季一般不采用集中燃煤供暖；长三角地区雨热同期的气候特征使其降水多集中在夏季，而雨水充沛对污染物的冲刷及大气对流旺盛等条件都对污染物的进一步扩散具有重要意义，因此长三角地区夏季的空气污染指数明显小于其他季节，空气环境质量较好。

三　汾渭平原

(一) 空气质量现状

汾渭平原是我国四大平原之一，是黄河中游地区最大的冲积平原。汾渭平原能源结构以煤为主，煤炭在能源消费中约占 90%，远高于全国的平均水平（60%）。从地理位置来看，汾渭平原呈东北—西南方向分布，受山脉阻挡和背风坡气流下沉作用的影响，容易形成反气旋式的气流停滞区，在污染阶段地面辐合形势明显，污染物辐合后被困，不易扩散。近年来，汾渭平原的大气污染事件频发，已经引起国家和社会的高度重视，2018 年国务院印发《打赢蓝天保卫战三年行动计划》，将汾渭平原列为大气污染治理重点督查区域，持续实施大气污染防治行动（李妍琳等，2021）。据《2021 中国生态环境状况公报》，2021 年汾渭平原 11 个城市优良天数比例范围为 53.2%~80.8%，平均为 70.2%，比 2020 年上升 0.4 个百分点。其中，1 个城市优良天数比例在 80% 和 100% 之间，10 个城市优良天数比例在 50% 和 80% 之间。平均超标天数比例为 29.8%。其中，轻度污染为 21.8%，中度污染为 5.0%，重度污染为 1.6%，严重污染为 1.4%，重度及以上污染天数比例比 2020 年上升 0.2 个百分点。以 O_3、PM2.5 和 PM10 为首要污染物的超标天数分别占总超标天数的 39.3%、38.0% 和 22.7%，未出现以 NO_2、CO 和 SO_2 为首要污染物的超标天。

(二) 空气污染分布特征

1. 空气污染空间变化特征

汾渭平原污染物 PM2.5、PM10、O_3 和 NO_2 空间分布格局呈现南高北低的特征，这可能与南部城市工业发达、重化工企业较多，以及南部秦岭山脉阻挡使污染物不易扩散有关；而污染物 CO 和 SO_2 则呈现中北部城市较高、南部较低的特征，与中北部城市产业结构偏重且火电、钢铁、焦化等行业企业数量多有关。然而，污染物 PM2.5、PM10、NO_2、CO 和 SO_2 的变化率在空间上呈现一定的差异性。汾渭平原 11 个城市污染物 PM2.5、PM10、CO 和 SO_2 总体呈下降趋势，其中，PM2.5 和 PM10 下降率在空间分布上大致相同，以铜川和三门峡下降趋势较为显著，吕梁 CO 和三门峡 SO_2 下降最为明显，而污染物 NO_2 则呈先上升后下降的趋势。汾渭平原 O_3 空间分布呈北高南低的特点，11 个城市总体呈现波动上升趋势，其中临汾、晋中和运城上升趋势显著（郝永佩等，2022）。

2. 空气污染季节变化特征

汾渭平原污染物 PM2.5、PM10、NO_2、CO 和 SO_2 月均质量浓度变化趋势大致相同，存在季节性差异，均在秋冬季（1 月、2 月、10 月、11 月、12 月）浓度高于春夏季，这主要与北方较大的污染源排放强度和相对静稳的大气条件、北方秋冬季供暖有一定关系。而污染物 O_3 月均质量浓度变化趋势与其余污染物恰好相反，月均质量浓度从高到低依次为夏季、春季、秋季、冬季。这主要是因为夏季温度高、辐射强，有助于 O_3 前体物产生光化学反应转化为 O_3。而冬季多存在静稳天气，颗粒物浓度增加使太阳辐射强度减弱，限制了其前体物的光化学反应（郝永佩等，2022）。

四 中国空气污染的空间相关性特征

（一）空间相关性

空气污染具有扩散性和集聚性。一方面，相邻省份之间由于地理位置相近，气候条件具有相似性，彼此间的空气环境质量会相互影响；另一方面，相邻省份之间的经济活动联系密切，经济活动产生的溢出效应也会带来空气污染的空间相关性（王志元，2016）。空间相关性是指某些变量在同一分布区内的观测值存在潜在的相互依赖性，由于受空间上的相互作用和空间扩散的影响，地区数据之间不再独立而是存在显著的相关性（Cheney，2000）。空间相关性若从整体角度出发，则被称为全局空间相关性；若从局部出发，则被称为局部空间相关性（任雪，2017）。通常来说，空间相关性主要有两种表现形式：一种是趋同聚类，即高值与高值、低值与低值在空间上具有集聚效应；另一种就是趋异聚类，即高值与低值、低值与高值在空间上具有集聚效应（龚鹏鹏，2016）。

1. 测度工具

在测度工具方面，主要选取莫兰指数测度空间相关性，包括全局莫兰指数和局部莫兰指数，统一用 Moran's I 表示。Moran's I 反映的是相邻区域空气污染的相似程度。如果 A 代表空气污染程度，以全局莫兰指数为例，Moran's I 计算公式如下（王志元，2016）：

$$I = \frac{\sum_{i=1}^{n} \sum_{j=1}^{n} w_{ij}(A_i - \bar{A})(A_j - \bar{A})}{S^2 \sum_{i=1}^{n} \sum_{j=1}^{n} w_{ij}}$$

其中，A_i 表示第 i 地区的空气污染程度；n 为地区总数；w_{ij} 为空间权重矩阵。最终通过统计学原理构造 Z 统计量来检验整个区域是否存在空间自相关性。具体原理是通过计算 Moran's I 指数值得出 Z 统计量值，再通过 P 值来判断 Z 统计量是否通过检验。若 P 值小于显著性水平则拒绝原假设，认为在给定显著性水平下观察对象在整体空间上具有空间自相关性。

I 的取值范围为 $[-1, 1]$，$I<0$ 时表示观察对象在空间分布上具有负相关性；$I>0$ 时表示观察对象在空间分布上具有正相关性；I 越接近 -1 表示不同省份之间的差异越大或者分布越离散（高低集聚或者低高集聚）；I 越接近 1 表示不同省份之间的关联度越高，空气污染程度非常相似（高高聚集或者低低聚集）；I 越接近 0 则表示不同省份之间不相关。

标准化的 Moran's I 指数的 Z 统计量为：

$$Z = \frac{I - E(I)}{\sqrt{Var(I)}}$$

其中，$E(I)$ 表示 I 的期望值，$Var(I)$ 表示 I 的方差。

2. 权重矩阵

现有的空间计量分析文献根据空间效应理论与发生起点的不同，将空间权重矩阵分为邻接权重矩阵、反距离权重矩阵、经济权重矩阵及嵌套权重矩阵四种矩阵形式。邻接权重矩阵可以用来表示各个区域地理位置的邻近关系，简单方便且易于处理，但假定某一区域只与其邻近区域有相同的空间影响强度，与其他不相邻区域的空间影响强度均为零，这一假设并不符合客观事实；反距离权重矩阵则假设区域之间的距离决定区域之间的空间效应强度，距离越近则空间效应强度越强，但在运用该模型时并不能完全确认需要多少个样本才能保证分析结果的可靠性，而且邻近区域的形状、方向、大小也都会对分析结果产生影响；经济权重矩阵不仅可以从地理因素角度来分析空间效应，还可以从经济属性的角度来设置空间权重矩阵；嵌套权重矩阵一般用于经济因素与距离因素同时出现在空间效应中的分析，不仅包含经济权重矩阵的特征，同时还包含反距离权重矩阵的特性。

综合比较各种权重矩阵的优劣势，现有文献更多的是引入空间邻接权重矩阵对各区域地理位置之间的邻接关系进行定义。将 n 个区域地理位置之间的邻接关系用一个二元对称空间邻接权重矩阵 W 来表示，其具体表达形式如下：

$$W = \begin{bmatrix} w_{11} & w_{12} & \cdots & w_{1n} \\ w_{21} & w_{22} & \cdots & w_{2n} \\ \vdots & \vdots & & \vdots \\ w_{n1} & w_{n2} & \cdots & w_{nn} \end{bmatrix}$$

其中，w_{ij} 是区域单元 i 和区域单元 j 的邻近关系。一般有两种衡量方式：一种是以相邻关系来衡量，若相邻则值为 1，不相邻则值为 0；另一种是以距离关系来衡量，若两单元之间距离小于某一数值则值为 1，否则为 0。

3. 模型选择

在模型选择方面，并不是所有的模型都需要引入空间变量，是否建立空间模型需要进行空间相关性诊断检验（马丽梅、张晓，2014a）。空间计量模型通常有两种基本形式，即空间滞后模型和空间误差模型。空间滞后模型是指在模型中设置因变量空间自相关项的回归模型，通常考虑因变量的相关性，即在某一空间上的因变量不仅与同一空间上的自变量有关，还与相邻空间的因变量有关（高峰，2015）；空间误差模型通常类似于时间序列中的序列相关性问题，是指对模型中的误差项设置空间自相关项的回归模型，它假定空间变量的空间依赖性不仅可以通过因变量和外生解释变量来反映，还可以通过不同地区的空间协方差来反映误差过程。

（二）中国空气污染的空间相关性分析

1. 全局空间相关性分析

我国在空气污染相关性方面的研究已经比较成熟，大多数研究表明我国空气污染存在较为显著的空间正相关性。空气污染水平较高的地区周边区域污染水平也较高，空气污染水平较低的地区周边区域污染水平也较低，且这种效应正在随着时间的推移而逐渐扩大。其中以污染物 PM2.5 的空间正相关性表现最为明显，一般情况下在 PM2.5 较高的地区往往存在一个或多个 PM2.5 较高的地区与其相邻，在 PM2.5 较低的地区也至少存在一个 PM2.5 较低的地区与其相邻，同时这种空间相关性持续稳定且处在较高水平。PM10、工业废气、烟粉尘以及 SO_2 排放也都具有很强的空间相关性且相关性越来越强（艾小青等，2017）。

我国空气污染分布情况具体表现为北方区域相比南方区域要呈现出较高的污染水平，内陆区域相比沿海区域也要呈现出较高的污染水平。前者主要是因为我国北方区域冬季供暖会产生大量可吸入颗粒物而导致污染物排放量增加，春季又因为沙尘天气的影响进一步加剧空气污染程度，而我国南方区域相比北方区域冬季供暖较少，春季降水量较多，两者对南方区域空气质量改善均有促进作用；后者主要是因为我国沿海区域相比内陆区域的优势在于与海相邻，海陆风对空气污染物的稀释和扩散起到了很大的作用（徐颖，2016）。

2. 局部空间相关性分析

通常情况下，我们以空气污染和空气污染滞后变量为坐标轴绘制 Moran's I 散点图，用于分析我国空气污染在不同省份之间的相关性，Moran's I 的取值范围为 [−1，1]。如果相邻省份的空气污染程度相似，即存在空间正效应，其数值为正；反之，如果相邻省份的空气污染程度相反，说明省份之间负相关，其数值为负；如果省份之间空气污染程度比较独立，即不存在空间效应，其数值为 0。

大部分研究表明，我国主要空气污染物存在较为显著的局部空间相关性，并且具有长期稳定性。

通过对我国 31 个省区市本地与异地之间 PM10 交互影响问题进行探讨，发现中国北方部分地区出现高-高类型的集聚，主要集中于北京、天津、河北、山西、山东、河南、黑龙江、吉林和辽宁 9 个省市；南方部分地区出现低-低类型的集聚，主要集中于广东、海南、广西、贵州以及云南 5 个省区，虽然个别年份存在波动，但从长期看各集聚区均处于较稳定状态。

关于雾霾污染（PM2.5）的局部空间相关性研究，发现低-低类型的集聚主要分布在新疆、吉林、黑龙江以及内蒙古等省区（马丽梅、张晓，2014b），高-高类型的集聚主要集中分布北京、天津、河北、山东、河南、江苏、安徽、上海等省市，即我国细颗粒物高污染集聚区主要发生在京津冀、长三角以及这两大增长极的中间连接地带，空间集聚效应明显且长期处于较稳定状态（邵帅等，2016）。以长江经济带雾霾污染为例，有研究发现，该地区绝大多数城市内部的 PM2.5 浓度存在显著的空间正相关性，即空间溢出效应，并且这种空间溢出效应具有长期稳定性，只有极少数城市处在非典型区域。此外，还发现高-高类型集聚区主要集中于长江中下游地区，突出地表现出长江经济带雾霾污染具有显著的异质性。

第六章

中国空气污染防治管理进程、特征与趋势

空气污染防治管理是一个复杂的公共管理问题，而每一项公共管理都是一个复杂的系统。它有自身的特点和本质属性，与经济、技术、财税等其他领域的管理都有直接或间接的交集。通过梳理中国空气污染防治管理的演进历程，可从历史线索的切换中观察到空气污染防治管理变迁的轨迹，总结其变迁的趋向与基本特征。这是探究管理变迁内在规律的历史前提和现实基础。

第一节　中国空气污染防治管理的进程

依据所实施的政策手段和方式方法特点，本章把我国空气污染防治管理的进程归纳为以下几个阶段。

一　1950~1978年以工业点源污染治理为主的行政管理

新中国成立初期，对空气污染问题没有形成正确的认知。直到20世纪50年代中后期，我国进入工业恢复和扩大生产阶段，工业生产与环境之间的矛盾显露，才开始颁发涉及环保的政策措施，但政策目标并不清晰。在这一时期，我国空气污染防治以政府单方面行动为主，依靠行政力量进行防控，制定相关环境标准对空气污染实行管制，其重点控制对象是工业点源污染，政策主要内容是防治"废气"、消烟除尘，目的在于保护劳动环境、安全生产和保护城乡环境卫生。

新中国有章可循的空气污染防治政策，最早可追溯至1956年的《关于防止厂矿企业中矽尘危害的决定》《工厂安全卫生规程》《关于防止沥青

中毒的办法》，以及国家建设委员会和卫生部共同制定颁布的《工业企业设计暂行卫生标准》，其主要目的在于"劳动保护"，即防止工业企业在生产中产生的空气污染物对工人的身体健康产生危害。由于当时我国贯彻重工业优先发展战略，粗放型的经济增长方式和计划经济体制加剧了空气污染。20 世纪 70 年代后，我国的空气污染防治工作正式起步，政策制定开始呈现法律化和标准化，加大了空气污染防治管理力度，颁布并采取了一些防治空气污染的法律政策和措施，开展了以消除烟尘为主要内容的空气污染防治行动。1972 年 4 月，国家建设委员会和国家计划委员会召开烟囱除尘现场会议，总结消烟除尘工作基本经验，并提出相关工作原则和措施。在此基础上，1973 年 4 月国家计划委员会颁布《关于进一步开展烟囱除尘工作的意见》，内容是以消除烟尘为主的锅炉改造；同年 11 月，国家计划委员会、国家基本建设委员会、卫生部联合颁布我国第一个全国环境标准——《工业"三废"排放试行标准》，规定二氧化硫、一氧化碳等 13 种工业污染废气中有害物质的排放标准。1973 年 8 月，我国召开了第一次全国环境保护会议，通过了第一个具有法规性质的环保文件——《关于保护和改善环境的若干规定（试行草案）》，该文件开始涉及空气污染防治问题，但并未做出专门的具体规定，可操作性不强。1974 年 9 月，国家建设委员会在沈阳召开全国消烟除尘经验交流会，并做《关于全国消烟除尘经验交流会的情况报告》，提出空气污染防治的目标与重要措施。

总体来说，1970~1978 年关于工业城市和工业区空气污染防治的相关政策逐渐增多，先后制定了《中共中央关于加强安全生产的通知》（1970年）、《放射防护规定》（1974 年）、《国务院环境保护机构及有关部门的环境保护职责范围和工作要点》（1974 年）、《关于编制环境保护长远规划的通知》（1976 年）、《关于治理工业"三废"开展综合利用的几项规定》（1977 年）、《关于确定第一批限期治理的工矿企业项目的通知》（1978年）等。同时，地方政府也开启了空气污染防治工作，但地方出现的空气污染问题，尤其是带有地方特性的空气污染问题并未引起中央的足够重视，地方政府空气污染防治政策的制定和实施缺乏科学的规划以及相应的技术支撑。在这一时期，地方政府空气污染防治政策普遍以工业废气排放和消烟除尘为主要内容，最为典型的措施是由政府引导、发动各企事业单位和群众进行的"消烟除尘大会战"。以北京为例，1972 年、1974 年北京市分别成立了"三废"治理办公室、环境保护中心，并颁布了《关于"三废"管理试行办法》，主要解决烟尘污染问题，针对定时定点监测的结果开展"消烟除尘大会战"。

可见，1950～1978 年是我国空气污染防治起步阶段，空气污染防治问题尚未进入正式的政策决策议程，缺乏有针对性与科学性的规划，主要聚焦安全生产、环境卫生等方面，治理政策及技术工具较为匮乏，社会各界对空气污染防治问题的重视程度和认识水平有限。尽管早在 1956 年已出台了相关政策，但环境污染防治与经济、社会发展的关系并未成为权衡环境政策制定与实施的基点，其出发点是社会主义制度的工人权益维护，其政策范畴仅为工厂车间、厂房的大气环境以及邻近居住区的大气环境。直至20 世纪 70 年代末，煤烟型、烟尘型空气污染对居民健康的危害逐渐显现，才引发政府及社会各界对空气污染问题的关注，逐步开展各项科研调查活动，大气环境保护意识得以萌发。

二　1979～1991 年制度与政策走向综合化的管理

改革开放后，我国开始重视环境保护工作，尤其是空气污染防治。1979 年《环境保护法（试行）》正式颁布，标志着我国环境保护开始迈上法制轨道。这一阶段我国大气环境质量管理标准实现了全国统一，大气环境保护进入法制管理的新阶段，防治对象从锅炉烟尘污染扩大到机动车尾气排放，政府管控举措不断增多、效力层次不断提升。随着改革开放和工业经济的迅猛发展，我国能源需求增加、工业规模进一步扩大，综合防治煤烟型空气污染的需求日益迫切。1981～1985 年，全国城市的降尘颗粒物超标率达 100%，酸雨区逐年扩大；1989 年，在全国主要工业重点城市中，废气排放量达 47395 亿标立方米，占当时全国废气排放总量的 59%，二氧化硫排放总量为 773 万吨，占当时全国排放总量的 49%（王金南等，1993）。严峻的空气污染形势加快了我国空气污染防治制度与政策综合化管理的步伐。

（一）相关的法律、法规以及部门规章逐步确立

1979 年 9 月全国人大常委会通过《环境保护法（试行）》，对有害气

体排放标准、消烟除尘、生产设备和生产工艺等方面做了进一步规定，提出未达国家标准的项目要限期治理、限制企业生产规模。① 之后，我国依据该法制定实施了一系列空气污染防治相关的行政法规。如国务院于1982年和1984年分别实施《征收排污费暂行办法》《关于加强乡镇、街道企业环境管理的规定》，1983年城乡建设环境保护部发布实施《环境保护标准管理办法》，1987年国务院环境保护委员会、国家计划委员会等部门联合颁布了《关于发展民用型煤的暂行办法》，1987年国务院环境保护委员会发布《城市烟尘控制区管理办法》等。

1987年全国人大常委会正式颁布《大气污染防治法》，该法在防治空气污染的一般原则、监督管理，防治烟尘污染，防治废气、粉尘、恶臭污染以及法律责任等方面做出了规定，如提出了二氧化硫等污染物排放的总量控制相关办法，制定空气污染物排放许可证制度、污染物排放超标违法制度、排污收费制度，实施排污申报登记、排污超标收费、空气污染监测等制度。1989年全国人大常委会通过并确立《环境保护法》，明确责任主体，进一步规定了污染防治的具体政策措施和法律责任，如规定地方政府辖区环境保护的"统一监督管理"责任，提出环境质量标准、污染物排放标准、环境影响评价等方面的环境监督管理要求，将空气污染列入防治环境污染范畴，并提出技术改造、限期治理、对污染严重的企业实行"关停并转迁"等措施。1990年国家环境保护局、公安部、国家进出口商品检验局等部门联合颁布《汽车排气污染监督管理办法》。1991年国务院批准公布了《大气污染防治法实施细则》，该细则规定同时控制空气污染物排放浓度与排放总量。该细则的出台标志着我国空气污染防治工作正式进入法制化管理轨道。与此同时，环保机构的地位逐步得到提高。1982年成立环境保护局，内设城乡建设环境保护部；同年国务院成立环境保护委员会，致力于加强各部门的协调；1984年成立国家环境保护局，环境保护工作有了机构保障。

（二）环境治理标准、污染物排放标准以及技术政策增多

在环境标准方面，1979年再次修订《工业企业设计卫生标准》并由卫

---

① 参见1979年《环境保护法（试行）》第十六条、十八条、十九条。

生部、国家建设委员会、国家计划委员会、国家经济委员会和国家劳动总局联合颁布，规定了工业区空气中 34 种有害物质和车间空气中 120 种有害物质的最高容许浓度（吴景城，1988），这是我国最早颁布的工业区环境空气质量标准和车间空气质量标准。1982 年，我国第一个环境空气质量标准——《大气环境质量标准》由国务院发布，该标准将环境空气质量进行分级、分区管理。随后，国家环境保护局于 1983 年和 1989 年分别颁布第一批、第二批机动车尾气排放标准，制定实施《锅炉烟尘排放标准》《汽油车怠速污染物排放标准》《柴油车自由加速烟度排放标准》《汽车柴油机全负荷烟度排放标准》《硫酸工业污染物排放标准》等。同时，北京、上海、重庆等部分城市开始制定和实施空气污染物的地区排放标准。

在能源管理方面，1979 年财政部、国家劳动总局、国家物资总局联合颁发《关于国营工业、交通企业特定燃料、原材料节约奖试行办法（草案）》，1980 年国务院批准国家经济委员会、国家计划委员会颁布《关于加强节约能源工作的报告》，批准国家经济委员会、国家计划委员会、财政部颁布《关于加强现有工业交通企业挖潜、革新、改造工作的暂行办法的通知》，把节约能源作为国民经济调整时期的重点；1986 年国务院发布的《节约能源管理暂行条例》对合理利用能源政策做了具体规定，包括节约燃料、改变燃料构成、改进供热方式、推广集中供热、发展无污染和少污染能源等，是防治空气污染的根本措施。

在技术政策方面，国务院环境保护领导小组和财政部在 1979 年出台《关于工矿企业治理"三废"污染　开展综合利用产品利润提留办法的通知》，1982 年国务院发布《关于发展煤炭洗选加工合理利用能源的指令》，1983 年国务院出台《关于结合技术改造防治工业污染的几项规定》，1984 年国务院颁布《关于防治煤烟型污染技术政策的规定》等。

（三）多元参与空气污染防治的萌芽产生

1979 年后继续开展由政府主导的"消烟除尘"群众保护环境运动，"发动群众，组织社会主义大协作，开展综合利用"（国家环境保护局办公室，1988），虽然这种群众运动带有强烈的计划经济时代特征，但也可以说是空气污染防治公众参与理念的萌芽。国务院早在 20 世纪 80 年代就规定 47 个城市作为环境保护重点城市，将这些城市按功能区分类，并提出

2000 年达到国家功能区空气质量标准的要求（张梓太，2007）。从 20 世纪 80 年代末起，北京市关闭了污染严重的首钢特钢南厂，消除了市区一大污染源，并确立排污收费制度，继续推行"三同时"制度，并开始实施环境影响评价，对控制新污染源起到了显著作用。

可见，1979 年后空气污染防治开始进入政策议程，政策思路发生了明显转变：把资源的综合利用和企业生产技术升级相统一，防止和治理工业污染；将污染防治工作的重点转向改变城市的能源结构和煤炭加工改造方面，特别是大力发展节煤燃烧，如改变能源消费方式、实施节能措施，对污染严重的企业实行"关停并转迁"措施，从而调整生产布局；污染控制工作重心主要从改造锅炉、消除烟尘、控制大气点源污染展开，其中污染防治对象从工业废气、燃煤等固定点源扩展到交通运输等移动污染源，开始从点源治理阶段进入综合防控阶段。另外，政策内容更加丰富，包括制定实施环境空气质量标准和环境空气质量区政策、空气污染物排放标准和排放设施管理的政策，采取与空气污染防治相协调的能源政策、煤的洗选加工和合理利用政策、消烟除尘和锅炉改造相结合的政策，并开始制定和实施防治交通运输产生空气污染的政策。最突出的政策特点是立法、行政法规、部门规章和相关管理制度增多，空气污染防治开始走向法制化。除了管理制度上的加强，还开始重视技术改造，为我国环境空气质量评价技术的发展奠定了基础。尽管这一阶段立法、行政规范和管理手段增多，但是，预防和治理空气污染方面的政策较少，环保投资严重不足，空气污染治理水平总体较低。

三　1992~2002 年引入市场机制的管理

1992 年，党的十四大确立了我国经济体制改革的目标是建立社会主义市场经济体制，在开启以经济建设为中心的新一轮改革开放的同时，也促进我国公共政策走上市场化设计的轨道。这一阶段的空气污染源主要来自燃煤烟尘、工业废气以及汽车尾气，主要污染物为二氧化硫和悬浮颗粒物、煤烟尘、酸雨等，少数特大城市属于煤烟与汽车尾气污染并重类型，空气污染范围从局地污染发展为局地和区域污染并存。推行清洁生产、走可持续发展道路是这一时期的重要战略思想，这一思想为空气污染防治政策的发展开启了新途径。最明显的政策特征就是空气污染防治开始启用经济手段，建立大气环境管理的市场机制，同时继续强化法制手段和行政手段。

（一）市场机制被引入空气污染防治管理中

在排污权交易方面，1991 年初，国家环境保护局在上海、徐州等 16个城市进行大气排污许可证试点，在此基础上，1993 年选择太原、柳州等6 个城市开展大气排污交易政策试点工作。个别地方还出台了相应的法规给予支持，如 1993 年云南省开远市最早出台《开远市大气排污交易管理办法》，对二氧化硫等大气污染物实施总量收费；1998 年山西省人大常委会通过《太原市大气污染物排放总量控制管理办法》，规定"剩余的允许排放量指标可以留做本单位发展使用或转让给其他排污单位"，该办法是我国第一部提出排污权交易总量控制的地方规范。1996 年，国务院批复实施国家环境保护局提出的《国家环境保护"九五"计划和 2010 年远景目标》，开始推行主要污染物总量控制和定期公布制度，进一步为排污权交易的实施提供行政决策支持。1993 年全国 21 个省、自治区、直辖市开始试点建立环保投资公司。1999 年与美国建立二氧化硫排放的市场机制研究合作关系，并签署了可行性意向书。

在税费政策方面，1992 年国务院批准在贵州、广东两省和柳州、杭州、青岛、重庆等 9 个城市开展征收工业燃煤二氧化硫排污费和酸雨综合防治试点工作。1999 年调整含铅汽油消费税税率。

（二）强化对市场主体的约束

《大气污染防治法》分别于 1995 年进行了修正、2000 年进行了修订。1995 年修正的《大气污染防治法》，增加酸雨控制、二氧化硫污染、饮食服务业环保管理、防治油烟对居住环境污染等方面的规定，强化企业清洁生产工艺、落后工艺及设备淘汰制、燃煤型大气污染控制等方面的要求。2000 年修订的《大气污染防治法》，专章规定"防治机动车船排放污染"的内容，并增加"植树绿化、防治沙尘污染，控制建筑施工场粉尘污染"的规定，还新确立了大气污染防治重点城市和区域管理制度、城市扬尘控制制度、电厂排放控制制度、臭氧层保护制度等。依据 2000 年修订的《大气污染防治法》，国家环境保护总局出台了《关于加强饮食业油烟污染防治监督管理的通知》，将防治饮食业油烟污染监督管理纳入正常的环境管理范围。此外，空气污染物监测及其相应的技术标准、行政监督标准得到强化。1996 年再次修订环境空气质量标准，调整空气污染物监测标准，制定实施《大气污染物综合排放标准》，规定了排放限值和标准制定的技术方法，纳入规定的污染物种类超过 33 种，开始针对不同污染源和污染行业制定污染物排放标准，并进一步细化。在工业污染源方面，分别针对锅炉、工业炉窑、炼焦炉等不同污染源制定空气污染物排放标准；在移动污染源方面，分别对汽车、摩托车空气污染物排放制定标准；新增水泥厂空气污染物排放标准。这些新增和修订的相关法律法规以及各个行业排放标准与《大气污染防治法》相辅相成，初步形成了我国大气环境保护的法律法规体系。

（三）配套实施相应的经济政策手段

1992 年，国家环境保护局下发《关于进一步推动排放大气污染物许可证制度试点工作的几点意见》，强调加快地方立法进程和研发适用的监督计量设备，探索排污补偿做法。同年，为推动地方开展大气污染物排污交易和排污补偿，国家环境保护局以发文的形式，就排放大气污染物许可证制度试点工作提出意见，并就排污指标的确定制定了相关管理办法。1993 年，国家环境保护局开始推行环境标志制度，促进节能降耗产品的推广，以减少工业产品对大气环境的损害。1993 年之后，我国陆续颁布一批实施环境标志的产品目录，如车用无铅汽油、环保车型等，并制定有关管理规定、技术指标和环境标志图形，建立相应的环境标志产品的申报、审批程序。1994 年，全国环境保护工作会议通过的《全国环境保护工作纲要（1993—1998）》，要求强化排污许可证发放及证后管理工作，逐步扩大发放范围。1999 年，科技部、国家环境保护总局会同国家计划委员会、国家经济贸易委员会等 11 个部门共同组织实施"空气净化工程"，以治理机动车排气污染和燃煤污染为突破口，分别开展"清洁汽车行动"和"清洁能源行动"，并将北京、重庆等 12 个城市作为"清洁汽车行动"示范城市。1996 年始，国家大力推进"一控双达标"工作和"33211"工程，并在《关于环境保护若干问题的决定》中对工作内容及范围做出具体部署。1998 年国务院办公厅下发《关于限期停止生产销售使用车用含铅汽油的通知》，要求"自 2000 年 7 月 1 日起，全国所有汽车一律停止销售和使用含铅汽油，改用无铅汽油"，该通知还提出用 2 年左右的时间实现全部城市淘汰含铅汽油的目标。1998 年国务院批复酸雨和二氧化硫污染"两控区"划分方案，并提出 2000 年实行二氧化硫排放总量控制。

可见，1992~2002 年的空气污染防治工作强调全过程控制、集中治理以及浓度与总量控制相结合，治理重心开始向区域污染控制转变，政策绩效显著提高。但是，由于缺乏具体明确的法律和标准，以及有效的行为激励和约束机制，相比同时期经济发展水平，空气污染治理绩效仍不容乐观。

四　2003~2009 年实施区域治理为主的综合管理

2003~2009 年，我国空气污染呈现区域性复合型特征，使空气污染治理问题更加复杂和严峻。这一时期，空气污染防治最明显的政策特征是开始探索性地实施区域空气污染治理为主的综合管理，尝试打破空气污染防治的属地管理模式。

（一）探索建立区域大气污染联防联控机制

2003 年后，我国空气污染发展为煤烟型、石油型以及机动车尾气和工业气体排放的多层面、多主体的综合型污染，尤其是以京津冀、长三角、珠三角为首的诸多城市群出现的以灰霾为主的城市空气污染问题全面爆发，PM2.5、PM10 等细颗粒和臭氧、二氧化碳、二氧化氮、一氧化碳等空气污染交叉并存，并不断加重和蔓延。这种灰霾型综合空气污染问题已经是影响社会发展、经济走向、人民福祉的重要问题。为解决这一问题，我国出台了大量空气污染防治政策，空气污染被列入《国家突发环境事件应急预案》，政策力度开始向顶层设计集中，引导各省份基于区域整体的角度，相互协调、统筹安排以共同制定与实施空气污染防治方案，实现合作共治、全民参与。

北京、上海和珠江三角洲地区是我国较早开始探索大气污染联合防治的区域。这些地区的大气污染联合防治有一个显著的共同特点，就是以保障国际性重大会议的空气质量为契机，提升区域空气污染防治效果，并尝试建立大气污染联防联控机制。这一时期，区域空气污染联防联控在国家规范性文件中被正式提出，并编制了实施规划，划定了重点防控区域，鼓励重点区域空气污染实施联防联控。2010 年国务院办公厅转发了《关于推进大气污染联防联控工作改善区域空气质量的指导意见》，提出了区域联防联控"五个统一"指导思想，将京津冀、长三角和珠三角划定为空气污染联防联控的重点区域。2008 年北京奥运会期间，国家启动空气质量区域联防联控机制，环境保护部与京津冀、山西、内蒙古、山东 6 个省区市联合制定了《第 29 届奥运会北京空气质量保障措施》，统一污染控制对象，在奥运会前实施环境综合治理，其间采取临时污染减排措施，并配套极端天气应急方案。2010 年为确保世博会期间环境空气质量达标，上海市人民政府会同江苏、浙江两省环保部门，联合制定长三角区域大气污染联合防治工作方案。

与北京、上海相比，珠江三角洲地区大气污染联合防治更为注重联合防治机制的可持续性。1998~2002 年，粤港政府联合开展珠江三角洲地区空气素质研究，表明珠江三角洲的空气污染是一个区域性问题。2008 年广东省人民政府建立了珠江三角洲区域大气污染防治联席会议制度并明确议事范围；2008 年广州市实施《广州市 2008—2010 年空气污染综合整治实施方案》，提出联动珠三角相关城市，共同防治区域空气污染。广东省人民政府制定实施《广东省珠江三角洲大气污染防治办法》（2009 年）和《珠江三角洲地区改革发展规划纲要（2008—2020 年）》（2008 年），提出建立区域性大气污染联防联控工作机制。2010 年广东省环境保护厅、广东省发展改革委等部门联合印发《广东省珠江三角洲清洁空气行动计划》，从环境法规标准、管理体制、环境监管、环境经济政策等方面入手，建立综合防治决策支持体系。同时，加强区域内的科技治污和机动车排放污染联动控制，如 2005 年建成我国第一个区域性空气监控网络——粤港珠江三角洲区域空气监控网络；2008 年以来相继颁布实施《广东省机动车排气污染防治实施方案》《广东省机动车环保分类标志管理办法》等。此外，广州、佛山、肇庆、深圳、惠州等珠江三角洲区域合作圈的形成，进一步推动了区域污染联防联控工作。

（二）主要污染物减排目标与地方发展业绩考核相关联

2006 年国务院批复《"十一五"期间全国主要污染物排放总量控制计划》，要求各省区市将二氧化硫排放总量控制指标纳入本地区经济社会发展"十一五"规划和年度计划。在《国民经济和社会发展第十一个五年规划纲要》中，再次明确提出了二氧化硫排放总量控制的目标，"到 2010 年全国二氧化硫排放总量控制要比'十一五'期末减少 10%"。2006 年底，国家环境保护总局与国家电网、华能、大唐等六大电力集团和 30 个省区市政府签订二氧化硫排放总量控制目标责任书，国家环境保护总局每半年公布各省区市和重点企业完成情况，并将考核结果向国务院报告、对社会公布，不能按期完成的，加大惩处力度。

此外，在税费征收和财政支持方面，2003 年国务院颁布《排污费征收使用管理条例》；同年，国家发展计划委员会、财政部、国家环境保护总局、国家经济贸易委员会联合颁发实施《排污费征收标准管理办法》，进一步扩大二氧化硫排污费征收范围，提高排污收费标准；2007 年财政部和国家环境保护总局联合制定实施《中央财政主要污染物减排专项资金管理暂行办法》和《中央财政主要污染物减排专项资金项目管理暂行办法》，以提高污染治理专项资金使用率和规范资金项目管理。在技术政策及规范方面，对相关工业行业普及烟气除尘脱硫方法和技术。如 2009 年工业和信息化部制定实施《钢铁行业烧结烟气脱硫实施方案》，并在新建电厂全面推广。在清洁能源政策方面，2002 年我国第一部《清洁生产促进法》颁布，并在此基础上制定了《国家清洁能源行动实施方案》；2004 年国家发展改革委和国家环境保护总局联合颁布《清洁生产审核暂行办法》，将污染控制贯穿工业生产全过程，推广使用清洁的车用汽油，分批发布合格车用汽油清净剂，并加强在用汽车定期环保监测工作。

在环评管理方面，2002 年全国人大常委会通过《环境影响评价法》，2006 年国家环境保护总局出台实施《环境影响评价公众参与暂行办法》，2009 年国务院出台《规划环境影响评价条例》，2009 年环境保护部通过《大气污染防治法（修订草案）》并报国务院法制办。

五　2010 年后走向制度化、多元化的协同管理

随着工业化、城市化和区域经济一体化进程的加快，我国空气污染发展为区域复合型空气污染。多种污染物交叉并存，以雾霾、灰霾为主导的城市空气污染问题被列入国家和地方突发环境事件应急管理范畴。这一时期，我国空气污染防治政策规划密集出台，政策力度开始向顶层设计集

中，引导跨部门、跨区域合作共治和全社会共同参与；同时，在完善法制的基础上强调"法治"，即不仅使空气污染防治"有法可依"，而且真正实现"依法治污"，政策思路逐步从政府威权管制走向政府、企业和公众多元主体的协同管理。

（一）推进跨域联防联控和重点区域防治规划

2010 年 5 月，国务院办公厅转发环境保护部、国家发展改革委、科技部等八部门共同制定的《关于推进大气污染联防联控工作改善区域空气质量的指导意见》，提出要在 2015 年建立大气污染联合防控机制，以增强区域环境保护合力为主线，以全面削减大气污染物排放为手段，坚持先行先试与整体推进相结合，率先在重点区域取得突破，建立统一规划、统一监测、统一监管、统一评估、统一协调的区域大气污染联防联控工作机制。2012 年，环境保护部、国家发展改革委、财政部共同编制的《重点区域大气污染防治"十二五"规划》将联控范围设定为 19 个省的 117 个地级及以上城市，包括京津冀、长三角、珠三角等 13 个重点区域。2013 年，环境保护部发布《关于执行大气污染物特别排放限值的公告》，该公告的执行范围包括火电、钢铁、石化等行业以及燃煤锅炉项目。2013 年 6 月，我国建立了京津冀、长三角、珠三角等区域联防联控机制，加强人口密集地区和重点大城市 PM2.5 治理，构建对各省区市的大气环境整治目标责任考核体系。2013 年 9 月，我国有史以来最为严格的大气治理行动计划——《大气污染防治行动计划》由国务院发布实施，要求建立京津冀、长三角区域联合防控协调机制，并由国务院有关部门、省级人民政府组成协调委员会。同年，环境保护部、国家发展改革委、工业和信息化部等部门联合印发《京津冀及周边地区落实大气污染防治行动计划实施细则》，加大了京津冀及周边地区大气污染防治工作力度，促进了环境空气质量的改善。2014 年 1 月，由长三角三省一市和国家八部门组成的长三角区域大气污染防治协作机制正式启动。2016 年 1 月 1 日实施的《大气污染防治法》指出，环保部门应根据主体功能区划、区域大气环境质量状况和大气污染传输扩散规律，划定国家大气污染防治重点区域，建立重点区域大气污染联防联控机制，统筹协调重点区域内大气污染防治工作。2018 年 7 月，国务院公开发布《打赢蓝天保卫战三年行动计划》，将京津冀及周边地区大气污染防治协作小组调整为京津冀及周边地区大气污染防治领导小组。

（二）考核目标由总量减排转为质量改善

2011 年国务院发布《"十二五"节能减排综合性工作方案》，将污染物减排指标完成情况纳入领导干部政绩考核范围。2012 年 2 月，环境保护部和国家质量监督检验检疫总局发布《环境空气质量标准》，环境保护部发布配套标准《环境空气质量指数（AQI）技术规定（试行）》，增加 PM2.5、O_3 8 小时浓度限值等指标。2012 年，环境保护部、国家发展改革委和财政部联合印发的《重点区域大气污染防治"十二五"规划》，明确提出空气中 PM10、SO_2、NO_2、PM2.5 年均浓度下降的目标值，标志着政策目标逐步由污染物总量控制转为环境质量改善。2014 年环境保护部与全国 31 个省区市签署了《大气污染防治目标责任书》，明确了各地空气质量改善的目标和重点工作任务。2014 年国务院办公厅印发《大气污染防治行动计划实施情况考核办法（试行）》，该办法中的考核指标包括空气质量改善目标完成情况、大气污染防治重点任务完成情况。

与此同时，我国还继续提高对重点行业大气污染物的控制标准，发布钢铁和焦化工业污染物系列新的排放标准。2011 年修订燃煤电厂的排放标准，2014 年修订锅炉大气污染物排放标准以及制定生活垃圾焚烧污染控制标准。为了促进能源产业与生态环境协调发展，2014 年环境保护部联合国家发展改革委、国家能源局制定实施《能源行业加强大气污染防治工作方案》。2015 年 7 月，中央深改组第十四次会议审议通过《环境保护督察方案（试行）》《关于开展领导干部自然资源资产离任审计的试点方案》《党政领导干部生态环境损害责任追究办法（试行）》等文件，其核心就是要把生态政绩考核纳入干部考核管理体系中。

（三）建立多种污染物（源）协同控制机制

扩大空气污染物控制范围，包括二氧化硫、烟尘、粉尘、氮氧化物、汞等一次污染物和 PM2.5、臭氧等二次污染物，以及农作物秸秆焚烧污染控制等，建立污染物协同控制机制。2012 年环境保护部发布《关于继续开展燃煤电厂大气汞排放监测试点工作的通知》，要求参与试点工作的各环境保护厅（局）继续按照《燃煤电厂大气汞排放监测试点工作监测方案》

的要求，组织省级环境监测中心（站）每月对辖区内的燃煤电厂开展全口径监测，并对已完成安装调试和验收的烟气汞排放连续监测系统（汞CEMS）开展比对监测。2011年制定实施《消耗臭氧层物质行政审批事项工作流程》，加强了消耗臭氧层物质环境管理。2013年国务院印发《大气污染防治行动计划》，正式提出多种污染物、多种污染源协调控制机制。

在大气污染防治技术方面，通过配套环境监测、管理技术规范、技术政策、污染源解析、重污染应急以及区域空气质量管理等方面的政策，构建起了国家层面的大气污染防治技术体系。例如，为加快建设先进的环境空气质量监测预警体系，2012年发布《关于加强环境空气质量监测能力建设的意见》；2013年成立"环境质量预报预警中心"，开展京津冀区域环境空气质量预报；2014年1月全面启动全国各直辖市、省会城市（拉萨除外）和计划单列市（共35个城市）大气细颗粒物来源解析工作；2013年环境保护部发布实施《清洁空气研究计划》，建设大气污染源与控制、大气物理模拟与污染控制、机动车污染控制与模拟3个重点实验室。

（四）推动环境信息公开和公众参与

2010年以来出台的综合性规划、法规，如2013年《大气污染防治行动计划》、2014年《企业事业单位环境信息公开办法》、2014年《环境保护法》和2018年《大气污染防治法》均对环境信息公开和公众参与提出了要求，明确了大气污染防治相关信息公开、设立监督渠道以及公众举报方面的规定，增强了公众参与环保监督的有效性。2015年9月起正式施行的《环境保护公众参与办法》，明确规定了公众参与环保的权利、义务、责任、参与方式和环保部门在公众参与方面的主要责任及相关工作。2016年制定的《"互联网+"绿色生态三年行动实施方案》指出，完善网络环境监督管理和宣传教育平台，畅通公众参与渠道，鼓励公众利用网络平台对环境保护案件、线索、问题进行举报，构建政府引导、全民参与的监督管理机制。

（五）加强空气污染防治督察工作

2010年以来大气污染防治的政策思路在2015年的《大气污染防治法》中均有所体现，之前重要且有效的政策措施正逐渐升级为法制约束，推进了大气污染防治政策合法化、制度化的进程。2015年1月施行的《环境保护法》被称为"史上最严"环保法，该法体现了"三严"：一是对企业要求更严，首次规定"按日计罚"，不设置处罚上限，增加了企业的违法成本，引入"双罚制"，即在经济处罚同时，还可以对企业负责人直接实施拘留；二是对地方政府要求更严，明确了环保直接与干部考评挂钩；三是对地方各级政府以及监管部门要求更严，规定"对不符合行政许可条件准予行政许可的""对环境违法行为进行包庇的""依法应当作出责令停业、关闭的决定而未作出的""篡改、伪造或者指使篡改、伪造监测数据的""应当依法公开环境信息而未公开的"等 8 种违法行为，造成严重后果的，地方各级人民政府、县级以上人民政府环境保护主管部门和其他负有环境保护监督管理职责的部门主要负责人应当引咎辞职。

为贯彻落实新《环境保护法》，环境保护部出台了《环境保护主管部门实施按日连续处罚办法》《环境保护主管部门实施查封、扣押办法》《环境保护主管部门实施限制生产、停产整治办法》《企业事业单位环境信息公开办法》4 个配套办法。2015 年修订的《大气污染防治法》在四个方面取得突破：一是对地方政府考核与监督的强化围绕大气环境质量改善的工作展开；二是转"末端治理"为"源头治理"，重点解决污染源问题；三是加强重点区域联防联治，建立污染物协同控制机制；四是加大处罚力度，提高了针对性和可操作性。此外，在《大气污染防治法》129 条法律条文中，有 30 条涉及法律责任问题，并明确相应的处理方式和处罚措施，如变限额罚款为"按日计罚"。

地方层面的法规体系、行政规范也不断完善，各省区市制定相应的大气污染防治条例及实施细则、区域联治和其他行政配套政策，出台重污染天气应急预案，探索出各具特色的地方大气污染防治举措。例如，2013 年北京市实施了《北京市 2013—2017 年清洁空气行动计划》，指出到 2017 年，全市空气中的细颗粒物年均浓度比 2012 年下降 25%以上，控制在 60 微克/米^3 左右。2015 年北京市出台了《北京市人民政府关于进一步健全大气污染防治体制机制推动空气质量持续改善的意见》，建立全市、区县、街道（乡镇）三级大气污染防治监管体系，且天津市、兰州市等实施大气污染防治网格化管理等。2018 年全国人大表决通过《全国人民代表大会常务委员会关于全面加强生态环境保护依法推动打好污染防治攻坚战的决议》，该决议指出，加大普法和执法力度，严格落实生态环境保护"党政同责、一岗双责"，且认真落实全国人大常委会执法检查报告和专题询问提出的意见和建议，把执法检查中发现的问题作为中央环境保护督察（即"回头看"）和环境保护专项督察的重点，针对督察整改不力、环境问题突出、环境质量恶化等情况，对地市政府主要负责人开展约谈，并提请有关纪检监察机关依纪依法处理，严肃问责。

此外，积极推行污染防治相关经济政策，完善大气污染治理产业政策、能源政策，开展试点或组织专项行动。一是鼓励发展环保产业。2012年国务院印发《"十二五"节能环保产业发展规划》，2016年国家发展改革委等部门联合印发《"十三五"节能环保产业发展规划》，大力扶持节能、资源综合循环利用和环保产业重点领域，以及相关工程技术。二是推进排污权交易和排污收费。2014年国家发展改革委、财政部和环境保护部联合发布了《关于调整排污费征收标准等有关问题的通知》，以更好地落实《大气污染防治行动计划》和《节能减排"十二五"规划》要求，确保实现节能减排约束性目标，促使企业减少污染物排放。2015年，财政部、国家发展改革委以及环境保护部共同印发《挥发性有机物排污收费试点办法》，以促使企业减少挥发性有机物（VOCs）排放，提高VOCs污染控制技术水平，改善生态环境质量。三是加大财政投入和给予财政补助。2012年中央财政补助10.9亿元支持大气污染防治重点区域中的城市实施燃煤锅炉综合整治工程。2013~2015年京津冀及周边、长三角、珠三角等区域大气污染防治期间，中央财政分别划拨50亿元、98亿元、115亿元专项资金。① 四是重启绿色GDP研究。2015年，环境保护部重新启动绿色GDP研究工作，开展环境经济核算，核定环境容量，核算经济社会发展的环境成本代价，探索环境资产核算与应用长效机制；2015年上半年，环境保护部组织起草完成绿色GDP核算有关技术规范，并确定在安徽、海南、四川、云南、深圳、昆明、六安7个地区开展试点工作。五是设立环境污染强制责任保险试点。2013年，环境保护部与中国保险监督管理委员会发布《关于开展环境污染强制责任保险试点工作的指导意见》，明确环境污染强制责任保险的试点企业范围，设计环境污染强制责任保险条款和保险费

---

① 《总理为大气污染防治打气百亿专项资金下拨11省份》，《每日经济新闻》2015年7月21日，第4版。

率，健全环境风险评估和投保程序。2015 年，环境保护部发布《关于推进环境监测服务社会化的指导意见》，引导社会力量参与环境监测，培育环境监测服务市场，促进环境监测规范化。2018 年，生态环境部通过《环境污染强制责任保险管理办法（草案）》，进一步规范健全了环境污染强制责任保险制度，丰富了生态环境保护市场手段，对打好打胜污染防治攻坚战、补齐全面建成小康社会生态环境短板具有积极意义。六是引入环境治理第三方。2014 年，国务院办公厅印发《关于推行环境污染第三方治理的意见》，推进环境公用设施投资运营市场化，创新企业第三方治理机制，健全第三方治理市场。2017 年，环境保护部发布《关于推进环境污染第三方治理的实施意见》，以环境污染治理"市场化、专业化、产业化"为导向，推动排污者付费、第三方治理与排污许可证制度有机结合的污染治理新机制的总体思路和目标制定。

2014 年，中共十八届四次会议审议通过《中共中央关于全面推进依法治国若干重大问题的决定》，进一步确立了"全面推进依法治国"和"建设中国特色社会主义法治体系，建设社会主义法治国家"的战略目标，特别是"深入推进依法行政和加快建设法治政府"的要求，为环境保护和污染防治方面的政府行动和政策发展提供了指导思想。"依法治污"成为空气污染防治政策发展的核心方向，也表明我国对环境污染问题的处理方式将逐渐从污染管理走向污染治理，空气污染防治发生了战略性转变：污染防治目标由排放总量控制转变为改善空气质量；污染防治对象转变为多种污染物（源）的协同综合控制，并确立区域联合防治的管理模式。

表 6-1 为党的十八大以来对企业大气环境治理激励性政策（部分）文件清单。

表 6-1　党的十八大以来对企业大气环境治理激励性政策（部分）文件清单

序号	政策类型	政策名称	文号	发布部门	发布时间
1	财政政策	《关于印发 2014 年黄标车及老旧车淘汰工作实施方案的通知》	环发〔2014〕130 号	环境保护部 国家发展改革委 公安部 财政部 交通运输部 商务部	2014 年 9 月 15 日

序号	政策类型	政策名称	文号	发布部门	发布时间
2		《关于全面推进黄标车淘汰工作的通知》	环发〔2015〕128号	环境保护部 公安部 财政部 交通运输部 商务部	2015年10月12日
3		《关于开展中央财政支持北方地区冬季清洁取暖试点工作的通知》	财建〔2017〕238号	财政部 住房和城乡建设部 环境保护部 国家能源局	2017年5月16日
4		《关于扩大中央财政支持北方地区冬季清洁取暖城市试点的通知》	财建〔2018〕397号	财政部 生态环境部 住房和城乡建设部 国家能源局	2018年7月24日
5		《关于印发〈大气污染防治资金管理办法〉的通知》	财建〔2018〕578号	财政部 生态环境部	2018年10月30日
6	财政政策	《关于推进实施钢铁行业超低排放的意见》	环大气〔2019〕35号	生态环境部 国家发展改革委 工业和信息化部 财政部 交通运输部	2019年4月28日
7		《关于完善新能源汽车推广应用财政补贴政策的通知》	财建〔2020〕86号	财政部 工业和信息化部 科技部 国家发展改革委	2020年4月23日
8		《关于扩大脱硝电价政策试点范围有关问题的通知》	发改价格〔2012〕4095号	国家发展改革委	2012年12月28日
9		《关于印发〈燃煤发电机组环保电价及环保设施运行监管办法〉的通知》	发改价格〔2014〕536号	国家发展改革委 环境保护部	2014年3月28日
10		《关于实行燃煤电厂超低排放电价支持政策有关问题的通知》	发改价格〔2015〕2835号	国家发展改革委 环境保护部 国家能源局	2015年12月2日

续表

序号	政策类型	政策名称	文号	发布部门	发布时间
11	财政政策	《关于印发北方地区清洁供暖价格政策意见的通知》	发改价格〔2017〕1684号	国家发展改革委	2017年9月19日
12		《关于完善风电上网电价政策的通知》	发改价格〔2019〕882号	国家发展改革委	2019年5月21日
13		《关于核减环境违法垃圾焚烧发电项目可再生能源电价附加补助资金的通知》	财建〔2020〕199号	财政部生态环境部	2020年6月19日
14	税费政策	《关于享受资源综合利用增值税优惠政策的纳税人执行污染物排放标准有关问题的通知》	财税〔2013〕23号	财政部国家税务总局	2013年4月1日
15		《关于免征新能源汽车车辆购置税的公告》	财政部 国家税务总局 工业和信息化部公告2014年第53号	财政部国家税务总局工业和信息化部	2014年8月1日
16		《关于环境保护税有关问题的通知》	财税〔2018〕23号	财政部国家税务总局生态环境部	2018年3月30日
17		《关于节能 新能源车船享受车船税优惠政策的通知》	财税〔2018〕74号	财政部国家税务总局工业和信息化部交通运输部	2018年7月10日
18		《关于从事污染防治的第三方企业所得税政策问题的公告》	财政部 国家税务总局 国家发展改革委 生态环境部公告2019年第60号	财政部国家税务总局国家发展改革委生态环境部	2019年4月13日
19	绿色金融政策	《关于开展环境污染强制责任保险试点工作的指导意见》	环发〔2013〕10号	环境保护部中国保监会	2013年1月21日

续表

序号	政策类型	政策名称	文号	发布部门	发布时间
20	绿色金融政策	《关于印发〈企业环境信用评价办法（试行）〉的通知》	环发〔2013〕150号	环境保护部 国家发展改革委 中国人民银行 中国银监会	2013年12月18日
21		《关于构建绿色金融体系的指导意见》	银发〔2016〕228号	中国人民银行 财政部 国家发展改革委 环境保护部 中国银监会 中国证监会 中国保监会	2016年8月31日
22		《关于促进应对气候变化投融资的指导意见》	环气候〔2020〕57号	生态环境部 国家发展改革委 中国人民银行 中国银保监会 中国证监会	2020年10月20日
23		《碳排放权交易管理办法（试行）》	生态环境部令第19号	生态环境部	2020年12月31日
24	生态补偿政策	《关于健全生态保护补偿机制的意见》	国办发〔2016〕31号	国务院办公厅	2016年4月28日
25		《关于印发〈建立市场化、多元化生态保护补偿机制行动计划〉的通知》	发改西部〔2018〕1960号	国家发展改革委 财政部 自然资源部 生态环境部 水利部 农业农村部 中国人民银行 国家市场监管总局 国家林业和草原局	2018年12月28日
26		《关于印发〈生态综合补偿试点方案〉的通知》	发改振兴〔2019〕1793号	国家发展改革委	2019年11月15日

序号	政策类型	政策名称	文号	发布部门	发布时间
27	生态补偿政策	《关于深化生态保护补偿制度改革的意见》		中共中央办公厅 国务院办公厅	2021 年 9 月 12 日
28		《关于构建现代环境治理体系的指导意见》		中共中央办公厅 国务院办公厅	2020 年 3 月 3 日
29		《关于加快发展节能环保产业的意见》	国发〔2013〕30 号	国务院	2013 年 8 月 1 日
30		《关于在疫情防控常态化前提下积极服务落实"六保"任务坚决打赢打好污染防治攻坚战的意见》	环厅〔2020〕27 号	生态环境部	2020 年 6 月 3 日
31	综合类政策	《关于印发〈全国碳排放权交易市场建设方案（发电行业）〉的通知》	发改气候规〔2017〕2191 号	国家发展改革委	2017 年 12 月 18 日
32		《关于印发〈现代煤化工建设项目环境准入条件（试行）〉的通知》	环办〔2015〕111 号	环境保护部办公厅	2015 年 12 月 22 日
33		《关于印发水泥制造等七个行业建设项目环境影响评价文件审批原则的通知》	环办环评〔2016〕114 号	环境保护部办公厅	2016 年 12 月 24 日

序号	政策类型	政策名称	文号	发布部门	发布时间
34		《关于印发淀粉等五个行业建设项目重大变动清单的通知》	环办环评函〔2019〕934号	生态环境部办公厅	2019年12月23日
35		《关于进一步加强煤炭资源开发环境影响评价管理的通知》	环环评〔2020〕63号	生态环境部 国家发展改革委 国家能源局	2020年10月30日
36		《关于印发〈重污染天气重点行业应急减排措施制定技术指南（2020年修订版）〉的函》	环办大气函〔2020〕340号	生态环境部办公厅	2020年6月29日
37	综合类政策	《关于印发〈固定污染源排污登记工作指南（试行）〉的通知》	环办环评函〔2020〕9号	生态环境部办公厅	2020年1月6日
38		《关于固定污染源排污限期整改有关事项的通知》	环环评〔2020〕19号	生态环境部	2020年4月3日
39		《中共中央 国务院关于完整准确全面贯彻新发展理念做好碳达峰碳中和工作的意见》		中共中央 国务院	2021年9月22日
40		《关于推动城乡建设绿色发展的意见》		中共中央办公厅 国务院办公厅	2021年10月21日
41		《关于印发"十四五"节能减排综合工作方案的通知》	国发〔2021〕33号	国务院	2021年12月28日

续表

序号	政策类型	政策名称	文号	发布部门	发布时间
42	基础目录	《国家重点节能低碳技术推广目录》	国家发展改革委公告 2017 年第 3 号	国家发展改革委	2017 年 3 月 17 日
43		《符合〈环保装备制造行业（大气治理）规范条件〉企业名单（第三批）》	工业和信息化部公告 2018 年第 44 号	工业和信息化部	2018 年 9 月 18 日
44		《符合〈环保装备制造行业（污水治理）规范条件〉和〈环保装备制造行业（环境监测仪器）规范条件〉企业名单（第一批）》	工业和信息化部公告 2019 年第 27 号	工业和信息化部	2019 年 7 月 25 日
45		《固定污染源排污许可分类管理名录（2019 年版）》	生态环境部令第 11 号	生态环境部	2019 年 12 月 20 日
46		《建设项目环境影响评价分类管理名录（2021 年版）》	生态环境部令第 16 号	生态环境部	2020 年 11 月 30 日

第二节　中国空气污染防治管理的特征

一　以行政命令管理为主

我国空气污染防治管理特征之一是以政府为主导的行政命令治理模式，重视政府的监督和管理职能，各级政府及其职能机构通过制定空气污染防治法律法规、政策及标准，采取一定的行政、经济和工程技术等方式，对空气污染防治进行综合治理。其中，政府是空气污染防治的重要行动主体，模式运作形式是由上至下，具有行政集权和政府主导的特色。

　　政府主导的空气污染防治模式具有三个特征。第一，政府在污染治理中发挥着强大影响力，并占据主导地位。与空气污染相关的市场主体的生产运作、农民的生产活动、社会团体和公民个人的相关活动都受到政府的管理和监督，政府具有不可替代的地位和作用。第二，政府不仅是空气污染防治管理的组织者、动员者、促进者，还是管理过程中的协调者、主要监督者和仲裁者，这种具有垄断性的角色使得政府在空气污染防治管理过程中权限很大。第三，治理工具以行政手段为主、以经济手段为辅。行政手段具有权威性、强制性和垂直性，政府制定空气污染防治的法律、法令、条例、决议、命令及其他规范性文件，相关部门负责污染的监测、检查和监督工作。我国政府治理空气污染的措施主要包括设置管理机构、颁布法律政策和制定排放标准三个方面。在设置管理机构方面，我国设置了统一的环境管理体系，实行集中、统一的监督管理模式，并按行政区划设立分级管理和分部门监管相结合的政府主导型环境管理体制。从纵向关系上看，中央、地方分别设置专司环境治理的管理机构。同时，地方各级政府也相应设立了专司环境保护工作的生态环境厅或生态环境局，对辖区内的环境问题开展专项治理工作。从横向关系上看，矿产、农业、土地、水利等行政管理部门作为"分管"部门，负有某一领域或某一类型污染源防治和自然资源监督管理的权力和职责。在颁布法律政策方面，我国制定了大量的大气污染防治的法律法规、部门规章等成文的规范性法律文件。在制定排放标准方面，我国颁布了大量关于限制大气污染物数量或浓度的质量标准。

　　与其他防治主体的作用力度相比，政府主导的空气污染防治管理具有以下优势。一是空气污染问题与社会经济发展密切相关，影响污染治理的各种因素涉及计划、规划、建设、能源、财政、金融、工业、农业、卫生、商业、交通等主体，因此空气污染防治管理是一项涉及政治、经济、技术、社会各个方面，复杂又艰巨的任务，具有很强的全局性和综合性。只有政府才有足够的权威和能力来组织和协调如此繁杂的工作。二是政府主导治理是通过行政机构采用强制性手段来实施政策，具有强制性、直接性和高效性等特点，这对处理紧急性、频发性事件具有其他主体无法比拟的优势。同时，我国政府在空气污染防治管理过程中颁布与实施的法律和命令具有足够的权威性，并且为市场主体、社会主体参与决策和治理提供了更多的机会。三是在实施市场经济政策时，形成宏观上的经济调控或微观上的市场干预，改变市场主体生产和消费的行为选择模式。政府正式的流程、等级性的权威对空气污染治理具有正向约束力，能够减小合作阻力。这些都是通过政府的行政力量直接干预市场主体行为来达到公共治理目标的表现。

二　市场机制作用逐渐显现

在以政府为主导的治理模式下，注重发挥市场机制的作用是我国空气污染防治管理的特征。市场经济的发展客观上提高了企业市场主体地位，更多关注市场调节以及经济激励政策的制定和实施，表明政府与企业之间关系的变化，即从约束与被约束的关系转向引导与被引导的关系，政府引导企业发挥污染防治的市场主体作用。例如，1993 年开始试点的大气排污权交易政策促进了企业技术改造、产业结构调整和工业合理布局，使区域大气污染防治费用趋于最小，在一定程度上突破了经济发展和环境保护之间难以协调的瓶颈问题。2014 年以来正式实施的环境治理第三方政策，也是一种强调市场主体的政策，旨在通过引导社会资本投入污染治理形成产业链。

市场机制运用于空气污染防治管理中，可以解决传统单一的命令-控制机制的问题。市场机制渗透到政府主导模式中，则可以通过极有效率的排放收费、信用交易机制、销售许可证、押金退款和抵消来减少污染（Tietenberg，2003）。在污染治理过程中，市场主体要么选择购买排污权，要么选择成为污染处理主体，而选择后者将得到一定的补贴或奖励。那些更容易减少污染排放的企业可以通过排放权交易，将过剩的排放许可卖给那些难以用经济的方式改变生产模式的企业，从而获得收益。政府可以通过征税等手段提高污染者的生产成本，促使他们改良生产过程以将排放量降低到可控水平。同时，具有专业化治理设施和专业人才的民间团体、公益组织和咨询机构等第三方组织也可以通过政府服务外包等机制参与此治理过程，发挥自身专长，帮助降低企业的治污成本，提高达标排放率。

2016 年 9 月，国家发展改革委、环境保护部印发的《关于培育环境治理和生态保护市场主体的意见》提出，推行市场化环境治理模式，在试点示范的基础上，建立完善排污权、碳排放权、用能权、水权、林权的交易制度。在生态保护领域，探索实施政府购买必要的设施运行、维修养护、监测等服务。发展环境风险与损害评价、绿色认证等新兴环保服务业，深入推动环境污染责任保险。构建市场化多元投融资体系，发挥政策性、开发性金融机构的作用，加大对符合条件的环境治理和生态保护建设项目支持力度。鼓励企业发行绿色债券，通过债券市场筹措投资资金。大力发展股权投资基金和创业投资基金，鼓励社会资本设立各类环境治理和生态保护产业基金。支持符合条件的市场主体发行上市。发挥政府资金的杠杆作用，采取投资奖励、补助、担保补贴、贷款贴息等多种方式，调动社会资本参与环境治理和生态保护领域项目建设积极性。推行环保领跑者制度，加大推广绿色产品。

三　社会参与管理不充分

要彻底解决生态环境污染恶化问题，光靠政府力量和市场手段是不够的，还需要借助广泛的社会力量。2014 年修订的《环境保护法》强调保护公众的环境知情权、参与权、监督权，但实践中公众在环境污染治理中的作用尚未得到充分发挥（任卓冉，2016）。具体表现在以下几个方面。

一是公众大部分的参与属于空气污染的事后治理阶段，也就是末端管理。行为措施的采取过于滞后，并不利于空气污染的治理。公众对环境问题了解和认识不足。公众深层次的环境理念、思想、意识的养成还存在明显的漏洞，公众还缺乏参与环境保护需具备的环境科学知识、科学素养和态度，包括独立的、理性的思考和判断。公众对法律赋予了其哪些权利，以及如何维护自身的环境权益、监督和举报违法企业、深度参与各类环保公共事务、促进环境问题的解决等方面仍然不明确。

二是环保志愿组织力量薄弱。2015 年颁布的《最高人民法院关于审理环境民事公益诉讼案件适用法律若干问题的解释》规定，在设区的市一级以上人民政府民政部门登记注册且五年内"无违法记录"（未因从事业务活动违反法律、法规的规定受过行政、刑事处罚的）的社会组织可以对环境争议问题提起公益诉讼，这些社会组织包括社会团体、民办非企业单位以及基金会等，当然环保志愿组织也在这个范围内（张力增，2016）。虽然这一规定在一定程度上奠定了环境民事公益诉讼的基础，但其范围仍然有限。一方面，资金来源不足。我国环保志愿组织的资金来源主要是社会捐助和会员会费两条途径，缺乏具有连续性的资金链的有效运作。另一方面，人才队伍不稳定。环保志愿组织独特的公益性决定了其行动属于自发行为，人才队伍不稳定，流动性强，急需专业化的专职核心成员作为团队支撑。

三是参与深度不足。公众参与环境决策的程度低。虽然公众有机会参与法律法规及规划政策的制定和修改，但由于决策过程没有完全公开透明，公众的意见和意愿被采纳多少、如何被采纳或者为什么没有被采纳等多数没有得到反馈。很多情况下，参与决策过程的各方利益集团或群体没有机会达成共识或者协议来反映参与者的意愿和价值观。虽然2018年修正的《环境影响评价法》规定，公众有权对可能对环境产生不利影响的新建项目在审批前、审批后进行评价，但公众参与环境评价的项目范围有限，在项目的综合规划、政策、战略等方面缺乏公众监督。2018年发布的《环境影响评价公众参与办法》规定了建设单位和环评机构应通过多种方式发布环评相关内容信息，并要求建设单位、环保部门通过某些渠道征求公众的意见，包括咨询专家意见以及组织座谈会、论证会、听证会等方式，但在具体运行中，对公众参与形式和选择性适用并无具体说明。这种模糊性的规定，降低了政策的可操作性，很可能使公众参与空气污染防治管理达不到预期的效果。在经济相对发达的沿海地区，人们参与环保的意愿比较强烈，而内陆经济欠发达地区公众参与程度则相对较低。

第三节　中国空气污染防治管理的动向

一　空气污染防治管理方式综合化

从局部防控到国家层面的综合防治，从单一的行政管理到市场机制约束，从行政补偿到以奖代补、以奖促治等，空气污染防治管理工具日益丰富。随着市场经济体制的建立与完善，以税费政策、财政政策、信贷政策、价格政策以及生态补偿政策等为代表的市场型环境规制政策得以快速发展。国家提倡创新、协调、绿色、开放、共享的新发展理念，信息公开、公众参与和生态教育等类型的自愿型环境规制政策日益增多。党的十八大后，我国在环境治理政策工具使用方面综合运用了以行政手段为主的"行政命令型"政策工具、以市场调节为重点的"经济刺激型"政策工具，辅之以"自愿型"政策工具,以及以政绩考核评价为基础的"激励约束型"政策工具,以问题解决为导向的基本思路,综合性、多元化地解决生态环境问题。环境政策工具的多元化、综合化意味着我国环境规制政策的演变是一个不断调整不同主题的过程,逐渐形成政府主导和监管、企业自我约束、社会参与、公众监督的多元发展格局。

未来要综合运用经济、法律等多种手段,发挥行业规划和产业政策的导向作用,以综合策略鼓励企业重视环境利益和将环境成本内在化,从末端治理转向预防原则,首先要形成综合的环境法律法规体系,积极推进资源环境类法律法规修订;其次要形成综合的环境执法监督体系,完善环境执法监督机制,推进联合执法、区域执法、交叉执法,强化执法监督和责任追究;最后要形成综合的环境司法体系,健全行政执法和环境司法的衔接机制,完善程序衔接、案件移送、申请强制执行等方面的规定,加强环保部门与公安机关、人民检察院和人民法院的沟通协调。

二 空气污染防治管理措施精准化

"政策精准性"作为环境政策的应然属性,要求其达到高水平"精细的准确"状态,进而生成与运行"精准性政策"。"政策精准性"从根本上源自其核心要素,主要取决于对政策主体的精准规定、对政策客体的精准界定、对政策目标的精准设定、对政策工具的精准选定。"政策精准性"的实现,需要在精准研策、精准制策、精准施策、精准评策等各个环节综合发力,实现整个政策系统及政策过程的全面改进。

(一) 聚焦重点

随着公众对治理雾霾的呼声不断提高,政府出台了一系列措施。自2010 年开始,《关于推进大气污染联防联控工作改善区域空气质量的指导意见》《环境空气 PM10 和 PM2.5 的测定重量法》《重点区域大气污染防治"十二五"规划》《大气污染防治行动计划》《京津冀及周边地区落实大气污染防治行动计划实施细则》《大气污染防治目标责任书》《北京市清洁空气行动计划(2013—2017 年)重点任务分解措施》《打赢蓝天保卫战三年行动计划》等文件陆续出台,并针对空气质量达标提出具体要求。

（二）因地制宜

我国逐渐依据地理特征、社会经济发展水平、空气污染程度、城市空间分布以及空气污染物在区域内的输送规律，将规划区域划分为重点控制区和一般控制区，实施差异化的控制要求，制定有针对性的污染防治策略，并进一步明确区域污染控制类型：第一，京津冀、长三角、珠三角区域与山东城市群为复合型污染严重区，应重点针对细颗粒物和臭氧等大气环境问题进行控制，长三角、珠三角还要加强酸雨的控制，京津冀、江苏省和山东城市群还应加强可吸入颗粒物的控制；第二，辽宁中部、武汉及其周边、长株潭、成渝、海峡西岸城市群为复合型污染显现区，应重点控制可吸入颗粒物、二氧化硫、二氧化氮，同时注重细颗粒物、臭氧等复合污染的控制，辽宁中部城市群应加强采暖季燃煤污染控制；第三，山西中北部、陕西关中、甘宁、新疆乌鲁木齐城市群以传统煤烟型污染控制为主，重点控制可吸入颗粒物、二氧化硫污染，加强采暖季燃煤污染控制。①

三　空气污染管理主体多元化

我国空气污染防治管理过程中，政府、市场和社会是治理的三大责任主体，其关系多元化，有政府与企业、政府与公众、企业与公众之间的三重关系。随着污染源以及污染物控制范围的扩大、数量的增加，相关政策责任主体增多，逐渐建立起点、面、交通的污染源防治政策体系及其管理体制。如从最初的工业点源污染控制，扩大到城市燃煤、移动源污染及燃料、建筑扬尘、饮食业油烟等，基本上每个污染源防治都有相对应的职责部门。此外，空气污染防治管理从最早的带有计划经济时代特征的消烟除尘，到环境信息公开、公众参与环评，再到《环境保护公众参与办法》的确立，增强了参与主体的地位和作用。

四　空气污染防治管理组织结构网络化

空气污染物具有很强的空间溢出性和空间关联性，呈现空间交互影响

---

① 参见《重点区域大气污染防治"十二五"规划》。

和复杂的空间结构特征。仅仅依靠局部治理难以从整体上、根本上解决区域性空气污染问题，所以建立跨区域协同治理机制是我国空气污染防治管理的一个趋势。中央政府与地方政府间大气污染治理政策工具逐渐实现互动，这包括中央政府对地方政府的支持、指导和控制。京津冀地区2013年成立了京津冀及周边地区大气污染防治协作小组，该小组由北京市人民政府、天津市人民政府、河北省人民政府、国家发展改革委、环境保护部、中国气象局等单位的人员组成，办公室设在北京市环保局，这对促进京津冀大气污染协同治理具有一定的作用。2017年，中央全面深化改革领导小组第三十五次会议通过《跨地区环保机构试点方案》，并在京津冀及周边地区开展跨地区环保机构试点，主要内容是理顺、整合大气环境管理职责，深化京津冀及周边地区污染联防联控协作机制，建立统一规划、统一标准、统一环评、统一监测、统一执法的综合管理系统，推动形成区域环境治理的新格局。

五　空气污染防治管理智能化

利用大数据精准环保成为加强环境质量监测、污染源排放监管、科学决策的新趋势。2016年，环境保护部办公厅发布了《生态环境大数据建设总体方案》，大数据在环境治理方面的应用已经崭露头角，进一步发挥环保大数据的作用对优化环保方式起着重要作用。在空气污染防治方面，通过对高时空分辨率数据的挖掘，提供基于多种模型算法的高级数据分析功能，包括高精细度的污染来源解析、空气质量预报、排放源贡献定量核算、区域传输贡献量核算等，解决传统方法因监测数据缺乏而导致的精度低、时效性差等问题，实现污染的精准治理、靶向治理。同时，利用环境空气质量监控网格、重点污染源监控网格、立体网格和移动网格等环境监测手段，辅以物联网、大数据分析、云计算等国内外先进科学技术，以及全面革新环境管理手段，可应对海量环境数据挖掘及可视化展示需求，实现空气质量大数据的专业分析和灵活展示。智能化为环境管理决策者制定监测、分析、管控三位一体的全方位解决方案提供了技术支撑。

| 第七章 |

发达国家空气污染防治管理的实践与经验

"人目短于自见，故借镜以观形。"创新，往往从借鉴开始。发达国家在工业化全面发展进程中均遇到了空气污染问题，其中一些国家通过长时期的治理已取得较好的效果。本章总结部分发达国家空气污染防治管理的实践和经验，以期借鉴参考。

第一节　世界空气污染防治演变的历程

一　世界空气污染演变历程

世界空气污染演变历程与人类活动关系密切，与工业化、城市化进程同步发生和发展，随着人类不断对新的高效能源的需求、探索和使用，空气污染的种类、形势也在不断演变。综观世界各国空气污染发展历程可以看出，世界空气污染发展演变可分为三个阶段：煤烟型污染阶段、石油型和机动车污染阶段、区域型和复合型污染阶段。

（一）煤烟型污染阶段

18世纪下半叶至20世纪中期，化石燃料（特别是煤炭）的大量使用，一方面使生产力得到了迅速发展，另一方面加剧了空气污染。该时期的空气污染为典型的煤烟型污染，主要集中在城区和工业重镇，代表性污染物是烟尘和二氧化硫。典型事件是1930年比利时的马斯河谷事件、1948年美国宾州的多诺拉事件和1952年英国的伦敦烟雾事件。21世纪，大部分发达国家倾向于使用风能、太阳能等更清洁的能源，能源结构中煤炭的比例已经很低，如 2015 年，法国煤炭在能源结构中占比仅为 3.6%，日本和德国煤炭占比皆为 25% 左右。此外，发达国家投入了大量的精力进行烟尘治理，效果显著，因此烟尘及二氧化硫排放量大幅减少，基本已经走出煤烟型污染阶段。但发展中国家的空气污染大多还是以煤烟型污染为主，中国就是其中一个典型。中国的能源结构中煤炭占 70% 左右，主要大气污染物是总悬浮颗粒物（TSP）和二氧化硫等，虽然部分重要城市为改善空气质量做了很多努力，但未能实现根本的转变。

（二）石油型和机动车污染阶段

由于石油类燃料使用量和汽车数量急剧增长，世界空气污染类型逐渐由煤烟型污染转向石油型和机动车污染。在煤烟型污染时期，各发达国家迫于人们反公害斗争的压力而投入许多精力进行烟尘治理，大大减少了烟尘等污染物的排放。20 世纪 50 年代至 60 年代，世界发达国家空气污染进入石油型和机动车污染时代。从地域上看，这一时期的大气污染已不再局限于城市和工业区，而是呈现出广域污染的特点；从污染物种类上看，已从烟尘和二氧化硫发展到飘尘、重金属、一氧化硫、一氧化碳和碳氢化合物等污染物。此时大气污染的危害不单是由某一种污染物造成的，而是多种污染物共同作用的结果，即所谓的"复合污染"。硫酸烟雾复合污染和光化学烟雾事件标志着发达国家的城市进入了石油型和机动车污染时代，人们对光化学烟雾的产生机理和防治措施进行了大量的研究，开发了大量机动车尾气治理技术和低碳燃烧技术。然而直至今日，无论是发达国家还是发展中国家，氮氧化物和碳氢化合物的排放引起的石油型和机动车污染仍未得到有效治理。

21 世纪以来，随着汽车数量的增多和使用范围的扩大，交通污染源成了世界城市空气污染中增长最快的污染源，对空气质量产生了严重影响，因此机动车尾气排放造成的空气污染也成了人们关注的焦点。2017 年，美国三种主要大气污染物排放中 84% 的 CO、42% 的 NO_x 和 70% 的碳氢化合物均来源于机动车排放，而欧洲 76% 的 CO、36% 的 NO_x 和 51% 的碳氢化合物来源于机动车排放。与此同时，中国也遭受着交通污染的困扰，截至 2018 年 9 月，中国机动车保有量达 3.22 亿辆，机动车尾气排放造成的空气污染不容忽视。

（三）区域型和复合型污染阶段

20 世纪 70 年代至今，空气污染范围由城市污染发展至区域污染，污染物种类由直接排放的污染物发展到复合污染物，由原来的几十种发展到现在的几百种。代表性污染现象有酸雨、臭氧空洞、全球气候变暖、城市雾霾天增多、城市热岛效应以及可吸入颗粒物的浓度居高不下等。

在这一阶段，欧美发达国家经过几十年的努力，环境空气质量已经得到很大改善，城市大气中的硫污染和烟尘污染基本得到解决。但由于氮氧化物和挥发性有机物的排放使得对流层臭氧问题（尤其是光化学烟雾）日趋严重，氮氧化物对环境酸化的影响正在增大。近年来，细颗粒物对人体健康的危害越来越引起人们的关注，欧美各国制定了更加严格的标准以控制细颗粒物污染。世界各国花费大量人力、财力对细颗粒物污染进行了控制，但效果仍不理想，CO、NO_x、碳氢化合物和光化学烟雾污染等仍很严重。

二　世界空气污染防治演变历程

世界各国空气污染治理均经历了漫长的历程，例如伦敦早在 13 世纪就开始控制空气污染，直到现在已历经几百年的时间。综观世界各国空气污染控制发展历程可以看出，世界各国空气污染防治普遍经历了以下四个阶段：简单限制阶段，技术进步、能源结构转化以及末端污染治理阶段，立法阶段，空气质量目标管理阶段。

（一）简单限制阶段

实际上，空气污染在人类开始用火加工食物和取暖时就已经出现。伦敦市民在 13 世纪就认识到空气污染问题，只是那时的空气污染未对居民生产生活造成太大影响，所以基本上被人们忽略了。直到 20 世纪初，世界范围内相继发生了比利时马斯河谷烟雾、美国多诺拉镇烟雾、英国伦敦烟雾、日本四日市大气污染事件，人们才意识到空气污染治理的重要性，不过当时人们尚未弄清这些事件产生的原因和机理，因此这一时期只是采取限制措施。1819 年，英国国会设立了一个特别委员会，关注蒸汽机车和窑炉排放的烟尘。1843 年，特别委员会提出希望能够禁止各种公共和私人排放烟尘的燃烧活动，1845 年又提出应该控制那些生产蒸汽的窑炉。1952 年英国伦敦发生烟雾事件后，伦敦开始限制燃料使用量和污染物排放时间。

（二）技术进步、能源结构转化以及末端污染治理阶段

19 世纪末至 20 世纪中期，世界各国主要治理的是由煤炭燃烧引起的烟尘污染，采取的手段是改进燃烧设备与技术、调整能源结构，或者对烟尘排放进行末端治理。美国的空气污染问题在这一时期得到了相当大的改善，1911~1933 年芝加哥固体燃料的使用量翻了一番，但烟尘浓度下降了约 50%。1912~1917 年匹兹堡 1~6 月的浓烟尘日从 29 天降到了 6 天，轻烟尘日则从 64 天降到了 44 天。美国环境学家认为该阶段空气污染状况的改善归功于 19 世纪末开始的技术改革、能源结构改革、燃烧设备更新，以及天然气与石油逐渐代替煤炭。

20 世纪 50 年代末 60 年代初，发达国家环境污染问题日益突出，于是各国相继成立环境保护专门机构。但当时的环境问题还只是被看作工业污染问题，环境保护工作主要就是治理污染源、减少排污量。因此，世界各国在法律措施上，颁布了一系列环境保护的法规和标准，以加强法治；在经济措施上，给予工厂企业减排补助，帮助工厂企业建设净化设施，并通过征收排污费和实行"谁污染、谁治理"的原则，解决环境污染的治理费用问题。在这个阶段，政府投入了大量资金，尽管环境污染有所控制、环境质量有所改善，但所采取的末端治理措施从根本上来说是被动的，因而效果并不显著。

（三）立法阶段

空气污染治理立法标志着政府在空气污染治理政策上的角色转变，政府开始试图从源头上治理空气污染，通过立法强化并加速空气污染治理计划的实施。以美国为例，1955 年美国颁布了《空气污染控制法》，1960 年和 1962 年通过了其修正案，1963 年颁布了《清洁空气法》，1965 年颁布了《机动车空气污染控制法》，1967 年颁布了《空气质量法》。20 世纪 60 年代颁布的这三部法案奠定了美国空气污染防治政策的基调与走向，也基本划定了空气污染治理的范围。20 世纪 70 年代，空气污染立法权转向联邦政府，并于 1970 年和 1977 年连续两次重新修订《清洁空气法》，这一

时期联邦政府空气污染治理政策对美国空气质量的提高起到了重要作用，颁布的空气污染防治法确定了联邦政府在空气污染治理领域的主导地位。与 20 世纪 60 年代相比，70 年代的联邦、州、地方分工更为明确：联邦政府负责制定全国空气质量标准，州政府根据空气质量标准制定相应的实施措施与达标期限，地方政府则负责执行措施并针对本地特殊情况进行补充。

（四）空气质量目标管理阶段

制定空气质量标准现在已经成为空气质量管理工作的内容之一。20 世纪 70 年代以后，世界各国空气质量管理主要通过制定严格的空气质量标准，确定需要控制的空气污染物目标。世界空气质量目标管理发展最完善、最典型的是美国，美国的空气质量管理始于 1970 年的《清洁空气法》，该法案将国家管理的大气污染物分为有害空气污染物（Hazardous Air Pollutant，HAP）和基准空气污染物（Criteria Air Pollutants，CAP）两类。对于有害空气污染物，法案明确规定有害空气污染物的种类和排放标准；对于基准空气污染物，法案明确规定应根据保护对象制定基准空气污染物的环境空气质量标准。美国的环境空气质量标准分为两级：一级标准（Primary Standards）是为了保护公众健康，包括保护哮喘病患者、儿童和老人等敏感人群的健康；二级标准（Secondary Standards）是为了保护社会物质财富，包括对能见度以及动物、农作物、植被和建筑物等的保护。自 1970 年以来，美国国家环境保护局根据每个时期的最新科学研究成果、经济技术发展水平和国家管理需求，对环境空气质量标准进行了 10 余次修订，有力地推动了国家环境空气质量的改善。

第二节　发达国家空气污染防治管理

一　英国的空气污染防治管理

（一）英国空气污染发展演变历程

1. 英国的城市化与空气污染

十三四世纪时，英国大部分城市开始遭受空气污染问题的困扰，但空气污染真正危及英国公众生产生活则是在第一次工业革命之后。

英国是最早进行工业革命的国家，也是世界上城市化程度最高的国家之一。"从 1780 年到 1850 年，在不到三代人的时间里……革命改变了英格兰的面貌"，英国从一个以农业为主的乡村社会逐渐变成了以工业为主的城市社会，这一巨大转变虽然给人们带来了便利和巨大的经济利益，但也引起了严重的空气污染和生活质量下降。"煤烟曾折磨大不列颠 100 多年之久，以烟煤为燃料的城市，包括伦敦、曼彻斯特、格拉斯哥等，在未能找到可替代的燃料之前，无不饱受过数十年的严重的大气污染之苦。"（Stradling and Thorsheim，1999）

第一次工业革命后的一百多年间，英国空气污染确实非常严重，尤其是 19 世纪中后期。那时人们主要用城市日照时间和每平方英里固体沉积物数量作为空气污染程度的衡量指标，检验发现，在这两项评价指标下英国大部分城市空气质量是不达标的。

①城市日照时间是指一个城市在一天之内能享受到阳光的时间。英国地处中高纬度地区，城市化引发的严重空气污染使得原本就短的城市日照时间进一步减少。以伦敦为例，正常情况下伦敦日照时间为 4~5 小时，工业革命后伦敦上空经常被烟雾笼罩，日照时间也大大缩减（梅雪芹，2001）。Clapp（1994）在《工业革命以来的英国环境史》一书中提到，19 世纪 80 年代初期，"在 12 月和 1 月，伦敦市中心所能见到的明媚阳光不足牛津、剑桥、莫尔伯勒（Marlbo-rough）和盖尔得斯通（Geldeston）四个小乡镇所享有的阳光的六分之一"。20 世纪后，空气污染越发严重，1952 年冬季伦敦日照时间仅为 1 个多小时，远无法满足人类正常生产生活对光照的需求。

②每平方英里固体沉积物数量是用来衡量区域空气是否洁净的标准之一，区域平均固体沉积物数量越多，说明空气中含有越多杂质和污浊物，反之则杂质和污浊物越少。人们以矿泉疗养地莫尔文镇（Malvern）的固体沉积物数量为标准，认为正常每平方英里月固体沉积物数量是 5 吨。在此标准下，英国大部分城市居民所呼吸的空气是不洁净的，例如此时阿特科里夫（Attercliffe）每平方英里的月固体沉积物数量达 55 吨，伦敦和曼彻斯特分别是 38 吨和 32 吨，其他城市月固体沉积物数量也远超 5 吨。

2. 英国空气污染主要来源

英国空气污染源多种多样，但总结来说主要是生活排放、工业排放和交通排放三种。

（1）生活排放

第一种，家庭燃煤。英国许多城市主要依靠煤炭进行生活食物加工和室内取暖，煤炭燃烧过程中由于燃煤设备落后、煤炭燃烧不完全，产生大量烟尘、二氧化碳、二氧化硫等污染气体。此外英国烟囱普遍较低，使得污染气体在低空排放，造成城市生活区的大面积空气污染。特别是在冬季，英国煤炭使用量大幅度增加，污染气体排放更多，污染地区烟雾弥漫，久久不散。

第二种，居民生活废弃物和排泄物。19 世纪 50 年代，英国城市人口超过农村人口，实现了初步城市化，但配套的城市化设施未达到相应的城市化水平，如生活垃圾处理设施、卫生设施等。以卫生设施为例，虽然 17 世纪已有人发明洗手间，18 世纪又有人对此进行过改进，但因为英国给排水系统不完善，无法满足洗手间的用水和排水需求，因此洗手间在英国未得到普及。直到第一次世界大战前夕，英国政府在考虑军事需要的前提下对城市给排水系统进行了大幅度改进，使得英国伦敦、伯明翰、曼彻斯特等主要城市的卫生设施得到很大程度的改善。但一部分中小城市，特别是郊区和落后农村，还是大范围地使用传统卫生方法，它们将人体排泄物、生活垃圾和动物排泄物堆积在一起，不进行科学处理，从而产生大量污染气体和恶臭味，严重降低了人们的生活质量。

（2）工业排放

工业排放是英国空气污染的主要来源之一。工业革命时期，英国工业发展的主要动力是煤炭，因此工业化进程快速推进的背后也是大量煤炭的消耗。据统计，1800 年英国的煤产量达 1000 万吨左右，此后煤产量每年增长一倍，到 1913 年达到 28700 万吨的高峰。与此相对应的是，1829～1879 年，英国煤炭消耗量大约增长了 5 倍，1905 年达到 15700 万吨。众所周知，煤炭燃烧会产生大量污染物，尤其是煤炭燃烧不完全时，产生的污染物数量和污染程度都会增加。20 世纪中叶前，英国大部分工厂仍然使用简单的废气处理装置，不使用任何处理装置直接将污染物进行低空排放的工厂也比比皆是，这些污染气体的排放对空气污染的影响是巨大的。与此形成鲜明对比的是英国工业生产的经济效益，"笼罩着早期和维多利亚时代中期的曼彻斯特、谢菲尔德或伦敦的大部分烟与雾，来自锅炉的烟囱、熔炉、煤气厂、铁路机车等"，经济效益与污染物排放量成正比这一点也是 19 世纪英国工厂主一致认可的（王艳红，2001）。

（3）交通排放

汽车、火车、飞机、轮船作为现代最主要的运输工具得到大面积普及和使用，它们的动力源燃烧产生的大量废气是造成城市空气污染的罪魁祸首之一。尤其是汽车尾气排放，量大而集中，对空气污染的影响最严重，此外汽车尾气中还含有能直接损害人体呼吸器官的污染物。汽车排放的废气主要有一氧化碳、二氧化硫、氮氧化物和碳氢化合物等，前三种物质危害性很大。英国是最早普及汽车的国家，根据国际汽车制造商协会（OICA）公布的数据，2017 年英国汽车产量达 167 万辆，占全球汽车总产量的 1.72%。其中，乘用车产量占全球乘用车总产量的 2.1%，商用车产量占全球商用车总产量的 0.6%。截至 2017 年底，英国每千人汽车保有量约为 600 辆，位列全球人均汽车保有量前五。表 7-1 显示了 2017 年英国工业和交通排放的污染物比例。

表 7-1　2017 年英国工业和交通排放的污染物比例

单位：%

污染物	工业排放	交通排放
苯	20	67
1，3-丁二烯	13	77
一氧化碳	12	75
铅	18	78
氮氧化物	37	46
颗粒	59	26
二氧化硫	89	2
非甲烷挥发性有机物	53	29

资料来源：白瑞清（2011）。

（二）英国空气污染防治管理的主要政策

英国从 13 世纪下半叶开始通过制定相关政策来减少空气污染，如

1273 年英国政府发布限制使用煤炭的命令，1306 年明令禁止大小作坊在英国议会期间使用煤炭，多次违反者没收家产并处以极刑（Lang，1993）。但那时空气污染源主要来自家庭生活燃煤和小作坊生产燃煤，产生的空气污染物较少，对人们的生产生活也未产生很大影响，因此政府在防治空气污染方面没有过多关注。

两次工业革命后，大量工厂拔地而起，英国城市化程度迅速提高，空气污染也不断恶化。为了控制越来越严重的空气污染，英国政府采取了一系列防治措施。

19 世纪，空气污染治理成为英国重点治理的环境问题之一，此时整个国家的节能减排意识非常强烈，但因节能技术限制，国家未考虑从源头上控制空气污染，所以国家立法成为这一时期空气污染治理的主要措施（Fenger et al.，1998）。1821 年，英国在关于蒸汽机和水车头的法律中包含了防治空气污染的规定（赵承杰，1989）。1847 年，英国通过了《都市改善法》，其中有居民生活燃煤的相关规定。1848 年，《公共卫生法》出台，责令居民要注重公共卫生，一旦发现居民随意丢弃生活废弃物，政府会根据该行为的严重程度处以不同级别的罚款。1863 年，英国议会颁布《碱业法》，要求工厂按照国家规定的废弃物排放标准进行废弃物处理，只有达到政府排放标准的废弃物才允许排放（IUAPPA，1988）。1874 年，英国议会在原有基础上颁布了第二个《碱业法》，相对于第一个《碱业法》，第二个《碱业法》要求更加具体，除了要求工厂必须采取"切实可行的措施"来控制污染物排放，还增加了氯化氢排放限额标准。

20 世纪上半叶，电力和汽车产业得到迅速发展，煤炭和石油使用量的增加使空气污染也越发严重，并逐渐发展为社会公害。英国政府为了缓解空气污染带来的负面影响，进一步加强了环境立法。1906 年，《制碱法》列出了会散发"有毒的或令人作呕的气体"的行业清单，要求这些行业对不合规气体进行处理，以降低有毒气体对人们身心健康的危害。1926 年，《公共卫生（消烟）法》要求使用传统燃煤设备的家庭对设备进行改进，减少生活污染物排放。1930 年，《道路交通法》对居民交通出行做出了规定，禁止出行车辆排放烟尘等有毒气体，一旦发现，政府有权禁止该车辆的使用。

20 世纪下半叶，在伦敦烟雾惨案的不断发酵下，环境立法得到进一步重视。1956 年，英国国会颁布了《清洁空气法》，这是世界上第一部空气污染防治法案。它从伦敦烟雾惨案中吸取经验教训，并将其具体化、可执行化。它的主要措施如下。

①禁止排放黑烟：政府用特殊测验仪对家庭和工厂排放的烟尘进行检测，并以"林格曼黑度"为标准，超过"林格曼黑度 2 级"的定义为黑烟，予以全面禁止。此外，该法案对燃烧设备和燃料使用标准也做了详细规定。

②建立无烟区：无烟区是指全面禁止排放任何烟尘的地区，在该区域内的居民必须使用无烟煤、电或煤气等不会产生烟尘的燃料。为了配合无烟燃料使用，家庭和工厂必须改造原有旧炉灶，炉灶改造费由公众和政府共同承担。

③控制烟煤使用：该法案要求对一定规模以上的设备安装清尘装置，防止烟煤燃烧造成空气污染。另外还规定了烟雾排放量，超出排放量的工厂必须迁离市区。

④规定烟囱的高度：该法案允许地方公共团体根据地方实际情况制定建筑标准规范，且该规范必须考虑到烟雾排放的特性。若发现某建筑物烟囱的存在会对居民健康产生威胁，或者烟囱因不具备足够的高度而无法去除煤烟和有毒物质，就必须拒绝批准该项目。

20 世纪后期，在英国一系列措施的整治下，传统的煤烟型污染已经基本解决，但是英国的空气质量并没有得到显著提高。空气污染在英国出现了新的变化，汽车尾气成为主要的空气污染源，如何解决新型空气污染逐渐成为人们关注的焦点。1995 年，英国通过了《环境法》，要求制定一个在全国范围内对新型空气污染进行综合治理的长期战略。1997 年，英国出台了《国家空气质量战略》，该战略列出了 8 种威胁英国居民身心健康的主要污染物，并在考虑每种污染物对公众健康的影响评估基础上设定了排放标准和排放目标（见表 7-2）。在《国家空气质量战略》的指导下，英国各地相应地发布了区域空气质量战略。2001 年，伦敦市发布了《空气质量战略草案》，鼓励市政府大力扶持公共交通，并在 10 年内把市中心的交通流量减少 10%～15%，另外也鼓励居民购买排气量小、使用清洁发动机技术和清洁燃料的低污染汽车。为了进一步推进空气污染治理战略，英国政府于 2000 年对《国家空气质量战略》进行了修订，提出了更高的空气质量要求（叶林，2014）。

表 7-2　1997 年英国国家空气质量标准和具体目标

污染物	浓度标准	目标达成日期
苯	5ppb（微克/升）	2003 年 12 月 31 日
丁二烯	1ppb（微克/升）	2003 年 12 月 31 日
一氧化碳	10 ppm（毫克/升）	2003 年 12 月 31 日
铅	0.5 微克/米^3 0.25 微克/米^3	2004 年 12 月 31 日 2008 年 12 月 31 日
二氧化氮	105 ppb（微克/升），每年不能超过 18 次	2005 年 12 月 31 日
颗粒	50 微克/米^3，每年不能超过 35 次	2004 年 12 月 31 日
二氧化硫	132 ppb（微克/升） 100 ppb（微克/升）	2004 年 12 月 31 日 2005 年 12 月 31 日
臭氧	50 ppb（微克/升）	2005 年 12 月 31 日

21 世纪初期，全球温室气体增多，气候变化反复，威胁着人们的正常生活。由此，2008 年英国颁布了《气候变化法案》，这是全球第一个确定温室气体减排目标的法案。该法案承诺英国将于 2050 年将温室气体排放量在 1990 年的基础上减少 80%，而英国要做到这种规模的改变，需要马上采取行动并构建框架来减少温室气体排放。在通过《气候变化法案》的同时，英国还成立了一个独立的气候变化委员会，它可就如何达成减排 80% 的目标给英国政府提供建议，并且让公众知道它的建议，以便将来可以要求政府解释为何没有采纳它的某项建议。

（三）英国空气污染防治管理的特色与经验

1. 建立多主体协同治理空气污染模式

第一，地方政府与地方政府之间的合作。空气的流动性使得空气污染具有跨区域特点，因此各地方政府之间的跨域协作是非常必要的。建立区域空气污染治理组织是地方政府间跨域协作的有效方法，这种区域性合作组织能使有关地方政府采用更一致的方法审查和评估空气污染，在划分空气质量管理区域时能更好地达成一致意见，齐心协力地落实空气污染治理行动方案。英国威尔特郡（Wiltshire）在治理空气污染时采取的就是建立区域性合作组织的方式，当时由它管辖的索尔兹伯里（Salisbury）、威尔特郡西（West Wilt-shire）、肯尼特（Kennet）、威尔特郡北（North Wilt-shire）四个非都市区共同组织了一个空气质量工作小组，该小组成员按比例从四个区的官员中进行选拔，他们会定期召开会议讨论治理策略，并汇报空气污染治理过程中的经验教训，以及遇到的困难。除了地区间的政府合作，还有全国范围内的地方政府合作案例，如由中央政府发起、地方政府参与的国家空气质量论坛和空气质量管理委员会等，这些机构很好地将地方政府组织起来，跨域治理空气污染（蔡岚，2014）。

第二，地方政府部门与部门之间的合作。英国空气污染治理最初是由环境卫生部负责，后来工业的迅速发展导致污染加剧、污染源多样化，仅靠一个部门难以全方位治理，因此英国中央政府便提出跨部门合作思路。跨部门合作组织成员根据当地实际情况进行协商，将空气质量问题纳入议程设置中，通过各部门的协作来解决空气质量问题。布里斯托尔市政府是将跨部门合作思路具体化的典型，该政府的交通部和环境卫生部进行合作，在交通项目规划中考虑地方空气质量要求，减小交通对空气污染的影响。

第三，地方政府与其他利益主体之间的合作。公众、企业等都是空气污染治理中的重要利益主体，政府在制定治理政策时必须考虑他们的想法和意见。为了保证公民有效参与，英国《信息自由法》规定："公众能直接向政府环保机构索取空气监测数据，政府不得拒绝；公众能合理利用自己的方式独立监测并发布空气污染数据，政府不得无故阻拦。"在保障公民获取空气质量信息权利的基础上，地方政府还采取了一些其他方式了解这些利益主体的意见。据调查，66%的地方政府通过文书和信函征求其他政府部门和非政府组织的意见，27%的地方政府在公共场合进行信息咨询，26%的地方政府通过宣传网页搜集公众意见，24%的地方政府召开公众会议来征询意见，当然还包括电视和广播公告、网站公告、调查问卷、公民评委团、地方交通日活动、新闻发布会、政府报告、空气质量论坛、电话调查等，以获得尽可能广泛的公众参与（白瑞清，2011）。一份对英国149个地方政府开展的调查问卷显示，94%的地方政府在制定空气污染治理政策时对相关利益主体进行过意见征询，征询情况如表7-3所示。

表 7-3　相关利益主体被地方政府征询的比例

单位：%

相关利益主体	被征询的比例
英国环境、食品和农村事务部门	90
郡议会、都市区议会、镇议会、区议会	60
区域相邻的地方政府	90
环境部门	80
高速公路部门	65
居民小组	50
地方企业	56
当地非政府组织	33
其他	18

资料来源：白瑞清（2011）。

2. 采用经济惩罚与激励手段结合的方式控制空气污染

利用强制性法律法规约束污染物排放是英国进行空气污染治理的主要方式，但这种方式只能让污染企业被动接受和参与，为了激励企业采取主动减排行为，英国政府考虑将经济手段运用到空气污染治理中。经济手段的核心是"污染者付费原则"（The Polluter Pays Principle），即"谁污染、谁治理、谁花钱"。一方面，这种方式可以有效增加政府的财政收入，减少治理成本；另一方面，这种方式相较于传统的法律方式更加灵活，可以利用市场机制调节政府税制，使环境成本内部化，从而鼓励企业采取更加节能的方式生产，减少空气污染物的排放。20 世纪 70 年代后，英国政府将经济手段作为平衡经济发展与自然环境的重要措施，希望利用环境税、排污权交易等达到降低治理成本、提高环境治理效率的目标。除了上述经济惩罚措施之外，英国政府还制定了一些经济激励措施，如减免税收制度、公共资金补助等，通过奖惩结合的方式治理英国空气污染。

3. 实施"切实可行的措施"限制污染物排放

1842 年《利兹改善条例》（The Leeds Improvement Act）提出的"切实可行的措施"（Best Practicable Means，BPM），也是英国治理空气污染的特色之一。英国虽然制定过一系列污染物排放清单，但并没有对排放限额进行严格界定，这一原则刚好弥补了该缺陷，将模糊的限额可执行化。英国环境部认为 BPM 可以解释为以下三点：第一，不能容忍造成某种公认的或长或短的健康公害的排放物；第二，在考虑地方条件与环境、控制技术知识现状、所排放物质的后果、财政状况和所使用的措施等基础上，必须根据排放物浓度和质量，将其降至最低的适当的水平；第三，为确保排放物达到最低的适当的水平，必须规定气体排放的高度，通过稀释和消散使残留的排放物无害而不令人生厌。实施 BPM 的最大优点就在于它可以被灵活地运用于各种治理环境中，并将污染治理过程的每一部分都具体化、可执行化。

4. 利用科研力量探索源头治理之策

科研力量的参与可以帮助政府对污染机理进行剖析，从源头上探索空气污染的治理之策。英国政府十分鼓励研究机构和高等院校参与空气污染治理，并为政府提供技术支持。1960 年，英国政府以华伦·斯普林实验室为中心，设立了 1200 多个空气监测站，这些遍布英国的监测站可以对空气中的污染物含量进行估计，预测这些污染物对空气质量的影响，并根据这些数据对不同污染程度地区提出相应治理建议。里丁大学、阿斯顿大学、帝国理工学院、威尔士大学、谢菲尔德大学和利兹大学等高等院校也分别对车辆排放污染物、空气质量标准、控制污染物的排放、空气污染对农作物和土壤的影响、测定灰尘及其他污染物仪器的改进，以及烟囱的设计与安装位置等问题进行了研究。科研力量的广泛参与，无疑为大气污染的防治以及其他环境问题的解决提供了有力的理论支撑和技术支持。

二　美国的空气污染防治管理

（一）美国空气污染发展演变历程

1. 美国的城市化与空气污染

19 世纪初期，90% 的美国人生活在农村，从事农作物种植工作。19 世纪末，美国农业技术革命解放了大部分农村劳动力，农村人口大规模向城市迁移，推动了城市化进程。统计资料显示，1860～1910 年这短短 50 年间，美国城市人口增加了 7 倍，但农村人口只增加了 1 倍。1920 年美国城市人口占全国总人口的 51.2%，总数超过了生活在农村地区的美国人。虽然美国在 20 世纪中叶才基本上实现城市化，但早在 19 世纪末就已经完成工业革命，电力、炼钢等新技术被大规模运用到工业生产中，还创造了全国性的交通网络，交通线遍布各地。1929 年，美国大部分城市厂房林立，汽车也开始普及（陶品竹，2015）。1945 年，美国利用第二次世界大战红利，扩大国内市场，刺激住房、汽车等支出消费，美国城市化率增加到73.6%，此时的美国基本上完成了城市化。

这些机器大工业和现代交通工具的蓬勃发展在为美国经济注入强劲发展动力的同时也带来了严重的空气污染问题，这是因为支撑美国产业大发展的主要能源是煤炭。据统计，1850 年煤炭在美国能源总消费中的占比仅为 9.3%，1860 年为 16.4%，但 1900 年迅速提升至 71.4%，具体见表7-4。可见煤炭在美国能源总体结构中的地位持续上升，所占比例不断提高。在缺乏严格环境保护措施的 19~20 世纪，大量煤炭燃烧产生的污染物随意排放到大气中，便产生了空气污染。

表 7-4　美国能源消费结构

单位：%

1850 年		1860 年			1900 年			
煤炭	木材	煤炭	石油	木材	煤炭	石油及天然气	木材	其他
9.3	90.7	16.4	0.1	83.5	71.4	5.0	21.0	2.6

2. 美国空气污染主要来源

根据污染物来源及成分的不同，可以将美国空气污染分为煤烟型污染和雾霾型污染两种类型。前者主要是由煤炭燃烧引起的，使用范围包括家庭供暖设备及工厂燃煤设施等；后者主要是由石油化学燃料燃烧引起的，使用范围包括机动车、飞机等现代交通工具。

美国号称建立在汽车上的国家是名不虚传的。据统计，美国空气污染的罪魁祸首主要来自汽车尾气排放。以遭受严重空气污染威胁的洛杉矶为例，洛杉矶在 20 世纪 40 年代就已经拥有大约 250 万辆汽车，每天大约消耗 1100 吨汽油。1953 年的一个调查报告指出，石油工业每天排放 500 吨碳氢化合物，但小汽车、卡车和公共汽车每天排放出来的碳氢化合物是前者的 2 倍多，达 1300 吨；1957 年的调查发现，机动车排放的废气约占洛杉矶每天总排放量 2500 吨的 80%（陶品竹，2015）。汽车尾气中的烯烃类碳氢化合物和二氧化氮（NO$_2$）等被排放到大气中后，在日光作用下形成光化学反应，产生含剧毒的光化学烟雾，造成严重的空气污染。时至今日，洛杉矶仍然还在为汽车尾气造成的空气污染买单。美国肺科协会（American Lung Association）公布的《2017年空气状况调查报告》显示，"洛杉矶为全美国空气质量综合最差排行榜第一名，每天都有人因空气污染患病或死亡"。

（二）美国空气污染防治管理的主要政策

美国政府主要是通过环境立法为空气污染治理确定基本的法律依据和政策条例。美国在西方国家中属于建国较晚的新兴国家，但从环境法的历史来看，美国是较早制定空气污染治理相关法律的国家。早在19世纪末，圣路易斯市就出台了美国第一部空气污染治理法，随后许多大中型城市颁布了区域性的环境保护法律条例。但那时美国工业社会发展的主要动力仍是煤炭，在无法找到替代能源的情况下，这些地方政府制定的防治条例显然不可能达到理想效果。直到20世纪40年代，洛杉矶和多诺拉发生了举世瞩目的空气污染事件，这才终于使美国政府意识到问题的严重性和制定联邦法律的必要性。由此，美国政府开始着手对全国范围内的空气污染问题进行统一的调查和管理。

1955年《空气污染控制法》首次授予联邦政府参与空气污染治理的权利，在该法颁布之前，一直是由地方政府对空气污染进行治理。且由于之前没有联邦政府独自进行环境立法的先例，所以该法在确定空气污染治理主体、治理方式和资助力度等方面还比较审慎。第一，在治理主体上，该法提出由联邦政府对空气污染治理进行统筹规划并提供战略指导和政策支持等，但具体的方案实施依然要依赖地方政府来进行；第二，在治理方式上，该法认为可以借助高等院校的科研力量来对空气污染源进行分析，探究空气污染形成的原因，以及空气污染对人们的生产生活产生的影响，但并没有针对这些问题提出具体的应对措施；第三，在资助力度上，考虑到空气污染治理的复杂性和污染源的多样性，该法制定的资助金额对于解决空气污染治理问题所需要的成本而言只是杯水车薪。美国政府在1961年和1962年对该法进行了修订，提高了空气污染治理的资助金额，但也还远远不够。

1963 年《清洁空气法》进一步加大了污染治理力度，并在 1965 年、1966 年、1967 年、1969 年、1970 年、1971 年、1973 年、1974 年、1977 年经过多次修订。该法相对于 1955 年的《空气污染控制法》，不管是在治理主体还是治理方式、资助力度等方面都做出了较大改进，而且还提出了府际协同治理新理念。第一，在治理主体上，该法依旧支持联邦政府在空气污染治理中扮演指导者的角色，地方政府扮演执行者的角色，除此之外还允许公众对联邦政府和地方政府的行动进行监督，即扮演监督者的角色；第二，在治理方式上，该法要求加强对空气污染机理的研究，而且"第一次建立起了空气污染治理法律的实施机制"；第三，在资助力度上，相较于 1955 年《空气污染控制法》规定的年均投入 500 万美金用于空气污染治理而言，该法规定的年均治理投入资金已达 3200 万美金；第四，在跨域治理上，该法鼓励各地方政府进行协作，共同治理空气污染。

1967 年《空气质量法》第一次从法律上认可了联邦政府在空气污染治理中的监管作用，联邦政府一跃成为治理的主力军，同时兼任指导者和监督者的角色。该法意识到联邦政府若在空气污染治理中仅扮演指导者的角色，不能发挥其最大效用，联邦政府应该有义务和权利来制定和实施空气质量规则。此外，该法案要求卫生部部长、教育部部长和劳工部部长将国家的某些地区划分为空气质量控制区域，以便规划、监管和控制。1967 年该法案的实施开启了联邦空气管制与执行的时代序幕。

1970 年《〈清洁空气法〉修正案》在之前的《清洁空气法》基础上对国家环境空气质量标准制定、公民个人环境诉讼、治理期限等方面进行了重新定义。第一，在标准制定方面，该法授予环境保护部制定一系列空气质量标准和排放标准的权利，如制定《环境空气质量标准》以保护公共健康和福利，制定《新能源标准》鼓励企业使用新能源减少污染，制定《国家有害空气污染物排放标准》要求企业对排放的有害污染物进行科学处理以达标排放；第二，在公民个人环境诉讼方面，该法提出公民有权对政府机构的环境治理行为进行监督，若公民在监督过程中发现政府机构有失职行为，则可以以个人名义进行起诉；第三，在治理期限方面，该法要求联邦政府在对地方政府提出治理要求时限定期限，地方政府需要在规定时间内使空气质量达到要求。

1990 年《〈清洁空气法〉修正案》是关于空气质量的重要联邦立法，

该法确定了美国空气污染治理的基本框架，标志着美国空气污染防治联邦立法的成熟和完善。第一，该法相对于以往的任何空气质量立法而言，授予了联邦政府更大的权力和更大范围的立法权限，包括雾霾、机动车尾气排放、有毒空气污染等；第二，该法对于空气污染治理的监管措施更加具体和严格，例如，为了强调雾霾问题，联邦政府会根据不同地区的污染程度将各地区划分为轻度、中度、较重、严重、极端五个部分，每种污染程度对应不同的治理期限；第三，该法制定了更加严格的污染物排放标准，防止企业利用法律漏洞偷排，污染空气。该法修订后的几十年，美国空气污染治理思路和基本框架都没有发生大的改变，足以说明该法对美国空气污染治理立法的重要意义。

2009 年《清洁能源与安全法》的核心是限制碳排放量，通过设定碳排放上限，对美国的发电厂、炼油厂、化学公司等能源密集型企业进行碳排放限量管理。2007 年，美国联邦最高法院在马萨诸塞州诉美国国家环境保护局一案的判决中提出"基于《清洁空气法》的界定，机动车尾气排放的温室气体是污染物"，也就是说，联邦法院认同二氧化碳等温室气体会导致空气污染的说法。但美国国会对这一说法的态度模糊，直到 2009 年《清洁能源与安全法》的颁布才让国会逐渐承认这一说法的正确性。"法案的核心是总量控制与交易计划，设置一个温室气体排放上限，提供允许份额内的交易。份额是由美国国家环境保护局签发的无形资产，允许 1 吨二氧化碳或者其他等值的温室气体排放。"即便如此，该法案在实施过程中仍然遇到了很大阻力，影响着该法案效力的发挥。

2011 年《州际空气污染规则》主要规定了 28 个处于上风口的州在降低二氧化硫和氮氧化物排放方面的义务，要求各州通过减少发电厂排放以显著提升空气质量。美国国家环境保护局于 2011 年 12 月 15 日最终确定了一项增补规则，要求五个州——艾奥瓦州、密歇根州、密苏里州、俄克拉何马州和威斯康星州根据《州际空气污染规则》的臭氧季节控制方案来降低夏季的氮氧化物排放。在 2012 年 2 月 7 日和 6 月 5 日，美国国家环境保护局对《州际空气污染规则》进行了两次微调（黄锦龙，2013）。《州际空气污染规则》由于显著增加了上风口州的义务，遭遇了激烈的挑战，且不断反复。先是哥伦比亚特区巡回法院撤销了此项规则，随后联邦政府向联邦最高法院提起诉讼，但最终联邦最高法院推翻了哥伦比亚特区巡回法院的决定，支持该项规则。

（三）美国空气污染防治管理的特色与经验

1. 在立法规划中平衡中央和地方的关系

在空气污染治理中厘清中央政府和各地方政府间的责任与关系，对污染的有效治理是十分必要的。美国经验显示，在空气污染治理中不能单方面地依赖中央政府或者地方政府，而应该在中央与地方的动态平衡中寻找治理空气污染的途径。一方面，地方政府需要中央政府强有力的支持。虽然地方政府在治理空气污染中发挥着重要作用，但依然需要中央政府提供立法指导、技术支持和战略规划等，而且只有由中央进行统筹，才能在全国范围内开展空气污染防治行动。在美国长达 73 年的空气污染立法史中，仅由州和地方政府进行立法控制的时间只持续了 15 年，自 1955 年之后的近 60 年时间里，主要是由中央立法肩负治理空气污染的重任。另一方面，中央政府需要地方政府因地制宜地执行和反馈中央指令。最初，美国空气污染是由州和地方政府进行治理的，后来因为地方治理"失灵"，联邦政府才开始介入空气污染治理。在空气污染治理中，虽然联邦政府主导对治理效果的改善作用是明显的，但也需要地方政府的全力协助，而且地方政府的不同治理实践为中央战略制定提供了必要的参照。

2. 构建跨领域的空气污染防治法律规范体系

空气污染治理不仅需要政府的环境立法，还需要与其他领域的法律相结合，如能源资源、交通资源等。首先，空气污染防治立法要与城市规划立法相结合。城市规划和空气污染之间有直接的关系，如果一个城市的住宅区与办公区、商业区等功能区相距甚远，人们会加深对交通工具的依赖，增加汽车的使用频率，产生更多的污染物。有效处理空气污染需要从其根源着手，如建立能源密集型生活方式的土地利用模式，但是大多数空气污染控制工作往往忽视了土地利用因素。[①] 其次，空气污染防治立法要与能源立法相结合。石油化石燃料的燃烧是造成空气污染的主要原因之一，空气污染治理的过程实际上也是能源革命的过程，必须通过立法规范

---

① 《【政策回顾】日本如何强化汽车尾气标准，严控颗粒物排放？》，人民财经网，2013 年 2 月 20 日，http://finance.people.com.cn/n/2013/0220/c348883-20539160.html。

和技术创新，降低太阳能、风能、生物能等可再生能源和新能源的使用成本，扩大其使用范围，减少石油化石燃料的燃烧。最后，空气污染防治立法要与交通立法相结合。公路、水路、航空等交通领域的规划涉及机动车、船舶、航空器的使用，与空气污染关系密切。在美国，如果一个交通规划项目会产生超过限额的空气污染物排放量，政府会阻止该项目的继续实施。

3. 提升环境空气质量标准和产业技术标准

空气污染治理要不断完善环境空气质量标准和产业技术标准，做到多种污染物协同控制。空气污染类型多样，既有传统的二氧化硫污染、氮氧化物污染等，又有新型的细颗粒物污染、臭氧污染等，因此在治理空气污染时，必须提高标准，统筹治理。一方面，要完善环境空气质量专项标准。1997 年 7 月 18 日，美国国家环境保护局颁布了《臭氧国家环境空气质量标准》和《颗粒物国家环境空气质量标准》的新规章，并分别于2008 年和 2012 年对这两项标准进行了修订，收紧了环境空气质量标准。另一方面，要不断提升相关产业的技术标准。空气污染涉及汽车、钢铁、煤炭、玻璃制造等众多产业，治理空气污染不能仅仅依靠提高罚款标准、对相关产业进行地域转移或者暂时关停、限制生产等行政措施，还要通过提高技术标准，促进企业进行技术革新，达到防治空气污染的目的。美国作为汽车使用大国，在利用汽车产业技术标准治理空气污染方面早有探索。

4. 利用市场机制治理空气污染

市场机制是利用经济手段治理空气污染的有效表达方式，比传统的命令-控制机制更加灵活，也更利于降低成本和提高效率。美国作为典型的市场经济国家，在利用市场机制治理空气污染方面已经积累了许多有益经验。首先，建立污染物总量控制与交易制度。污染物总量控制与交易制度是指预先设定各种不同类型的污染物排放总量，针对不同的排污企业分配不同的排污份额，企业的排污份额可以在市场中进行自由交易。美国 1990年《清洁空气法》最先确立了关于二氧化硫的总量控制与交易计划，1995~2000 年是该计划实施的第一个阶段，涵盖了 110 个电厂的 263 个发电机组，其中大多数电厂坐落在密西西比河东面，具有大型的烧煤设备。第二个阶段从 2000 年开始，覆盖面延伸到具有 25 兆瓦及以上功率的发电设备，对其的控制更加严厉。其次，发挥税收政策在空气污染治理中的杠杆作用。税收是政府调节宏观经济的杠杆，也可以用来引导治理空气污染。一方面，针对可再生能源、绿色产业等有利于减少空气污染的项目，制定税收优惠政策。美国州级政府层面的技术促进规则《可再生能源投资组合标准》，其目标就是推动部分电力由可再生能源来生产。这一规则为可再生能源的生产和投资制定了税收减免政策，它只为采用特殊技术的企业提供税收优惠，而不是对企业进行广泛激励以减少碳排放。另一方面，针对石油、汽车等容易造成空气污染的行业和产品，通过立法进行能源税、汽油税、碳税等税收的征收。在美国，由于 2007 年联邦最高法院在马萨诸塞州诉美国国家环境保护局一案的判决中已经认定二氧化碳属于空气污染物，所以不断有学者呼吁开征碳税以防治空气污染。且几乎所有参与过政策选择讨论的经济学家都同意采用一种将碳税和总量控制与交易计划结合在一起的综合性碳价政策，该政策在效率和分配方面将大大优于基于行业的指挥与控制法。

三 日本的空气污染防治管理

（一）日本空气污染发展演变历程

1. 日本的城市化与空气污染

19 世纪 70 年代至 20 世纪 20 年代，日本大力发展农业，制定农业发展激励政策，进行工业基础设施建设，完成了城市化的准备和积累工作。20 世纪 20 年代至 50 年代，日本城市化进入快速发展阶段，大量农村人口向城市转移，重工业迅速发展。50 年代至 70 年代末，日本城市化进入高速发展阶段，大城市的经济、工业迅速兴起，吸引了大量的劳动力向城市转移，也形成了东京、阪神、中京三大都市圈，日本的城市化和工业化基本完成。70 年代末，日本进入了后工业化时代。

从日本城市化水平来看，二战后日本城市化水平飞速提高，1950 年城市化水平仅为 37.3%，1970 年上升到 72.1%，2017 年达到 93%（赵城立，2016）。其中，1945~1955 年是二战后日本经济的恢复时期，日本政府调整了全国的产业结构，制定了首先恢复轻工业和原材料工业，继而恢复重工业的战略。20 世纪 50 年代后期至 70 年代，日本处于重工业化时期，大力推动重工业的发展，虽然带来了巨大的经济效益，但由于忽略了对环境的保护，能源消耗急速上升等问题导致严重的工业污染、公害事件频发，当时的日本被称为"公害大国"。

2. 日本空气污染特征和主要来源

第二次世界大战之前，日本大气污染源主要来自四大矿山的"烟害"、煤尘以及工厂煤炭燃烧产生的煤烟。当时深受煤烟问题困扰的大阪一度被称为"烟之都"，市区里煤尘大量降落，造成了严重的大气污染，居民受害状况极其严重。据大阪市立卫生试验所的调查，1912~1913 年，大阪旧城区一年降落的煤尘量为每平方英里 452 吨，1924~1925 年上升为 493 吨，仅仅十余年的时间就增加了 41 吨。其降落的煤尘量，虽不及当时世界闻名的钢铁城市匹兹堡，却远胜于受严重的烟雾问题困扰的伦敦。煤尘的大量降落致使城市居民到了夏季也不能开窗，贫民阶层生活环境更为恶劣，身体健康受到了严重损害。

第二次世界大战后，日本经济进入快速成长期，此时日本大气污染的重心逐渐转向"白烟"（亚硫酸气体）问题。这也是发电燃料和工业燃料在 20 世纪 60 年代以后从煤炭转向石油的一种表现。在日本，1952 年的原油输入量是 443 万千升，1960 年达到 3112 万千升，1967 年又激增至 12081 万千升。二战后的日本优先发展重化工业，形成了许多集聚性的工业带，最著名的是京滨、中京、阪神和北九州四大工业带，由此产生的大量工业废气对大气环境造成了空前严重的破坏。

（二）日本空气污染防治管理的主要政策

20 世纪 30 年代至 60 年代，日本环境问题突出，类似于"四日市哮喘病"等空气污染公害事件频发，公众舆论日益高涨。日本政府不得不开始重视环境污染问题，并以立法形式推进空气污染治理进程，以缓解公众的不满情绪。

1962 年的《关于限制煤烟排放等问题的法规》，首次将煤烟粉尘、硫化氢和氨等有害污染物列入法律限制清单。该法还根据不同污染地区的污染情况和"煤烟燃烧设施"的不同种类制定出不同的排放标准，企业或个人要安装"煤烟燃烧设施"必须提前申请，申请通过后才能购置。此外，政府机构有权要求那些超标排放企业进行设备改革，否则予以关闭。

1967 年的《公害对策基本法》，把大气污染认定为日本七大公害之一，还规定了国家、企业和公民在空气污染治理中应该承担的责任和采取的措施，以及为了保障人们正常的生产生活应该维持的环境标准。

1968 年的《大气污染防治法》，主要目的是保护大气环境、确保国民健康和良好的生活环境。该法对排放大气污染物的工厂企业进行了规制，具体规制对象有五种：产生煤烟的设施、排放挥发性有机物的设施、产生普通粉尘的设施、产生特定粉尘（石棉）的设施以及与石棉有关的作业现场。在设置限制对象设施或进行规制对象作业时，必须事先向都道府县知事进行申报。

1970 年修订的《大气污染防治法》，用"K 值限制"方式取代针对各个"煤烟燃烧设施"的排放浓度分别予以限制的"个别限制"方式。"K 值限制"是根据"煤烟燃烧设施"的排放口（即烟囱）的高度来决定排放许可量的方法，每个"煤烟燃烧设施"每小时的硫氧化物（SO_x）排放许可量（Q）可以按以下公式来计算：$Q = K \times 10^{-3} He^2$。在此公式中，$Q$ 为硫氧化物的排放许可量，K 为根据地域差别确定的常数值，He 是修正后的排放口高度。根据规定，K 值在不同的地区被设定为不同的数值，通过降低这个数值可以强化限制的程度。

1974 年对《大气污染防治法》进行了根本性修订，第一次提出对硫氧化物进行"总量限制"。"总量限制"指的是，依照环境标准值计算出指定区域容许排放的污染物总量，通过强化对个体排放源的限制使该区域的排放总量低于计算出的容许排放总量。对那些实施了"个别限制"或"K 值限制"但硫氧化物排放仍不达标的区域，按照法律规定计算该地区的合理排放量，并制订能把排放总量减少到合理排放总量之下的具体计划。

1992 年的《汽车氮氧化物法》，主要是为了削减汽车公害特别严重地区的汽车氮氧化物（NO_x）排放。《汽车氮氧化物法》相对于《大气污染防治法》，对机动车尾气排放制定了更加严格的标准，主要表现在对机动车的分类管理上。《大气污染防治法》按照车辆总重量及车型对排放标准进行划分，但《汽车氮氧化物法》的车型规制不是按照汽油车、柴油车及液化石油汽车等种类来划分，而是根据车辆的重量制定和执行不同的尾气排放标准。这样就使不同的机动车需要遵守同样严格的规定，提高了对机动车尾气排放的限制。

2001 年对《汽车氮氧化物法》进行了修订，新增了对排放的尾气中颗粒物含量的限制，该法全称变为《关于在特定地区削减汽车排放氮氧化物及颗粒物总量的特别措施法》。此次修订还强化了对指定地区可使用车型的限制，除卡车及公共汽车外，柴油乘用车也成为监测对象。2007 年 5月，针对仍未达标的个别地区，日本政府再次修订法律，采取了局部污染对策和车辆限行等强化措施。

（三）日本空气污染防治管理的特色与经验

1. 鼓励公众参与环境监管

日本的空气污染治理模式不只是政府治理模式，公众参与和监督也是其突出特点。日本政府通过立法保障公众在空气污染方面的教育学习，并把保护大气环境作为一项基本政策写入法律，这凸显了日本政府对空气污染治理的态度。日本除了在《环境教育法》中对公众进行一般和系统性的大气环境保护教育外，还在立法中对公众进行具体的资源意识教育。例如，在《再生资源利用促进法》中直接表明日本资源利用情况，即"我国大部分资源依靠进口，并有相当部分的可循环资源和可再生资源未得到充分利用便被废弃"，该条法律对培养公众环境资源保护的民族责任感、促进公众形成和保持环境保护的生活方式起到了极为重要的作用。除了接受良好的环保教育外，日本政府还为公众开通了畅通的参与渠道。为保证公众的监督权，日本政府会定期将空气监测、治理等方面的信息对外公开，普通市民、社会团体都可以通过公告及时地了解到空气污染治理政策的规定，以及中央、地方政府和企业对空气污染治理做出的努力。此外，居民还可以通过递交意见书或参加公证会等方式来提出意见和建议，从而更好地进行监督管理。

2. 对不同污染源进行分类治理

空气污染源主要分为人为污染源和自然污染源，其中人为污染源又可以分为固定污染源和移动污染源。日本政府为了使治理更有效，针对不同类型的人为污染源制定了不同治理措施。

固定污染源主要来源于工业排放和家庭燃煤。针对固定污染源，日本政府主要采取了以下三大治理措施。第一，制定严格的大气排放标准。日本各地环境监管部门根据《大气污染防治法》和《恶臭防止法》等固定污染源治理法规，以达到日本大气环境质量标准为目的，制定并严格执行本地工厂硫氧化物、煤烟、挥发性有机物、粉尘以及其他有害污染物质的排放限定标准。第二，实施事前申报审查制度和排放申报审查制度。事前申报审查制度是指企业在新建或改建可能排放空气污染物的设备前，必须向政府环保部门进行申报。排放申报审查制度是指企业要对自身的空气污染物排放数量和浓度自行监测，并向环保部门报告。第三，推进技术防控。对于火力发电厂等大型排污企业，集中安装集尘和排烟脱硫、脱硝等装置；对于小型生产企业，采取严格的排放标准，促使其安装、使用排污净化装置。

移动污染源主要来源于机动车、飞机和轮船等，其中机动车对空气污染的影响最大。针对移动污染源，日本政府主要采取了以下三大治理措施。第一，制定严格的机动车排放标准和燃油标准。多年来，日本机动车排放标准和燃油标准不断提高，据统计，目前日本机动车多项标准相较于20世纪70年代提高了几十倍。第二，强化对机动车的管制。日本实行机动车强制车检制度，按规定对车辆性能和尾气排放进行全面检查。以家用轿车为例，新车首次车检有效期为6年，以后每两年一次，不进行车检或车检不合格而上路行驶的，按"无车检行驶"处罚。除车检制度外，日本还实行街头抽查制度，对汽车尾气中的二氧化碳、碳氢化合物和黑烟含量进行随机抽查。第三，大力推广节能车。日本政府实行低排放车认定制度，对9类通过认定的低排放机动车（电动车、LNG车等），采取"环保车减税""环保车补助金"等各种优惠，对购买的单位和个人直接给予资金支持。例如，日本环境省实施的"低公害车推广事业"，对购买LNG车或混合动力车的个人，全额免除汽车购置税和重量税等。

3. 实时公开空气质量监测信息

对空气污染进行实时监测可以有效地掌握空气质量状况，这也是治理空气污染、实现全民监管的重要步骤之一。日本的大气质量监测分为两级：国家级大气监测网由9个国家大气环境测定所和10个国家汽车交通环境测定所组成，负责全国范围内的大气环境监测管理和技术开发；地方大气监测网由 1549 个一般环境大气测定局和 438 个汽车尾气排放测定局组成，其中一般环境大气测定局负责住宅地等一般区域内的二氧化碳、浮游粒子、二氧化硫、光化学氧化物、一氧化碳等污染物的监测。2003 年日本环境省设立了"大气污染物质广域监视系统"网站，该网站实时更新全国各地的污染物监测数据，公众可以登录网站及时了解空气污染状况。除此之外，该网站可以向手机发送光化学氧化物和二氧化硫等污染物的速报值、"注意报"、"警报"等信息。日本国立环境研究所还开发了"大气污染预测系统"，用于提供当日和次日的光化学氧化物、二氧化氮、光化学烟雾等空气污染浓度的预测图，以供公众参考。

第三节　发达国家空气污染防治管理启示

一　将政府立法作为空气污染防治的制度关键

政府立法是保障空气污染防治措施有效实施的重要手段，也是推动国家污染防治工作顺利开展的坚实基础。发达国家基本上已经建立了较为系统的法律法规，并不断根据实际情况加以修订，为空气污染治理行动提供了法律依据。英国先后颁布了《清洁空气法》《控制公害法》《公共卫生法》《放射性物质法》，以及汽车使用条例、各种能源法、《环境法》等相关法律文件治理空气污染。美国联邦政府出台了《空气污染控制法》《清洁空气法》《空气质量法》等，并且多次修订《清洁空气法》，使之成为美国制定全国空气质量标准的主要依据。日本制定了《关于限制煤烟排放等问题的法规》《公害对策基本法》《大气污染防治法》等法律法规，并多次根据国内实际污染状况对《大气污染防治法》进行修订，有效地改善了空气污染（崔艳红，2015）。

发达国家的立法回应了社会对空气污染防治问题的现实需求，从污染物的鉴别、污染源的控制和污染权的管理等方面出发制定法律法规，有效改善了空气污染状况。21 世纪以来，我国在空气污染防治立法方面取得了一定的成效，相关法律法规不断出台，甚至制定了"史上最严"的环保法。但与发达国家相比，我国的空气污染治理相关法律法规还需不断修订、扩充和细化。例如，2016 年实施的修订版《大气污染防治法》，虽然经过多次修订，法律条文从最开始的 66 条 8500 字扩展至 129 条 17600 字，但相较于美国《清洁空气法》的 270 个条款近 60 万字，我国法案内容仍然略显单薄。除此之外，该法案的一些具体内容也较为模糊，缺乏可操作性，如 2018 年修正的《大气污染防治法》第五条规定"县级以上人民政府生态环境主管部门对大气污染防治实施统一监督管理。县级以上人民政府其他有关部门在各自职责范围内对大气污染防治实施监督管理"，此规定将污染防治的监督者和管理者合二为一，但为了提高防治效率，现实中应由不同主体承担监督和管理责任。除了对现有法律进行补充修订外，还要制定更为细致的专项法律，如机动车排放法、能源法、可吸入颗粒物防控法等。

二 将经济手段作为空气污染防治的调节杠杆

大部分发达国家实施资本主义市场经济，善于利用经济手段推动空气污染治理，而且效果显著。大气污染的主要责任方是企业，仅对其严加监管、严厉处罚是不够的，更重要的是让企业在大气污染治理行动中获得切实的利益，这样才能激发其内在动力。目前发达国家的大气污染防治经济手段中最富有成效的是美国排污权交易，20 世纪 90 年代的酸雨项目就是美国排污权机制有效运用的典型。该项目的目标是减少大气污染中的二氧化硫，分为两个阶段实施：第一阶段（1995～1999 年）主要针对 110 家排放二氧化硫的高污染火力发电厂；第二阶段（2000 年以后）扩展到规模在 2.5 万千瓦以上的 2000 家电厂。排污权由国家环保局统一发放，第一阶段共发放 3090 万吨二氧化硫排污配额，每吨交易价为 1500 美元。美国各相关企业对排污权交易表现出极大兴趣，1997 年交易数量为 1430 次，2001 年达到 17800 次（任恒，2017）。经济利益促使企业积极主动采取措施减少二氧化硫排放，据统计，1995～1999 年美国二氧化硫排放量减少了 380 万吨，为政府节约 126 亿～180 亿美元开支。良好的效益吸引了其他国家的效仿，英国从 2002 年开始在各大企业间实行二氧化碳排放量交易制度，还设立了总额为 2.15 亿英镑的奖励基金；日本也实行了针对碳排放的温室气体排污权交易。

从发达国家治理大气污染的经验中不难看出，经济手段尤其是排污权交易取得的成效十分显著，可以实现政府与企业之间的双赢。目前中国部分地区已经试行了排污权交易，2007 年浙江嘉兴成立全国首个排污权交易中心，2008 年北京、上海、天津相继成立了环境交易所。截至 2017 年底，国家发展改革委批复排污权交易试点省份共有 12 个，另有 16 个省份自行开展交易活动，交易物包括二氧化硫、氢氧化物等。但是中国的排污权交易目前仍处于试行阶段，存在诸多问题。第一，相关法律体系不健全。美国排污权交易由《清洁空气法》明确规定，我国的排污权交易目前还没有法律基础，因此国家应该尽快出台相关法律和政策。第二，排污权配额分配和定价机制不够合理。以碳排放的定价为例，上海、北京、广州的价格差异较大，应该不断完善排污权交易的市场机制，实行总量控制，制定合理价格，遵循公开、公正、公平的原则进行排污权分配。第三，政府在排污权交易中的角色和作用有待优化。许多地区的排污权交易存在监管漏洞，给寻租行为提供了条件，政府应不断完善排污权交易的管理和监督机制，建立污染物监督、估价、电子交易等平台，鼓励媒体、公众和社会组织对排污权交易实施监督等。

三 将区域联防联控作为空气污染防治的重要保障

大气污染具有流动性，往往涉及多个地区部门，因此需要跨地域联合防控治理才能取得成效。总体来说，发达国家的跨地域大气污染防控治理机构分为两种：一种是拥有立法执法管理权力的政府实体机构，另一种是地区之间的协商沟通、监测预警、技术合作组织。美国加利福尼亚南海岸空气质量管理区（SCAQMD）属于第一种，该机构成立于 1976 年，负责洛杉矶、奥兰治、里弗赛德、圣贝纳迪诺 4 个郡 162 个城市的大气污染防控，拥有立法、执法、行政管理、监督处罚等权力，也联络相关科研院所、金融机构、社会组织联合防控以有效处理大气污染问题。美国的臭氧传输委员会（OTC）则属于第二种，它是由华盛顿特区和东北部 11 个州建立的区域管理机构，主要负责这些州之间以及这些州与美国国家环境保护局之间在大气污染方面的信息沟通、事务协调、科研合作等。

中国大气污染较为严重的地区主要是京津冀、长江三角洲和珠江三角洲这三个城市群，其中尤以京津冀污染最为严重，唐山、北京都是空气污染重灾区。发达国家的跨区域联防联控制度对治理京津冀这样的区域性大气污染具有一定的借鉴作用，政府可以以城市群为中心，建立具有以下特点的区域性大气污染防控机构。第一，该机构由各污染城市的代表组成，负责整个区域的治理和协调工作；第二，该机构由中央、省级和市级相关政府机构联建，并具有立法执法管理权，可根据具体情况制定相关法律法规，能够对违规部门进行处罚；第三，该机构具有多种职能，除了立法执法权，还应包括科技研发、教育宣传、联络沟通、工程建设等职能，便于集中高效地解决大气污染问题。事实上，在 2008 年北京奥运会期间，北京就与石家庄、天津等周边城市开展了跨区域协同治理行动，并有效改善了空气质量。这说明跨地域联合防控大气污染是行之有效的，我国可以效仿美国建立京津冀空气质量管理区，召开政府间环境治理联席会议，建立跨地域大气污染专门治理委员会、区域统一管理执法机构等，除此之外，还可以建立跨地域空气污染监测、预警、防控机构，完善监测信息发布平台。我国珠三角地区在这方面迈出了重要一步，2014 年 9 月 3 日粤港澳联合签署的《粤港澳区域大气污染联防联治合作协议书》正式生效，三方在大气污染防控方面开始跨区域合作。这一合作主要包括共建粤港澳珠三角空气质量监测网络、联合发布区域空气质量资讯、推动大气污染防治工作、开展环保科研合作等，空气质量监测网络包括 23 个监测站，其中广东 18 个、香港 4 个、澳门 1 个。

四　将多方协同作为空气污染防治的推动力量

政府虽是大气污染防治的主体，但大气污染还涉及社会组织、企业、公众等众多利益者，因此需要多方合作、共同努力。英国政府十分重视民间科研力量，于 1965 年成立了自然环境研究委员会（NERC），该委员会是一个公共机构，负责对大气、土壤、水体等方面的研究。该委员会每年将 3.7 亿美元政府拨款用于资助科研机构研究空气污染问题，英国的里丁大学、阿斯顿大学等高校和科研院所都在该委员会的资助下对机动车尾气排放、空气质量标准制定、大气污染对生物健康的威胁等问题展开过研究，为政府制定政策提供了技术支持。美国积极鼓励企业参与环保产业，并在政策、税收、融资等方面给予优惠政策。2005～2017年，美国为石油、天然气、电力等高污染企业提供了146亿美元的减税额度，鼓励这些企业采取减少污染物排放的措施；2012年起，美国计划为超过4.4万个太阳能光伏开发项目提供7.17亿美元的补助。据统计，1970年美国环保产业总产值为390亿美元，2017年增长到3150亿美元，占全球环保产业市场的29%，吸纳就业人数163万（张川、何维达，2015）。除了企业和科研机构以外，发达国家还非常重视公众的作用。1955～1957年，美国空气污染控制局组织了一次公众参与解决雾霾问题的活动，5名专家共花费了869个工时，进行了249次访谈，研究了237个建议。英国于1992年颁布《环境信息条例》，于1999年颁布《信息自由法》，规定公民有权向政府环保机构索要信息。日本规定公众可以就环保问题自由发表意见，有权对造成污染的企业提出异议，政府应通过公众调查、公众辩论和公民投票等方式积极鼓励公众参与大气污染治理，在制定相关政策时广泛、认真地听取公众意见。

发达国家在多方合作治理空气污染方面较为成功，政府职能明确、积极引导，其他利益主体的参与有法律保障，且其参与热情高涨，这些都值得我们借鉴。我国空气污染多方协同治理机制中最迫切需要解决的是公众参与问题。就目前情况而言，我国公众参与主要存在以下困难：第一，立法不完善，公众参与缺乏法律基础，《大气污染防治法》等法律条文中没有明确规定公众的参与权；第二，政府"全能管理"意识根深蒂固，过度揽权，抑制公众的参与，公众参与大气污染治理的机制不完善，公众获取环境信息的渠道不够畅通；第三，我国环保组织大多由政府部门直接建立或授权建立，难以制衡政府和企业，难以发挥其独立自主的作用。政府应该借鉴欧美国家的成功经验，重新定位自身与民间环保组织和公民个体之间的关系。在政府与民间环保组织关系方面，政府可以适当放松对民间环保组织的管控，给予其更多的政策支持，使其在监控排污企业、宣传大气污染防治知识、联络组织民众参与政府治理、环境公益诉讼等方面发挥更大作用。在政府与公民个体关系方面，政府应不断健全相关法律，确保公众参与大气污染防控的权利；建立并完善公众参与大气污染防治的平台，建立大气污染政策公众调查机制、公众听证会机制、公众评价机制等，进一步调动公众的参与热情；畅通大气污染信息发布渠道，及时发布城市大气污染、企业污染排放等信息，确保公众能够全面、准确、及时地获取大气污染相关信息。

五　将技术创新作为空气污染防治的实施动力

利用清洁能源技术，推动低碳经济发展是国外治理空气污染的有效途径之一。英国比较重视发展清洁能源，所有非工业用电均大量应用太阳能与风力发电，从而减少二氧化碳排放量。人民网数据显示，2016年，在英国电力供应量中，清洁能源电力所占比重超50%，与2011年的25%相比，有显著增长。按季度数据统计，2016年第三季度，清洁能源电力所占比重首超50%。这些清洁能源中，风力、太阳能、生物能和水能占比分别为10%、5%、4%和1%。燃煤火电在电力总量中所占比重也从2012年的38%缩减到2016年的3%。与此同时，2016年5月，英国第一次出现燃煤火电发电量0记录，且持续保持了6天。美国为了大力发展清洁能源技术，早在1992年就开始推行"能源之星"计划（ESP），建立产品节能标识体系，缓解来自电厂区域的碳污染。并且，美国能源部因大量引入风力涡轮机、公用事业规模光伏、分布式光伏、电动汽车和LED等主要清洁能源技术，进一步大幅减少了美国碳排放量（郑焕斌，2017）。国际能源署（IEA）研究显示，2016年美国二氧化碳排放量下降了3%，约1.6亿吨。可见，国外通过有效利用清洁能源技术，推动了低碳经济发展，进而实现了对空气污染的有效治理。

鉴于我国国土面积广阔、地形复杂，各地区发展程度各不相同，要解决新能源"三弃"（即弃风、弃光、弃水）问题，我们可以借鉴美国经验，重视对可再生能源和输电线路的投资，完善电力市场和电力管理系统，引入弹性价格机制，利用价格杠杆来鼓励和完善电力市场。在清洁能源技术开发能力和产业体系薄弱的问题上，可以借鉴英国的经验，发挥本国优势并加以利用。比如，中国沿海地区更适合开发潮汐能和波浪能，而空旷的平原地区更适合开发风能，阳光充足的地区适合开发太阳能，因地制宜进行新能源技术的开发和产业体系的完善。在清洁能源政策法规体系和市场保障机制不够完善的条件下，政府应该把优化能源布局、控制煤炭消费、提高能源利用率、鼓励新能源研发作为主要的政策方向，并完善可再生能源政策体系，特别是完善可再生能源补贴和税收政策，健全清洁能源产业体系，促进清洁能源开发与绿色发展（李少林、陈满满，2018）。

六　将空气质量监测作为空气污染防治的坚实后盾

发达国家基本上已建立较为完备的空气质量监控网络，可以为防控污染和立法执法提供科学、翔实、可靠的数据信息。美国建立了包括国家、州和地方在内的多级空气质量监测网络系统，其中国家空气监测网（NAMS）由 1080 个子站组成，主要监测高污染和高人口密度的城市和污染源密集的地区；州和地方空气质量监测网（SLAMS）由 4000 多个子站组成，监测联邦政府规定的常规大气污染物；清洁空气状况与趋势网（CASTNET）由大约 80 个子站组成，主要监测空气质量相对较好的乡村区域。空气污染问题严重的地区还特别设立监测网络，如南海岸空气质量管理区设有 34 个大气监测站，对光化学污染、有毒空气污染物、PM2.5 等进行监测，在监测中对点位有详细要求，如洛杉矶这样的光化学污染地区，美国国家环境保护局要求必须在城市上风向污染物排放集中区、下风向臭氧浓度最大区和下风向边界区设置监测点，监测臭氧和光化学烟雾的污染全过程。除此之外，美国还在洛杉矶、纽约等地建立了 8 个超级站（多因子综合监测站）。日本通过对不同级别、不同层次的空气污染物进行细致的监测，对全国的空气质量实施有效的监督。例如，目前日本 PM2.5 的监测规范就包括了浓度检测和成分分析两个部分，对监测污染状况、确定污染源和分析污染原因都进行了全面的界定，进而制定相应的空气污染治理政策。

与发达国家相比，我国的空气质量监测与研究起步较晚，对 PM10、PM2.5 认识得更晚，但国家对大气污染这一问题十分重视。截至 2017 年底，我国已经设置国家、省、市、县四个层级的 5000 余个监测站点，其中 1436 个国控监测站建立了远程质控系统，具备变化留痕、异常报警等功能。这些站点可以实时对外发布二氧化硫、二氧化氮、一氧化碳、臭氧-1 小时、臭氧-8 小时、颗粒物（PM10、PM2.5）的实时浓度值等空气质量监测数据，公众可通过网络、手机等关注所在城市的空气质量状况并采取必要的防护措施。尽管我国空气质量监测取得了一定成效，但仍存在需要改进之处。需要进一步增加监控站点的数量，美国国土面积与中国相近，但空气质量监测站点数量是我国的 3 倍多。还需要升级监测技术，实现更多高精尖设备国产化，提升监测人员队伍素质等。瞄准"研判客观、评价科学、防控精准"的目标，提升环境空气质量监测预警水平。一是加强城市环境空气自动监测系统能力建设。地级及以上城市应完善国家环境空气自动监测点位，分步填平补齐相关监测仪器设备设施。在重金属污染防治重点区域设立必要的重金属污染物空气监测点位。各省级、地市级监测站及环境空气监测点位，应建立健全数据传输与网络化监控平台，进一步加强各省区市城市空气自动监测的质量控制。二是加强区域环境空气监测系统能力建设。在京津冀、长三角、珠三角地区及辽宁中部、山东半岛、武汉及其周边等重点区域新建区域环境空气监测点位，形成区域环境空气监测能力。三是加强中国环境监测总站环境空气监测能力建设。完善国家空气背景监测重点实验室的立体监测、区域预警平台，以及数据实时传输及发布系统等基础支撑体系。

第八章

空气污染防治管理的路径

空气污染具有典型的负外部性特征，防治过程中需要运用市场这只"无形的手"自我纠正，也需要政府这只"看得见的手"加以干预，还需要自组织形式助力。与大多数环境管理路径一样，目前空气污染防治管理主要有三种基本路径：政府的直接命令-控制路径、市场的间接激励路径和自主组织路径。这三种路径有各自的特点与优势，但是也存在不足之处。本章将逐一介绍这三种空气污染防治管理路径的适用范围、特点，以及我国空气污染防治管理的政策工具。

第一节　空气污染防治管理路径类型

环境政策是指国家结合经济、社会和环境保护的实际情况，为保护和改善环境所确定和实施的战略、方针、原则、路线、措施和其他对策的总称。我国一般将环境政策路径分为政府路径（命令-控制路径）、市场路径（市场激励路径）和自主组织路径三大类，具体分类见表 8-1。在不同的社会政治、经济条件下，各种路径的组合使用所达到的效果不尽相同，在空气污染治理中应根据不同条件对路径进行选择或组合，以达到环境资源有效配置和理想治理效果的目的（曹景山，2007）。

表 8-1　管理路径分类

管理路径	主要手段
命令-控制路径	法律法规、排污标准、环境影响评价制度、"三同时"制度、污染限期治理制度、污染物排放标准、排污申报和许可证制度、环境保护目标责任制、污染物总量控制制度、环境保护督查制度、污染监测制度、污染限期淘汰制度

续表

管理路径	主要手段
市场激励路径	环境税制度、排污收费制度、排污权交易制度、生态补偿制度、绿色金融制度
自主组织路径	信息公开、环境宣传教育、公众参与、自愿协议、环境标志和认证

一 空气污染防治管理的政府路径

新古典经济学认为，在理想市场情况下，个体利益最大化可以引致资源的有效配置。当市场状态不理想时，就会出现导致资源配置扭曲的市场失灵问题。环境与自然资源经济学认同市场在资源配置中扮演着重要的角色的观点，但也重视环境资源配置过程中的市场失灵。微观经济学认为，市场失灵的主要原因是环境资源要素的外部性和公共物品属性。其中，外部性的存在使环境资源无法得到有效配置，生态建设等行为的正外部性使得生态环保行为明显不足，而污染排放等活动的负外部性又使得污染行为过度扩张；公共物品属性往往表现出非竞争性、非排他性和市场失灵，因此常常被误用和滥用，而市场失灵的存在为政府实施命令-控制型规制工具提供了机会和理由。

命令-控制型规制工具是指政府根据相关的法律、规章和制度来直接规定环境政策的目标和标准，市场主体和社会主体必须遵循以达到政策规定的要求，对不达标的市场主体和社会主体给予相应的处罚。由于该类环境政策的施行是政府以命令的形式展开，并对违反标准的市场主体和社会主体进行行政性处罚，所以命令-控制型规制工具也被称为行政性环境规制。同时，环境政策机构的设立、环境政策目标的设定以及环境政策的实施、监管都需要遵循法律程序，所以该类规制又被称为法律规制政策。我国已经形成包括宪法、环境保护基础法、环境保护单行法、环境保护部门规章、环境保护行政法规、地方性环保规章、环境标准在内的环境保护政策体系，为我国的环境保护提供法律基础。命令-控制路径的手段主要有法律法规、排污标准、环境影响评价制度、"三同时"制度、污染限期治理制度、污染物排放标准、排污申报和许可证制度、环境保护目标责任制、污染物总量控制制度等。命令-控制路径具有强制性，直接对活动者行为进行控制，并且在环境效果方面存在较大确定性等突出优点，但也存在信息量巨大、运行成本高、缺乏灵活性和激励性等缺点。

二 空气污染防治管理的市场路径

空气污染防治管理的市场激励路径是指通过价格、成本、利润、信贷、税收、收费、罚款等经济手段协调各方面的经济利益关系，政府不直接干预污染企业的生产决策，只调控企业面临的市场环境，企业在市场中获得相应的环境资助再做出经营决策，以降低或遏制环境污染行为的负效应（李勇，2007）。我国的市场激励手段包括环境税制度、排污收费制度、排污权交易制度、生态补偿制度、绿色金融制度等（韩超等，2016）。与命令-控制路径相比，空气污染防治管理的经济手段具有灵活性、经济效果良好、可筹集环保资金和激励性等优点，但也存在环境效果不明确、技术水平限制等缺点。值得注意的是，经济手段是建立在命令-控制路径基础上的，是强制性手段的必要补充，但不能完全取代强制性手段。

三 空气污染防治管理的自主组织路径

自主组织路径，即公众或非政府组织通过自愿性环境协议等非强制性措施督促企业或个人对污染行为进行自我约束。这种途径主要通过外在引导改变内在的价值观念，以达到政策对象主动参与环境保护的目的（冯贵霞，2016）。我国空气污染防治管理的自主组织路径主要有信息公开、环境宣传教育、公众参与、自愿协议等。自主组织路径强调预防性，具有成本低、使用范围广、长期效果好等优点，但也具有强制性弱的缺点。

总体而言，空气污染防治的各种管理路径各具优缺点，任何一种手段的单独使用都不能实现既定的环境目标。因此，空气污染防治管理路径的发展应形成政府命令-控制路径、市场间接激励路径和公众自主组织路径的组合以及形成对环境经济系统中各种活动共同发生作用的路径机制（李永峰等，2015）。

第二节　空气污染防治管理的政府路径

经济学研究认为，市场机制在一般商品与服务的配置中所表现出来的效率是其他方式所无法比拟的。然而，对于具有公共物品属性的大气环境，市场在配置时存在很多不足。虽然庇古税的设立能够矫正市场在污染防治方面存在的效率问题，但庇古税显然不是市场力量自发作用的结果。换句话说，庇古税需要由政府设立并加以贯彻执行。本书将政府作为一种积极因素，研究其在解决污染问题时所能发挥的作用。在此，需要特别强调的是，把政府视作解决污染问题的积极因素并不意味着政府可以将市场取而代之，因为在中外环境管理实践中，因政府的短视与不确定性等因素导致"政府失灵"的现象屡见不鲜，所以我们必须承认政府介入并不总是能够有效地解决环境污染问题。本节将对政府常用的命令-控制路径的基本原理、主要形式与特点进行更为详细的讨论。

一　命令-控制路径的基本原理

空气污染防治管理的命令-控制路径是指政府通过环境法规和相关行政配套措施来纠正、防范和控制污染企业的排放行为，强制其遵守与执行环境标准的方法。命令-控制路径是最常见的解决环境问题的方法，在我国环境管理中的运用也最为广泛。

政府的介入建立在市场失灵的基础上，一般认为导致市场失灵的原因包括垄断、外部性、公共物品和不完全信息等。空气污染防治管理的市场失灵，其经济学症结是外部性。

外部性可分为外部正效应和外部负效应，其中好的或积极的影响被称为外部正效应（如个人的环保行为给社区带来的好处），坏的或消极的影响被称为外部负效应（如钢铁厂工业废气排放对大气环境所产生的消极或危害性影响）。当外部效应出现时，一般无法通过市场机制的自发作用来调节以达到社会资源有效配置的目的，从而导致市场失灵问题。例如，个人的低碳经济活动会给社会其他成员带来好处，但他自己却不能从中得到补偿，这时他从活动中得到的私人利益就小于该活动所带来的社会利益。钢铁厂工业废气排放会对环境和居住在工厂附近的居民产生消极或危害性的影响，但工厂却不需要为此支付足够抵偿这种危害的成本。此时该工厂为其活动所付出的私人成本就小于该活动所造成的社会成本（高鸿业，2014）。大气环境是公共物品，空气污染会产生外部负效应，这种外部负效应的存在既然无法通过市场机制来解决，那政府就应当负起治理空气污染的责任。

下面以生产者在生产过程中排放污染物的行为为代表进一步分析外部成本及其影响（侯伟丽，2016）。如图 8-1 所示，横坐标是企业的污染排放量或产量，纵坐标是以货币为计量单位的产品价格、边际成本或边际收益。当存在外部成本时，企业生产活动的边际社会收益（Marginal Social Benefit，MSB）等于边际私人收益（Marginal Private Benefit，MPB），图中为 MB 线。边际社会成本（Marginal Social Cost，MSC）大于边际私人成本（Marginal Private Cost，MPC），二者的差额为边际外部成本（Marginal External Cost，MEC）。从社会角度来看，当 MSC 等于 MB 时对应的产量（或污染排放量）Q^* 是最有效率的，这时对应的产品价格为 P^*。但是由于外部成本的存在，企业承担的 MPC 小于 MSC，企业为了获得最大净收益，会将产量扩增到 Q'，这时，MPC 等于 MB，对应的价格为 P'。在市场机制下，外部成本不会自行消除。与社会最优水平相比，由于外部成本的存在，资源被过多地用于生产活动，产量和污染水平高于社会最优水平，产品的价格偏低。这就需要政府这只"看得见的手"加以干预。

二 命令-控制路径的主要形式

根据是否直接管制污染物，可将命令-控制路径大致分为两种管制方式：直接管制和间接管制。直接管制是直接对污染物排放进行规定，如直接规定允许排放的污染物最大浓度、排放速率、排放总量等。间接管制则是通过中介环节，如规定生产技术、污染企业厂址的选择、可选择的生产投入物的种类、分配产品产量或污染物排放量的配额，实现控制污染物排放的目的。

命令-控制路径的实施一般是建立在一些污染控制法律之上的，如《环境保护法》《大气污染防治法》《大气污染物排放标准》等，再根据这

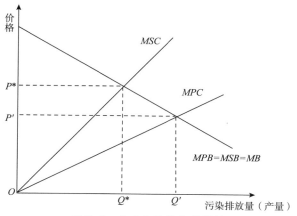

图 8-1　企业生产的负外部性

些法律确定污染物排放种类、数量、方式以及行业污染指标。相关生产者和消费者被强制要求遵守这些法律法规，如若违背将受到法律、行政或经济制裁（赵定涛等，2004）。

下面借助命令-控制路径的一个典型形式——污染排放标准加以说明。图 8-2 显示了污染排放标准的制定思路。与图 8-1 一样，Q^* 代表污染排放的最优水平，为了使污染排放达到最优水平，政府制定了排放标准 S，并规定污染者排放的污染物不能超过这一标准水平，否则将对每一单位的污染处以价格为 P^* 的处罚。在处罚的威胁下，污染者排放多于 Q^* 的污染是不划算的，企业将调整自己的排放水平到 Q^* 或者 Q^* 以下，如此，政府就可以达到预期的污染控制目标。

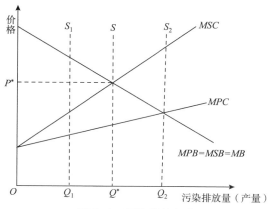

图 8-2　污染排放标准

排放标准的制定一般按照五个步骤展开。第一步是设立环境目标，如使空气质量保持在不威胁人们身体健康和安全的水平；第二步是设定指标，指标应是最能代表和解释目标的，并且应是可以衡量的，如大气污染指标中的 SO_2 浓度、PM2.5 浓度等；第三步是建立指标的质量标准，也就是确定什么水平的环境指标属于污染，什么水平的环境指标是可以接受的；第四步是建立排放标准，也就是确定把排放量限制在什么水平才能达到环境质量标准；第五步是执行，包括排放标准的执行、污染减排、监测和违法处罚等。

排污标准是命令-控制路径的基础。首先，排污标准看起来简单且直接，设定了明确具体的目标；其次，排污标准迎合了人们的某种道德观，即环境污染是有害的，政府应视其为非法行为。另外，现有的司法系统可以界定并阻止非法行为，这极大地方便了排污标准的实施（赵帅，2014）。可见，命令-控制路径的作用机理是先确定一个政策目标，然后强行要求或禁止政策对象采取某种特定的行为，从而达到政策目标。

在实际操作中，由于环境管理者往往难以获得边际私人收益、边际私人成本、边际社会成本的信息，要制定恰好等于最优排放水平的排放标准并非易事。因此，命令-控制路径由国家强制力量保证实施，具有对问题定位准确、简便、易于在自上而下的行政体系下推行、见效快的优点。

三　命令-控制路径的特点

（一）命令-控制路径的优点

利用命令-控制路径来治理空气污染问题的优点主要表现在以下四个方面。

第一，具有较强针对性。它能依空气污染不同时间、不同空间特点有针对性地发出行政指令，如在夏季和冬季采取不同的空气污染防治措施。在夏季，以监测为主；在冬季，空气污染较重，我国需采取诸如"限行""停产""停工"等应急响应措施。

第二，执行效率高。命令-控制路径是政府利用垂直命令体系解决空气污染问题的方式，科层制作为一种组织体系和管理方式，组织内的所有职位均按等级制进行划分，形成自上而下的管理，有利于行政指令的传达与执行。

第三，对污染治理更具确定性。命令–控制路径能通过对污染者行为的直接控制、对污染物直接规定排放数量等方式预防空气污染的发生，或将其限制在一定的范围内，管理效果直接明确。

第四，命令–控制路径是其他综合手段的基础。政府的所有组织成员均通过竞争选拔，具备专业知识和技能。命令–控制路径是以法律权威性为作用估计值，在一定范围内调整环境经济系统中的各种关系，具有强制性和公平性的特点，其他复合管理手段的运用都需要命令–控制路径的有机配合和协调。

（二）命令–控制路径的不足

虽然命令–控制路径被各国环境管理部门广泛使用，但从政策执行成本、灵活性等角度看，命令–控制路径也有一些局限性，主要表现在以下方面。

第一，难以制定最优标准。从理论上说，环境标准应根据污染的边际成本等于边际收益的原则确定，如果信息是完全的，环境标准应设立在图8-2中 MSC 和 MB 曲线的交点上，此时的污染水平 Q^* 是最有效率的。但实际上，由于政府掌握的信息往往不完全，无法知道边际曲线的形状和交点，因此制定的环境标准是综合多方面因素的结果，这样的环境标准下的污染水平往往不等于最优污染水平，可能偏左或偏右，如图8-2中的 S_1 或 S_2。只有在极凑巧的情况下，排污标准才能达到最优水平。

第二，难以实现削减量的优化分配。从理论上讲，政府应根据每个污染源的削减成本和收益情况，对其设立相应的排污标准。但这种做法不具有现实可操作性，政府只能对不同的污染源设立统一的排污标准，但这样就无法在污染源间进行有效的配额分配。

第三，动态激励的缺乏与政策的滞后性。削减污染是要花费一定成本的，而且随着污染的逐步削减，边际削减成本递增。为了节约成本，污染源没有动力在达到标准后进一步减少污染，因此，排污标准无法为持续减少排污提供动态激励。此外，一项环境政策的形成、执行及效果的显现，需要经历较长时间。由于政策效果的滞后性，命令–控制路径在执行过程中可能出现新问题和新情况，对于反应相对迟缓的政府而言，往往很难准确把握政策的有效性。

第四，政策执行成本大。命令-控制路径很难考虑企业间的技术差异或边际削减成本差异，在实施过程中导致阻力、拖延、违反的可能性高，该路径往往需要巨大的监督成本和惩罚成本。空气污染是动态变化的，往往表现出一果多因或一因多果的特点，各因素间也是互相联系的，层级制的权力体系越来越难以适应空气污染防治的要求。这就需要环保部门之间相互协调，实施整体污染控制，改变一对一的分散式部门管理方式。

第五，灵活性差。行政指令的执行往往是"一刀切"，缺乏弹性，较难适应空气污染问题的复杂性，也较难考虑不同企业的具体差异，不利于发挥命令-控制路径的管理效率和效果。为了对新的环境状况和变化做出反应，政府需要根据生产工艺或产品逐个制定详细的规定。这不得不对比大量工程和经济方面的数据，是一件耗时的工作，而且规定出台的同时可能又有新技术、新产品出现，使得政府需要再次对标准进行更新（秦颖、徐光，2007）。在具体实践中，政府与企业之间并不是简单的命令与服从关系，而是通过协商来达到减排目的。

第六，存在政府失灵。一方面，政府对空气污染问题进行行政决策时，需收集大量的相关数据和信息，除正式规定企业上交的材料外，企业往往没有意愿和动力提供更多信息，这种信息不对称导致政府的决策存在一定的偏误。此外，即使有专业的队伍，也不可能做到对某个问题有全面的了解，比如全球气候变暖、PM2.5的产生、酸雨等问题。另一方面，在运用命令-控制路径时，政府虽代表公共利益来行使权力，但政府也是"有限理性"经济人，当制度不够完善时，他们可能会优先考虑自身利益，产生寻租行为，妨碍空气污染防治政策的制定和执行，导致管理目标与社会环境目标相背离。

（三）命令-控制路径发挥作用的条件

第一，理想的命令-控制路径要有明确的法律依据，以保证其权威性和强制性。在制定法律依据的时候，需要考虑到法律设计的合理性，否则虽然能保证强制性，却难以保证命令-控制路径的执行效果，甚至助长消极因素（张洋，2012）。比如，标准设定过于严格，超过社会当时可能达到的最高水平，目标不切实际，强制力又过大，其政策执行可能会导致地方政府、企业提供虚假统计数据来逃避责任，或者产生逆反心理，反而不利于环境政策目标的实现。

第二，命令-控制路径需要有严格的处罚措施。如果命令-控制路径的处罚不够明确和严格，那么违法成本过低，威慑力不足，难以保证命令-控制路径目标的实现。

第三，命令-控制路径需要较强的政策执行能力。例如，政府部门有无能力检查政策手段的执行情况，有无能力给予应有的处罚。如果没有良好的监督和制裁能力，则难以保证命令-控制路径得到充分执行。

第三节　空气污染防治管理的市场路径

一　市场激励路径的基本原理

（一）政府失灵

从理论上讲，政府的措施有可能纠正市场失灵，但政府也不是万能的。在命令-控制路径下，政府虽然能直接干预企业的生产决策，规定企业不能使用什么技术、不能在哪里办厂、不能排放超过多少量的污染等，但也存在难以制定最优标准、难以实现削减量的最优分配、不能提供长期的动态激励等问题。

空气污染防治是一个复杂的公共政策问题，而每一项公共政策都是一个复杂的系统。在力图弥补市场失灵的过程中，政府干预行为本身的局限性会导致另一种非市场失灵——政府失灵，即政府采取的立法司法、行政管理及经济等各种手段，在实施过程中出现各种事与愿违的问题和结果，如干预不足或干预过度等，并最终不可避免地导致经济效率和社会福利的损失。

政府失灵主要表现在以下几个方面。

1. 政府决策失灵

政府主要是通过政府决策（即制定和实施公共政策）的方式去弥补市

场的缺陷，因此，政府失灵通常表现为政府决策的失灵。它包含以下三方面含义：第一，政府决策没有达到预期的社会公共目标；第二，政府决策虽然达到了预期的社会公共目标，但成本（包括直接成本和机会成本）大于收益；第三，政府决策虽然达到了预期的社会公共目标，而且收益也大于成本，但带来了严重的负面效应（张朝华，2006）。

2. 政府机构和公共预算的扩张

公共选择学者尼斯卡宁认为官僚主义导致政府扩张，他把薪水、公务津贴、权力、声誉、机构的收益以及管理的便利性看作官僚效用函数中几个重要变量来理解，从而得出政府机构有自身增长的结论。布坎南也指出，由于政府官员也是个人利益最大化者，他们总是希望不断扩大机构规模，提高其层次，以相应地提高机构级别和个人待遇，结果导致资源配置效率低下，社会福利减少。

3. 公共物品供给的低效率

由于缺乏竞争和追求利润的动机，利润的作用变得非常虚幻，以至于在公共机构就会产生低效率（表示浪费掉资源的机会成本和以过度报偿给要素投入形式的租金转移的结合）。垄断使得公众的群体效应失去作用，即使公共机构在低效率操作下运转也能生存下去，因为政府垄断公共物品的供应，消费者就不可能通过选择另外供应者以表示其不满，只能预期一种新制度的安排与供给。

4. 政府的寻租活动

公共选择理论认为，一切由于行政权力干预市场经济活动造成不平等竞争环境而产生的收入都称为"租金"，而对这部分利益的寻求与窃取行为则称为寻租活动。如果政府行为主要限于保护个人权利、人身与财产安全以及确保自愿签订的私人合同的实施，市场这只"看不见的手"将能保证市场中所出现的任何租金随着各类企业的竞争性加入而消失。如果处于某种不健康的政治生态环境中，可能致使官员权力的货币化、市场化以及广泛寻租机会的存在，以权寻租的官场经济带着重商主义时代的色彩应运而生。这是因为"奉公守法的回报率越低，代理人为寻租者提供的权力服务供给量就越大"。

（二）庇古理论和科斯定理

为了解决政府失灵问题，经济学家们开始重新重视引入市场机制的管理手段。市场激励路径的理论依据是庇古理论和科斯定理，这两者都是以"外部不经济性和市场失灵"为前提的。但庇古理论侧重于通过"看得见的手"，即政府的干预来解决环境问题。庇古指出，政府可以决定负外部性的社会边际成本，并转换成货币价值，也就是对引起外部性的生产要素加以征税、对降低外部性的行为给予补贴，或者通过交付保证金的形式使外部不经济内部化，从而起到纠正市场机制、降低社会费用的作用。其中，政府制定的征税或收费的数值等于治理污染的边际社会成本。庇古税在理论上是完美的，但是政策制定者会受到信息不对称的限制，使得实际与预期偏差较大。科斯定理则侧重于通过"看不见的手"，即市场机制本身来解决问题。科斯认为，只要能把外部效应的影响作为一种产权明确下来，而且谈判的费用也不高，那么，外部效应问题可以通过当事人之间的自愿交易实现内部化。也就是通过界定产权或人为地制造交易市场，在污染当事人之间进行充分协商或讨价还价，最终达到削减污染的目的。排污权交易制度就是基于科斯定理设计的（薛俭，2013）。庇古理论与科斯定理的特征与比较如表8-2所示。

表8-2 庇古理论与科斯定理的特征与比较

比较项目	庇古理论	科斯定理
政府干预作用	较大	较小，产权界定后不需要
市场机制作用	较小	较大
政府管理成本	较大	较小
市场交易成本	较大	参与经济主体少时不高；参与经济主体多时很高
面临危险	政府失灵	市场失灵
经济效率潜力	帕累托最优	帕累托最优
参与经济主体	污染者	污染者与受害者
适用时期	代内外部性	代内外部性
对技术水平的要求	较低	较高
偏好情况	政府更加偏好	公众更加偏好
收入效应	不受影响	受影响
产权	关系较小	产权界定是前提

续表

比较项目	庇古理论	科斯定理
环境质量确定性	不确定，因为缴纳的是统一税率，在经济扩张和通货膨胀时会超量	较为确定，因为协商约定的内容为污染量的损益
调节灵活性	调整税率需要一个过程，易造成时滞	灵活，协商各方可随时商定
选择与决策	集体选择，集中决策	单个选择，分散决策

资料来源：沈满洪（2007）。

二 市场激励路径的主要形式

（一）排污税（费）

1. 基本概念

排污收费制度是国家对排放污染物的组织和个人（即污染者），实行征收排污费的一种制度。这是贯彻"污染者负担"原则的一种形式，国外称为污染收费或征收污染税。排污收费制度是控制污染的一项重要环境政策，它运用经济手段要求污染者承担污染对社会损害的责任，把外部不经济性内在化，以促进污染者积极治理污染。

排污收费制度最早在1904年产生于德国。我国借鉴德国的做法设立排污收费制度，并不断将收费范围由废水扩大到废气、废渣和其他公害物质。2003年国务院发布的《排污费征收使用管理条例》指出，污染者排放某种污染物，按照国家或地区的污染物排放标准和排污收费标准的规定，应当向国家缴纳一定数额的费用。

2. 排污税的理论基础

（1）环境资源的价值理论

根据环境经济学理论，环境资源是有价值的，因此对环境资源必须有偿使用；根据环境科学理论，向环境排放污染物，实质上是利用了稀缺的环境容量资源。其中，环境容量是指在人类生存和自然生态系统不受损害的前提下，某一环境所能容纳的污染物的最大负荷量。而环境容量资源是一种环境资源，它也具有价值，对环境容量资源也应该有偿使用。因此，污染者向环境排放污染物，应该缴纳环境容量资源的有偿使用费。

（2）污染者负担原则

1972 年 5 月，经济合作与发展组织（OECD）环境委员会提出了污染者负担原则（Polluters Pays Principle，PPP），即污染者应当承担治理污染源、消除环境污染、赔偿受害人损失的费用。依据 PPP 原则的要求，各国先后实施了排污收费制度。依据污染者的负担比例，PPP 原则可以分为欠量负担（污染者负担一部分费用）、等量负担（污染者负担全部费用）、超量负担（污染者负担除全部费用外，再追加罚款）。

（3）经济外部性理论

向环境排放污染物，会造成环境污染，环境污染又会造成社会损害，即产生了外部不经济性。根据环境经济学理论，应该使外部不经济性内部化。

3. 庇古税

从外部性的角度分析，污染是一种公共成本大于私人成本的负外部性，在市场机制下，会产生比社会最优水平更多的污染。我们用图 8-3 来说明庇古税的思想。由于外部性的存在，污染的边际社会成本曲线 MSC 高于边际私人成本曲线 MPC。可以用征税的方法提高边际私人成本曲线，使其与污染的边际收益曲线 MB 的交点对应最优污染水平。为了将污染者的行为纠正到社会最优水平，排污税的税率应设定为边际私人成本与边际社会成本的差额，也即最优污染水平下的环境外部成本，在图 8-3 中相当于线段 ab。对每一单位的排污量都征收 ab 的税，这相当于把 MPC 曲线向上移动到 MPC_t。这时，排污者从自身利益出发，会将污染水平自动调整到 Q^*。

从图 8-3 可以看到，在排污税税率为 t 的情况下，污染者要缴纳的排污税为图形 $cOba$ 的面积，而污染者造成的环境损失为三角形 Oba 的面积，有人质疑这对企业是不公平的。为了解决这个问题，可以考虑制定双重排污收费制度，允许企业免税排放一定量的污染，只对超过规定限度的排污量征收费用。例如，允许企业免税排放 Q_2 单位的污染物，对超过这个限度的排放量按税率 t 征税，这样企业会在激励作用下将排污量削减至 Q^*。与对每一单位排污量都征收排污税相比，此时污染者的削减成本、排污量不变，但政府的排污税收入减少了。经过调整 Q_2，从理论上讲可以使图中 d 和 e 大小相当。这样企业承担的排污税就与其造成的环境损失相当。

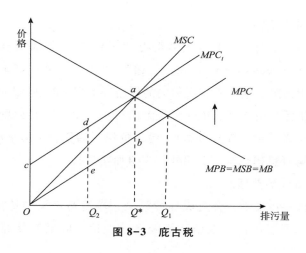

图 8-3　庇古税

庇古税是由污染者支付给政府的，这笔税金是否应支付给受害者呢？从经济效率的角度看，这是没有必要的。原因有二：第一，受害者只是污染结果的接受者，对污染的多少不能产生影响，因此，补偿只是一种转移支付，是否得到补偿并不会改变污染者的行为选择；第二，现实中受害者往往是可以转移流动的，如果受害者能得到补偿，可能会鼓励他们向污染源靠近，反而会增加污染损害成本，造成效率损失。因此，庇古税应该被征收但不需要支付给受害者。

（二）补贴

补贴把排污权界定给污染者，由管理者支付污染削减费用来激励污染者改变行为。污染者排污的机会成本就是管理者提供的污染补贴，他必须在自己的边际削减成本和补贴间进行衡量。如图 8-4 所示，如果管理者为每一单位的污染削减提供的补贴标准是 S，污染者将削减 OQ 单位的污染，对应边际污染成本 MAC 曲线与补贴标准的交点，此时污染者得到的补贴相当于 $SOQP$ 的面积，而付出的削减成本相当于 OQP 的面积，除了最后一个单位的削减外，污染者的每一份削减努力都能得到收益，这样通过削减 OQ 的污染，污染者可以得到 SOP 的净收益。偏离 Q 点的削减量会导致净收益的下降，从图中可以看出，如果污染削减量只有 Q'，则净收益会减少 EFP；而如果污染削减量达到 Q''，则净收益会减少 PDC。所以，当边际削减成本等于补贴标准时，污染者的削减量是最优的。

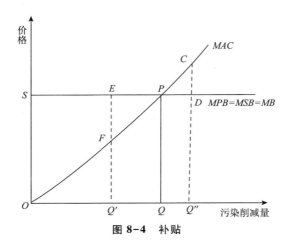

图 8-4　补贴

（三）排污权交易

1. 基本概念

排污权交易有许多名称，如可交易的许可证、可交易的排污权、排污权可交易。通常来说，排污权是指排污单位在获得行政部门许可之后，依据排污许可证指定的范围、时间、地点、方式和数量等，排放污染的权利。排污权交易起源于美国，美国经济学家戴尔斯于 1968 年最先提出了排污权交易的理论，并首先被美国国家环境保护局（EPA）用于大气污染源及河流污染源管理。面对二氧化硫污染日益严重的现实，美国国家环境保护局为解决企业发展与环保之间的矛盾，在实现《清洁空气法》所规定的空气质量目标时提出了排污权交易的设想，引入了"排放减少信用"这一概念，并围绕"排放减少信用"从 1977 年开始先后制定了一系列政策法规，允许不同工厂之间转让和交换排污削减量，这也为企业进行费用最小的污染削减提供了新的选择，而后德国、英国、澳大利亚等国家相继实行了排污权交易的实践（徐志成，2006）。

2. 排污权交易的理论基础

根据总量控制的要求，环保部门给排污单位颁发排污许可证，排污单位必须按照排污许可证的要求排放污染物。但由于经济的不断发展，排污单位及其排污情况会发生变化，对排污许可证的需求也会发生相应变化，而排污权交易正是为了满足排污单位的这一需求而产生的（魏琦、张明强，2004）。排污权交易的主要思想就是建立合法的污染物排放权利，即排污权（这种权利通常以排污许可证的形式表现），并允许这种权利像商品那样被买入和卖出，以此来进行污染物的排放控制。

排污权交易的一般做法如下：首先，由政府部门确定一定区域的环境质量目标，并据此评估该区域的环境容量；其次，推算出污染物的最大允许排放量，并将最大允许排放量分割成若干规定的排放量，即若干排污权；最后，政府可以选择不同的方式分配这些权利，并通过建立排污权交易市场使这种权利能被合法地买卖。在排污权市场上，排污者从其利益出发，自主决定其污染治理程度，从而买入或卖出排污权。实际上，排污权交易是通过模拟市场来建立排污权交易市场的，在这个市场体系中，污染者是市场主体，客体是"减排信用"。排污权交易的理论基础可以用图 8-5 说明。

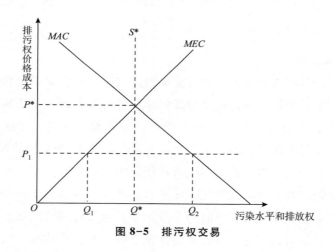

图 8-5　排污权交易

图 8-5 中，横轴表示污染水平和排污权，纵轴表示排污权价格成本。MAC 表示每一污染量对应的控制成本，即排污的边际控制成本，排污量越多（控制量越少），边际控制成本越低。而控制污染的唯一方法是减少产量，因此边际控制成本 MAC 实际为排污权的需求曲线。MEC 表示边际外部成本。Q^* 为最优排污权数量，P^* 为排污权的最优价格。对政府而言，发放 Q^* 数量的排污权就可以实现帕累托最优。S^* 代表排污权的供给曲线，排污权的发放由政府控制，所以不受价格变动影响。当排污权的价格为 P_1 时，企业选择购买 Q_1 排污权，因为如果企业的排污量小于 Q_1（Q_1 的左侧），购买排污权比控制污染更便宜（MAC 在 P_1 线上方）；如果企业的排

污量大于 Q_1（Q_1 的右侧），控制排污的成本就比控制污染更便宜（MAC 在 P_1 线下方），企业会选择控制排污量，将污染量从 Q_2 减少到 Q_1。

三 市场激励路径的特点

（一）基于庇古理论的市场激励路径的优点

1. 庇古税可以实现资源有效配置

庇古税能够使污染降低到帕累托最优水平。污染者作为理性"经济人"，在经济活动中总是以自身利益最大化为原则，一旦企业产生污染就会被征税，受利己动机驱使，企业基于少交税的目的综合权衡不减少污染物排放所支付的税收和减少污染物排放而少交税所获得的收益，再把成本控制在税率以下，则污染减少，直到二者相等时，达到污染最优水平。

2. 庇古税可以为污染治理筹措资金

庇古税虽然是一种以调节为目的征收的污染税，但也能提供一部分税收收入，可为环境保护的相关活动提供资金，弥补环保资金的不足，减轻全国范围内的税收压力。例如，为空气污染防治技术的研发、示范和推广活动提供补贴或融资，同时还能起到降低污染的外部负效应的作用。此外，庇古税的收入也可为利益受损者提供补偿。

3. 庇古税有利于污染控制技术的革新

庇古税会引导生产者不断寻求清洁技术，具有一定的技术创新效应。若税率不变，企业通过技术创新可以减少对未来税收的支付。庇古税的收入也可用于为主动进行技术创新、积极减排（购买减排设备）的企业提供补贴或奖励。

4. 庇古税避免了税收的扭曲效应

庇古税的排污税费和补贴措施使企业认识到社会层面上的成本，很好地避免了税收的扭曲效应。政府路径通过控制污染成本的有效性和对环境技术创新的激励，利用企业追求利润最大化的动机为减少污染排放量提供动力，使污染治理变被动为主动，起到治本的作用（王萌，2009）。

（二）基于庇古理论的市场激励路径的缺点

庇古税在实践中也有以下几个难题。

1. 污染者、污染量和庇古税税率确定难度大

无论收费或征税都需要明确污染者和污染量，并根据污染量向污染者征收相应的费用或税收。现实情况下，污染者和污染量都不容易确定和监控。此外，在考虑多个污染源和监测点的情况下，虽然存在最优收费或最优税率，但找到它的成本过高。

2. 外部边际成本确定难度大

庇古要求通过政府干预在收入分配领域消除外部性问题，因此庇古手段正确实施的前提是政府拥有完全信息，可以了解外部边际成本，并以此确定税收-补贴标准（蓝虹，2004）。但政府要获取这些信息是十分困难的，外部边际成本的确定是一个从物理性损害或受益转换为人们对这种损害或受益的感受，并用货币价值来计量的过程。这个过程的转换不仅复杂，而且涉及不同利益集团的不同观点，因此在实践中很难准确确定外部边际成本（冯业青，2006）。

3. 企业的私人边际净收益确定难度大

政府要搜集每个企业的净收益信息需要耗费巨大的人力、物力成本，而且考虑到需求弹性和供给弹性的不同，会直接影响到生产者和消费者税收分担额度的大小，所以庇古手段没有考虑税收分担问题。庇古认为，政府通过每单位产品向企业征收等于外部边际成本大小的税收就维护了公平，但实际上这一税收往往是由生产者和消费者共同分担的，有时甚至会出现税收完全由消费者承担的极端情况。另外，政府向企业征收庇古税的过程中还面临着"寻租"等问题，现实中庇古税的征收往往伴随复杂的政治博弈。

（三）基于科斯定理的市场激励路径的优点

1. 有利于清洁技术的创新

在明确空气产权、建立排污权交易后，市场会自动寻找外部边际成本，根据供求变动不断调整大气资源的价格。为了追求利润最大化，企业会主动寻求能使大气资源得到合理利用的技术。在排污权可转让的情况下，企业在面对潜在的更大需求时，对能够更高效减排的新技术的需求也就相应增加，这能促使新技术供应商更加乐于投资开发新技术。由于供求双方的积极性都很高，所以新技术的推广会更加迅速。更高效减排的新技

术的普及，意味着外部边际成本在新技术的推动下逐渐下降，同时企业排污权的供给量逐渐增加。

2. 有利于提高整体产出水平

不同生产效率的企业的产出会因政府采取的强制减排措施出现不同程度的下降，且生产效率高的企业比生产效率低的企业损失更大，导致整个行业或区域的潜在产出减少。市场激励路径中的排污权交易有利于解决政府强制性手段的排污权配置无效率问题。对于效率高的企业而言，其额外排放所增加的产出将远远大于效率低的企业减排所额外减少的产出，这时，高效率企业可以通过排污权交易的方式从低效率企业那里购买排污权，以此提高地区或行业的整体产出水平。从短期来看，市场激励路径的减排效果没有政府路径直接与明显，但从长期来看，市场激励路径可以推动大幅度减排。

（四）基于科斯定理的市场激励路径的缺点

1. 污染物总量、排放标准确定难度大

排污权交易要以污染物总量控制为前提，而污染物排放总量应当根据当地环境容量也就是自净能力确定，但环境容量受多种不确定因素影响，难以准确估计。因而实际确定的污染物总量只是一个目标总量，更多时候表现为最优污染排放量（由边际私人纯收益和边际外部成本共同决定）。也就是说，如果排污权交易建立在最优污染排放量基础上，污染物排放总量极有可能超出环境容量，对环境造成破坏。

环境标准和排放标准的确定是排污权交易顺利进行的必备条件。从形式上看，环境标准似乎体现了各污染企业之间的公平，但实际上因为背景、治理难度等的差异，各排污企业可能并未公平地分摊削减污染的负荷。此外，现行排放标准还可能限制新污染控制政策的改革（王京歌，2010）。

2. 存在市场失灵

科斯定理成立的条件是交易费用为零或者极低，一旦交易成本过高，市场激励路径就很难发挥作用。搜寻成本、信息成本、议价成本、决策成本、监督成本及违约成本的上升都会增加交易成本，进而造成市场失灵。其中，搜索成本过高体现在法规严格限定了交易对象，需求方需耗费大量人力、物力、财力寻找和核实供给方，且法规还对交易对象的减排技术和

设备做了相应的要求,增加了双方的搜寻成本;信息成本主要源于法律规定市场交易需经过中介才可进行信息的收集与交换;除了交易习惯和法律制度设计会引起议价成本的上升外,市场外的因素也会增加交易双方的议价成本。

(五) 市场激励路径的应用,需要良好的市场条件

首先,市场激励路径需要使政府与市场、企业、公民的关系符合市场经济体制的要求。在市场经济体制下,政府应扮演市场秩序的维护者、企业的监督者和服务者、公众利益的维护者和协调者角色,只有这样才能保证市场公平。

其次,市场激励路径需要市场主体发育成熟,从而能够对市场信号做出灵敏的反应。经济手段刺激作用的有效发挥有赖于市场主体对市场信号的改变及时做出适当的反应,这就要求市场主体成熟,包括能获得并准确理解市场价格信号变化的信息等。如果市场主体对市场信号的变化毫无意识,那经济刺激手段就不可能有效 (杨洪刚,2009)。

最后,市场激励路径需要良好的监测技术。良好的监测技术是市场的"秤",要求其可靠、简单、成本低。

第四节　空气污染防治管理的自主组织路径

自主组织路径是一种通过意识转变和道德规劝影响人们环境保护行为的环境政策手段。在运用此手段时,管理者首先要依据一定的价值取向,倡导某种特定的行为准则或者规范,并对被管理者提出某种希望,或者与其达成某种协议。

一　自主组织路径的基本原理

管理者利用自主组织路径的最终目的是强化被管理者的环保意识,并促使其自觉地以管理者所希望的方式保护环境。同时,自主组织路径也代表了当事人在决策框架中的观点和优先性的改变,或者说将环境保护的观

念全部内化到当事人的偏好结构中，在决策时主动选择自主组织路径。这种参与更多的是通过外在引导改变内在的价值观念，以达到政策对象主动参与环境保护的目的。

二 自主组织路径的主要形式

（一）环境信息公开

信息公开是指管理者依据一定的规则，经常或者不定期地公布环境信息，如污染事故的通报、国家或地区环境状况报告等。虽然社会公众在削减污染上可能发挥作用，但如果没有政府的支持，这一作用的发挥会受到很大的限制。一般来说，公众获取污染物和环境质量信息的能力有限，这种能力与公众的受教育程度、收入水平、污染物是否可见、污染是否对人体健康产生直接而明显的危害等因素有关。政府具有强制力，在提供这些信息方面具有优势，由政府提供或督促相关企业公开环境信息是十分必要和重要的，比如公开新建项目环境影响评价、企业污染物排放、治污设施运行情况等环境信息（钱翌、张培栋，2015）。

公开信息有以下几点好处：一是公开信息能通过影响消费者使表现好的企业增加收益，增强企业的竞争优势，消费者在获取企业及其产品信息后，也会对破坏环境的产品及污染企业造成压力；二是公开信息能减少无知的个人行为，既避免因不了解实际情况而受到的环境损害，也减少因不了解情况而发生的环境恐慌；三是公开信息有利于公众对环境管理部门的监督，促进环境管理政策和环境标准的改革和改良。

（二）公众参与

公众参与是环境保护运动兴起的推动力量。环境质量直接影响普通公众的健康和生活，而普通公众的行为和选择也直接影响到环境治理效果。公众既可以个人形式参与环境保护，也可通过环保社团参与环境保护。

20世纪60年代，西方群体性的环境运动和大量环保组织的涌现是促进西方各国重视环境保护、出台环保法规、建立环境标准、进行大量环境修复投资的重要推动力。现在世界各国普遍存在由公众组成的环境保护组织，这些组织在环境保护领域发挥着重要作用。这些作用体现在以下几方面。

一是有助于加强对污染源的监督。作为环保社团成员的公众一般与污染源共处一个地域，容易发现和掌握污染源的生产和排污情况，有利于加强对污染源的监督。

二是有助于降低信息不对称。环保社团可以在一定程度上解决边际损害数量无法确定的问题。在测算污染损害时，企业相对于公众来说比较集中，更容易调查和估算企业因污染而遭受的损害，在实际损害测定中最难的部分就是测定广大公众遭受的损害。环保社团使人们有可能估算出较为准确的边际损害曲线，并据此制定出合理的污染税率，从而将污染的外部效应内在化。

三是有助于弥补由政府决策者自身局限性造成的政策抵消。环保社团将分散的公众意见组织起来，能够形成一定的影响力，促使环境保护政策更加符合客观实际情况。

四是有助于形成社会舆论压力，加强对政府的监督，对克服政府机构低效及寻租问题有重要意义。

（三）自愿环境协议

自愿环境协议是污染企业或工业企业为改进环境管理主动做出的一种承诺，目前在节能领域发挥着重要的作用，美国、加拿大、英国、德国、法国等都采用了这种政策措施来激励企业自觉节能。自愿环境协议的内容在不同国家甚至同一国家的不同地区都有所不同，主要包含整个工业部门或单个企业承诺在一定时间内达到某一节能目标和政府给予部门或单个企业以某种激励两个方面。

自愿环境协议的主要思路是在政府的引导下更多地利用企业的积极性来促进节能环保，它是政府和工业部门在各自利益驱动下自愿签订的。自愿环境协议的出现反映了企业对环境问题认识的提高，根据自愿环境协议中参与者的参与程度和协商内容，可以把各国实施的自愿环境协议分为以下几种。

一是经磋商达成协议型自愿环境协议。经磋商达成的自愿环境协议是指工业部门与政府部门就特定的目标达成的协议，这种谈判一般有一个约束条件，即如果协议没有达成，政府将会实施某种带有惩罚性的政策措施。二是自愿参与型自愿环境协议。在此类自愿环境协议中，政府部门规定了一系列需要企业完全满足的条件，企业根据自身条件选择参与或者不参与。三是单方面承诺的协议。单方面协议指的是仅由工业部门制定的、没有任何政府机构参与的单方契约，此类型并不常见。

与其他手段相比，自愿环境协议的好处在于以下三方面。一是灵活性好。工业部门参与自愿环境协议的动机通常是规避政府更严厉的政策法规，相对于政策法规的"硬"约束，工业部门更愿意选择"自愿"对政府承诺节能减排义务。也就是说，企业承诺达到一定的节能目标后，政府会给企业提供比较宽松的政策环境，企业可以自主、灵活地选择节能项目和技术以实现目标，此时企业的自主性大大增强。自愿环境协议的灵活性还体现在各国可以根据本国及每个行业的具体情况，灵活选择自愿环境协议的实施形式，包括协议内容、配套的支持政策等都有很大的决策空间。二是成本低。与法律法规相比，自愿环境协议可以用更低的费用更快地实现国家的节能和环保目标。三是有利于发展政府与工业部门的关系。通过自愿环境协议，政府与工业部门实现了双赢，加深了合作关系，增强了彼此信任。

（四）环境宣传教育

环境宣传教育手段指的是开展各种形式的环境保护宣传教育，以增强人们的自我环境保护意识和增加环境保护专业知识的手段。宣传教育是奠定环境保护思想基础的重要工具，没有全民环境保护意识的提高，其他环保手段的运用都会事倍功半，甚至无法进行。环境宣传教育的目的是促使人们关注环境问题并且提高环保意识，促进绿色文明的价值观、道德观、经济观和发展观在社会落地生根，从而在全社会形成良好的环境道德氛围。为了达到这一目的，需要从意识、知识、态度、技能和参与五个层次开展环境宣传教育工作。值得注意的是，环境宣传教育作为一种"软手段"，缺乏执行过程中的强制力，因此单靠教育手段进行环境管理是不行的，只有在健全的法律规范的行政手段背景下，结合经济手段才能使教育手段发挥最大的作用。

三 自主组织路径的特点

(一) 自主组织路径的优点

1. 自主组织路径强调自愿性

在自主组织路径下,污染控制的管理主体发生了变化,原本作为被动主体的公众变为管理者,变被动管理为主动管理,大大降低了由政府与排污方信息不对称造成的道德风险,降低了政府的制度成本,促进了企业污染防治工作的落实。自主组织路径能较好解决法规要求之外、排污标准不能约束但公众和政府又迫切希望企业能进一步改善的环境问题,这对促进公众更加了解情况、加强参与者与公众的相互交流、达到保护公众利益和增强公众对自主组织路径参与者的信任具有显著的效果。

2. 自主组织路径强调预防性

在环境问题尚未产生时,通过提高政府、企业、公众等不同主体的环保意识,影响这些主体的行为。在参加有可能产生环境问题的活动时,根据自己所掌握的环境知识、内化的环境意识,采取环境友好的行动实施方式,从源头上避免环境问题的产生,充分体现了环境保护以预防为主的原则。

3. 自主组织路径长期效果好

自主组织路径是一种颇具弹性的环境政策手段,如环境教育、绿色学校等能以较柔和的方式影响人们的环境观念,而公众参与、非政府组织(NGO)和自愿环境协议则能以相对缓和的方式化解不同利益相关方的直接冲突。这种类型的环境政策手段一旦产生效果,将会长期发挥作用。例如,环境教育若提高了公众的环境保护意识,将不仅仅是对其行为产生代内影响,也将产生代际影响(夏申、俞海,2010)。

(二) 自主组织路径的缺点

1. 自主组织路径强制性弱

自主组织路径不能处罚那些一贯忽视协议或表现差的参与者,如一个工业环保协会很难强迫其所有会员都遵守自愿协议,这就产生了"搭便车"的情况。此外，当工业环保协会取消那些不遵守准则的公司的会员身份时，整个行业的口碑可能会被那些被开除会员的恶劣环保业绩所破坏。

2. 自愿协议可能是反竞争的

从本质上来说，自愿协议不应造成对竞争的削弱，不应阻碍不签署自愿协议的公司进入市场。但造成某种程度的差别竞争是自主组织路径社会评价的后果，而形成这些差异不应是自主组织路径希望达到的目标。

3. 不能确保自主组织路径的评估协调

自愿协议的执行需要与地方文化、社会、经济相协调，这就导致不同地方对某项准则的应用不尽相同，对自愿协议在国际的互认造成障碍。

第五节　空气污染防治管理的路径融合

一　多元治理模式

由前文的分析可知，空气污染防治的路径具有多元性，涉及的主体也是多种多样的，包括多个政府相关部门、多个行业的企业及居民。要进行有效的空气污染治理就必须充分考虑管理路径和治理主体的多元化，构建空气污染的多元协同治理模式，针对不同的管理路径、不同的治理主体，采取不同的治理手段和方法，并相互协调，形成一个统一的有机整体（高明、吴雪萍，2017）。

（一）多元协同治理的基本要求

1. 共同目标

共同的治理目标是空气污染协同治理的必要前提，管理路径的差异导致治理主体对空气污染治理的方式和程度以及实现的目标产生不同的认识，而治理目标的不一致则增加了多元协同的难度。因此，治理主体首先要在空气污染治理的共同目标上达成统一。

对于多元主体协同治理的共同目标：第一，空气污染协同治理的目标必须清晰明确，过于模糊或笼统的目标可能会导致各方对共同目标理解的偏差；第二，要允许多元治理的目标和参与各方的动机存在差异，关键在于如何让各参与主体理解和接受这个目标，并能通过这个目标实现个体需求的满足；第三，共同目标必须随着环境的变化而变化，这主要是因为气环境状况、区域发展水平和组织各方的需求程度是不断变化的（高明、郭施宏，2014）。

2. 彼此信任

信任是社会资本的重要内容，是多元主体间破除集体行动困境的关键。空气污染的协同治理需要多元主体间的彼此信任，这主要有两方面原因。一方面，空气污染治理是一个长期的过程，在此期间的多元博弈并非一次性的，而是重复多次，随着博弈的演进，博弈参与者越发理性并深知信任这一社会资本对长期利益实现的重要性；另一方面，信任可增加多元主体间的了解，提高计划和行动的透明度，降低各主体行为的不确定性，进而能够有效抑制空气污染治理过程中的机会主义行为。在空气污染协同治理中，多元主体信任的形成要求各主体具有积极正面的协作意愿，这种意愿来源于对共同目标的信仰、团结的精神以及"壮士断腕"的决心。

3. 平等协商

协同治理和伙伴关系理论均强调空气污染治理参与主体的平等地位。空气污染治理的目标、内容、方式、规则、合作收益的共享和成本的分担等均应通过协商达成，平等协商是治理工作开展的基本要求。具体而言，平等协商的含义包括了三个方面的内容：第一，权利平等，即各参与主体在空气污染治理主体面前地位平等，均公平享有广泛且相同的权利；第二，协商充分，即就治理过程中的利益冲突、治理方案等问题开展有效且深入的协商，各参与主体充分表达各自的意见与想法，以达成高度认同的共识；第三，机会平等，即在空气污染治理中各方成员应具有追求自身利益、自我发展和自我完善的机会和条件，机会平等则意味着各参与主体在协商治理与发展诉求上不应受其他因素的约束。

4. 有效权威

在多元协同治理中，权威来源的问题是在治理理论讨论和实践行动中必须面临的问题。有效的权威来源是空气污染治理工作顺利开展和治理成果可持续的重要保证。现代管理理论之父切斯特·巴纳德（Chester I. Barnard）提出的自下而上的权威接受理论为多元协同治理权威的来源提供了一定的参考。巴纳德认为，"一个命令是否有权威取决于接受命令的人，而不取决于'权威者'或发出命令的人"。也就是说，主体之间有权威关系发生时，说明其中一方接受了另一方的指示或建议。巴纳德对权威来源的观点避免了传统区域合作中的制度弊端，按照他的理论，空气污染多元协同治理的权威不是来源于中央政府或者某个主导政府，而是来源于各协作主体。另外，为了保证治理过程中权威的正当性和有效性，必须做到以下几点：一是权威发出者能够明确其所传达的意见；二是权威发出者的命令要与多元治理的共同目标一致；三是要充分考虑权威接受者的利益诉求和承受能力。

（二）多元协同治理的基本模式

空气污染多元协同治理模式需要建立与完善利益协调机制、信息共享机制、法律保障机制和伙伴关系机制，以促进多元合作的稳定性，实现空气污染的可持续治理和大气环境的改善（见图8-6）。

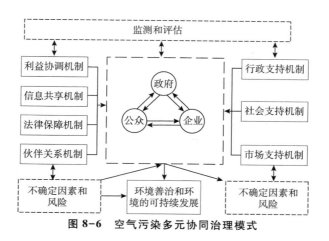

图8-6 空气污染多元协同治理模式

二 管理路径的组合方法

不同环境管理路径并没有绝对的优劣，相互之间也没有排斥性，不必局限于某一项环境管理路径，也不必期待通过发展或完善某一项管理路径即可解决所有的环境问题，而应当充分重视环境管理路径的多样性和独特性，通过环境管理路径的科学组合，更好地解决环境问题，促进环境保护。

（一）调查具体情况

针对不同的具体问题，需要搜集相关信息作为决策的基础，包括相应的行政体制、市场环境、群众环保意识、信息公开程序等。

（二）明确政策目标

需要将政策目标的实现细化到具体完成时间以及要解决的环境问题或预期达成的治理效果，通过调查具体情况和明确政策目标，基本上完成了环境管理路径组合的"识别阶段"。之后再进行介质区分，将政策目标排序。

（三）形成政策手段选择框

1. 分析选择出组合矩阵

根据国外治理经验，命令-控制路径在管理路径组合中占据重要地位。如果组合中有某项管理路径符合命令-控制路径的标准，比如含有立法机关通过的法律，那么这种命令-控制路径就是管理路径组合中的中流砥柱。简言之，如果有能够充分体现命令-控制路径特点的路径，应首先将其纳入矩阵中。

如果根据当地当时的具体情况，有具备实施条件的市场激励路径，则建立市场激励路径优于利用命令-控制路径。其原因是，前者需要的条件更为苛刻，但是如果一旦建立，其运行成本更低。所以如果具备实施条件，则优先选择建立市场激励路径。理想条件下，自主组织路径应作为前两类路径的补充。但是如果条件非常适合，也不排除其发挥主要作用的可能。

最后，根据政策手段的评判标准评判出政策手段矩阵。在评判过程中，考虑到可行性和评判过程的成本有效性，需要有侧重地对不同类型的政策手段进行评判。侧重点的选择，要结合政策目标和各种类型政策的特点。比如，评判命令-控制路径需着重考虑其确定性；评判市场激励路径需着重考虑其效率；评判自主组织路径需着重考虑效率和持续改进性。不同类型的路径，只需满足其相应的侧重点即可，当然在此基础上，能满足更多的标准更好。最后通过组合，达到满足多项评判标准的目的。

这里追求的是政策手段组合的优化，不必过多注重单项政策手段的所有标准，而应各取所长，保证其发挥出自身优势，只要保证组合的整体能够满足所有标准即可。总之，环境政策手段的类型多种多样，在实际中应结合具体情况和政策手段的特点，通过科学的政策手段组合，进行优势互补，实现双赢。

2. 建立空气污染治理的政策矩阵

政策矩阵之一：针对空气污染治理的三个阶段，建立政策矩阵。空气污染治理体现在空气污染治理事前、事中和事后三个阶段，光靠某个阶段的治理是不够的，因此，必须构建针对不同阶段的激励与约束机制（强制机制、选择机制、自愿机制）。三个阶段和三个机制排列组合可以形成一个政策矩阵，见表 8-3。

表 8-3　政策矩阵之一：空气污染治理的三个阶段及三个机制

阶段	强制机制	选择机制	自愿机制
事前阶段	建立大气污染防治的法律法规；制定大气污染防治的中长期规划；制定大气污染防治的明确标准；建立大气污染行政问责制和一票否决制；加大政府对大气污染防治领域的人才、经费和技术投入	建立明晰的大气环境产权制度；建立污染物排污权交易价格形成机制；建立有利于空气污染防治的财政与税收政策；建立绿色 GDP 的政绩考核机制	加强舆论宣传，提高空气污染危机意识；发挥公众舆论监督作用；发展民间绿色团体；建立空气污染防治技术推广中介组织；建立绿色产品标志制度；建立环境信息公开制度；建立环境保护的群众自治制度；鼓励公众绿色出行
事中阶段	调整产业结构，转变经济发展方式；制定禁止发展的产业目录；以法律手段打击大气环境领域的犯罪行为；以行政手段关停高污染高排放型企业；增加技术研发的经费投入	建立排污权有偿使用制度；建立大气污染物排污权交易制度；对于高污染高排放产业，设置进入壁垒；设置行业节能降耗的限期目标；对于资源节约型企业，给予一定的税收优惠和补贴	
事后阶段	严格实行总量控制政策；严格执行污染排放标准；以法律手段打击超标排污行为；建立环境保护责任追究制；建立企业环境保护的责任延伸制度	建立环境税收制度；建立排污收费制度；建立押金-退款制度	

政策矩阵之二：针对空气污染治理的三个主体，建立政策矩阵。空气污染治理的主体包括政府、企业和公众，仅靠某一个主体的治理是不够的，因此，必须构建针对不同经济主体的激励与约束机制。三个主体和三个机制排列组合可以形成一个政策矩阵，见表8-4。

表8-4 政策矩阵之二：空气污染治理的三个主体和三个机制

主体	强制机制	选择机制	自愿机制
政府	制定各级政府空气污染治理责任制；建立政府空气污染治理责任追究制	建立政府声誉激励机制；调整政府政绩考核机制	提高政府公务人员的空气污染治理意识与素质；建立各级政府环境保护绩效的信息披露制度
企业	制定关于生产者义务的法律法规，严格执法；制定节约标准，建立淘汰制度和市场准入制度；按照创新型国家要求加大科技投入和推广力度	建立排污权有偿使用制度；建立大气污染物排污权交易制度；建立环境税收制度；建立排污收费制度；建立清洁生产支持的激励政策	加强宣传，提高企业的节能减排意识；发挥民间团体的自我激励与约束功能；建立声誉激励机制（节能绩效表彰、节能自愿协议、认证制度等）；鼓励和支持采用先进适用技术
公众	制定关于消费者义务的管理规范；制定禁止性消费行为规范；制定油烟达标排放标准	通过各种认证和能效标识引导消费；表彰节能型家庭、社区；对购买新能源汽车的公民进行补贴；对煤改气居民进行补贴	加强宣传，提高公众的节能环保意识；加强教育，强化环境保护的道德力量；发挥社区和民间团体的自治功能；发挥公众对政府、企业的监督作用

三 空气污染防治的善治

"治理"概念的提出主要是为了克服和弥补社会资源配置中市场体制和国家体制的某些不足，然而，治理本身也存在许多局限性。由于在社会资源配置中存在治理失效的可能性，所以很多学者和国际组织提出了"善治"或被称为"良好治理"的理论，而新治理模式所追求的最高目标就是实现"善治"。所谓善治，就是使公共利益最大化的社会管理过程。善治的本质特征，就在于它是政府与公民对公共生活的合作管理，是政治国家与市民社会的一种新颖关系，是两者的最佳状态。因此，善治实际上是国家权力向社会回归的过程，是政府与公民之间积极而有成效的互动与合作。正如世界银行 1992 年的研究报告《治道与发展》所指出的那样，良好治理的基础在于政府的职能从"划桨"转变为"掌舵"。环境善治是随着《我们共同的未来》一书的出版而广泛被人们知晓，并于 1992 年在里约热内卢地球峰会上通过的《21 世纪议程》中被正式采纳。

环境善治理论的主要思想是在环境保护中充分发挥相关利益主体的作用，并运用法律、行政、经济和社会手段，改变环境保护仅由政府（特别是环境保护部门）独力实施并过分依赖行政手段的局面。环境善治倡导的手段主要包括有效的法律、有权威和有效率的政府、政府与企业的伙伴关系、政府问责制、下放权力、发挥社会机构的作用、公众参与环境管理、环境信息公开化等（夏光，2007）。环境善治治理的不仅仅是环境，还有不同社会群体之间的关系、人们的环保参与意识、环境制度等，谋求的不仅仅是环境的改善，更是综合绩效的最大化和在制度、观念、关系方面对后代产生持续性的影响。环境善治的和谐追求还体现在治理主体是政府、社会、公民三大社会力量，它们的合作和博弈是环境善治的主要决策与行动机制（朱留财，2007）。

随着我国改革开放的深入，市场经济体制初步建立并得到持续发展，市场经济所传达的法制和公平竞争等观念逐渐深入人心，市民社会开始在我国崛起，尤其是非政府组织的快速发展，其开始在环境治理领域独立承担或与政府共同承担相当一部分环境治理的功能。此外，随着经济的发展，公民的环保意识逐渐提升，其参与环境治理的主动性和积极性也逐渐增强。这些都使我国的环境治理向环境善治转变。然而，我国现有市场机制还不够成熟，且我国政府在环境治理中的主导地位形成了长期的"路径依赖"，这些都决定了政府作为环境治理的第一主体具有不可替代的主导作用。因此，我们只能先走政府主导、市场和公众适当参与的环境善治这条渐进式发展道路。

（一）发挥政府路径的主导作用

综观国内外环境治理经验发现，命令-控制路径一直是主要的环境政策手段，规制型政策工具体系在推进重点区域空气质量改善方面起着决定性作用。我国在工业化和城市化过程中，对化石能源的需求量大，节能减排的空间逐步缩小。在这种严峻形势下，需要发挥命令-控制型工具的强制规制功能，在区域大气污染治理领域采用更加严格的控制标准和更加先进的规制策略，以提高工具的运行效率，不宜采用其他工具类型取代命令-控制型政策工具。此外，还要把工作重心从注重局部个体污染的治理，转变到对重点区域整体高污染、高耗能、高排放行业的总体管控上来。同时，要注重命令-控制型、市场激励型和公众参与型政策工具的协同功效，当三种工具类型协同增效时，再逐步降低规制型政策工具的规制强度（赵新峰、袁宗威，2016）。

命令-控制路径并不是摒弃经济效率，较高的经济效率也是命令-控制路径追求的基本目标。在任何时候、任何情况下，从根本上来说，命令-控制路径的作用都是必要的。无论是发达国家还是发展中国家，也无论是实施计划经济还是市场经济，在需要强制推动的环境保护行动中，特别是在应对大规模的环境灾难和紧急的环境污染事件的行动中，命令-控制路径都是最为有效的。即使环境保护要从强制制度向以市场为导向的制度变迁，也并不意味着要排斥命令-控制路径，而是意味着政府在利用命令-控制路径时，应更多利用微观主体追求利润的动机，更多考虑信息公开和公众参与等，且这些变革还是在命令-控制路径发展和完善的范围之内。

与此同时，命令-控制路径方面的改革，需要从有效实施的条件入手，一方面完善法规标准，另一方面建立和规范监督惩罚机制，使命令-控制路径切实发挥其威慑力。除以上两点外，命令-控制路径还应在某些方面放松规制，如对小污染源设定严格的浓度排放标准就不合适。这里的"放松规制"主要限定在对环境资源的规制方式上，如果规制过于严格，超出合理范围，则可能遭到消极抵抗，不利于政策目标的实现。此外，可以积极借鉴其他国家的先进经验，拓展命令-控制路径的政策形式。法国、英国、日本和德国等国家广泛采用行政合同的形式，政府不以行政命令而以与相对人签订合同的方式来实现经济、文化教育、科研、环境资源等方面的预定目标，签约可以是行政主体之间或行政主体与行政管理相对人之间，签约目的是实现国家行政管理的某些目标，同时合约中明确规定了双方的权利和义务。这样虽然使政府强制力减弱，但仍然可以归属于命令-控制路径。

（二）加强市场路径的激励作用

市场激励路径能够发挥市场的激励作用，在效率和持续改进方面具有命令-控制路径无法比拟的优势。但如果在不具备条件的情况下盲目推崇市场激励路径，不仅不能发挥出市场激励路径的优势，还可能产生寻租等问题。

市场激励型政策工具相较于规制型政策工具具有效率上的优势，可从以下两个方面着力优化市场激励型政策工具。一方面，进一步完善和丰富"利用市场"型政策工具。为改变"排污赚钱、治污赔钱"的怪象，应该让排污成本高于排污收益成为常态，主要措施包括：进一步扩大排污收费工具的应用范围，实行差别化排污收费制度；积极推进税收工具与我国税制的整体改革相衔接，将部分高污染、高耗能行业产品纳入消费税征收范围；丰富补贴的应用形式，比如通过"脱硫优惠电价""以奖代补""区域重点节能减排项目补贴""绿色采购"等形式发挥补贴工具的积极作用。另一方面，推进"创建市场"型政策工具的运用。在探索建立主要大气污染物排放指标有偿使用和交易制度的基础上，推进区域横向生态补偿工具的使用。

（三）发挥自主组织路径的参与作用

自主组织路径是一类持续改进性最好的环境管理路径。自主组织路径发挥作用，既不需要政府强力监督，也不需要严格的实施条件。而且作为辅助性手段，自主组织路径的设计成本、实施成本、监控成本低，持续时间长。

作为空气污染治理政策工具体系中的重要组成部分，需要考虑如何与其他工具协同生效，需要针对当前我国自主组织路径作用范围有限、主体作用发挥不到位、运用体系不健全等问题，有针对性地对路径加以细化完善。政府要着力推进节能减排自愿协议在政府和企业间的达成，强化政府的激励引导作用，推进政府节能减排信息公开，让企业和社会组织主动为政府分担更多的社会责任。此外，政府需要为公众参与重大项目决策的环境监督和咨询提供必要的条件、机会和场所，引导公众积极参与环保活动。要着力培育和扶持第三方认证评估机构，从自我约束、监督评估、智库支持等多个方面提升企业、公民和社会组织的参与度，通过推进大气污染治理过程中政府与市场、社会和公民关系的变革促进政策工具的改进和优化。

（四）积极开展管理路径的组合研究

从环境管理的角度看，要应对越来越复杂的环境问题，就必须建立更加综合、更加有预防性和更加富有社会参与性的新管理机制和模式。这种模式要求在强调政府发挥主导地位的同时，重视利用市场经济手段和重视发挥公众参与的作用，形成政府引导、市场推动、公众广泛参与的新机制、新模式，以期在解决个别环境问题和加快社会、环境、文化建设中产生积极影响。新环境管理模式同传统环境管理模式最大的不同是，传统模式主要建立在政府命令-控制这一支点上，新的模式则是建立在政府命令-控制、市场调控和公众参与三个支点上，这是一种广义的环境管理，已远远超出了传统的政府控制范畴。因此，需要加强对这方面的理论与实践探讨。

总而言之，要实现空气污染的善治，就必须在顺应时代要求并充分考虑国情的前提下，一方面将命令-控制路径、市场激励路径和自主组织路径结合起来；另一方面要进一步使用更集中、更综合的措施提升现有环境管制的质量、简化管制程序、减少管制成本，使环境管理水平上升到一个更高的层次。

第九章

中国空气污染防治管理的政策工具

空气污染治理须由不同功能、不同类型的相关机构或主体，以整体性视野，通过政策工具的优化组合，以共同协商与相互合作的方式进行。政策工具是指人们为解决某一社会问题或实现既定政策目标而采用的具体方式、方法和手段，空气污染治理政策工具即人们为解决空气污染问题或实现生态治理目标而采取的具体方式、方法和手段。空气污染治理政策工具的本质是空气污染治理的行动机制和具体的政策安排。综观世界各国空气污染防治的实践，其政策工具大致可以分为命令-控制型、市场激励型和公众参与型三种（黄清煌、高明，2016）。我国的政策工具也可以分为这三类。在实践中，政策工具的运用要考虑效率和可行性等因素的影响，依据实际情况加以优化选择和综合运用。

第一节　中国命令-控制型政策工具

命令-控制型政策工具是指政府通过立法或制定规章制度的形式来确定既定的环境政策目标，并以行政命令的方式要求企业和个人依法依规遵守，对违反法律法规、破坏环境的企业和个人予以相应处罚的具体制度安排和调节机制（邢华、胡潆月，2019）。按照环境政策手段的不同性质，可以把中国空气污染治理命令-控制型政策工具分为法律法规手段、行政命令手段和技术手段三类（见表9-1）。按照政策工具对污染发生作用的阶段，又可以分为"事前控制""事中控制""事后控制"三种类型（杨超，2015）。"事前控制"政策工具作为"预防为主"方针的重要举措，包括"三同时"制度、污染物总量控制制度、环境保护目标责任制度和环境影响评价制度；"事中控制"政策工具包括排污许可证制度和环境保护督查制度；"事后控制"政策工具包括污染集中控制制度以及污染限期治理制度。

表 9-1 中国空气污染治理命令-控制型政策工具

手段	具体工具（年份）
法律法规手段	《清洁生产促进法》（2002） 《环境影响评价法》（2002、2016、2018） 《环境保护法》（1989、2014） 《大气污染防治法》（1987、2000、2015、2018）
行政命令手段	排污申报登记制度（1992、2010） 污染物总量控制制度（1996） 城市环境综合整治定量考核制度（1988） 污染限期治理制度（2009） 《关于推进大气污染联防联控工作改善区域空气质量的指导意见》（2010） 《重点区域大气污染防治"十二五"规划》（2012） 《大气污染防治行动计划》（2013） "三同时"制度（2015） 《环境监测管理办法》（2007） 排污许可证制度（2008、2016） 环境影响评价制度（1986、1998、2016） 环境行政督察制度（2018） 《"十四五"时期"无废城市"建设工作方案》（2021） 《减污降碳协同增效实施方案》（2022） 《建设项目环境保护管理办法》（1991） 《京津冀及周边地区落实大气污染防治行动计划实施细则》（2013） 《大气颗粒物来源解析技术指南（试行）》（2013） 《大气污染防治行动计划实施情况考核办法（试行）实施细则》（2014） 《大气污染防治专项资金管理办法》（2016） 《大气重污染成因与治理攻关工作规则》（2017） 《京津冀及周边地区 2017—2018 年秋冬季大气污染综合治理攻坚行动方案》（2017） 《京津冀及周边地区 2017—2018 年秋冬季大气污染综合治理攻坚行动强化督查信息公开方案》（2017） 《京津冀及周边地区 2017—2018 年秋冬季大气污染综合治理攻坚行动量化问责规定》（2017） 《船舶大气污染物排放控制区实施方案》（2018）

续表

手段	具体工具（年份）
行政命令手段	《长三角地区 2018—2019 年秋冬季大气污染综合治理攻坚行动方案》（2018） 《环境影响评价技术导则大气环境》（2018） 《汾渭平原 2018—2019 年秋冬季大气污染综合治理攻坚行动方案》（2018） 《京津冀及周边地区 2019—2020 年秋冬季大气污染综合治理攻坚行动方案》（2019） 《工业炉窑大气污染综合治理方案》（2019） 《"十四五"环境影响评价与排污许可工作实施方案》（2022）
技术手段	《锅炉大气污染物排放标准》（2001） 《工业炉窑大气污染物排放标准》（1996） 《水泥工业大气污染物排放标准》（2004） 《火电厂大气污染物排放标准》（2003、2011） 《环境空气质量标准》（2012） 《环境空气质量指数（AQI）技术规定（试行）》（2012） 《环境空气细颗粒物污染综合防治技术政策》（2013） 《国家大气污染物排放标准制订技术导则》（2018） 《环保装备制造行业（大气治理）规范条件》（2016） 《生态环境标准管理办法》（2020） 《区域生态质量评价办法（试行）》（2021）

一　法律法规手段

（一）《环境保护法》

《环境保护法》是为保护和改善环境、防治污染和其他公害、保障公众健康、推进生态文明建设、促进经济社会可持续发展而制定的国家法律。《环境保护法》最早颁布于改革开放之初的 1979 年，并以"试行"方式实施十年。1989 年 12 月 26 日由第七届全国人民代表大会常务委员会第十一次会议进行首次修改。2014 年 4 月 24 日，《环境保护法》通过修订，自 2015 年 1 月 1 日起施行。新《环境保护法》增加的要点：一是在环境污染严重时，相关部门会发布预警信息提醒市民并启动应急措施；二是对生态脆弱敏感地区划定生态保护区，严格保护；三是扩大了公益诉讼的主体范围，更多的环保公益组织可以对破坏环境的行为提起诉讼；四是加大了处罚力度，罚款将按日累计处罚，不设上限；五是明确了政府的监管义务并规定了对政府不作为行为的处罚措施。

新《环境保护法》建立了一个政府、企业和第三方主体之间良性互动的环境治理新格局。在 2014 年新《环境保护法》修订之前，我国的环境治理格局基本是一个二元主体（地方政府与企业等污染者）之间的管理与被管理格局。新《环境保护法》以一个崭新的三元主体之间的互动格局代替了原来的二元主体格局，它不仅为政府与企业之间的环境管制与被管制关系，而且为第三方主体分别与政府和企业之间的环境监督和被监督关系提供了制度性的保障（王曦、章楚加，2015）。

（二）《大气污染防治法》

《大气污染防治法》是为保护和改善环境、防治大气污染、保障公众健康、推进生态文明建设、促进经济社会可持续发展而制定的。该法由全国人民代表大会常务委员会于 1987 年 9 月 5 日通过，1988 年 6 月 1 日起实施。针对大气污染问题的发展、解决区域联防联控、PM2.5 法律规制、责任制度、移动污染源规制等五个方面的偏差与缺失（李显锋，2015），全国人民代表大会常务委员会于 1995 年 8 月 29 日、2000 年 4 月 29 日、2015 年 8 月 29 日、2018 年 10 月 26 日进行了修正或修订。

新《大气污染防治法》在总则中全面规定了我国环保事业三方主体在大气污染防治中的基本职责或义务，规定了中央人民政府和地方各级人民政府的大气污染防治职责，规定了企事业单位和其他生产经营者的大气污染防治义务。从总体上看，这些条款涵盖了我国大气污染防治的三大主体，这与新《环境保护法》一致。它是新《环境保护法》在大气污染防治领域的合理延伸，也是对新《环境保护法》所创立的环境治理新格局的确认（秦天宝，2015）。新《大气污染防治法》主要从以下几个方面做了修改完善。

第一，以改善大气环境质量为目标，强化地方政府责任，加强考核和监督。规定了地方政府对辖区大气环境质量负责、环境保护部对省级政府实行考核、未达标城市政府应当编制限期达标规划、上级环保部门对未完成任务的下级政府负责人实行约谈和区域限批等一系列制度措施。

　　第二，坚持源头治理，推动转变经济发展方式，优化产业结构和布局，调整能源结构，提高相关产品质量标准。一是明确坚持源头治理，规划先行，转变经济发展方式，优化产业结构和布局，调整能源结构。二是明确制定燃煤、石焦油、生物质燃料、涂料等含挥发性有机物的产品、烟花爆竹及锅炉等产品的质量标准，应当明确大气环境保护要求。三是规定了国务院有关部门和地方各级人民政府应当采取措施，调整能源结构，推广清洁能源的生产和使用。

　　第三，从实际出发，根据我国经济社会发展的实际情况，制定大气污染防治标准，完善相关制度。新增"大气污染防治标准和限期达标规划"章节并前置，规范大气污染质量标准、污染物排放标准制定行为，以及标准运用和落实。

　　第四，坚持问题导向，抓住主要矛盾，着力解决燃煤、机动车船等大气污染问题。实现了从单一污染物控制向多污染协同控制，从末端治理向全过程控制、精细化管理的转变。对燃煤、工业、机动车船、扬尘、农业等大气污染的综合防治做出具体规定。

　　第五，加强重点区域大气污染联合防治，完善重污染天气应对措施。一是推行区域大气污染联合防治，要求对颗粒物、二氧化硫、氮氧化物、挥发性有机物、氨等大气污染物和温室气体实施协同控制。二是增设专章规定了重污染天气应对。明确建立重污染天气监测预警体系，制定重污染天气应急预案，并发布重污染天气预报等。

　　第六，加大对大气环境违法行为的处罚力度。一是除倡导性的规定外，有违法行为就有处罚。规定了大量的具体的有针对性的措施，并有相应的处罚责任。二是提高了罚款的上限。三是规定了按日计罚。在新修订的《环境保护法》规定的基础上，细化并增加了按日计罚的行为。四是丰富了处罚种类，如行政处罚中有责令停业、关闭，责令停产整治，责令停工整治、没收，取消检验资格，治安处罚等。

　　第七，坚持立法为民，积极回应社会关切。完善环境信息公开制度，引导公众有序参与监督。

（三）《清洁生产促进法》

《清洁生产促进法》，经 2002 年 6 月 29 日第九届全国人民代表大会常务委员会第二十八次会议通过，自 2003 年 1 月 1 日起施行。2012 年 2 月 29 日第十一届全国人民代表大会常务委员会进行了修正，修正后的《清洁生产促进法》自 2012 年 7 月 1 日起施行。

新《清洁生产促进法》强化了政府推进清洁生产的工作职责、扩大了对企业实施强制性清洁生产审核的范围、明确规定了建立清洁生产财政支持资金、强化了清洁生产审核法律责任和政府监督与社会监督作用。

新《清洁生产促进法》对清洁生产明确做出如下定义：清洁生产是指不断采取改进设计、使用清洁的能源和原料、采用先进的工艺技术与设备、改善管理、综合利用等措施，从源头削减污染，提高资源利用效率，减少或者避免生产、服务和产品使用过程中污染物的产生和排放，以减轻或者消除对人类健康和环境的危害。

2012 年修正的《清洁生产促进法》与 2002 年通过的《清洁生产促进法》相比，增强了法律实施的有效性，进一步强化了三方面的法律责任。

一是强化了政府部门不履行职责的法律责任。新法第三十五条明确规定"清洁生产综合协调部门或者其他部门未依照法律规定履行职责的，对直接负责的主管人员和其他直接责任人员依法给予处分"。由此要求负责推进清洁生产的主管部门和主管人员必须认真履行工作职责，加强清洁生产审核工作，否则将承担一定的法律责任。

二是强化了企业开展强制性清洁生产审核的法律责任。新法第三十六规定"未按照规定公布能源消耗或者重点污染物产生、排放情况的，由县级以上地方人民政府负责清洁生产综合协调的部门、环境保护部门按照职责分工责令公布，可以处十万元以下的罚款"；第三十九条规定"不实施强制性清洁生产审核或者在清洁生产审核中弄虚作假的，或者实施强制性清洁生产审核的企业不报告或者不如实报告审核结果的，由县级以上地方人民政府负责清洁生产综合协调的部门、环境保护部门按照职责分工责令限期改正；拒不改正的，处以五万元以上五十万元以下的罚款"。新法明确指出，企业不按照《清洁生产促进法》规定实施强制性清洁生产审核，将依法进行惩处。

三是强化了评估验收部门和单位及其工作人员的法律责任。新法第三十九条规定"承担评估验收工作的部门或者单位及其工作人员向被评估验收企业收取费用的，不如实评估验收或者在评估验收中弄虚作假的，或者利用职务上的便利谋取利益的，对直接负责的主管人员和其他直接责任人员依法给予处分；构成犯罪的，依法追究刑事责任"。由此要求开展清洁生产审核咨询服务的单位必须遵循公平公正的原则，认真负责地帮助企业开展清洁生产审核，违反法律规定的将承担法律责任。

（四）《环境影响评价法》

《环境影响评价法》于 2002 年 10 月 28 日第九届全国人民代表大会常务委员会第三十次会议通过，2016 年进行了第一次修正，2018 年进行了第二次修正。该法是为了实施可持续发展战略，预防因规划和建设项目实施后对环境造成不良影响，促进经济、社会和环境的协调发展而制定的。"环境影响评价"包括以下三方面基本内容：一是运用各种科学技术手段对规划和建设项目实施后可能造成的环境影响进行分析、预测和评估；二是根据预测和评估结果，针对规划和建设项目的具体情况，提出预防或者减小不良环境影响的对策和措施；三是对评价结果进行跟踪监测，及时发现规划和建设项目实施中出现的问题，并采取相应措施加以解决。作为从源头预防建设项目污染和破坏生态最重要的一项环保法律制度，环境影响评价制度一直是环境管理制度的核心抓手。

2016 年修正的《环境影响评价法》主要从以下方面进行了改善。第一，环评审批不再作为核准的前置条件。环评审批可以与项目审批同时进行，环评审批不再作为项目审批核准的前置条件。压缩了环评审批权的空间，将环境影响登记表审批改为备案，不再将水土保持方案的审批作为环评的前置条件，取消了环境影响报告书、环境影响报告表预审等。环评审批弱化事前监管，强化事中和事后监管，有助于促使政府职能正确定位，提升行政管理效能，发挥宏观控制作用。第二，强化了规划环评。提高规划环评的有效性，规定规划环评意见需作为项目环评的重要依据，进一步体现出规划和项目之间的有效互动。第三，加大了处罚力度。提高了未批先建的违法成本，大幅度提高了惩罚的限额。

2018 年修正的《环境影响评价法》主要从以下方面进行了完善。第一，提高了行政处罚可操作性。进一步细化了严重质量问题的违法情节，即明确将基础资料明显不实，内容存在重大缺陷、遗漏或者虚假，环境影响评价结论不正确或者不合理等纳入严重质量问题，标准更加细化，可操作性极大提升，有效确保了生态环境部门监管实效。第二，明确了环评质量考核主体。明确要求市级以上生态环境主管部门均应当对建设项目环境影响报告书（表）编制单位进行监督管理和质量考核，有利于提升环评编制质量，逐步淘汰那些不负责任、粗制滥造的技术单位，切实净化和规范环评从业市场。第三，严格了违法行为责任追究。充分借鉴了"未验先投"中"双罚制"措施，对建设单位处以 50 万～200 万元罚款，对其相关责任人员处以 5 万～20 万元罚款；对技术单位的处罚额度由违法所得的 1～3 倍提高到 3～5 倍，情节严重的禁止环评编制，同时禁止编制相关人员五年内从业环评编制工作，构成犯罪的甚至将终身禁止从事环评编制。第四，创新了诚信公开管理制度。要求负责审批建设项目环境影响报告书（表）的生态环境主管部门依法将编制单位、编制主持人和主要编制人员的相关违法信息记入社会诚信档案，并纳入全国信用信息共享平台和国家企业信用信息公示系统向社会公布，形成了联合惩戒的强大威慑力。

二　行政命令手段

行政命令手段主要包括污染物总量控制制度、"三同时"制度、环境保护目标责任制及其考核评价制度、排污许可证制度、排污申报登记制度、污染限期治理制度、环境监测制度、环境保护督查制度等。

（一）污染物总量控制制度

污染物排放总量控制是指在规定时间内，对某一区域或某一企业在生产过程中所产生的污染物最终排入环境的数量的限制。企业在生产过程中排放总量包括以"三废"形式有组织排放的量，以杂质形式附着于产品、副产品、回收品而被带走的量，在生产过程中以跑、冒、滴、漏等形式无组织排放的量。区域排放总量包括区域内工业污染源、交通污染源、生活污染源产生的污染物的排放量之和。污染物总量控制制度是将特定区域视为一个系统整体，以环境质量目标为依据，对该区域内各污染源的排放总量所做出的最高允许限度的一项制度。当局部不可避免地增加污染物排放时，应对同行业或区域进行污染物排放量削减，使区域内污染源的污染物排放负荷控制在一定数量内，使污染物的受纳水体、空气等的环境质量达到规定的环境目标。

在立法层面，中国先后在 1996 年修正的《水污染防治法》、1999 年修订的《海洋环境保护法》、2000 年修订的《大气污染防治法》、2002 年的《清洁生产促进法》和 2008 年的《循环经济促进法》等法律法规方面，分别对水污染、海域污染、大气污染、清洁生产以及主要污染物排放、建设用地和用水总量实施总量控制；在实践层面，1996 年国务院制定的《"九五"期间全国主要污染物排放总量控制计划》开始实施，随后的"十五"到"十三五"期间都出台了有关污染物总量控制制度的计划。后来，由于各地区经济发展和环境状况差异增大，实行全国范围内相对统一的污染物目标总量控制显然不符合实际。因此，污染物目标总量控制逐步向容量总量控制过渡，并建立起配套保障制度，完善目标责任追究机制，以有效发挥污染物总量控制制度的效用。

根据《大气污染防治法》第 15 条的规定，国务院和省、自治区、直辖市人民政府对尚未达到规定的大气环境标准的区域和国务院批准划定的酸雨控制区、二氧化硫污染控制区，可以划定为主要大气污染物排放总量控制区。大气污染物总量控制区内有关地方人民政府依照国务院规定的条件和程序，按照公开、公平、公正的原则，核定企业事业单位的主要污染物排放总量，核发主要大气污染物排放许可证。有大气污染物总量控制任务的企业事业单位，必须按照核定的主要大气污染物排放总量和许可证规定的排放条件排放污染物。污染物排放总量控制，作为一项非常重要的环境法调控手段，同时也作为一个极富科技色彩的措施，与污染物"浓度控制"并驾齐驱，成为污染物排放控制标准的可量化标尺。

（二）"三同时"制度

"三同时"制度是指新建、改建、扩建项目，区域开发项目，自然开发项目，技术改造项目以及那些对环境损害存在风险的工程项目，在设置污染防治和治理设施时，要求与主体工程在设计、施工和投产等方面保持一致的制度。

"三同时"制度的特征主要有以下三点。

第一，"三同时"制度主体的特定性。"三同时"制度适用的主体是所有从事对环境有影响的建设项目的单位，包括从事一切新建、扩建、改建项目和技术改造项目的主体，同时也包括区域开发建设项目以及中外合资、中外合作、外商独资的引进项目的主体等。"三同时"制度不像其他制度那样具有适用的广泛性，而只适用于环境保护管理的某一个方面，调整在建设项目的新建、扩建、改建过程中发生的对环保设施的设计、施工和投产使用过程中发生的某一特定部分或方面的社会关系，因此其适用的主体是特定的。

第二，"三同时"制度范围的广泛性。凡是在中华人民共和国领域内的工业、交通、水利、农林、商业、卫生、文教、科研、旅游、市政、机场等从事对环境有影响的建设项目都要实行"三同时"制度，环境问题的多样性和综合性决定了"三同时"制度适用范围必然具有广泛性。"三同时"制度重在预防新的环境问题，保护的是整个人类赖以生存的生活环境和生态环境，而不是只将某一集团或某一个人的生活环境和生态环境保护起来。其预防保护对象包括大气、水、海洋、土地、矿藏、森林、草原、野生生物、自然遗迹、人文遗迹、自然保护区、风景名胜区、城市和乡村等环境要素，凡是可能损害这些环境要素的建设项目都必须实行"三同时"制度。

第三，"三同时"制度依靠行政手段实施。行政手段是指国家通过行政机构，采取强制性的行政命令、指示、规定等措施来管理环境的手段。

"三同时"制度的作用主要有以下四点。

第一，防止产生新污染。"三同时"制度旨在从源头上消除各类建设项目可能产生的污染，从根本上消除环境问题产生的根源，减少事后治理所要付出的代价，把环境影响控制在生态环境能够承受的限度之内。其作用主要以"防"为基础，要求集中力量治理老污染源，严格控制新的污染行为，减少污染物的产生和排放，对已经造成的环境污染和破坏应积极采取措施加以治理，根据环境问题的具体特点和自然规律，改变过去"单纯治理、单项治理"的模式，推进综合整治，加强建设项目环境管理，实现全面规划、合理布局，把环境保护纳入国民经济与社会发展计划中进行综合平衡。

第二，保证环境保护设施与主体工程同时设计和建设。因为"三同时"制度要求建设项目主体工程必须与污染防治设施同时设计、同时施工，所以，落实好这个制度，就可以保证项目主体工程的设计、建设和污染防治设施工程的设计、建设同时进行。这是防治污染的基础，是防治污染所需要的硬件建设和污染治理很重要的一环。

第三，确保生产经营活动与污染治理同步进行。"三同时"制度强调项目主体工程必须与污染防治设施同时投产使用，这就保证了生产过程中产生污染的过程与污染防治设施对污染进行治理的过程同步进行，而且与主体工程配套建设的污染防治设施必须经环保验收合格后方能正式投产，这样就保证所建设的污染防治设施能够及时对生产过程中产生的污染进行治理，将污染消灭在生产过程中。

第四，保证污染治理的效果。"三同时"制度更注重对污染的预防和治理。因此，预防产生新的污染，治理旧的污染，恢复生态环境，是"三同时"制度的重要功能。项目主体工程和污染防治设施同时投产使用，不仅为污染治理奠定了坚实的物质基础，提供了条件，使彻底治理污染成为可能，而且污染防治设施停止运行必须提前报环保部门审批，经审查同意后方可停止运行，擅自闲置、拆除或不正常运行的，将承担相应的法律责任，这样就保证了污染治理的效果。

（三）环境保护目标责任制及其考核评价制度

环境保护目标责任制是以现行法律为准则，以行政制度为体系，以责任制为途径，将环境质量责任落实到地方各级人民政府以及污染单位的制度。

2015 年修订的《大气污染防治法》明确提出了"国家实行以环境空气质量改善为核心的大气环境保护目标责任制和考核评价制度"等。2018 年修正的《大气污染防治法》第四条规定："国务院生态环境主管部门会同国务院有关部门，按照国务院的规定，对省、自治区、直辖市大气环境质量改善目标、大气污染防治重点任务完成情况进行考核。"从"资源能源损耗和污染排放减少目标责任"到"大气环境质量改善目标责任"是环境治理理念的巨大转变，也使环境保护目标责任制及其考核评价制度更具有生命力（王清军，2015）。

环境保护目标责任制及其考核评价制度的基本内容及运行机理主要包括以下三个方面。

第一，环境保护目标与指标设定（见表 9-2）。环境保护目标设定是环境保护目标责任制及其考核评价制度的起始内容。但需注意的是，所设定的环境保护目标只有转化为环境保护指标才能保障环境保护目标责任制及其考核评价制度的运行。这是因为环境保护目标和环境保护指标存在一定差异。一是环境保护目标属于价值范畴，决定了应当做或不做的问题，且环境保护目标的设定属于政治问题，体现了国家环境保护领域的基本发展方向；而环境保护指标则属于操作性问题，即如何做、做多少的问题，故指标的设定更需要遵循科学的评估和严格的程序。二是环境保护目标通常使用描述性语言，体现了一定时期的国家意志，环境保护指标是量化和具体化的环境目标，任何的环境保护目标责任制最终需要依靠可以量化的环境保护指标予以完成。

表 9-2　环境保护目标与指标

年份	法规政策名称	环境保护目标	环境保护指标
2013	《大气污染防治行动计划》	1. 经过五年努力，全国空气质量总体改善，重污染天气大幅度减少； 2. 京津冀、长三角、珠三角等区域空气质量明显好转； 3. 力争再用五年或更长时间，逐步消除重污染天气，全国空气质量明显改善	1. 到 2017 年，全国地级及以上城市可吸入颗粒物浓度比 2012 年下降 10% 以上，优良天数逐年增加； 2. 京津冀、长三角、珠三角等区域细颗粒物浓度分别下降 25%、20%、15% 左右，其中北京市细颗粒物年均浓度控制在 60 微克/米³ 左右
2018	《打赢蓝天保卫战三年行动计划》	1. 经过 3 年努力，大幅减少主要大气污染物排放总量，协同减少温室气体排放； 2. 进一步明显降低细颗粒物（PM2.5）浓度，明显减少重污染天数，明显改善环境空气质量，明显增强人民的蓝天幸福感； 3. 提前完成"十三五"目标任务的省份，要保持和巩固改善成果；尚未完成的，要确保全面实现"十三五"约束性目标； 4. 北京市环境空气质量改善目标应在"十三五"目标基础上进一步提高	1. 到 2020 年，二氧化硫、氮氧化物排放总量均比 2015 年下降 15% 以上； 2. PM2.5 未达标地级及以上城市浓度比 2015 年下降 18% 以上，地级及以上城市空气质量优良天数比例达到 80%，重度及以上污染天数比例比 2015 年下降 25% 以上

续表

年份	法规政策名称	环境保护目标	环境保护指标
2019	《2019 年全国大气污染防治工作要点》	1. 做好 2019 年度大气污染防治工作； 2. 持续改善环境空气质量	1. 2019 年，全国未达标城市细颗粒物（PM2.5）年均浓度同比下降 2%，地级及以上城市平均优良天数比例达到 79.4%； 2. 全国二氧化硫（SO_2）、氮氧化物（NO_x）排放总量同比削减 3%

资料来源：参考王清军（2015）。

从表 9-2 可以看出，国家或中央政府针对社会发展不同阶段突出的环境问题，结合经济社会发展的需求，在经济利益、社会利益和环境利益不断协调的基础之上，明确设定了环境保护目标。由此可见，设定环境保护目标既要符合社会经济发展的客观要求，又要体现一定阶段社会成员普遍意愿，是客观性和主观性相互结合的产物。环境保护目标通常需要明确时间概念和时间节点，便于公众进行检验，其基本用语具有不确定性，如"基本控制""大幅度减少""明显改善""持续改善"等语言的表述即是明显例证，它仅仅表明了环境保护的基本方向，其最终落实需要确定相应的可量化、可转换和可评估的环境保护指标。

依据环境保护目标而设立的环境保护指标在性质上属于政策性目标，其中约束性指标，是指在预期性指标基础上进一步明确并强化政府责任的指标，是中央政府在公共服务和涉及公众利益领域对地方政府和中央政府有关部门提出的具体工作要求。

第二，环境保护指标分配。依据环境保护目标确定的环境保护指标需要进行分配，指标分配是整个环境保护目标责任制实施的关键环节。指标分配遵循自上而下的分解过程，由于下一级承担和需要落实的指标数量增多，指标体系的复杂性也逐渐增大。北京环境保护指标分配如表 9-3 所示。

环境保护指标分配呈现以下几个特征。一是一般采用自上而下的层层分配方式。这种分配方式最大的好处就是在确保国家环境保护目标的前提下，借助科层制路径，能在较短时间内将责任分解下去。二是指标分配呈现"金字塔"形散开。三是由于整个指标体系向下膨胀的趋势以及整个指标体系层级的增多，监管对象链条不断延长，监管范围逐渐扩大，监测监管成本逐渐增加。

表 9-3　2012~2017 年北京细颗粒物下降比例和数量指标分配

国家指标	省域指标	区县指标
北京细颗粒物浓度下降25%左右，年均浓度控制在60微克/米^{3}左右	北京细颗粒物年均浓度下降25%以上，控制在60微克/米^{3}左右	怀柔、密云、延庆细颗粒物年均浓度下降25%以上，控制在50微克/米^{3}左右； 顺义、昌平、平谷细颗粒物年均浓度下降25%以上，控制在55微克/米^{3}左右； 东城、西城、朝阳、海淀、丰台、石景山细颗粒物年均浓度下降30%以上，控制在60微克/米^{3}左右； 门头沟、房山、通州、大兴和北京经济技术开发区细颗粒物年均浓度下降30%以上，控制在65微克/米^{3}左右

资料来源：参考王清军（2015）。

第三，环境保护指标考核评价。环境保护指标考核是目标责任制的最后环节，它主要包括考核主体、考核对象、考核方法、考核程序、考核后果及其运用等一系列政策法律规定的综合（见表 9-4）。环境保护指标考核占据非常重要的地位，它不仅有利于促进制度执行者积极和创造性地执行环境保护工作，还有利于辨别执行过程中出现的错误或不足，达到不断修正或调整原定环境保护指标，以便实现环境保护的目标。科学、合理、完备的考核评价体系是环境保护目标责任制得以真正落实的重要保障。

表 9-4　现行法规政策环境保护指标考核

法规政策名称	考核方法	考核后果
《主要污染物总量减排考核办法》《"十二五"主要污染物总量减排考核办法》	1. 定性和定量结合； 2. 现场核查和重点抽查结合； 3. 综合评分与一票否决结合	1. 考核未通过一票否决； 2. 优先支持环境能力建设； 3. 环评限批； 4. 通报批评、约谈、诫勉谈话； 5. 取消环保荣誉称号； 6. 职务职级晋升依据
《大气污染防治行动计划实施情况考核办法（试行）》《大气污染防治行动计划实施情况考核办法（试行）实施细则》	1. 地方上报与现场核查结合； 2. 定期核查与日常督查结合； 3. 年度考核与终期考核结合； 4. 综合评分与一票否决结合	1. 终期考核质量改善绩效一票否决； 2. 中央财政安排资金的重要依据； 3. 环评限批； 4. 约谈； 5. 取消环保荣誉称号； 6. 职务职级晋升依据

资料来源：参考王清军（2015）。

从表 9-4 可以看出，环境保护目标责任制及其考核评价制度有以下特点：其一，考核评价规则体系完备，将考核目的、考核主体、考核对象、考核内容、考核方法、考核程序以及考核结果等规范化；其二，考核方法多元化，促使环境主管部门与分管部门各司其职、各负其责、齐抓共管；其三，考核后果多样化，从政治责任到经济责任，从政府责任到政府主要负责人责任。

（四）排污许可证制度

排污许可证制度是指以控制污染物排放总量为主线，以优化环境质量为目的，明确指出污染物排放性质、种类、数量、方式和去向的一种行政管理制度。

2000 年国务院修订的《水污染防治法实施细则》和 2000 年全国人大常委会修订的《大气污染防治法》，标志着以污染物排放总量控制为主线的排污许可证制度的建立。2008 年修订的《水污染防治法》对国家实行排污许可证制度做出具体规定，意味着中国排污许可证制度发展进入实质阶段。2015 年修订的《大气污染防治法》在 2000 年修订的《大气污染防治法》规定企业事业单位在取得排污许可证的基础上，进一步规定集中供热设施的燃煤热源生产运营单位以及其他依法实行排污许可管理的单位应当取得排污许可证。2015 年施行的《环境保护法》着重强调国家应遵循法律规定实施排污许可证制度，从而为实行排污许可证管理制度确立了法律依据，排污许可证管理制度开始进入新时期。

2018 年 1 月 10 日环境保护部公布《排污许可管理办法（试行）》，规定了排污许可证核发程序等内容，细化了环保部门、排污单位和第三方机构的法律责任，为改革完善排污许可证制度迈出了坚实的一步。该管理办法主要作用有以下四点。

一是明确了排污者责任，强调守法激励、违法惩戒。为强化落实排污者责任，规定了企业承诺、自行监测、台账记录、执行报告、信息公开等五项制度。

二是明确了环境保护部负责制定排污许可证申请与核发技术规范、环境管理台账及排污许可证执行报告技术规范、排污单位自行监测技术指南、污染防治可行技术指南等相关技术规范。同时明确了环境保护主管部门可通过政府购买服务的方式，组织或者委托技术机构提供排污许可管理的技术支持。

三是明确了依排污许可证严格监管执法。监管执法部门应制订排污许可执法计划，明确执法重点和频次；执法中应对照排污许可证许可事项，按照污染物实际排放量的计算原则，通过核查台账记录、在线监测数据及其他监控手段或执法监测等，检查企业落实排污许可证相关要求的情况。同时规定，排污单位发生异常情况时如果及时报告，且主动采取措施消除或者减轻违法行为危害后果的，应依法从轻处罚。

四是细化了环保部门、排污单位和第三方机构的法律责任。在现有法律框架下细化规定了排污单位、环保部门、技术机构的法律责任和处罚内容。细化规定了无证排污、违证排污、材料弄虚作假、自行监测违法、未依法公开环境信息等违反规定的情形，根据相关法律明确了对违法行为的处罚规定。

固定污染源是我国污染物排放主要来源。排污许可证抓住固定污染源，其实质就是抓住了工业污染防治的重点和关键。排污许可证重点是对污染治理设施、污染物排放浓度和排放量以及管理要求进行许可，通过排污许可证强化环境保护精细化管理，促进企业达标排放，并有效控制污染物排放量（葛察忠等，2017）。

（五）排污申报登记制度

1992 年 8 月国家环境保护局发布《排放污染物申报登记管理规定》，2010 年 12 月环境保护部决定废止该文件，该规定执行了 18 年多的时间。

排污申报登记制度是指向环境排放污染物的单位，按照《环境保护法》的规定，向所在地环境保护行政主管部门申报登记在各种活动中排放污染物的种类、数量和浓度，污染物排放设施、处理设施运行和其他防治污染的有关情况，以及排放污染物发生重大变化时及时申报的制度。

排污申报登记制度主要是为使环境保护部门掌握本地区的环境污染状况和变化情况，以及排污单位的污染物排放情况，为环境监督管理提供基本依据。申报登记污染物的种类，是按照国家有关规定以及地方环境保护部门根据本地区的情况确定的，主要包括大气污染物、水污染物、固体废物、噪声源等。其中，大气污染物主要是颗粒物、二氧化硫和工艺过程中排放的有毒有害气体等；水污染物以《污水综合排放标准》中规定的水污染物以及对当地环境影响较大的污染物为重点；固体废物主要是有毒有害废物；噪声源重点是排放噪声强度大的设施。

（六）污染限期治理制度

2009 年 9 月环境保护部公布《限期治理管理办法（试行）》，2016 年 7 月环境保护部公布废止该文件，该文件执行了 7 年多的时间。

污染限期治理制度是政府对严重污染生态环境的污染者或污染源提出警告，倒逼排污主体在给定时期内达到治理目标的一种强制性措施。限期治理制度的主要特点如下。

①有严厉的法律强制性。由国家强制行政机关做出的限期治理决定必须履行，给予未按规定履行限期治理决定的排污单位的法律制裁是严厉的，并可采取强制措施。

②有明确的时间要求。这一制度的实行是以时间限期为界限作为承担法律责任的依据之一，时间要求既体现了对限期治理对象的压力，也体现了留有余地的政策。

③有具体的治理任务。体现治理任务和要求的主要衡量尺度，是看是否达到消除或减轻污染的效果和是否符合排放标准，而是否完成治理任务是承担法律责任的依据。

④体现了突出重点的政策，有明确的治理对象。治理对象有 3 种。一是位于居民稠密区、水源保护区、风景名胜区、城市上风向等环境敏感区，严重超标排放污染物的单位。二是排放有毒有害物，对环境造成严重污染，危害人群健康的单位。三是污染物排放量大，对环境质量有重大影响的单位。

限期治理的期限法律中没有做出明确规定，一般由决定限期治理的机构根据污染源的具体情况、治理的难度等因素来确定。其最长期限不得超过 3 年。

（七）环境监测制度

1983 年，城乡建设环境保护部颁布的《全国环境监测管理条例》，较详细地规定了环境监测工作的性质、监测管理部门和监测机构的设置及其职责与职能、监测站的管理、三级横向监测网的构成及报告制度等。

现行全国管理方式主要包括属地化管理和垂直管理两种。属地化管理，又称分级管理，指单位由所在地同级人民政府统一管理，采用这类管理方式的政府职能部门或机构，通常实行地方政府和上级同类部门的"双重领导"。上级主管部门负责业务技术指导，地方政府负责管理"人、财、物"，且纳入同级纪检部门和人大监督。目前，绝大部分环境监测站采用属地化管理方式。

2007 年 7 月 25 日，国家环境保护总局发布了《环境监测管理办法》，并于 2007 年 9 月 1 日实施。该办法规定"环境监测工作是县级以上环境保护部门的法定职责"，规定了县级以上环境保护部门应当按照数据准确、代表性强、方法科学、传输及时的要求，建设先进的环境监测体系，为全面反映环境质量状况和变化趋势、及时跟踪污染源变化情况、准确预警各类环境突发事件等环境管理工作提供决策依据；规定了环境监测的管理体制、职责，监测网的建设和运行等内容，也符合属地化管理方式；规定了排污企业有责任定期向政府环保部门提供污染物排放数据，并保证数据的准确性、真实性和及时性，排污者必须开展排污状况自我监测，要求有能力的企业必须建立自测机构，其监测能力和数据的有效性由省级环境保护主管部门所属的环境监测站进行审核和定期验证，不具备能力的，必须委托有资质的环境监测机构进行监测。

2003 年，国家环境保护总局发布了《环境监测技术路线》，提出了空气监测、地表水监测、环境噪声监测、固定污染源监测、生态监测、固体废物监测、土壤监测、生物监测、辐射环境监测等九个方面监测技术路线。2006 年，国家环境保护总局发布了《环境监测质量管理规定》。2009 年，环境保护部发布《国界河流（湖泊）水质监测方案》《锰三角地区地表水监测方案》《京津冀区域空气质量监测方案》《国家监控企业污染源自动监测数据有效性审核办法》《国家重点监控企业污染源自动监测设备监督考核规程》；2010 年，环境保护部发布《国家二噁英重点排放源监测方案》；2011 年，环境保护部发布《环境质量监测点位管理办法》《主要污染物总量减排监测体系建设考核办法》《国家重点生态功能区域生态环境质量考核办法》等。《环境监测质量管理技术导则》（HJ 630—2011）明确规定了各级环境监测站开展环境监测工作，出具监测报告的信息内容。

2012 年，环境保护部颁布《环境质量报告书编写技术规范》（HJ 641—2012），规定环境质量报告书的总体要求、分类与结构、组织与编制程序、编制提纲等内容。

（八）环境保护督查制度

2005 年国务院出台的《关于落实科学发展观加强环境保护的决定》提出，国家加强对地方环保工作的指导、支持和监督，健全区域环境督查派出机构，协调跨省域环境保护，督促检查突出的环境问题。2006 年，我国区域环境保护督查中心正式组建。2009 年 9 月 30 日，环境保护部出台了《环境违法案件挂牌督办管理办法》，对公众反映强烈、影响社会稳定的环境污染或生态破坏案件，对造成重点流域、区域重大污染或环境质量明显恶化的环境违法案件等情况采取挂牌督办。2015 年 8 月以来，党中央、国务院先后出台了《党政领导干部生态环境损害责任追究办法（试行）》《环境保护督察方案（试行）》《生态文明体制改革总体方案》等生态文明体制改革"1+6"系列重要文件，提出建立环保督察工作机制，严格落实环境保护主体责任等有力措施，还要求建立国家环境保护督察制度和生态环境损害责任追究制度，采用中央巡视组巡视的工作方式、程序和纪律要求全面开展环保督察工作。2016 年 1 月成立中央环保督察组，并开展工作。2018 年 6 月，经中共中央、国务院批准，第一批中央环境保护督察"回头看"启动。2018 年 10 月启动第二批中央生态环境保护督察"回头看"。

2006 年，国家环境保护总局决定在全国设立华东、华南、西北、西南、东北五大区域环境保护督查中心（2017 年改为督查局）。区域环境保护督查中心具有监督政策落实、日常督查、跨区域环境问题协调等重要职能。概括起来，主要有以下职能：一是针对地方政府与地方环境保护主管部门，重点督查国家环境经济政策落实情况，主要包括监督地方对国家环境政策、规划、法规、标准执行情况，参与国家环境保护模范城市（区）和国家级生态建设示范区创建核查工作，参与国家重大科技示范项目和中央环保重大专项资金项目落实情况专项督查；二是督查企业环境管理行为，包括上市公司环保核查的现场监督检查及后续督察工作、"三同时"现场监督检查工作、环境执法稽查和排污收费稽查工作；三是针对跨区域的环境问题开展督查，包括国家区域、流域、海域污染防治规划落实情况，承办跨省区域、流域、海域重大环境纠纷的协调处理工作；四是针对重大环境污染、突发性环境问题开展督查，包括承办或参与环境污染与生态破坏案件的来访投诉受理和协调工作，承办或参与重大环境污染与生态破坏案件的查办工作，参与重特大突发环境事件应急响应与处理的督查工作。此外，还包括污染物减排核查、环境统计、环境监测、国控污染源等日常监督工作。

2016 年 1 月 4 日，中共中央环境保护督查委员会，即中央环保督察组成立。中央环保督察组由环境保护部牵头成立，中纪委、中组部的相关领导参加，代表党中央、国务院对各省（自治区、直辖市）党委和政府及其有关部门开展环境保护督察。

2019 年 6 月 6 日，中共中央办公厅、国务院办公厅印发了《中央生态环境保护督察工作规定》，规定中央实行生态环境保护督察制度，设立专职督察机构，中央生态环境保护督察工作以认真贯彻落实党中央、国务院决策部署，坚持以人民为中心，以解决突出生态环境问题、改善生态环境质量、推动高质量发展为重点，夯实生态文明建设和生态环境保护政治责任，强化督察问责、形成警示震慑、推进工作落实、实现标本兼治，不断满足人民日益增长的美好生活需要。

（九）其他行政命令制度

1. 现场检查制度

现场检查制度是环境保护行政主管部门或其他依法行使环境监督管理权的部门对管辖范围内的排污单位进行现场检查的法律规定。其目的在于检查和督促排污单位执行环境保护法律的要求，及时发现环境违法行为，以便采取相应的措施。根据《大气污染防治法》等法律法规的规定，县级以上人民政府环境保护部门或其他依法行使环境监督管理权的部门，有权对管辖范围内的排污单位进行现场检查。

2. 污染事故报告制度

污染事故是指由于违反环境保护法律法规的经济社会活动与行为，以及意外因素的影响或不可抗拒的自然灾害等原因，环境受到污染、人体健康受到危害、社会经济与人民财产受到损失，造成不良社会影响的突发性事件。污染事故报告制度，是指因发生事故或者其他突然性事件，以及在环境受到或可能受到严重污染、威胁居民生命财产安全时，依照法律法规的规定进行通报和报告有关情况并及时采取措施的制度。

3.《大气污染防治重点城市划定方案》

2002 年 12 月，经国务院批准，国家环境保护总局印发《大气污染防治重点城市划定方案》。按照城市总体规划、环境保护规划目标和城市大气环境质量状况划定大气污染防治重点城市，直辖市、省会城市、沿海开放城市和重点旅游城市应当列入大气污染防治重点城市。凡是未达到大气环境质量标准的大气污染防治重点城市，应当在国务院或者国务院环境保护行政主管部门规定的期限内，达到大气环境质量标准。为了达到大气环境质量标准，该城市人民政府应当制定限期达标规划，并可以根据国务院的授权或者规定，采取更加严格的措施，按期实现达标规划。

4.《酸雨控制区和二氧化硫污染控制区划分方案》

根据《大气污染防治法》的规定，1998 年 1 月国家环境保护局印发《酸雨控制区和二氧化硫污染控制区划分方案》，经国务院批准，划定酸雨控制区和二氧化硫污染控制区（简称"两控区"）。目的是控制我国日益严重的酸雨污染。在酸雨控制区和二氧化硫污染控制区内，超过规定的污染物排放标准排放大气污染物的，应按规定限期治理。

三　技术手段

（一）环境标准

环境标准是为防治环境污染、维护生态平衡、保护人体健康，国务院环境保护行政主管部门和省、自治区、直辖市人民政府依据国家有关法律规定，对环境保护工作中需要统一的各项技术规范和技术要求所做的规定。环境标准是监督管理的最重要的措施之一，是行使管理职能和执法的依据，也是处理环境纠纷和进行环境质量评价的依据，是衡量排污状况和环境质量状况的主要尺度。

我国环境标准分为环境质量标准、污染物排放标准、环境基础标准、环境方法标准、环境标准物质标准和环保仪器设备标准六类，常用的标准为环境质量标准和污染物排放标准。其中，环境质量标准包括《环境空气质量标准》（GB 3095—1996）（GB 3095—2012）、《地表水环境质量标准》（GB 3838—2002）、《地下水质量标准》（GB/T 14848—1993）（GB/T 14848—2017）、《海水水质标准》（GB 3097—1997）和《声环境质量标准》（GB 3096—2008）等；污染物排放标准包括《大气污染物综合排放标准》（GB 16297—1996）、《锅炉大气污染物排放标准》（GB 13271—2001）（GB 13271—2014）、《污水综合排放标准》（GB 8978—1996）、《城镇污水处理厂污染物排放标准》（GB 18918—2002）和《工业企业厂界环境噪声排放标准》（GB 12348—2008）等。

（二）《环境空气质量标准》

《环境空气质量标准》规定了环境空气功能区分类、标准分级、污染物项目、平均时间及浓度限值、监测方法、数据统计的有效性规定及实施与监督等内容。《环境空气质量标准》首次发布于1982年，1996年进行了第一次修订，2000年进行了第二次修订，2012年进行了第三次修订。2012年2月29日国务院常务会议同意发布新修订的《环境空气质量标准》。2018年生态环境部会同国家市场监督管理总局发布了《环境空气质量标准》（GB 3095—2012）修改单，修改了标准中关于监测状态的规定，并修改完善了相应的配套监测方法标准，实现了与国际的接轨。

2012年修订的《环境空气质量标准》与2000年的相比，做出了如下调整。一是调整了环境空气功能区分类方案，将三类区（特定工业区）并入二类区（城镇规划中确定的居住区、商业交通居民混合区、文化区、一般工业区和农村地区）；二是调整了污染物项目及限值，增设了PM2.5平均浓度限值和臭氧8小时平均浓度限值，收紧了PM10、二氧化氮、铅和苯并［a］芘等污染物的浓度限值；三是严格了监测数据统计的有效性规定，将有效数据要求由50%～75%提高至75%～90%；四是更新了二氧化硫、二氧化氮、臭氧、颗粒物等的分析方法标准，增加自动监测分析方法；五是明确了标准实施时间，规定新标准发布后分期、分批予以实施。

2018年的标准修改单主要内容有两条：一是对监测状态进行了修改，将监测状态统一采用标准状态，修改为气态污染物监测采用参考状态（25℃、1个标准大气压），颗粒物及其组分监测采用实况状态（监测期间实际环境温度和压力状态），规定"本标准中的气态污染物（二氧化硫、二氧化氮、一氧化碳、臭氧、氮氧化物）浓度均为参考状态下的浓度，颗粒物（粒径小于等于 $10\mu m$）、颗粒物（粒径小于等于 $2.5\mu m$）、总悬浮颗粒物（TSP）及铅、苯并［a］芘浓度为监测期间实际环境温度和压力状态下的浓度"；二是增加了在开展环境空气污染物浓度监测的同时要监测记录气温、气压等气象参数的规定。

（三）大气污染物排放标准

大气污染物排放标准是为了控制污染物的排放量，使空气质量达到环境质量标准，对排入大气中的污染物数量或浓度所规定的限制标准。除国家颁布的标准外，各地、各部门还可根据当地的大气环境容量、污染源的分布和地区特点，在一定经济水平下实现排放标准的可行性，制定适用于本地区、本部门的排放标准。1974 年，中国试行的《工业"三废"排放试行标准》（GB J4—1973）规定了二氧化硫、一氧化碳、硫化氢等 13 种有害物质的排放标准。1996 年，《大气污染物综合排放标准》（GB 16297—1996）是对排入大气中的污染物数量或浓度所规定的限制标准，该标准规定了 33 种大气污染物的排放限值，同时规定了标准执行中的各种要求。在我国现有的国家大气污染物排放标准体系中，按照综合性排放标准与行业性排放标准不交叉执行的原则，锅炉执行《锅炉大气污染物排放标准》（GB 13271—1991）、工业炉窑执行《工业炉窑大气污染物排放标准》（GB 9078—1996）、火电厂执行《火电厂大气污染物排放标准》（GB 13223—1996）、炼焦炉执行《炼焦炉大气污染物排放标准》（GB 16171—1996）、水泥厂执行《水泥厂大气污染物排放标准》（GB 4915—1996）、恶臭物质排放执行《恶臭污染物排放标准》（GB 14554—1993）、汽车排放执行《汽车大气污染物排放标准》（GB 14761.1～14761.7—1993）、摩托车排气执行《摩托车排气污染物排放标准》（GB 14621—1993）等。

第二节　中国市场激励型政策工具

市场激励型政策工具是指政府相关部门通过引入市场机制，利用对市场主体的生产、消费行为进行成本效益评估,使行为主体选择有利于环境保护行为的总称。此类工具不依赖对主体的强制实施,通常采用经济性手段如税收、补贴等形式来刺激经济主体。市场激励型政策工具可分为利用市场和创建市场两类。前者主要是基于税收(庇古税)的思想实施的,即利用市场和价格信号制定资源合理配置政策,通常被称为环境治理中最有力的政策工具,具体手段包括政府补贴、环境税、押金返还、使用者收费等。后者主要是基于科斯定理,即通过界定环境资源产权、建立可交易的许可证和排污权,从而以较低管理成本来解决环境问题,具体手段包括排污权交易、生态补偿等。创建市场是缓解环境资源匮乏最持久以及应用最广泛的一种途径。综上,市场激励型政策工具是基于市场主体对资源的利益调整,引导经济当事人进行理性选择,形成可持续利用环境资源的激励与约束机制。与命令-控制型政策工具的外部约束相比,这类政策工具更多的是通过内在动力促进环保技术创新,因此环境治理成本及运行监控成本较低。

一 环境税

环境税(Environmental Taxation),也称生态税(Ecological Taxation)、绿色税(Green Tax),是 20 世纪末国际税收学界兴起的概念,至今没有一个被广泛接受的统一定义。它是把环境污染和生态破坏的社会成本,内化到生产成本和市场价格中去,再通过市场机制来分配环境资源的一种经济手段。部分发达国家征收的环境税主要有二氧化硫税、水污染税、噪声税、固体废物税和垃圾税 5 种。

1982 年国务院公布的《征收排污费暂行办法》,是我国最早提出并施行的环境经济政策。由此,排污费在全国范围内开始实施,并主要集中于废水、废气、固体废弃物的治理。2003 年国务院公布了《排污费征收使用管理条例》,进一步规范了对排污费的征收和使用管理。2014 年,我国对排污制度再次进行调整,并上调了排污费的征收率。2015 年 6 月,国务院法制办首次公布了《环境保护税法(征求意见稿)》,对将要启动的环境保护税的基本内容进行了阐述。2016 年 12 月 25 日,第十二届全国人大常委会第二十五次会议通过了《环境保护税法》。环境保护税作为我国首个专门以环境保护为目标的独立性环境税税种，《环境保护税法》自 2018 年 1 月 1 日起施行。该法提出在全国范围对大气污染物、水污染物、固体废物和噪声等四大污染物共计 117 种主要污染因子进行征税。环境保护税的纳税人为在中华人民共和国领域和中华人民共和国管辖的其他海域，直接向环境排放应税污染物的企业事业单位和其他生产经营者。该法表明：不直接向环境排放应税污染物的，不缴纳环境保护税；居民个人不属于纳税人，不用缴纳环境保护税。具体应税污染物依据税法所附"环境保护税税目税额表""应税污染物和当量值表"的规定执行。

二　排污费制度

排污费制度是指向环境排放污染物或超过规定的标准排放污染物的排污者，依照国家法律和有关规定按标准缴纳费用的制度。征收排污费的目的是促使排污者加强经营管理，节约和综合利用资源，治理污染，改善环境。排污费制度是"污染者付费"原则的体现，可以使污染防治责任与排污者的经济利益直接挂钩，促进经济效益、社会效益和环境效益的统一。排污收费的管理依据主要是《排污费征收使用管理条例》。

1979 年，我国开展排污费征收试点工作，1982 年国务院发布《征收排污费暂行办法》，此后，排污费制度被逐渐引入各专项法律中，包括 1984 年的《水污染防治法》、1987 年的《大气污染防治法》。1988 年 7 月，国务院发布《污染源治理专项基金有偿使用暂行办法》；1992 年 9 月，国家环境保护局、国家物价局、财政部、国务院经贸办联合发布《关于开展征收工业燃煤二氧化硫排污费试点工作的通知》；1998 年，国家环境保护总局、国家发展计划委员会、财政部联合发布了《关于在杭州等三城市实行总量排污收费试点的通知》；国务院于 2003 年 1 月颁布《排污费征收使用管理条例》；2003 年，国家发展计划委员会、财政部、国家环境保护总局、国家经济贸易委员会联合颁布的《排污费征收标准管理办法》，财政部、国家发展改革委和国家环境保护总局发布的《关于减免及缓缴排污费有关问题的通知》，财政和国家环境保护总局发布的《关于环保部门实行收支两条线管理后经费安排的实施办法》，标志着排污费制度在我国正式建立（王金南等，2014）。2014 年 9 月，国家发展改革委、财政部和环境保护部联合印发《关于调整排污费征收标准等有关问题的通知》；2017年12月25日，国务院公布《环境保护税法实施条例》，自2018年1月1日起施行，作为征收排污费依据的《排污费征收使用管理条例》同时废止。

三 排污权交易

排污权交易是指通过设立类似于排污许可证形式的排污权，这种权利是建立在合法的污染物排放之上，并准许排污权与商品一样能在市场自由交易，从而对污染物排放总量进行控制。排污权交易和排污费制度的区别在于：排污权交易首先需要确定污染物排放总量，然后由市场主体决定价格；而排污费制度恰恰相反，即先明确价格，然后由市场主体决定污染物排放总量。

20世纪80年代末，我国试行排污权的有偿使用和交易机制，截至2019年初，我国已有28个省区市开展了试点，已经初步建立了排污权交易机制，陆续建立了一批排污权交易平台（见表9-5）。

表9-5 中国主要排污权交易平台统计

交易平台	成立年份	业务范围
嘉兴市排污权储备交易中心	2007	中国首家排污权储备交易机构，为化学需氧量（COD）和二氧化硫（SO_2）排污权的地区性二级市场交易提供服务。作为中间方，转让方向储备交易中心出让排污权，需求方向储备交易中心申购排污权
北京环境交易所	2008	为节能减排环保技术、节能指标、COD和SO_2等排污权益的二级市场交易提供服务，并为温室气体减排提供信息服务，是全国性的CDM（清洁发展机制）服务平台
上海环境能源交易所	2008	通过环境能源权益交易管理系统，为COD和SO_2等环境能源领域权益的二级市场交易提供服务
天津排放权交易所	2008	由中油资产管理有限公司、天津产权交易中心和芝加哥气候交易所三方出资设立，为COD和SO_2等主要污染物交易和能源效率交易提供服务
长沙环境资源交易所	2008	主要从事污染物排污权交易、环境污染治理技术交易以及生态环境资源的交易

续表

交易平台	成立年份	业务范围
杭州产权交易所	2009	完全市场化的区域性平台。企业可在产权交易所将排污权挂牌，需求方和转让方自主协商交易
湖北环境资源交易中心	2009	交易物为 COD、SO_2、C 排放等，面向华中地区的区域性交易平台
陕西环境权交易所有限公司	2010	经营范围为节能环保技术转让，碳排放权、水权、经营性土地使用权、环境排放权与节能交易服务，CDM 信息服务与生态补偿促进服务，信息咨询及会展服务
山西省排污权交易中心	2011	由山西省政府、省环境保护厅、省财政厅设立，为 COD、SO_2、氮氧化物、氨氮、烟尘、工业粉尘污染物交易提供服务
海峡股权交易中心（福建）有限公司	2011	经福建省政府批准设立，由福建省金融工作办公室负责监管。交易物包括 COD、氨氮、SO_2、氮氧化物
兰州市环境资源储备中心、兰州环境能源交易中心	2014	负责排污单位初始排污权指标的核定，审核污染物排放总量出让方、受让方交易资格及交易的真实性，确定交易方式、交易过程监督和市级统筹的主要污染物排污权的储备、出让工作。负责建立全市统一的交易市场运行跟踪管理系统以及交易的日常工作，按市级环境保护行政主管部门的要求组织实施交易活动，为全市排污权有偿使用交易工作提供交易平台、信息发布等咨询服务，办理交易鉴证。交易污染物为 COD、SO_2、氮氧化物、氨氮
浙江省排污权交易中心	2016	环境保护行政主管部门负责排污权的储备和出让。财政主管部门负责排污权储备和出让资金收支的监管。价格主管部门负责排污权储备和出让价格行为的监管。排污权交易机构受环境保护行政主管部门委托，承担排污权储备和出让等具体工作。交易污染物为 COD、SO_2、氮氧化物、氨氮

四　生态补偿政策

生态补偿（Eco-compensation）是以保护和可持续利用生态系统服务为目的，以经济手段为主，调节相关者利益关系，促进补偿活动、调动生态保护积极性的各种规则、激励和协调的制度安排。生态补偿有狭义和广义之分。狭义的生态补偿指对由人类的社会经济活动给生态系统和自然资源造成的破坏及对环境造成的污染的补偿、恢复、综合治理等一系列活动的总称；广义的生态补偿还应包括对因环境保护丧失发展机会的区域内的居民进行的资金、技术、实物上的补偿，政策上的优惠，以及为增强环境保护意识、提高环境保护水平而进行的科研、教育费用的支出。

生态补偿的主体应该是破坏大气环境的行为人，而受到补偿的对象应该是大气环境利益遭到损害的主体，或者是使大气环境质量改善的行为人（陶希东，2012；李家才，2010）。受偿主体是指因向社会提供生态系统服务或生态产品、从事生态环境建设或者使用绿色环保技术，或者因其居所、财产位于重要生态功能区致使其生活工作条件或者财产利用、经济发展等受限，依照法律规定或者合同的约定应当得到物质、技术、资金补偿或者税收优惠的人，具体包括以下类型：一是生态功能区内的地方政府和居民，二是环保技术的研发主体，三是采用新型环保技术的企业。

大气环境生态补偿包括直接补偿方式和间接补偿方式。其中，直接补偿方式主要由政府部门向受偿地区提供一定的资金或者实物，如政府财政转移支付、专项补偿资金、生产设备补偿等，能够较好地节约交易成本，短期内能改善区域大气环境质量。目前财政转移支付和专项补偿资金因为其专款专用和机构化管理等优点，越来越多地被应用于大气环境生态补偿中（刘向阳，2008）。间接补偿是政府给予受偿地区一定的财税政策优惠、环保技术和科技人才支持，强调受偿地区发展绿色产业对受益地区的拉动作用（刘小峰，2013），间接补偿减轻了政府的财政负担。

生态补偿主要应当补偿两部分，即生态服务功能的价值和环境治理与生态恢复的物化成本。生态补偿标准是生态补偿机制建立的重点和难点，当前大多是从污染造成的经济损失、健康损失等方面进行补偿标准测算。在实际运用中最广泛的是支付方与受偿方的意愿协商法（王翊等，2015；刘薇，2015）。意愿协商法是通过支付方和受偿方的支付意愿和受偿意愿，设计大气环境生态补偿标准。

1992年，《国务院批转国家体改委关于一九九二年经济体制改革要点的通知》（国发〔1992〕12号）明确提出，"要建立林价制度和森林生态效益补偿制度，实行森林资源有偿使用"；1993年，《国务院关于进一步加强造林绿化工作的通知》（国发〔1993〕15号）指出，"要改革造林绿化资金投入机制，逐步实行征收生态效益补偿费制度"；1993年，国家环境保护局发布《关于确定国家环保局生态环境补偿费试点的通知》（2002 年废止）；1998 年修正的《森林法》第八条明确表明"国家设立森林生态效益补偿基金，用于提供生态效益的防护林和特种用途林的森林资源、林木的营造、抚育、保护和管理"。2001～2004 年为森林生态效益补助资金试点阶段；2004 年正式建立中央森林生态效益补偿基金，并由财政部和国家林业局出台了《中央森林生态效益补偿基金管理办法》。2005 年 10 月，党的十六届五中全会公报首次要求政府"按照谁开发谁保护、谁受益谁补偿的原则，加快建立生态补偿机制"。从此，生态补偿开始在中国全面开展。2013 年 11 月，党的十八届三中全会通过的《中共中央关于全面深化改革若干重大问题的决定》，进一步确定要实行生态补偿制度，推动地区间建立横向生态补偿制度，建立吸引社会资本投入生态环境保护的市场化机制。2013 年 4 月，国务院已将生态补偿的领域从原来的湿地、矿产资源开发扩大到流域、水资源、饮用水水源保护、农业、草原、森林、自然保护区、重点生态功能区、区域、海洋十大领域。

全国人大常委会通过的涉及生态补偿的法律有《草原法》（2013 年）、《农业法》（2012 年）、《水土保持法》（2010 年）、《海岛保护法》（2009 年）、《水污染防治法》（2008 年）、《畜牧法》（2005 年）、《野生动物保护法》（2004 年）、《土地管理法》（2004 年）、《渔业法》（2004 年）、《水法》（2002 年）、《防沙治沙法》（2001 年）、《海域使用管理法》（2001 年）、《森林法》（1998 年）、《矿产资源法》（1996 年）。内容主要涉及行政法制、宏观经济、资源与能源、建设业、农牧业、水利和环保领域，包括自然保护区、退耕还林、森林生态效益补偿金、矿区生态环境恢复补偿、全国主体功能区划以及区域生态保护建设等方面。

五　其他经济手段

（一）补贴政策

补贴政策是指政府相关机构以改善环境质量为目的，为促进经济主体或排污主体符合国家排污标准或环保要求而采取的各种资助活动。环境补贴政策的形式多样，大体上可以归纳为税收优惠和补助金。

　　税收优惠政策主要有：1994 年国家发展改革委等部门制定并于 2013 年进行修订的《粉煤灰综合利用管理办法》；2000 年财政部与国家税务总局下发的《关于对低污染排放小汽车减征消费税的通知》；2002 年全国人大常委会颁布并于 2012 年修正的《清洁生产促进法》；2005 年全国人大常委会发布并于 2009 年修正的《可再生能源法》；2007 年全国人大常委会通过并于 2018 年修正的《企业所得税法》；2008 年经国务院批准，财政部、国家税务总局、国家发展改革委公布的《资源综合利用企业所得税优惠目录（2008 年版）》；2009 年经国务院批准，财政部、国家税务总局和国家发展改革委发布的《环境保护、节能节水项目企业所得税优惠目录（试行）》；2017 年财政部、国家税务总局、国家发展改革委、工业和信息化部、环境保护部联合发布的《节能节水专用设备企业所得税优惠目录（2017 年版）》和《环境保护专用设备企业所得税优惠目录（2017 年版）》；2017 年财政部、国家税务总局发布的《关于减征 1.6 升及以下排量乘用车车辆购置税的通知》等。

　　补助金主要涉及三个领域。一是脱硫、脱硝电价补贴。例如，2007 年国家发展改革委和国家环境保护总局颁布的《燃煤发电机组脱硫电价及脱硫设施运行管理办法（试行）》，对符合国家建设管理规定的燃煤发电机组脱硫设施实施电价优惠补贴。2011 年，国家发展改革委进一步对燃煤发电机组脱硝设施进行电价试点工作，对符合国家政策要求的燃煤发电机组施行脱硝电价补贴。2013 年，国家发展改革委发布的《关于调整可再生能源电价附加标准与环保电价有关事项的通知》提出，适当调整可再生能源电价附加和燃煤发电企业脱硝等环保电价标准。二是国家采取以奖代补的形式，对重点流域和城镇污水处理设施配套管网建设项目进行奖励补助。三是对特定污染防治的专项补助。例如，政府采取贷款优惠、环境基金、专项基金、部门基金和加速折旧等优惠政策来实现环境保护的目的，并取得良好的效果。2018 年多个省份燃煤锅炉改造补贴政策相继出炉，从不同维度调动辖区进行燃煤锅炉环保改造的积极性。2016 年，由财政部、科技部、工业和信息化部、国家发展改革委四部门下发了《关于调整新能源汽车推广应用财政补贴政策的通知》；2018 年，在 2016 年下发文件的基础上，财政部、工业和信息化部进一步发布了《关于调整完善新能源汽车推广应用财政补贴政策的通知》；2019 年，又在 2018 年发布文件的基础上，进一步对新能源汽车补贴政策进行调整与完善，四部门发布了《关于进一步完善新能源汽车推广应用财政补贴政策的通知》。

在大气污染防治方面，2018年财政部和生态环境部发布《大气污染防治资金管理办法》，为地方开展大气污染防治工作设立专项资金，支持范围包括京津冀及周边地区、汾渭平原、长三角等重点区域。对下列事项予以支持：一是北方地区冬季清洁取暖试点，支持北方地区重点区域按照"宜电则电、宜气则气、宜煤则煤、宜热则热"的原则，推进散煤治理和清洁替代，并同步开展建筑节能改造，专项资金以城市为单位进行定额奖补；二是党中央、国务院部署的打赢蓝天保卫战其他重点任务，根据相关要求，支持燃煤锅炉及工业炉窑综合整治、挥发性有机物治理、柴油货车污染治理等对大气环境质量改善有突出影响的事项；三是氢氟碳化物销毁处置，支持生态环境部组织相关企业按要求销毁、处置氢氟碳化物；四是党中央、国务院交办的关于大气污染防治的其他重要事项。

（二）绿色信贷政策

信贷政策是应用比较早的一类环境经济政策，也是一项非常重要的经济手段。这项政策在环境保护领域的应用途径主要是，根据环境保护及可持续发展的要求，对不同的信贷对象实行不同的信贷政策，即对有利于环境保护和可持续发展的项目实行优惠的信贷政策；反之，则实行严格的信贷政策。通过控制企业的间接融资渠道，达到促进企业积极开展环境保护的目的。

早在1995年国家环境保护局就发布了《关于运用信贷政策促进环境保护工作的通知》。2007年7月，国家环境保护总局、中国人民银行、中国银监会联合发布了《关于落实环保政策法规防范信贷风险的意见》，对不符合产业政策和环境违法的企业、项目进行信贷控制，遏制高耗能、高污染行业的盲目扩张。在这之后，国家环境保护总局定期向中国人民银行征信系统报送企业环境违法信息，中国建设银行、中国工商银行等银行在审核企业贷款过程中实施了"环保一票否决"制度。多个省份的环保部门与所在地的金融监管机构联合出台了有关绿色信贷的实施方案和具体细则。2007年7月和11月，中国银监会分别发布了《关于防范和控制高耗能高污染行业贷款风险的通知》和《节能减排授信工作指导意见》，要求各银行业金融机构积极配合环保部门，认真执行国家控制"两高"项目的产业政策和准入条件，并根据借款项目对环境影响的大小，实行分类管理。2012 年，中国银监会印发了《绿色信贷指引的通知》，制定了绿色信贷统计制度，2014 年又印发了《绿色信贷实施情况关键评价指标》等。2018 年 7 月，中国人民银行印发《关于开展银行业存款类金融机构绿色信贷业绩评价的通知》，同时发布《银行业存款类金融机构绿色信贷业绩评价方案（试行）》，将绿色信贷业绩评价范围拓展至全部银行业存款类金融机构。随着一系列政策措施的落地，我国构建出一整套绿色信贷政策框架。

（三）绿色证券、绿色保险

绿色证券是指上市公司在上市融资和再融资过程中，要经由环保部门进行环保审核，构建一个以绿色市场准入制度、绿色增发和配股制度以及环境绩效披露制度为主要内容的绿色证券市场，从资金源头上遏制住这些企业的无序扩张，从而对证券市场各方参与主体的环境行为进行调整，引导证券市场发挥资本资产定价、资源配置和促进资本形成的功能，实现保护环境和高效利用资源相统一。绿色保险又叫生态保险，是在市场经济条件下进行环境风险管理的一项基本手段，又称环境污染责任保险，是以企业发生污染事故时对第三者造成的损害依法应承担的赔偿责任为标的的保险。有效运用这种保险工具，对促使企业加强环境风险管理，减少污染事故的发生，迅速应对污染事故，及时补偿、有效保护受害者权益等都可以产生积极的效果。

自 2007 年以来，国家环境保护总局同中国人民银行、中国银监会、中国保监会相继出台以"绿色信贷""绿色保险""绿色证券"为主要内容的"绿色金融"政策。2007 年 7 月，国家环境保护总局、中国人民银行和中国银监会联合发布的《关于落实环保政策法规防范信贷风险的意见》，被称为"绿色信贷"政策。2007 年 12 月，国家环境保护总局和中国保监会联合发布《关于环境污染责任保险工作的指导意见》，正式确立了中国建立环境污染责任保险制度的基本框架。2008 年 2 月，国家环境保护总局发布《关于加强上市公司环境保护监督管理工作的指导意见》，将以上市公司环保核查制度和环境信息披露制度为核心，遏制"双高"行业过度扩张，防范资本风险，并促进上市公司持续改进环境表现，即"绿色证券指导意见"。从发展情况看，绿色保险与绿色证券在我国仍处于探索和起步阶段，绿色金融仍以信贷为主。

2016 年 8 月，经国务院同意，中国人民银行、财政部等七部门联合印发了《关于构建绿色金融体系的指导意见》，强调构建绿色金融体系的主要目的是动员和激励更多社会资本投入绿色产业，同时更有效地抑制污染性投资；明确指出要发展绿色保险，"在环境高风险领域建立环境污染强制责任保险制度"，"鼓励和支持保险机构创新绿色保险产品和服务"，"鼓励和支持保险机构参与环境风险治理体系建设"，中国成为全球建立了比较完整的绿色金融政策体系的经济体。

2018 年 5 月，生态环境部审定发布《环境污染强制责任保险管理办法（草案）》，该办法通过"评估定价"环境风险、强制性征收环境污染责任保险的做法，提高了环境风险监管、损害赔偿等工作的成效，有效丰富了我国目前实现外部成本内部化的政策工具。

第三节　中国公众参与型政策工具

公众参与型政策工具有狭义和广义之分。狭义概念是指一种基于转变和道德规劝影响人们环保行为的环境政策手段；广义概念是指除命令－控制型、市场激励型政策工具之外的所有环境政策工具。一般情况下采用狭义概念，狭义上主要包括信息披露型和自愿性行动两类。前者是指政府在环境治理政策制定、执行和反馈过程中为实现政策目标而采取的具有信息属性的手段、方式或途径，具体方式包括环境监测、环境信息公开、环境标签或标志计划、环境信访等类型。后者是指政府通过公民参与、道德感染、信息舆论等非强制性手段，促使当事人采取改善环境质量的自愿性行动，以实现环境治理目标，典型工具有谈判协议、清洁生产环境标志认证等。导向性、自愿性、责任性和公开性是这类工具的主要特点，因此这类工具有利于调动社会公众的积极性，将分散的社会力量汇聚到环境治理中来，从而实现对环境污染行为有效的约束和监督作用。我国公众参与型政策工具主要包括环境标志制度、环境信息公开制度、环境认证制度等。

一 环境标志制度

环境标志是指政府部门授权第三方认证机构依据一定的环境标准向有关厂商颁发的一种标志，以证明该产品从研究、开发、生产、销售、使用到回收利用和处置的整个过程都符合环境保护要求，即对环境无害或危害极小，同时有利于资源的再生和回收利用。环境标志提供产品在生产、经销和消费过程中对环境所产生的影响，从而便于下游企业或最终消费者在购买时识别出环保产品和非环保产品。

我国环境标志制度正式诞生于 1994 年国家环境保护局通过的《环境标志产品认证管理办法（试行）》。1994 年 5 月，中国环境标志产品认证委员会正式成立，正式开始了"中国环境标志"的认证工作，该工作的管理机构是国家环境保护局及省、自治区、直辖市环保部门。此后，国家又先后颁布了多个环境标志规范性文件，包括 1996 年制定的《中国环境标志产品认证证书和环境标志使用管理规定》、2008 年公布的《中国环境标志使用管理办法》等，从而形成了较为完善的环境标志体系。

环境标志工作一般由政府授权给环保机构。环境标志能证明产品符合要求，故具证明性质。标志由商会、实业或其他团体申请注册，并对使用该证明的商品具有鉴定能力和保证性，因此具有权威性。其只对贴标产品具有证明性及专证性。考虑到环境标准的提高，标志每 3～5 年需重新认定，具有时限性。通常列入环境标志的产品类型为节水节能型、可再生利用型、清洁工艺型、低污染型、可生物降解型、低能耗型。

二 环境信息公开制度

环境信息公开，是指依据和尊重公众知情权，政府和企业以及其他社会行为主体向公众通报和公开各自的环境行为，以便于公众参与和监督。因此环境信息公开制度既要公开环境质量信息，也要公开政府和企业的环境行为，为公众了解和监督环保工作提供必要条件，这对加强政府、企业、公众的沟通和协商，形成政府、企业和公众的良性互动关系有重要的促进作用，有利于社会各方共同参与环境保护。

　　环境信息公开工作事关人民群众的知情权、参与权和监督权。我国逐步建立起环境信息公开、政府信息发布等一整套较完整的制度机制，使信息公开工作有法可依、有章可循。近年来，生态环境部先后发布了《环境信息公开办法（试行）》《企业事业单位环境信息公开办法》《国家重点监控企业自行监测及信息公开办法（试行）》《国家重点监控企业污染源监督性监测及信息公开办法（试行）》《建设项目环境影响评价政府信息公开指南（试行）》《关于进一步加强环境保护信息公开工作的通知》。各阶段环境信息公开政策文件见表9-6。

表 9-6　各阶段环境信息公开政策文件

政策阶段	政策学习	政策内容	政策文件（年份）
隐含式公开（改革开放前）	联合国环境与发展大会促进对环境信息公开的了解	隐含承认公众有知情权、检举权	《关于救灾应即转入成绩与经验方面报道的指示》（1950）《宪法》（1954）
正式公开（20世纪70年代至90年代）	河北藁城、浙江乐清等县（市）试点提供实践经验；借鉴联合国环境与发展大会宣扬的可持续发展理念	保护环境，承认公众知情权；政府应定期发布环境状况公报以履行信息公开责任	《环境保护法（试行）》（1979）《核电厂核事故应急管理条例》（1993）《固体废物污染环境防治法》（1995）《环境噪声污染防治法》（1996）《近岸海域环境功能区管理办法》（1999）
集中式公开（2000年以来）	国内广州、上海等地方政府信息公开实践经验；借鉴国外先进的环境信息公开技术与办法	以履行政府职能、保障公民知情权等环境权利为环境信息公开目标；明确环境信息公开的目的、范围、方式、程序、监督和保障等方面；完善环境信息公开制度	《关于做好上市公司环保情况核查工作的通知》（2001）《环境影响评价法》（2002）《环境保护行政主管部门政务公开管理办法》（2003）《关于企业环境信息公开的公告》（2003）《广州市政府信息公开规定》（2002）《上海市政府信息公开规定》（2004）《环境保护行政许可听证暂行办法》（2004）《关于加快推进企业环境行为评价工作的意见》（2005）《关于落实科学发展观加强环境保护的决定》（2005）

续表

政策阶段	政策学习	政策内容	政策文件（年份）
			《环境影响评价公众参与暂行办法》（2006） 《全国污染源普查条例》（2007） 《政府信息公开条例》（2007） 《环境信息公开办法（试行）》（2007） 《突发环境事件信息报告办法》（2011） 《核与辐射安全监管信息公开方案》（2014） 《企业事业单位环境信息公开办法》（2014） 《环境保护法》（2014） 《大气污染防治法》（2018）

资料来源：参考孙岩等（2018）。

三 环境认证制度

环境认证制度是指对企业的管理程序和管理结构进行的认证，而不涉及对环境表现或环境标准的认证。在环境认证制度下，企业为使自身形象更好，其环境污染治理的行为变得自觉主动。事实上，环境认证制度短期内虽可能挤占企业的生产成本，但长期来看，其通过环境管理体系的实施，不仅使企业因减少环境污染降低了生产成本，而且借助良好的社会影响促进了企业竞争力的提升。目前的环境认证主要包括环境管理体系认证和环保产品认证。

（一）环境管理体系认证

环境管理体系（Environmental Management System，EMS）是一个组织内全面管理体系的组成部分，它包括为制定、实施、实现、评审和保持环境方针所需的组织机构、规划活动、机构职责、惯例、程序、过程和资源，还包括组织的环境方针、目标和指标等管理方面的内容。

环境管理体系认证是指由第三方公证机构依据公开发布的环境管理体系标准（ISO 14000 环境管理系列标准），对供方（生产方）的环境管理体系实施评定，评定合格的由第三方机构颁发环境管理体系认证证书，并给予注册公布，证明供方具有按既定环境保护标准和法规要求提供产品或服务的环境保证能力。通过环境管理体系认证，可以证实生产商使用的原材料、生产工艺、加工方法以及产品的使用和用后处置是否符合环境保护标准和法规的要求。ISO 14000 环境管理系列标准是创建绿色企业的有效工具，而且它是一套国际通用的标准，是一套适用于任何组织的标准。

1997 年，《国务院办公厅关于中国环境管理体系认证指导委员会有关问题的复函》同意国家环境保护局、国家技术监督局的《关于组建中国环境管理体系认证指导委员会的请示》，经国务院办公厅批准，中国环境管理体系认证指导委员会成立，属部际协调机构，负责指导国际标准化组织环境管理系列标准（ISO 14000 系列标准）在我国的实施工作，其常设机构设在国家环境保护局科技标准司。指导委员会下设的环境管理体系认证机构认可委员会和认证人员国家注册委员会环境管理专业委员会成立，并开展工作。2001 年，经中国环境管理体系认证指导委员会全体委员会议审议通过的《环境管理体系认证管理规定》发布。2020 年，中共中央办公厅、国务院办公厅印发了《关于构建现代环境治理体系的指导意见》，提出完善环境保护标准，鼓励开展各类涉及环境治理的绿色认证制度。

（二）环保产品认证

中国环保产品认证的前身为国家环境保护局实施的环保产品认定。1996 年，根据国务院赋予国家环境保护局负责建立环境保护资质认可制度的职能，国家环境保护局颁布《关于对环保产品实行认定的决定》；2000 年，国家环境保护总局下发《关于调整环境保护产品认定工作有关事项的通知》，将环保产品认定工作委托中国环境保护产业协会组织进行；2001 年为适应中国加入 WTO 后的形势要求，国家环境保护总局发布《环境保护产品认定管理办法》。2005 年，中国环境保护产业协会组建了中环协（北京）认证中心，承担环保产品认证工作。2008 年初，中标认证中心认证业务并入中国质量认证中心，合作开展中国环保产品认证工作。

四　环保社团

中国民间环保组织自 1978 年开始起步，其职能和作用在社会发展中表现得日渐重要，已经形成了一个完整的系统体系，成了推动中国和全球环境保护事业发展与进步的重要力量。其中具有代表性的有如下四个。

（一）自然之友

自然之友成立于 1994 年，是中国成立最早的全国性民间环保组织。自然之友以开展群众性环境教育、倡导绿色文明、建立和传播具有中国特色的绿色文化、促进中国环保事业发展为宗旨。其主要工作内容包括以下三个方面。一是建立环境公益诉讼民间行动支持网络。聚焦大气、水、土壤和自然保护区等核心议题，通过个案及民间行动网络的建设，推动环境公益诉讼制度的实施。二是深入推进重要环境立法与决策。推动环境公益诉讼主体范围扩大，推动公众参与法案的有效修改。三是推动大气污染源信息全面公开。通过递交申请书、信函、会谈等方式先后推动京津冀及全国大气污染源信息全面公开。自然之友从 2006 年开始，与社会科学文献出版社合作每年出版一本"环境绿皮书"——《中国环境发展报告》。

（二）公众环境研究中心

公众环境研究中心（IPE）是一家在北京注册的公益环境研究机构。自 2006 年 6 月成立以来，IPE 致力于收集、整理和分析政府和企业公开的环境信息，搭建环境信息数据库和污染地图网站、蔚蓝地图 App 两个应用平台，整合环境数据服务于绿色采购、绿色金融和政府环境决策，通过企业、政府、公益组织、研究机构等多方合力，撬动大批企业实现环保转型，促进环境信息公开和环境治理机制的完善。IPE 建立的"中国污染地图"，是全面收集中国水质信息、排污信息、环境违法企业信息的公益数据库，将大量分散的、未成系统的环境信息集中起来，以用户友好的形式展示给公众，引导公众利用这些信息，以公民身份参与环境决策和管理，或者以消费者身份运用购买权影响企业的环境表现，促使企业担负起相应的环境责任。

（三）中国环境保护协会

中国环境保护协会，简称"中国环保协会"（China Environmental Protection Association，CEPA），是我国环境保护领域知名的全国性和国际性社会团体，是于 1997 年 7 月 1 日由热心环保事业的各人士、企业、事业单位等自愿结成的非营利组织和独立的社会团体法人。协会主要是以公益环保活动为主的民间组织。

中国环境保护协会的目标包括以下四个方面：一是促进我国环保技术的进步与发展，优化我国环保产品的产业结构；二是搭建政府与企业之间的桥梁；三是团结、凝聚各社团组织以及各方面的力量，共同参与和关爱环保工作，加强环境监督，维护公众和社会环境权益，协助和配合政府实现国家环境目标、任务，促进中国环境保护事业的顺利发展；四是确立中国环保社团应有的国际地位，参加双边、多边与环境相关的国际民间交流与合作，维护我国良好的国际环境形象，推动全人类环境事业的进步与发展。

中国环境保护协会的工作包括以下两个方面。一是为政府提供环境决策建议。围绕国家环境与发展的目标和任务，充分发挥政府与社会之间的桥梁和纽带作用，为各级政府及其环境保护行政主管部门提供决策建议。二是维护公众和社会的环境法律权益。组织开展维护环境权益和环境法律援助的理论与实践活动，推动维护环境权益的立法工作，建立环境权益保障体系，设立维护环境权益中心，下设维护环境权益法律咨询委员会、维护环境权益项目管理部、维护环境权益专项基金和环境律师事务所等，对环境权益受到侵害的公民、法人尤其是弱势群体进行救助，维护公众和社会的环境权益。

（四）中国环境保护产业协会

中国环境保护产业协会（China Association of Environmental Protection Industry，CAEPI）成立于 1984 年，是由在中国境内登记注册的从事生态环境保护相关的生产、服务、研发、管理等活动的企事业单位、社会组织及个人自愿结成的全国性行业组织，是在民政部注册登记的具有法人资格的非营利性社会团体，接受生态环境部、民政部等部门的业务指导和监督管理。至 2019 年，CAEPI 拥有 2700 多家会员单位，并通过各省、自治区、直辖市、副省级城市的环境保护产业协会联系着上万家环保企业。

中国环境保护产业协会下设水污染治理委员会、电除尘委员会、废气净化委员会、袋式除尘委员会、脱硫脱硝委员会、固体废物处理利用委员会、噪声与振动控制委员会、环境监测仪器专业委员会、机动车污染防治技术专业委员会、土壤与地下水修复专业委员会、社会化环境监测与运营服务专业委员会、环保产业政策与集聚区专业委员会、投融资专业委员会、冶金环保专业委员会、环境互联网+专业委员会、环境影响评价行业分会、城镇污水治理分会、室内环境控制与健康分会、核安全与辐射安全分会等分支机构，分别开展各专业领域的活动。

五 环保宣传教育

1996 年 12 月 10 日，国家环境保护局、中共中央宣传部、国家教育委员会联合印发《全国环境宣传教育行动纲要》，该行动纲要对环境教育、环境宣传、环境宣传教育的对外交流与国际合作以及环境宣传教育的能力建设的目标和行动进行阐述。2011 年 4 月 22 日，环境保护部、中共中央宣传部、中央文明办、教育部、共青团中央和全国妇联联合发布《全国环境宣传教育行动纲要（2011—2015 年）》，以进一步加强环境宣传教育工作，增强全民环境意识，建立全民参与的社会行动体系，推进资源节约型、环境友好型社会建设，提高生态文明水平。

生态环境部设有专门的宣传教育司，负责组织、指导和协调全国环境保护宣传教育工作，组织开展生态文明建设和环境友好型社会建设的宣传教育工作，管理社会公众参与方面的环保业务培训，推动社会公众和社会组织参与环境保护。生态环境部宣传教育中心，是生态环境部下属机构，协助承担对社会的宣传教育和能力培训等技术支持任务。省级和地方政府也参照国家生态环保系统的机构体例，在环保部门建立了对应的宣教处（宣教室）以及宣教中心，组织和管理省级和地方环境宣传教育和相关活动，以及组织公众参与环境治理工作。

（一）环境素养普及

环境教育是提高全民族思想道德素质和科学文化素质（包括环境意识）的基本手段之一，环境教育的内容包括环境科学知识、环境法律法规知识和环境道德伦理知识。环境教育是面向全社会的教育，其对象和形式包括以社会各阶层为对象的社会教育，以大、中、小学生和幼儿为对象的基础教育，以培养环保专门人才为目的的专业教育和以提高职工素质为目的的成人教育四个方面。

2011 年 4 月 22 日，环境保护部、中共中央宣传部、中央文明办、教育部、共青团中央、全国妇联等六部门联合编制了《全国环境宣传教育行动纲要（2011—2015 年）》，要求以"世界环境日""世界地球日""生物多样性保护日"等纪念日为契机，开展范围广、影响大的环境宣传活动，不断改进宣传内容及形式手段，丰富宣传题材、风格和载体，贴近群众、贴近生活、贴近实际，不断增强宣传教育活动的实效。

生态环境部宣传教育中心成立于 1996 年，是生态环境部面向社会各界开展宣传教育和培训的支持单位。开展环境公共关系与战略传播，以及环境社会风险防范与化解和环保热点问题舆情研究工作，承担相关舆情的收集、分析与报送；承担"6·5"环境日重大宣传工作，面向公众宣传国家环保法规、政策和措施，举办丰富多彩的环保主题活动，培育引导环保社会组织有序发展；开展环境教育理论研究和实践，运营"国家环保宣教示范基地"；聚焦生态环境影视宣传，拥有生态环境影视策划、拍摄和制作的专业设备和人员，策划并制作各类环保电视片、公益广告片，建有生态环境影视媒资库；运营"中国环境宣传教育""微言环保""世界环境"等微博和微信平台。各级地方环保部门也设有环境宣传教育的部门。

（二）公众环保参与

2006 年，国内环保领域第一部公众参与的规范性文件《环境影响评价公众参与暂行办法》发布，为国内公众参与建设项目环评提供了法律依据和途径。2010 年，环境保护部发布《关于培育引导环保社会组织有序发展的指导意见》，提出培育引导环保社会组织有序发展的原则、目标和路径。2014 年以后，国家又相继发布《关于推进环境保护公众参与的指导意见》和《环境保护公众参与办法》等，并于 2018 年发布了《环境影响评价公众参与办法》，全面规定和细化了公众参与的内容、程序、方式方法和渠道等。各级政府开通了 12369 环境保护的投诉和举报热线，利用公众力量实施环境监督。随着互联网的广泛应用，网上举报制度也得到了不断推广。

第四节　中国空气污染防治管理政策工具的创新趋势

一　创新空气污染防治管理政策工具要考虑的因素

空气污染防治管理政策不仅涉及经济政策、社会政策、环境技术政策，还涉及金融政策、能源政策、产业政策、财税政策等，逐渐构成网状结构，与之配套的还有环境监测、数据统计、信息公开、公众参与、环保责任制等（见图9-1）。

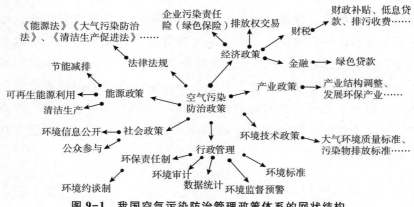

图9-1　我国空气污染防治管理政策体系的网状结构

空气污染防治管理政策体系构成复杂，由来自各个领域的政策共同组成，有的是国家颁布的法律法规，有的是企事业单位发布的规章制度。其中，最为核心的就是与环保相关的一切法律性文件、技术性文件、规范性文件以及空气质量检测标准等。影响我国空气污染防治管理政策效果的主要因素有三，即权力结构因素、行动者的策略行为因素以及社会资本因素。

（一）权力结构因素

公共权力掌握了政策运行，是政策得以运行的推动力。权力结构指的是政策网络中政府部门之间权力的分配。权力的分配是以环保行政管理组织结构为主。在中国实施的环保行政管理组织结构中，直接作用于政策实施的是划分职权。从本质而言，权力越大或者等级越高，那么政策实施的效果就越显而易见。从横向的角度看权力，环保机构的行政级别一旦升级，就会获得更大的权力，进而提高它在环保政策制定和实施中占据的地位，表现在环保部门与其他部门间交往互动的次数增加、相关任务合作的机会也增加。从纵向的角度看权力，中央下达命令，地方进行执行，这是一种自上而下的模式。但是在实际情况中，中央和地方政府都有自己的利益。前者更加在乎社会经济的全面发展，而后者更加倾向于地方的发展，注重地方经济和社会的发展。中央重视环保，促使地方政府也将环保与经济发展放在重要的位置上。

（二）策略行为因素

策略行为是以府际网络和生产者网络为主体趋利避害的行为，在政策实施的过程中，生产者网络往往不仅会受到政府的监管，还会受到来自社会的约束。因此，在政策的制定过程中，就需要考虑不同主体的关系。在空气污染防治管理政策网络中，地方政府和企业成了两大主角。地方政府和排污企业分别扮演监管者和被监管者的角色。另外，地方政府也是被监管者。它具有两种不同的角色，中央政府会对其进行监督，并且企业也会对其相关的方面提出不同的要求。因此，政府与企业在互动中形成了利益竞争规则。企业同样会受到来自各级环保部门、政府机关的监管与约束。在实施环保政策时，地方政府和企业因为相关的策略行为，从而形成零和博弈、共谋或者合作的关系。具体表现如下。首先是零和博弈关系，它表示的是地方政府坚持实施中央政策，采取有效的方法阻止企业违法排污，并且采取积极手段治理污染企业，促使生产型企业崛起，该做法在短期内会导致经济利益受损。其次是共谋关系，由于地方政府和企业之间具有相同的经济利益目标，两者可以形成同盟关系，共同抵御政策，产生反抗的策略行为。地方政府的审批权有所提高，进而导致它能够决定地方的建设项目。地方政府的监管力度不大、体制不完善，导致企业能够贿赂政府，从而避免其监管。最后是合作关系，即地方政府和企业都拥有极强的社会责任感，因而双方为了承担一定的责任会签订环保协议或者污染治理期限协议。双方自愿签订，并不强求。在这种关系下，有的企业甚至自愿开发新型产品防治污染。这三种关系对政策都会产生一定的影响。但是只有零和博弈与合作这两种关系会促进污染防治管理政策的实施,共谋关系会导致该政策无法贯彻实施。

(三) 社会资本因素

空气污染防治管理政策隶属于环境规制政策方面的内容,并且也属于社会性规制的一部分。中国公民意识崛起,公众更加重视环境污染相关的问题和污染对人体健康造成的负面影响。社会资本是能够促使集体进行合作,并且促使社会效率大大提高的一些特征,具体表现为信任、行为规范,它体现在社会关系形态中,并且主要存在于与社会相关的组织的构成要素中。社会资本的高低也是影响空气污染防治管理政策效果的重要方面,因此,近年来政府推动公众参与环境治理的政策不断增加。

二 完善空气污染防治管理政策工具的目标

(一) 走向"政府—市场—社会"合作化

政府、市场、社会是环境治理中的三大主体,在环境治理中分别起着不同的作用。空气污染防治管理政策中行动者互动及其所带来的结构变化,实际上是从微观层面反映了政府、市场、社会三大主体在空气污染防治管理政策中的作用。环保行政升级所带来的权力关系变化,促进政策变迁,主要是政府调节机制的作用;在加强行政控制的同时采取经济激励型政策工具,这是市场调节机制作用的表现;社会公众在环保行动中实现角色转型,发挥了社会调节机制的作用。政府、市场、社会的三组政策工具走向合作化是必然的。

(二) 克服职权碎片化

中国空气污染防治管理政策的困境缘于政府环保部门职权不统一、纵向权力结构断层、横向权力结构缺乏协调。首先,合作行政行为模式是一种服务行政模式,公民是对合作行政质量、效果进行评判的重要主体。将环境保护确立为政府的主要公共管理和服务职能,提升环保考核在政府绩效考核中的比重。其次，在横向行政层级的部门之间、纵向行政层级的部门与政府之间，建立可跨部门、跨层级的长效合作机制。最后，合作行政意味着政府不再担任大包大揽的角色，在环境污染防治中，政府的职能应体现在政策制定、加强监督和严格执法方面，而污染防治的责任将具体由污染者和社会承担。

（三）实现政企良性互动

地方政府与企业策略互动的最佳结果应是非零和博弈的。但事实上，二者之间的关系常常是零和博弈或共谋，因此关键在于建立良性互动规则。在空气污染防治管理政策中，企业长期担任被监管者的角色，而其应然角色是双重的，既是排污者也是治污者，应建立市场交易规则，大力发展空气污染治理行业，加强第三方环境治理行业建设，提高环保产业及企业整体盈利规模，调动企业治污积极性和能动性。

（四）实现共同监督

空气污染防治问题的本质是公共政策问题，这一问题的解决需要协调、平衡经济发展和生态保护中所有的利益攸关方利益。在空气污染防治管理政策中，各个政策行动者是由权力关系和利益联结构成的不同行动联合体，同时，也因各自利益不同和所拥有的权力、资源不同而不可避免地造成行动上的分歧。首先，完善环保监督体系，一方面，需要整合环境管理体制内各层级政府及其部门的环境监督权力，明确环境保护部与地方各级政府的职权关系，强化地方政府环保责任；另一方面，需要引入市场和社会力量，扩展环保监督的社会基础权力。其次，培育公民的环境意识和民主参与理念，增加公民参与渠道。

三　丰富空气污染防治管理政策的"工具箱"

空气污染防治管理政策工具体系是由行政、市场、社会三种工具元素构成的"工具箱"，是具有多个环节、多项内容、多种手段的工具组合体系。因此，要完善空气污染防治管理政策工具体系，需要将各类政策工具相结合，形成优势互补，实现三者的协调统一。

（一）完善命令-控制型政策工具

一是优化事前命令-控制型政策工具，使该类工具被更加合理、合法地应用于污染防治，实现源头管控。例如，从完善环境影响评价的评审体制、严格环评程序等方面优化环境影响评价制度。二是修正事中控制工具的缺陷。以排污许可证制度为例，从扩大排污许可证的发放范围、加大执行力度、完善法律依据等方面入手弥补现行缺陷。三是加大对末端治理的处罚和监管力度。末端治理意味着污染已经产生，这意味着所采取的处罚措施必须达到震慑效果，同时还需最大限度地弥补污染对环境造成的损害，从而不断压缩末端治理的空间，避免同类污染再次发生。因此，事后控制关键在于政府部门必须增强责任意识，始终将环保放在首位，加大对造成环境损害的主体实施行政处罚和监管的力度，确保事后政策工具的执行力度和效果。

（二）健全市场激励型政策工具

市场激励型政策工具要通过经济刺激的方式实现环境治理目标，必须从优化市场激励型政策工具自身制度设计出发。一是完善市场激励型政策工具的体系结构，不断创新环保税、排污许可等具体的经济激励型政策工具，同时重视具体手段之间的协调统一，明确各政策工具实施的边界，促进它们之间的协调统一，规避"政策打架"，从而提升市场激励型政策工具治理空气污染的体系功能；二是优化市场激励型政策具体手段的制度设计，例如，在税收政策方面，积极推动征收空气污染环境税，完善"费"改"税"的相关配套政策，在合理设置税种、税基、税率的同时，加大环保设备改造的资金和技术支持力度等。此外，还应通过完善内部市场、健全环境资源产权制度等方式建立有效的市场机制。

（三）拓展公众参与型政策工具

一是探索空气污染中信息公开、公众参与和宣传教育的新思路、新方法，促进公众提高参与空气污染治理的意识。例如，利用微博、微信等新媒体提升信息公开的时效性和趣味性。二是丰富和拓宽公众、第三方组织参与空气污染治理的途径和渠道，引导公众、第三方组织积极参与空气污染监督与反馈，引导环保组织通过建议征询、技术支持、监督管理等方式参与空气污染治理。三是完善公众参与空气污染治理的制度建设，为公众、第三方组织等主体参与空气污染治理提供制度保障，如建立空气污染行为举报奖励制度，以更直接、更实际的方式提升公众参与的内在动力。四是改进环境信息披露制度，进一步明确信息披露责任主体、渠道、内容等，确保环境信息及时、准确公开，帮助公众、企业在决策过程中有效考虑消费或生产行为的环境成本。

四　形成空气污染防治管理政策工具的协同

随着空气污染问题的复杂程度不断加深，单一类型政策工具较为片面、单个行政主体行政能力不足、单个行政区政策相对孤立等问题凸显。为避免碎片化、低效率及"孤岛效应"，关键是形成政策工具的协同。

（一）多元化组合

实现政策工具组合和创新，弥补单一政策工具在空气污染治理中的缺陷，并通过不断产生新的特征和功能扩大政策使用范围，实现多元治理目标，从而提升环境治理整体效能。通过引入市场、公众、第三方组织等治理主体构建多中心的空气污染治理模式，构建包括政府、市场和社会的多主体治理模式，实现空气污染治理的多元互动，促使政府、企业、公众共担治理责任，避免单一政策工具的内在缺陷。

（二）多部门协同

空气污染治理目标、治理任务、治理主体、政策工具体系等内容较为复杂，要从完善治理系统协同机制着手，打造以政策协同、行政协同、服务（产品）协同和预警协同为内容的机制体系。政策协同是指各领域政策（如产业政策、行业政策等）与环境政策的目标要协同、工具要协同；行政协同是指政策实施过程要实现时间、空间上的协同；服务（产品）协同是公共事务间的协同；而预警协同则是情态（常态、非常态和新常态）间的协同。它们构成了具有层次性、逻辑性和整体性的协同机制体系。

（三）一体化治理

引入整体治理思路，从组织机构建设、信息平台开发、利益协调和补偿等多方面努力，积极构建以"任务明确、责任共担、成本分担"为原则的空气污染治理机制。整合区域内部空气污染治理相关部门和不同层级的职能，建立职能完备的应对区域空气污染的专门组织机构。利用信息技术建设信息平台，实现地区间在空气质量监测、信息发布、危机处理等方面的沟通、交流、合作，建立统一的区域空气污染信息分享平台。

（四）实现共同利益

空气污染涉及能源结构调整、淘汰落后生产能力和工艺、提高企业清洁生产水平、降低污染物排放强度等强制性措施，所以其必然会对各方利益产生影响。加之区域之间经济社会结构存在差异，空气污染对地方利益影响的分布并不均匀。于是，虽然各主体存在改善空气质量的"共同利益"，但难以实现。因此，需综合施策，综合考虑地理因素、经济发展水平和人口分布，力控局部的"自我利益"，强化"共同利益"。

| 第十章 |
中国空气污染防治管理组织体系

组织是在一定的环境中，为实现某种共同的目标，按照一定的结构形式、活动规律结合起来的，具有特定功能的开放系统。管理的重要职能是通过组织机构的建立与变革，将生产经营活动的各个要素、各个环节，从时间上、空间上科学地组织起来，使每个成员都能接受领导、协调行动，从而产生新的、大于个人和小集体功能简单加总的整体职能。我国的经济环境、技术环境、社会环境和政策环境在不停变化，需要空气污染防治管理组织的变革，对其组织结构进行创新性设计与调整。本章在对我国空气污染防治管理组织诊断的基础上，探求组织创新方案。

第一节　中国空气污染防治管理组织的沿革

新中国成立初期，国家把主要精力和重心投入经济和体制建设中。直到 20 世纪 50 年代中后期，我国进入工业化生产阶段，空气污染问题逐渐暴露，政府才开始关注空气污染防治，但是当时并没有专门的空气污染防治管理组织。最早在政府机构的名称中提到"环境保护"是在 1971 年，由国家计划委员会成立的环境保护办公室。此后，中国环保机构的管理组织经历了多次变化，体现在管理组织数量的逐渐增加、管理地位的不断提升和管理职责的不断细化，具体的组织发展过程如表 10-1 所示。

表 10-1　国家环保机构的历史沿革

时间	机构名称	机构属性
1974 年 5 月	国务院环境保护领导小组及其办公室	国务院议事协调机构

时间	机构名称	机构属性
1982 年 5 月	城乡建设环境保护部（部内设环境保护局）	国务院部门内设机构
1984 年 5 月	国务院环境保护委员会	国务院组织协调机构
1984 年 12 月	国家环境保护局	归城乡建设环境保护部领导，同时也是国务院环境保护委员会的办事机构
1988 年 7 月	国家环境保护局（从城乡建设环境保护部中脱离）	国务院直属副部级单位
1998 年 6 月	国家环境保护总局	国务院直属正部级单位
2008 年 7 月	环境保护部	国务院组成部门
2018 年 3 月	生态环境部	国务院组成部门

我国空气污染防治管理组织经历 70 多年的发展，实现了从无到有、由弱变强、由不健全到逐步完善的转变，形成了由中央到各省再到各市、区县等较为完善的组织机构，在空气污染防治方面形成了一定的治理合力。依据环保机构改革方案和环保组织所处的地位，本章将我国空气污染防治管理组织的演变过程归纳为 4 个阶段。

一　分散的组织形式阶段（1949~1973 年）

新中国成立初期，我国借鉴苏联优先发展重工业的模式，将工作重心放在经济建设上，空气污染治理意识较弱，未设立任何空气污染防治部门。20 世纪 50 年代中后期，我国工业化生产速度加快、工业生产规模扩大，环境污染问题日益凸显，由此开始了治理空气污染。由于当时国家没有设立具体的空气污染防治组织，所以这一阶段的空气污染防治主要由国务院及劳动部、国家计划委员会、卫生部、农业部、国家建设委员会等组织部门联合监管，各部门分别负责本部门的污染防治工作，是一种分散的治理组织形式。这一阶段以颁布行政法规文件为主要手段，以实现空气污染治理为目的，例如国务院于 1956 年颁布了《工厂安全卫生规程》《关于防止厂矿企业中矽尘危害的决定》，1956 年国务院批准劳动部发布了《关于防止沥青中毒的办法》，1956 年国家建设委员会和卫生部共同制定颁布了《工业企业设计暂行卫生标准》，目的在于防止工业企业在生产过程中排放的空气污染物对工人健康造成危害。

"文化大革命"期间受"左"倾思想影响，政府认为社会主义国家不可能产生污染，于是没有重视防治空气污染，也没有任何空气污染组织进行管理，导致大中型城市的空气质量急剧下降。1971年，周恩来总理在接见全国计划会议部分代表的讲话中指出要解决北京空气污染问题。同年，针对工业"三废"污染问题，国家计划委员会成立了"三废"利用领导小组，对工业的废水、废气、固体废弃物开展综合利用工作。"三废"利用领导小组是新中国成立以后政府组建的第一个具有环境保护职能的机构，但它仅针对废物进行综合处置，因此也不能算是现代意义上的环境保护行政管理机构。1972年，我国政府派代表团参加斯德哥尔摩人类环境会议，我国高层领导意识到中国存在严重的环境问题，于是在国家层面唤起了环境保护意识。1973年8月5日，国务院委托国家计划委员会在北京组织召开全国第一次环境保护会议，审议通过了"全面规划、合理布局、综合利用、化害为利、依靠群众、大家动手、保护环境、造福人民"的环境保护方针和中国第一个环境保护文件——《关于保护和改善环境的若干规定（试行草案）》。同年11月，国家计划委员会、国家基本建设委员会和卫生部联合出台《工业"三废"排放试行标准》，规定了SO_2、CO等13种工业废气容许排放量浓度。

这一阶段虽然国家层面没有设立专门的空气污染治理组织，但是地方政府尤其是优先发展重工业的东北老工业基地，由于自身经济发展所带来的空气问题，当地政府重视对空气污染进行治理，如黑龙江省于1963年成立"三废"处理利用领导小组；1972年，吉林省成立了"三废"领导小组，主要负责督促、检查和管理全省的"三废"治理工作。据统计，截至1973年，建立"三废"治理利用办公室的包括北京、上海、黑龙江、辽宁、山东、甘肃、浙江、湖北、广东、贵州、河北、河南、云南、湖南、山西、宁夏等16个省区市（段娟，2017）。因此，这一阶段虽然没有形成统一的空气污染治理组织架构，但是各地方分散的"三废"治理机构的建立，为之后的空气污染组织架构的形成奠定了基础。

二　组织架构开始形成阶段（1974～1987年）

1974年5月，国务院成立我国历史上第一个环境保护机构——环境保护领导小组，领导小组下设办公室，由国家建设委员会代管。这是专设的环境保护领导机构，负责统一管理全国的环境保护工作，其主要职责是指导国务院所属各部门和各省、自治区、直辖市的环境保护工作，组织拟定环境保护的条例、规定、标准和经济技术政策，统一组织环境监测，提出改善措施等。1979年9月，全国人大常委会颁布了新中国成立以来第一部综合性的环境保护基本法——《中华人民共和国环境保护法（试行）》，进一步规定了有害气体排放标准、消烟除尘、生产设备和生产工艺等方面的内容，提出超过国家污染物排放标准的企业要限期治理，同时该法明确规定国务院和省、市、县等各级政府应设立相应级别的环境保护机构，该法的颁布标志着中国环境保护开始迈上法制轨道。

1982年5月，全国人大常委会发布《关于国务院部委机构改革实施方案的决议》，将国务院环境保护领导小组办公室与住房和城乡建设部、国家城市建设总局、国家测绘总局、国家建筑工程总局合并，成立城乡建设环境保护部，部内设环境保护局，同时在国家计划委员会内部增设国土局，负责国土规划与整治工作。许多地方政府纷纷将环保部门与城建部门合并，形成了"城乡建设与环境保护一体化"的管理模式。这种管理模式打破了环境保护与城乡建设监督与被监督的关系，将两个部门的管理职能合二为一，但弱化了对环境保护的监督管理（张明顺，2005），再加上原先作为协调各部门环境保护工作的国务院环境保护领导小组被撤销，而环境保护局属于城乡建设环境保护部的内设机构，不利于独立承担协调环境保护工作的任务。

为进一步强化环保机构的独立领导能力和治理地位，1984年5月，国务院做出了《关于环境保护工作的决定》，为加强部门协调，决定成立国务院环境保护委员会。其办事机构设在城乡建设环境保护部，由环境保护局代行其职，该委员会的主任由国务院副总理兼任。环境保护委员会的主要任务是研究、审定、组织贯彻国家环境保护的方针、政策和措施，协调、检查和推动我国的环境保护工作。1984年12月，城乡建设环境保护部下属的环境保护局改名为国家环境保护局，同时作为国务院环境保护委员会的办事机构，负责全国环境保护的规划、协调、监督和指导工作，但仍归城乡建设环境保护部领导。与此同时，部分省、自治区、直辖市政府纷纷把环境保护局从城乡建设环境保护部中分离出来，陆续恢复一级局建制的环境保护机构，市、县也对环境保护机构进行了相应的调整，部分区、乡、镇还配备了专职或兼职的环境保护人员。管理架构不仅在于组织机构的独立设置，还在于独立颁布了专门治理空气污染的法律。1987 年 9 月 5 日，全国人大常委会通过了《大气污染防治法》，这是我国第一部专门防治空气污染的法律，该法在防治空气污染的一般原则，监督管理，防治烟尘污染，防治废气、粉尘和恶臭污染，法律责任等方面做出了规定，同时该法还规定了监测空气污染、申报排污登记和超标排污收费等制度。

各省、市、区县地方政府以及国务院有关部门在 1974 年国务院成立环境保护领导小组后，陆续建立起环境管理机构、环保科研机构和监测机构。这一阶段各省、市、区县关于空气污染防治组织建设的普遍做法是将"三废"治理办公室更名为环境保护办公室，并在此基础上建立环境保护局（厅）。比如，1975 年 1 月北京市"三废"治理办公室更名为北京市环境保护办公室，作为市政府的职能机构的北京市环境保护局，协调全市环境保护工作；1978 年 2 月上海市治理"三废"领导小组办公室改名为上海市环境保护办公室，并于 1979 年 3 月成立上海市环境保护局；1973 年 10 月黑龙江省将"三废"处理利用领导小组改名为省环境保护办公室，并于 1979 年 11 月将省环境保护办公室组建为省环境保护局。

三　组织体系逐步健全阶段（1988～2015 年）

1988 年，国务院决定独立设置国家环境保护局，作为国务院的直属机构，也是国务院环境保护委员会的办事机构，负责统一监督管理全国的环境保护工作。这一阶段的空气污染防治工作主要以国家环境保护局为中心，同时加强与其他相关部门的合作。1992 年 9 月，国家环境保护局、国家物价局、财政部、国务院经济贸易办公室联合发布了《征收工业燃煤二氧化硫排污费试点方案》。1993 年设立了全国人民代表大会环境保护委员会，1994 年将之更名为全国人民代表大会环境与资源保护委员会（简称"环资委"）。作为全国人民代表大会的专门委员会，环资委的主要职责是在全国人大及其常委会的领导下研究、审议并拟定与环境相关的议案。环资委是国家环境保护局在国家最高权力机关中的专门负责机构，说明国家环境保护局在脱离城乡建设环境保护部后行政地位得到进一步提升。

1998 年 3 月，国务院新一轮的机构改革方案和《国务院关于机构设置的通知》设立国家环境保护总局。将国家环境保护局升格为国家环境保护总局，由副部级单位上升为正部级单位。国家环境保护总局作为国务院主管环境保护工作的直属机构，承担相关组织协调的职能。此次改革撤销了国务院环境保护委员会，并且将原国土资源部、原农林水利部等相关管理部门进行了合并。机构改革后，国家环境保护总局在空气污染治理方面不断加强与其他部门的合作管理。1999 年 4 月，国家环境保护总局联合国家计划委员会、科技部、国家经济贸易委员会等 11 个部门共同组织实施"空气净化工程"，分别开展清洁汽车行动和清洁能源行动，以治理机动车排气污染和燃煤污染；1999 年 5 月，国家环境保护总局、科技部和国家机械工业局联合发布了《机动车排放污染防治技术政策》，目的在于达到有效削减机动车排放污染物的目标；2004 年 8 月，国家发展改革委和国家环境保护总局联合颁布《清洁生产审核暂行办法》，将污染控制贯穿工业生产全过程；2007 年 4 月，财政部和国家环境保护总局联合制定实施《中央财政主要污染物减排专项资金管理暂行办法》，在财政方面提高污染治理专项资金使用率和规范资金项目管理。2006 年，国家环境保护总局成立华东、华南、西北、西南、东北共 5 个环境保护督查中心，并将其作为国家环境保护总局派出的执法监督机构，是总局直属事业单位，受总局委托承担辖区内相关的环保职责。

2008 年 3 月，根据第十一届全国人民代表大会第一次会议批准的国务院机构改革方案和《国务院关于机构设置的通知》，决定设立环境保护部。国家环境保护总局升格为环境保护部，成为国务院组成部门。2015 年 2 月，中央有关部门批复同意环境保护部机构编制做部分调整，不再保留污染防治司、污染物排放总量控制司，设置了专门治理空气污染的大气污染防治司。2014 年 4 月，新修订的《环境保护法》规定国家建立跨行政区域的重点区域环境污染和生态破坏联合防治协调机制。2015 年 8 月修订的《大气污染防治法》更是专门强调要建立重点区域空气污染联防联控机制，划定国家空气污染防治重点区域，落实联合防治空气污染目标责任，各区域之间开展交叉、联合执法。

这一阶段的空气污染治理组织在地方政府层面基本上实现了独立设置。到 1994 年底，全国 30 个省、自治区（除西藏外）、直辖市都设置了独立的环保机构；1999 年以后，各省级政府基本上都把环境保护局（厅）作为主管环境保护工作的省级政府直属机构；到 2007 年底，全国全部的地级市、97% 的县和 3.8% 的乡镇设立了环境保护机构。各地方政府的环境保护局（厅）单独成为省政府的组成部门，行政地位得到极大提升。

四　组织结构优化阶段（2016 年至今）

为解决我国以块为主的属地管理体制所导致的地方政府重发展、轻环保以及对同级政府在环境监测监察执法过程中的干预问题，2016 年 9 月 14 日，中共中央办公厅、国务院办公厅正式下发了《关于省以下环保机构监测监察执法垂直管理制度改革试点工作的指导意见》，提出要"建立健全条块结合、各司其职、权责明确、保障有力、权威高效的地方环境保护管理体制"。实行环境管理体制的垂直改革，有利于破除地方对环保机构执法的不当干预，整合市县级环保力量，加强地方政府的环保责任。省级环境监测监察机构直接对省内下辖各市进行环境质量监测，有利于避免地方政府对环境监测数据的"谎报"，保障了环境质量数据的真实性和科学性，并且地方环境保护机构的人事领导权交由上级环境保护机构，使地方环保机构真正具有了独立性。强化地方党委和政府对环境保护的主体责任，调动"条""块"两个积极性，可以有效减少环境部门履职中的地方干预，加强跨区域的环境监测执法和环境治理（谭溪，2018）。在地方政府层面，市级环保局实行以省级环保厅（局）为主的双重管理，市级环保局仍为市级政府工作部门，县级环保局则直接调整为市级环保局的派出机构，其环保机构及相关的人、财、物直接由市级环保部门管理。

2017 年 11 月，各个区域环保督查中心更名为督察局，组织性质由原来的中央环保部门下属的事业单位转变为环境保护部的派出行政机构，进一步强化了地方环境监督的职能。根据第十三届全国人民代表大会第一次会议审议批准的国务院机构改革方案，在颁布的《中共中央关于深化党和国家机构改革的决定》中，决定组建生态环境部。生态环境部不仅涵盖了原环境保护部所有职责，还将其他部门涉及环境保护的内容整合起来。我国的环境监察体系形成"1+6"架构，即生态环境部环境监察局和6个区域环境督查派出机构。在地方政府层面，所有的省区市、绝大部分的地级市和县均设立了环境监察机构，基本形成了省级环境监察总队（局）、地市环境监察支队和县级环境监察大队三级结构（中央党校"生态文明建设"研究专题课题组，2018）。我国环保管理组织的总体特征为横向上实行环保部门统一监督管理、相关部门分工协作，纵向上实行国家监察、地方监管、单位负责的分级体制。

2018年生态环境部成立后，在机构编制和职责上均进行了较大调整和优化。一是在职能配置方面，整合发展改革、国土资源、农业、水利、海洋、南水北调6个环境保护相关职责，统一行使生态和城乡污染物排放监管与行政执法职责，强化了生态环境政策规划标准制定、监测评估、监督执法、督察问责"四个统一"；在污染防治上解决"九龙治水"问题；在生态保护修复上强化统一监管，打通了"地上和地下""岸上和水里""陆地和海洋""城市和农村""一氧化碳和二氧化碳"，贯通了生态保护和污染防治。二是充分发挥各行业部门的管理作用，构建大生态环保格局，使管发展的管环保、管生产的管环保、管行业的管环保，切实落实"一岗双责"。

随着生态环境部的成立，2018年10月之后，各省（市）地方政府不再保留原来的环保厅（局），而是陆续组建省生态环境厅、市生态环境局，作为省（市）政府组成部门。将原来省环境保护厅（市环境保护局）的职责，以及省（市）发展改革委的应对气候变化和减排职责、省（市）水利厅的排污口设置管理和流域水环境保护职责、省（市）国土资源厅的监督防止地下水污染职责、省（市）农业厅的监督指导农业面源污染治理职责等整合成为新组建的省生态环境厅（市生态环境局）的职责。地方环保机构统一负责、监督本辖区的环境保护工作，履行相应的环境保护职责，人事权和财政权隶属于地方政府。

第二节　中国空气污染防治管理组织的现状

一　组织基本架构

（一）全国空气污染防治的行政组织结构

2020 年初，我国空气污染防治的行政组织架构主要是以国务院统一领导下的生态环境部为主，借助国家发展改革委、自然资源部等部门共同治理，环境管理体制实行分级管理。生态环境部是国家环境保护行政主管部门，负责建立健全生态环境基本制度和环境污染防治的管理工作。各级人民政府设有相应的环境保护行政机构，对所辖区域进行环境管理，基本架构如图 10-1 所示。

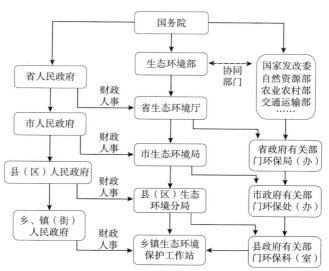

图 10-1　全国空气污染防治行政组织基本架构

（二）生态环境部的组织结构

2018 年新组建的生态环境部的职责变化如图 10-2 所示。

生态环境部组织架构主要由四部分组成，即机关司局、派出机构、直

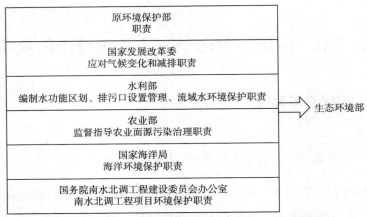

图10-2　2018年中央机构改革中新成立的生态环境部职责

属事业单位和社会团体，具体的组织架构如图10-3所示。

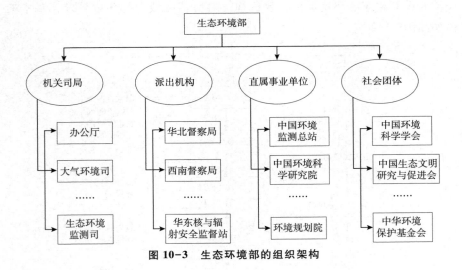

图10-3　生态环境部的组织架构

1. 机关司局

生态环境部的机关司局作为内设机构中的组成部分，目前其下设办公厅、中央生态环境保护督察办公室、大气环境司、生态环境监测司等21个管理司。其中涉及空气污染防治的司局如下。

大气环境司（京津冀及周边地区大气环境管理局）负责全国大气、噪声、光等污染防治的监督管理。拟订和组织实施相关政策、规划、法律、行政法规、部门规章、标准及规范。承担大气污染物来源解析工作。指导编制城市大气环境质量限期达标和改善规划。建立对各地区大气环境质量改善目标落实情况考核制度。组织划定大气污染防治重点区域，指导或拟订相关政策、规划、措施。组织拟订重污染天气应对政策措施，组织协调大气面源污染防治工作。组织实施区域大气污染联防联控协作机制，承担京津冀及周边地区大气污染防治领导小组日常工作。

环境影响评价与排放管理司负责从源头准入到污染物排放许可控制预防环境污染和生态破坏。拟订并组织实施政策、规划与建设项目环境影响评价和排污许可相关法律、行政法规、部门规章、标准及规范。组织开展区域空间生态环境影响评价。承担排污许可综合协调和管理工作。

中央生态环境保护督察办公室负责监督生态环境保护党政同责、一岗双责的落实情况。拟订生态环境保护督察制度、工作计划、实施方案并组织实施。承担中央生态环境保护督察及中央生态环境保护督察组的组织协调工作。根据授权对各地区、各有关部门贯彻落实中央生态环境保护决策部署情况进行督察问责。

生态环境执法局负责生态环境监督执法。监督生态环境政策、规划、法规、标准的执行。组织拟订重特大突发生态环境事件和生态破坏事件的应急预案，指导协调调查处理工作。监督实施建设项目环境保护设施同时设计、同时施工、同时投产使用制度，指导监督建设项目生态环境保护设施竣工验收工作。

2. 派出机构

派出机构作为生态环境部内设机构中的另一个重要组成部分，主要由6个督察局、6个核与辐射安全监督站、7个流域（海域）生态环境监督管理局组成。按照不同区域的划分，可将其划分为华北、华东、华南、西北、西南、东北6个区域，每个区域分别设置督察局、核与辐射安全监督站。派出机构还包括长江、黄河、淮河、珠江（南海）、海河（北海）、松辽、太湖（东海）7个流域（海域）生态环境监督管理局。

3. 直属事业单位

直属事业单位包括环境应急与事故调查中心、中国环境监测总站、环境与经济政策研究中心、环境规划院等。这些事业单位同样具有较高的法律地位和权威性，承担着空气污染治理在技术上、数据上、政策方针上研究和管理的重任。

4. 社会团体

社会团体作为重要社会力量，主要包括中国环境科学学会、中华环境保护基金会、中国核安全与环境文化促进会、中国环境新闻工作者协会和中国生态文明研究与促进会等团体，其基本职能是提供知识、宣传、舆论引导方面的支持。

（三）空气污染防治的民间组织

环保民间组织是以环境保护为主旨，不以营利为目的、不具有行政权力，并为社会提供环境公益性服务的民间组织。我国环保民间组织可分为四种类型。一是由政府部门发起组建的环保民间组织；二是由民间自发组成的环保民间组织；三是学生环保社团及其联合体；四是港澳台及国际环保民间组织驻大陆机构。这些民间环保组织有的是全国性的，有的是区域性的，也有的是行业性的。绝大多数环保民间组织实行的是会员民主管理制度，会员代表大会是最高权力机构，通过选举产生理事会、常务理事会、理事长等机构和人员。有关这些内容在本书第八章第四节和第九章第三节已有阐述，在此不再多叙。

二 组织关系

行政组织结构是指构成行政组织各要素的配合和排列组合方式，包括行政组织各成员、单位、部门和层级之间的分工协作，以及联系、沟通方式。人、目标、权责这三者的最初结合，就是职位。我国空气污染防治管理组织主要存在两种关系：一是横向关系，二是纵向关系。

（一）横向关系

组织横向结构，是指组织的横向分层，即各级人民政府在管辖范围内依法设置地位一致、职能不同的若干工作部门的职能式结构。不同层级的人民政府所设置的部门各不相同。国务院设置部、委、办；省级人民政府设置厅、委、局、办；县级人民政府设置局、委、办、科等。同级政府相互之间和每级政府各组成部门之间，构成协调的平行关系，如各省、自治区、直辖市政府之间，部（委）内部各司（局）之间，厅（局）内各处（室）之间，都是一种协调平行关系，共同对一个上级负责，这样就构成横向关系（康丽丽，2007）。各级政府都设有不同的环境保护部门或机构或职能，同级之间这些部门的结构为横向关系。

1. 国家机关之间环保职能组织的横向关系

在横向关系中，各部门均接受国务院的领导，其地位是平等的。在治理空气污染的过程中，主要是以生态环境部为中心，协同国家发展改革委、自然资源部、中国气象局等相关部门共同治理。具体的横向关系体现在生态环境部与相关部门之间的协同合作，比如国家发展改革委的主要职责是综合研究拟订经济和社会发展政策，指导总体经济体制改革的宏观调控，在环境治理方面设资源节约与环境保护司，用来综合分析经济社会与资源、环境协调发展的重大战略问题，负责节能减排综合协调以及生态环境部交办的其他事项；中国气象局负责全国气象工作的组织管理，其下设的科技与气候变化司和预报与网络司发挥着空气成分分析与预警预报的功能，同时协助生态环境部管理气候变化的相关工作；财政部主要职责是承担中央各项财政收支管理，同样负责环境保护所投入的财政工作，其下设的经济建设司牵头生态文明财政制度建设，实施促进节能减排、生态环境保护的财政政策，对生态环境部的财政安排有直接作用；工业和信息化部下设的产业政策司有利于推进产业结构调整，制定相关行业准入条件并组织实施，通过产业的调整配合生态环境部来实现空气污染的治理；国家能源局通过制定环保及应对气候变化等政策，及时调整能源消费结构，实现能源消费的结构优化，同时负责国家能源发展战略决策的综合协调和服务保障，推动建立健全协调联动机制；自然资源部主要负责自然资源的空间规划和数量监管，通过合理开发、利用自然资源，提高资源利用率，降低空气污染排放量，从而提高空气质量；交通运输部通过严格控制机动车尾气排放、提高废气处理技术水平，实现空气污染减排目的；住房和城乡建设部在空气污染防治上主要是通过开展施工扬尘专项治理，采取切实有效措施进一步改善空气质量，比如施工单位应当在建筑工地、市政道路设置围挡，并采取覆盖、分段作业、择时施工、洒水抑尘、冲洗地面等措施，以起到防尘降尘的目的。综上所述，国家层面环保行政组织职能之间的横向关系如图10-4所示。

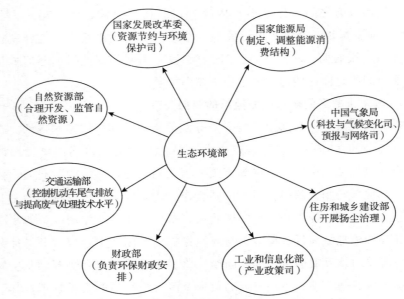

图 10-4　国家层面环保行政组织职能之间的横向关系

2. 区域间和行政区域环保职能组织的横向关系

　　由于空气的流动性，空气污染防治组织间的横向关系较多，如区域间的京津冀大气污染联防联控横向关系，涉及生态环境部等国家部门，以及北京、天津、河北、山西、山东、河南、内蒙古等 7 个省区市；本行政区内也需要职能部门之间的横向合作，职责分工，统筹解决问题，完成本行政区内的环境空气质量改善目标和重点任务。

（二）纵向关系

1. 各级政府环保部门的关系

　　组织纵向结构，是指组织的纵向分层，即各级政府上下级之间、各级政府组成部门的上下级之间所存在领导与被领导关系的等级模式。纵向结构体现组织之间的命令服从关系、报告关系和隶属关系。上级环保组织制定针对本管辖范围内的整体环境规划、制定环境目标，为下级环保组织分配任务，对下级政府的环保工作进行监督考核；下级环保组织执行上级环保组织分配的任务、制定本行政区的环境规划、监督管理本行政区范围内的污染企业等。国家在治理空气问题时实质上是依靠各级政府环保部门的纵向管理实现的，各级环保部门负责各自范围的职责（侯佳儒，2013）。各级政府环保部门的关系如图 10-5 所示。

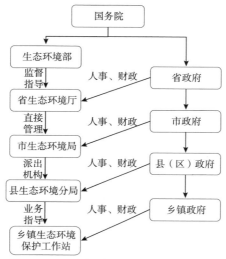

图 10-5 环保行政组织之间的纵向关系

2. 环保机构监测垂直管理

2016 年 9 月，中共中央办公厅、国务院办公厅印发了《关于省以下环保机构监测监察执法垂直管理制度改革试点工作的指导意见》（以下简称《指导意见》），其目的是确保环境监测监察执法的独立性、权威性、有效性，建立地方环保管理体制，明确主体责任和属地责任，并且对地方环保部门的监管任务进行细化，对职能部门的责任义务进行合理分工。《指导意见》提出，省级环保部门协调管理相关的监测监察机构，并且承担市级、县级的工作和人员经费，市级环保部门实行以省级环保部门为主的双重管理体制，县级环保部门不再单设而作为市级环保部门的派出机构。《指导意见》在调整市县环保机构管理体制方面规定，"市级环保局实行以省级环保厅（局）为主的双重管理，仍为市级政府工作部门。省级环保厅（局）党组负责提名市级环保局局长、副局长，会同市级党委组织部门进行考察，征求市级党委意见后，提交市级党委和政府按有关规定程序办理，其中局长提交市级人大任免；市级环保局党组书记、副书记、成员，征求市级党委意见后，由省级环保厅（局）党组审批任免。直辖市所属区县及省直辖县（市、区）环保局参照市级环保局实施改革。计划单列市、副省级城市环保局实行以省级环保厅（局）为主的双重管理；涉及厅级干部任免的，按照相应干部管理权限进行管理。县级环保局调整为市级环保局的派出分局，由市级环保局直接管理，领导班子成员由市级环保局任免。开发区（高新区）等的环境保护管理体制改革方案由试点省份确定"，要求"十三五"时期全面完成环保机构监测监察执法垂直管理制度改革任务。

2018 年 11 月，生态环境部发布《关于统筹推进省以下生态环境机构监测监察执法垂直管理制度改革工作的通知》，于 2019 年 3 月前全面完成省级环保垂改实施工作。

实行垂直管理制度前后在组织机构上的变化分别如图 10-6、图 10-7 所示，某省环保机构垂直管理改革后的组织机构如图 10-8 所示。

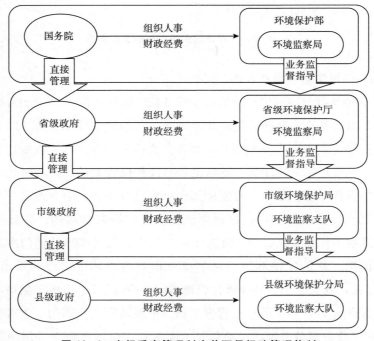

图 10-6　实行垂直管理制度前环保行政管理体制

3. 中共中央环境保护督查委员会

中共中央环境保护督查委员会，即中央环保督察组，由生态环境部牵

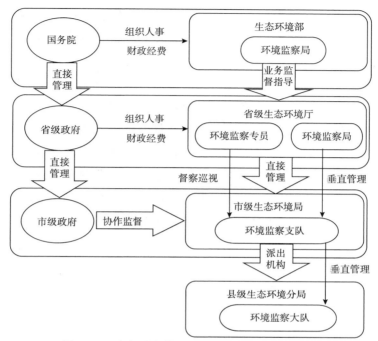

图 10-7　实行垂直管理制度后环保行政管理体制

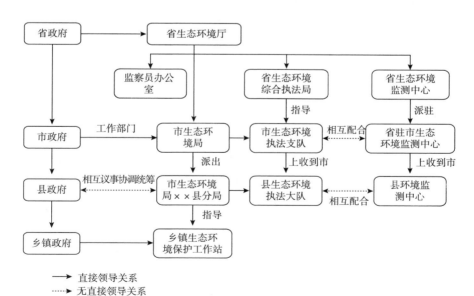

图 10-8　某省环保机构垂直管理改革后机构设置

头成立，中纪委、中组部的相关领导参加，代表党中央、国务院对各省（自治区、直辖市）党委和政府及其有关部门开展环境保护督察。

主要职责为：监督生态环境保护党政同责、一岗双责的落实情况。拟订生态环境保护督察制度、工作计划、实施方案并组织实施。承担中央生态环境保护督察及中央生态环境保护督察组的组织协调工作。根据授权对各地区、各有关部门贯彻落实中央生态环境保护决策部署情况进行督察问责。承担督察报告审核、汇总、上报工作。负责督察结果和问题线索移交移送及其后续相关协调工作。组织实施督察整改情况调度和抽查。归口管理限批、约谈等涉及党委、政府的有关事项。指导地方开展生态环境保护督察工作。归口联系区域督察机构。承担国务院生态环境保护督察工作领导小组日常工作。

三　区域协同组织

我国的空气污染防治区域机构主要包括区域防治协作小组和生态环境部督查局。这种区域合作治理的组织形式在环境治理主体之间发挥着独特的协调功能，既尊重各地方政府的自主利益诉求，同时通过磋商和治理行动的交流合作，实现空气污染的协同治理。

（一）区域防治协作小组

区域防治协作小组作为共同研究处理区域空气污染问题、联手治理区域空气污染防治和生态保护的有效组织机构，有利于整合不同地区的优势，实现资源共享的互利共赢格局，改善区域环境状况，实现区域环境与经济社会全面、协调和可持续发展。当前我国主要有京津冀及周边地区大气污染防治领导小组、长三角区域大气污染防治协作小组和汾渭平原大气污染防治协作小组等。主要职责有：组织推进区域大气污染联防联控工作，统筹研究解决区域大气环境突出问题；研究确定区域大气环境质量改善目标和重点任务，指导、督促、监督有关部门和地方落实，组织实施考评奖惩；组织制定有利于区域大气环境质量改善的重大政策措施，研究审议区域大气污染防治相关规划等文件；研究确定区域重污染天气应急联动相关政策措施，组织实施重污染天气联合应对工作。

1. 京津冀及周边地区大气污染防治领导小组

2013 年，国务院成立了京津冀及周边地区大气污染防治协作小组，依据"大气十条"的规定，小组成员主要包括京津冀及周边地区的省级政府和国务院有关部门。2014 年 8 月，由国务院牵头成立京津冀协同发展领导小组。2018 年 7 月，经中共中央、国务院同意，该协作小组调整为京津冀及周边地区大气污染防治领导小组，该领导小组由北京市政府、天津市政府、河北省政府、生态环境部、国家发展改革委等单位组成，领导小组办公室设在生态环境部，承担领导小组日常工作。

京津冀及周边地区大气污染防治领导小组的组织结构如图 10-9 所示。

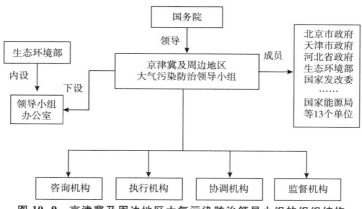

图 10-9　京津冀及周边地区大气污染防治领导小组的组织结构

京津冀及周边地区大气污染防治领导小组有以下特征：一是京津冀及周边地区在治理空气污染问题时不受行政等级的束缚，各政府主体处于平等地位，相互协商共治；二是京津冀区域大气污染协同治理组织独立开展区内治理活动，负责京津冀区域内空气污染治理的会商与决策以及各地方政府间和政府部门间的利益协调。

京津冀及周边地区大气污染防治领导小组的组织架构主要包括咨询机构、执行机构、协调机构和监督机构四种，各机构都有各自的职能。其中，咨询机构由大气监测部门、环保组织、科研机构等部门组成，主要负责对空气污染治理中的决策、协调和执行提供信息支持；执行机构主要负责区域内的空气污染治理联合行动，执行所规定的文件内容并保证环保工作顺利开展下去；协调机构负责协调区域内各政府部门、社会组织、企事业单位的治理工作以及调和各部门之间的利益纠纷；监督机构主要对组织中的各个部门及治理中的各个环节进行监督，包括事前监督、事中监督和事后监督。

2. 长三角区域大气污染防治协作小组

2014 年 1 月，浙江、上海、安徽、江苏四省市会同环境保护部、国家发展改革委、工业和信息化部、财政部、住房和城乡建设部、交通运输部、中国气象局、国家能源局等 8 部门成立了长三角区域大气污染防治协作小组，并首次召开长三角区域大气污染防治协作机制工作会议。会议明确了"协商统筹、责任共担、信息共享、联防联控"的协作原则，建立了"会议协商、分工协作、共享联动、科技协作、跟踪评估"五个工作机制，确定了控制煤炭消费总量、推进产业结构调整、防治机动车船污染、强化污染协同减排、区域信息联通、应急管理等六大重点。

这一扁平化的协作小组的主要职能可以概括为：协调推进党中央、国务院关于大气污染防治的方针、政策和在长三角区域的重要部署；研究长三角区域涉及空气污染防治的重大问题；推进长三角区域空气污染联防联控工作，公开交流区域空气污染防治工作进展和空气环境质量状况，协调解决区域突出环境问题；逐步推动长三角区域在节能减排、污染排放、产业准入和淘汰等方面环境标准的对接统一；推进落实长三角区域大气环境信息共享、预报预警、应急联动、联合执法和科研合作（毛春梅、曹新富，2016）。

3. 汾渭平原大气污染防治协作小组

2018 年 9 月，汾渭平原按照京津冀及周边地区、长三角地区的做法，成立汾渭平原大气污染防治协作小组，由晋、陕、豫三省和生态环境部等部门组成成员单位，对涉及晋、陕、豫三省 11 个市（区）的区域进行空气污染的联防联控。

（二）生态环境部督察局

2006 年国家环境保护总局发布《总局环境保护督查中心组建方案》，形成了覆盖全国 31 个省区市的华东、华南、西北、西南、东北五大环保督查中心，属于事业单位性质；2017 年区域督查中心转变为派出行政机构的督察局，分别更名为环境保护部华北、华东、华南、西北、西南、东北督察局；2018 年后相继更名为生态环境部华北、华东、华南、西北、西南、东北督察局（见表 10-2）。

表 10-2　生态环境部各督察局情况

名称	成立时间	驻地	督察范围	监督对象
华南督察局	2002 年 4 月	广州	广东、广西、湖南、湖北、海南	地方政府、环保机关及相关企业
华东督察局	2002 年 4 月	南京	上海、江苏、山东、浙江、福建、安徽、江西	地方政府、环保机关及相关企业
西南督察局	2005 年 9 月	成都	四川、重庆、贵州、云南、西藏	地方政府、环保机关及相关企业
东北督察局	2005 年 9 月	沈阳	吉林、辽宁、黑龙江	地方政府、环保机关及相关企业
西北督察局	2005 年 9 月	西安	陕西、甘肃、宁夏、青海、新疆	地方政府、环保机关及相关企业
华北督察局	2007 年 5 月	北京	北京、天津、河北、河南、山西、内蒙古	地方政府、环保机关及相关企业

生态环境部督察局作为连接国家和地方的枢纽，保证中央政策在地方得以顺利实施，监督各地实际执行情况，并将各地实施结果和问题反馈给中央。因此，生态环境部督察局不仅加强了中央对地方环境保护的监督，而且引导、推动了区域联防联治的发展。

生态环境部各督察局受生态环境部领导并对其负责，主要依据生态环境部的委托开展工作。各督察局在所辖区内承担的基本职责主要有：一是监督地方对国家生态环境法规、政策、规划、标准的执行情况；二是承担中央生态环境保护督察相关工作；三是协调指导省级生态环境部门开展市、县生态环境保护综合督察；四是参与重大活动、重点时期空气质量保障督察；五是参与重特大突发生态环境事件应急响应与调查处理的督察；六是承办跨省区域重大生态环境纠纷协调处置；七是承担重大环境污染与生态破坏案件查办；八是承担生态环境部交办的其他工作。由此可以看出，生态环境督察局主要起到监督、协调、检查的作用，并不能指导地方环保部门工作。生态环境督察局与生态环境部内设的大气环境司都具有监督的职责，并且都是行政机构，可以拟订环境监察行政法规、部门规章、制度并组织实施。

第三节　中国空气污染防治管理组织的评价

一　组织建设的成效

（一）组织权威不断强化

环境保护机构实现了从无到有，并且先后经历了从部委管理的局到部委管理的国家局到国务院直属的国家局到国务院直属的国家总局再到国务院的组成部门的变迁。环保组织从作为国务院议事协调机构到国务院内设机构，然后成为国务院直属副部级单位，再到国务院直属正部级单位，后又成为国务院的重要组成部门之一。不仅逐渐增加环保组织的数量和完善环保组织架构，而且更加重视环保组织的权威性，由最初的多部门分散治理模式到建立独立的治理组织，再到逐步提升环保组织的机构地位。尤其是2018年机构改革后，环境保护部门在决策和政策制定、规划发展等方面拥有了更强的协调能力和更大的服务平台，有了更好的组织保障和运行架构，拥有了更多对社会资源进行调剂的能力，呈现出"有职、有权、有责"，保证环保组织有更大能力组织协调和指导环境保护工作，有足够的合法性独立行使环境监督管理权。

（二）职能职责逐渐明晰

随着环保组织机构的改革，空气管理的部门职能和职责越发清晰，从政策制定到监督执行都有明确的负责机构。特别是2018年组建生态环境部后，将发改、国土、水利、农业、海洋等部门的生态环保职能集中起来，与原来的环保职能进行合并，组建生态环境部，与环保机构垂直管理改革相结合，制定并组织实施生态环境政策、规划和标准，统一负责生态环境监测和执法工作，把污染防治职责集中在一个部门，提高了防治效能，优化了职能配置，降低了生态环境保护职能的分散性、重复性；实现"五个打通"，即打通地上与地下、岸上和水里、陆地和海洋、城市和农村、一氧化碳和二氧化碳。有效解决了政府职能分散、碎片化的问题。

2016年，《关于省以下环保机构监测监察执法垂直管理制度改革试点工作的指导意见》实施以后，环境监测工作不受市县人民政府行政力量的干扰，以保证监测数据的真实性。试点省份将市县两级环保部门的环境监察职能上收，由省级环保部门统一行使，通过向市或跨市县区域派驻等形式实施环境监察。这种把监察权与执法权、许可权相隔离的制度，更有利于省级环境保护部门发现市县级行政区域存在的环境保护问题。在环境执法体制改革方面，环境执法重心向市县下移，加强基层执法队伍建设，强化属地环境执法；市级环保局统一管理、统一指挥本行政区域内县级环境执法力量，由市级承担人员和工作经费；依法赋予环境执法机构实施现场检查、行政处罚、行政强制的条件和手段。监测、监察、许可、执法四权统一在省级环境保护部门中。这些改革设计，有利于保证环境保护监管工作的科学性、分权性和独立性。

（三）协同合作能力提高

随着京津冀及周边地区大气污染防治领导小组、长三角区域大气污染防治协作小组和汾渭平原大气污染防治协作小组等协作组织的成立和完善，生态环境部新设了中央生态环境保护督察办公室。环境保护督查中心由事业单位转为生态环境部派出行政机构，并更名为督察局，进一步强化了"政"的职能，与中央生态环境保护督察办公室一起，共同构建国家生态环保"督政"体系。这些组织方面的改革完善，加强了区域内与区域间的协调与合作，实现了统一标准、统一监管、统一执法、区域联动，提高了区域大气污染协同治理效果。

二　组织建设的不足

（一）参与式组织结构不健全

参与式管理既是改善环境治理的新机制，又是动员全社会资源的助推方式，也有利于对环保政策执行的监督和反馈。但是我国在参与式治理组织设计（见图 10-10）上，还存在较多的不足。第一，环保行政机构的参与式结构开放性不够，社会组织参与环境治理的决策和监督困难，行政组织与社会组织在环保上还缺乏共建共治共享的组织渠道。第二，环保行政组织和环保社会组织之间缺乏连接，公众与环保机构本来应是一体的关系，尤其当前环境问题越来越复杂，政府单一主体已难以应对，需要政府在环境治理整体布局上将社会组织及其他主体吸纳进来，需要形成多方合作的组织形式。但目前基层环保机构没有相应的组织建设，行政力量与社会力量脱节。

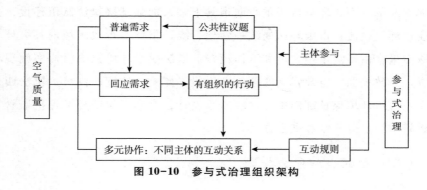

图 10-10　参与式治理组织架构

（二）环保社会组织发育不完善

环保社会组织是生态环境保护的一支重要力量，但由于我国社会组织起步较晚，环保社会组织发展过程中面临着许多问题。第一，环保社会组织地区发展不平衡，组织数量少且发展速度慢。第二，组织力量薄弱。从环保社会组织数量、资金投入、专职从业人员、志愿者参与等方面来看，我国环保社会组织的发展远远没有达到环境保护的需要。第三，组织专业性差。一方面，我国环保社会组织工作人员多数为非专业人才，只是凭借个人意愿、价值观与社会责任感参与到环境保护中，而环保活动的有效开展重点在于专业团队建设，从而影响到了组织的可持续发展。另一方面，我国环保社会组织多数为集环境保护、文化教育、社区发展等于一体的综合性社会组织，但在空气污染防治方面的专业性不强。第四，组织公信力不足。有些环保社会组织存在缺乏制度规范和监督机制等问题，过于松散。

（三）垂直管理后"条""块"关系需进一步理顺

2016 年的省以下环保机构监测监察执法垂直管理改革，上收市县环保部门的环境监测监察职能并下移环境执法职能，保障纵向环保条线的权威性，减少了环境部门履职中的地方干预。但新的体制下出现了一些新的需要解决的问题。第一，可能弱化县级政府环保责任。因为改革后，县级环保机构以及监测执法机构的人、财、物直接归市级环保部门管理，县级环保局的领导班子成员则由市级环保局任免，县级环保机构不再是县政府的组成部门，而环保规划、总量控制、环境测评等工作具体落实到县级政府却没有相关的机构承接，这意味着县级政府在环保问题上没了抓手，一些原本应由县级政府负责的环境职能很有可能会被转嫁到环保垂直机构，导致其环保责任无法落实。第二，条块矛盾依然存在。目前我国尚未出台法律法规对垂直管理机构与地方政府各自的权力范围、运行机制等做出明确具体的规定。作为一个牵扯多方关系的复杂的交叉领域，地方政府与环保机构之间对环境监察执法目前还没有清晰的责任边界划分，在"条"与"块"上会存在权力的交叉和重叠，改革后环保机构与地方政府在职权范围和工作部门上仍然可能存在诸多重合之处，容易产生工作上的扯皮和推诿。比如发生在县级政府管辖范围内的环保事务，县级政府往往"看得见但无权管"，而垂直管理部门的后勤保障等方面的工作仍然依赖县级政府，其执法活动难以得到地方政府的配合，导致环保部门"有权管但看不见"，这两种现象同时加剧了"条""块"的不协同。

（四）网格化组织缺乏稳定性

大气污染网格化协同治理模式就是网格化治理思想与环境治理相结合的典型表现，该模式强调通过科学的网格划分，借助信息技术，充分调动多元治理主体，实现政府层级、企业和公众共同参与的全民共治的治理理念，如图 10-11 所示。但我国目前在这方面还存在较多障碍。第一，面临着治理主体责任界定模糊甚至缺失、治理过程中相互推诿和扯皮的现象，网格划分不合理。首先，目前我国空气污染治理的网格划分大部分以行政区域、社区界线作为基础，分割了大气污染的区域性、污染源的差异性等特征，导致职责相互交叉，并没有清晰的责任归属。其次，政府部门条块分割严重也是影响网格权责划分关系的主要障碍。网格化大气污染联动处理方式更加偏向于建立政府与社会之间的互助伙伴关系，创造平等、共同参与的合作治理形态。第二，大气污染信息采集分散，出现信息不全、不准、不新的问题。部门间互设信息壁垒，信息共享机制建设滞后。目前我国大部分政府公开的信息并不全面，各职能部门之间互相保密、互设壁垒，使数据信息传播不及时，缺乏系统性和综合性，难以实现真正的信息资源共享。第三，目前网格化的公众参与大部分还停留在宣传和被动接受阶段，很多公众根本不知道自己所属的网格，更不清楚如何具体参与到网格化的治理当中。虽然网格化提供给公众更多的参与方式，但主要形式还是举报和投诉，仍是被动地参加公共事务。而从前期的决策环节到全程的监督评估环节，公众都表现出较大的"政府依赖性"。第四，现阶段，大气污染网格化多元合作的应用，大多是为重大活动和项目发挥保障作用。相关活动结束之后，合作强度就相应减小，甚至合作关系消失，呈现出一种"运动式"的参与格局，并未形成长效的联动机制。

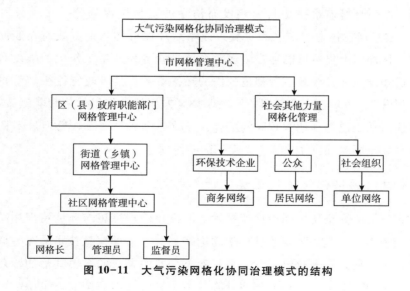

图 10-11 大气污染网格化协同治理模式的结构

第四节 发达国家空气污染防治的政府机构介绍

发达国家在空气污染治理方面起步较早，本节介绍几个发达国家有关空气污染防治管理组织情况，总结其特点，为提出我国的设计方案做铺垫。

一　美国情况

美国的环境管理机构主要分为联邦、州和地方（县市）三个层面。行政组织系统依次为美国国家环境保护局、联邦环保分局（区域办公室）、州环保机构、州环保派出机构、县市环保机构（沈文辉，2010）。

（一）联邦层面

联邦层面的环境管理机构主要有环境质量委员会（CEQ）和美国国家环境保护局（EPA），二者之间相互配合协作，共同负责全国环境问题的统一管理。

1. 环境质量委员会

环境质量委员会是直属于总统管理的环境咨询机构，总统提名并经参议院审议通过，依照总统的特别授权，为总统提供环境政策方面的咨询，协调行政机关之间的职权冲突、进行环境质量调研等，并向总统提交解决问题的报告和建议。其主要履行的职能包括评价政府环境保护政策与活动，向政府提出建议；向政府机关提出用于实施环境影响评价的方针，并指导方针的实施，评估实施成果；促进环境指标和检测系统的建设等。

2. 美国国家环境保护局

美国在1970年颁布了《1970年立法机关重组法案》，将联邦水质委员会、大气污染控制委员会、原子能委员会等部门的环境管理职能整合在一起，成立了国家环境保护局，直属于总统，权力很大，局长由总统提名，须经国会审议通过，是美国联邦政府的独立部门。国家环境保护局分成三个主要部门，即国家环保局总部、区域办公室和研究与开发办公室。其主要职能有：制定环境方面的标准和政策并对实施效果进行监督，挑选实用的最佳环保技术，颁布工业领域的防治条例，进行环境污染监测，监督排污主体的污染情况，发放各行业的排污许可证照，环保执法等。

3. 美国国家环境保护局在全国设立区域办公室

美国国家环境保护局总部设在华盛顿，其管理全国环境保护工作的方式就是设立区域办公室（区域分局），是一种创新的管理方式。具体是将美国 50 个州分为 10 个区域进行管理，在每个区域成立环境管理办公室，负责本区域的环境管理工作，每个区域办公室不隶属于州，执行联邦政府的法律和政策规定，代表联邦政府对各州的环境管理行为进行监督。十大区域办公室承担了美国国家环境保护局的重要职能，其工作人员都是美国国家环境保护局的正式雇员，人数是美国国家环境保护局总人数的 1/2 还多。这些区域办公室在美国国家环境保护局与州设置的环保机构之间进行协调，对联邦层面规定的实施进行保障。区域办公室的主要职责是：落实美国国家环境保护局的法律和政策规定，执行美国国家环境保护局的指令并向其报告进展，监督各州环境管理规定和政策的实施，组织环境保护项目合作，推广环境保护技术等。区域办公室作为美国国家环境保护局的组成部分，其人、财、物均由美国国家环境保护局决定，向美国国家环境保护局报告工作。美国各州对区域办公室的工作很难施加影响。

美国国家环境保护局和州之间不是上下级关系，而是平等关系。美国国家环境保护局以项目的形式与各个州签订工作协议。通常美国国家环境保护局会确定项目目的，各州提出实施方案（SIP），然后由美国国家环境保护局审批。审批通过后，以工作协议的形式固定下来。协议约定美国国家环境保护局的义务，比如提供技术、经费等，各州的义务是严格执行约定的环境管理目标。相应的区域办公室对各州的执行情况适时监督，如果州政府违反约定，将不会继续提供资金支持，区域办公室还会提出代替计划继续执行环境管理目标，即美国国家环境保护局通过与各州政府建立项目合作关系，推进各项政策实施，并通过项目财政预算、编制州项目实施计划等环节进行环境管理，最终由各大区域办公室监督各州的环境政策与项目的实施。

4. 联邦政府其他机构

在联邦政府中，其他机构也负有一定的环境保护职能，如内政部、农业部、劳工部、商业部和核能源控制委员会等。美国国家环境保护局与其他机构虽然是合作关系，但前者在环保方面还拥有特殊的权力。如联邦相关部门每年需要提供环境影响陈述报告，美国国家环境保护局有权对此进行审查，并可依据结果采取一定的措施来促使相关部门调整工作。

（二）州的层面

美国各州设有地方环境质量委员会和环境保护局，是联邦环保机构的有益补充，发挥了独特的作用。各州的环保机构经过美国国家环境保护局的审查，根据本州的法律规定，赋予其环保执法的权力。州的环保机构与美国国家环境保护局不是隶属关系，州的环保机构拥有独立的职权范围。国家环境保护局通过在地方设立的各个区域分局与州环保机构进行协商与合作，合作的依据是联邦法律以及双方签署的合作协定。州环保机构在某些方面也受到美国国家环境保护局的限制。在地方环保法规的标准严格程度上，各个州均不得低于国家的环保标准；州环保机构在工作上必须接受区域环保分局的监督检查；联邦法律授予国家环境保护局的某些权力可以由州环保机构行使，但必须获得国家环境保护局的委托授权；如果要获得国家环境保护局所提供的信息、专门技术和资金支持，也需要满足相应的要求。

（三）县市层面

为了处理地方环境事务、提供地方性环境服务，在州以下的县市级别的地方政府也设有环境保护部门。州与地方（县市）的环保机构的关系类型主要有两种。一种是在较小的州，由州环保机构直接对地方进行管理；另一种是在较大的州，州环保机构设立派出机构对地方进行管理。

（四）非政府环境组织

公众在美国环境管理体制的运行中发挥着重要的作用。《美国联邦行政程序法》为公民提供了参与环境机关决策过程的权利，公民对联邦环境法规的制定以及重要的环境许可等事项，有权参与审核并提出意见。另外，美国的非政府环境组织较为成熟，为体制的顺畅运行提供了有效的支持和监督。

（五）加利福尼亚州空气资源委员会

美国加利福尼亚州空气资源委员会（CARB）具有一定的代表性，它主要由决策机构和执行机构组成，其中决策机构主要是由十几位成员组成的理事会，所有理事均由州长提名任命后再经州议会批准。具体的组织架构设置如图 10-12 所示。

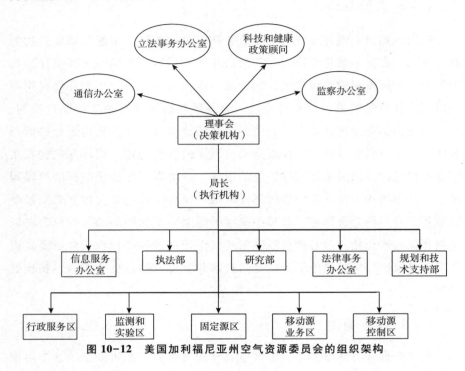

图 10-12　美国加利福尼亚州空气资源委员会的组织架构

二　日本情况

（一）中央层面

日本中央层面的环境保护主管部门是环境省，其长官环境大臣是政府内阁组成人员，具有较大的环境执法权力。环境省的主要职能是保护地球环境，防治公害，制定二氧化碳、空气、水和土壤的污染预防条例，防止海洋污染，制定化学品生产和检验条例，以及对固体废弃物实行统一管制。

在具体的组织架构上，环境省采用"四局一官房"体制（见图 10-13），即综合环境政策局、地球环境局、自然环境局、水和大气环境局以及大臣官房。综合环境政策局负责计划和制定有关环保的基本政策，同时就有关环保事务与有关行政部门进行综合协调；地球环境局负责推进实施政府有关防止地球温暖化、臭氧层保护等政策；自然环境局主要负责地区之间的自然环境保护，推进人与自然和谐相处；水和大气环境局致力于解决由工厂和机动车造成的空气污染以及噪声、恶臭等问题。环境省还设置了两个部和一个司，其中废弃物和再生利用对策部主要负责废弃物的循环再利用开发以及实现循环利用的对策方案；环境保健部主要是在由化学物质造成的环境污染对人的健康及生态系统产生影响之前，展开综合施政，以做到防患于未然；水环境司主要负责保护水、土壤环境的可持续利用。

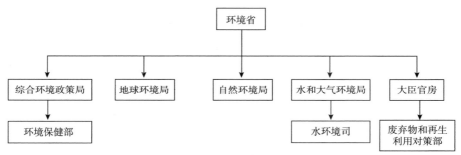

图 10-13　日本环境省的组织架构

除环境省外，内阁中承担环境管理职能的部门还有国土交通省、经济产业省、农林水产省、厚生劳动省、文部科学省和外务省等。在环境省与其他省厅的关系上，作为首相府下属机构的公害对策会议有权进行协调。另外，根据法律规定，环境大臣有权对其他行政机关的首脑就重大环保事项进行劝告，并要求其报告采取的措施。

（二）地方层面

除了中央层面的环境省的设立，日本在各个地方政府也设立了相应的环保机构。地方环境管理机构一般不直接对接环境省，只对当地政府负责。也就是说，地方环境管理机构独立于中央环境管理部门，二者之间并非隶属关系。地方政府对环境省直接负责，中央环境管理部门多数情况下通过地方政府开展和监督环境保护活动。中央政府对地方环境管理的影响主要体现在颁布国家立法、确立政策框架和发放财政补贴上，具体环境管理事务由地方负责，由此形成了地方主导与自主型的环境管理体制。日本地方环境管理机构的名称并不统一，一般被称为生态环境部。依照环境保护职能，地方政府在其下属的市、町派出一些环境保护机构，这些机构执行环境保护政策，负责最具体的环境管理业务。

（三）区域协调机制

为了解决跨区域的空气污染问题，日本提出由两个以上地方政府共同合作治理环境问题的"广域行政"制度。"广域行政"的理念起源于日本在环境省下专门设立了地方环境事务所。地方环境事务所是环境省的部门，主要负责协调国家和地方在环境治理方面的互动关系（卢洪友、祁毓，2013），能够根据当地的实际情况快速、有针对性地展开环境治理活动。"广域行政"制度的形成首先是由中央政府颁布法律正式规定跨区域行政协调制度，之后通过扩大处理跨区域环境问题的权限和范围规定具体的合作形式。环境省作为中央环保机构，主要负责制定区域之间宏观上的环保决策，以为地方环保机构提供指导，而具体的跨区域环境污染问题由地方环境事务所来执行和协调。

日本环境管理组织具有的优势体现在四方面。一是环境省具有较高行政级别和综合的财政资源调配权，可有效协调与其他部门之间的利益冲突。环境省下设大臣官房，大臣官房是环境省内部的统一监督管理部门。环境大臣可以就环境保护相关基本政策的重要事项，对相关行政机构的最高长官提出要求。环境省在环境保护事务方面，可通过行使其防止公害计划的指示和批复权、调整环保相关行政机构的业务权，以强化其在环境保护监督管理工作的决策方面的协调能力。二是环境省监管职能较为集中。《环境省设置法》（2000年颁布，2012年修订）第三条规定，环境省负责"保护地球环境、防止公害、保护和建设自然环境，负责环境保护、污染控制和自然保护"（殷培红，2016）。环境省内设废弃物和再生利用对策部、综合环境政策局、环境保健部、地球环境局、水和大气环境局、自然环境局。其中，废弃物和再生利用对策部专门负责控制废弃物等的发生、循环资源的科学再生利用及处理；综合环境政策局负责计划和制定有关环保的基本政策，并推进该政策的实施，同时就有关环保事务与有关行政部门进行综合协调；水和大气环境局由水质保全局与大气保全局合并，增强了水和大气方面的环境政策综合管理能力。三是设立了专门的环境审议机构，可以提供环境保护方面的咨询和环境争议方面的解决方案。这有助于提高环境法律、政策的执行效率。四是环境问题研究机构属于行政编制，具有专门的财政预算保障。这类环境科研机构专门负责为政府环境保护监督管理工作提供技术保障，比较不易受利益团体的干预，在技术方面具有可信度。

三　英国情况

英国成立了统一管理空气、土地和水资源的环境管理机构——英国环境署，它是由 1970 年建立的英国环境部演变而来的，作为英国统一规划、管理与环境有关事务的最高行政机构。各地均成立了相应的环保分支机构。英国环境署的主要职责包括实施"改善大气质量战略"、发布大气环境状况报告、实施政府的国家废物管理战略、保护并确保合理利用水资源、对污染土地恢复工作进行管理等。

在空气污染治理领域，英国政府专门成立了负责空气污染的管理机构——清洁空气委员会，负责改善空气污染的情况并监督各项措施的具体落实。1996 年依据《环境法》要求，英国政府设立环保局，负责《环境法》中条款的执行以及大型工业污染源的管理和监督。2001 年，英国政府又组建了环境、食品和乡村事务部，负责环境政策的制定和空气质量的监测管理，同时为地方空气质量管理提供技术支持。在英国治理空气污染的进程中，根据不同时期的具体情况，设立了不同的专职管理机构，负责空气污染的治理。

此外，英国政府还设立了一套完善的空气质量紧急响应系统。在该系统中，英国政府成立了 3 个层次的风险事故处理部门，分别是公众紧急事务委员会、科学技术委员会和战略协调小组。其中，公众紧急事务委员会由首相亲自统筹特大风险事故；科学技术委员会内部设有专门的空气质量紧急响应小组，该小组在紧急事故情况下制定空气质量检测方案，监测并分析空气质量的数据信息，运用空气系统预测模型模拟出大气质量可能出现的情况，罗列出可供解决的应急方案；战略协调小组对英国环境署负责，由区域警署局长牵头处理风险事故。英国建立的空气质量紧急响应系统能在最短时间发现和处理空气污染问题，极大增强了对空气污染治理的应急管理能力。这一做法可以引入我国的空气污染治理体系中，通过建立空气污染应急处理组织，采取先进的空气风险预警系统，提高空气污染的治理效率。

英国环保相关法规的执行主要由执行类机构负责，英国四个组成国的机构设置略有区别。以英格兰为例，1996 年，英格兰在整合国家河流管理局、污染监察局、废物管制局以及环境部下属的一些分支机构的基础上组建环保总署，负责英格兰地区的环境治理和保护，职责包括大型企业污染管理、垃圾管理、水质量和资源管理、渔业管理、内陆河和航道管理、资源和生态保护以及洪水风险防范。环保总署下设环境和企业部、资源和法律事务部、执行部、洪水和海岸风险管理部、财务金融部、数据中心以及调查取证部。环保总署在英格兰设有 16 个分支机构，并向地方派驻环保专员（中央编办赴英国培训团，2017）。

四　德国情况

德国是联邦制国家，德国联邦与 16 个州共同行使国家主权。德国的环境管理机构也有三个不同的层次，包括联邦层次、州层次和地方层次。

在联邦层次，作为环境行政主管机构的部门是联邦环境、自然保护和核安全部（简称环境部），是德国内阁的重要组成部门之一。除此之外，联邦层面还有众多其他部门履行环保相关的职能，参与环境管理，如经济技术部，经济合作与发展部，联邦消费者保护、食品和农业部，财政部等。德国联邦政府通过委员会的形式进行部门间协调，在 2000 年成立的国家可持续发展部长委员会中，联邦总理出任主席，环境部门与其他相关部门的部长作为成员，共同制定国家可持续战略。

德国环境部总部下设三个直属机构，即联邦环境局（Umweltbundesamt, UBA）、联邦自然保护局（Bundesamt für Naturschutz, BFN）和联邦核辐射保护办公室（Bundesamt für Strahlenschutz, BFS）。德国的 16 个州均设立了本州的环境管理机构。州和地方主要负责环境政策的具体实施。在机构设置模式的选择上，各州拥有自主权，其自身的环境管理方面的职能以及能力上的特点决定了各州环境管理机构的设置模式，因此州与州之间的模式并不是完全相同的。各州下设的市、县政府，一般不设专门的环保机构。

德国在权责体系的纵向层次上较为清晰，联邦政府职能主要是立法和政策的制定，而州政府主要负责政策的实施。在联邦与州都享有立法权的领域，如废弃物处理、噪声污染管理、大气环境质量管理以及核能管理等方面，联邦立法具有更高效力。在特定领域，联邦政府只有原则性立法权，如景观管理、自然生态保护以及水资源保护等方面，州可根据原则性立法进行细化立法，制定配套实施细则。在政策的实施上，联邦主要进行宏观控制以及特殊领域的管控，州负责辖区内主要项目的环境影响评价，以及水、废物和噪声污染防治等事项的管理。在管理形式方面，州政府可以采取州环保部门直接管理和委托市、县政府管理两种形式。市、县政府在不与联邦和州的法律发生冲突的情况下，在一定范围内对本辖区内的事务具有自决权，地方政府可以在权力范围内制定实施细则，但须经州一级政府批准后方可实施。在联邦与州以及州与州的协调方面，设有联邦和州方面共同参加的环境部长联席会议，联邦层面法规和文件的起草也要咨询相关州的意见。在监督机制方面，州环保机构是环保政策的主要实施机构，同时也是地方环保工作的主要监督机构，既有权对环境行政主体的执法行为进行监督，也有权直接监督企业。各州实施环境管理法规、政策一般经过上议院审议批准，联邦通过启动司法程序来监督各州实施环境管理的情况，对于执行不力的州，向法院提请起诉，或发出限期纠正的通知。各州审查所属市、县的环境执法情况并进行监督实施。公众、媒体和 NGO 依据德国联邦法律规定对环境管理方面的执法情况进行舆论监督。

　　德国环境管理组织具有的优势体现在四方面。一是环境部长联席会制度。从其参会成员组成来看，包括联邦、州的环境部长及联邦、州参议员。二是在监督机制上，一方面，联邦政府对州政府实施联邦法律的情况进行监督，可采用立法监督和司法监督两种方式；另一方面，州政府可通过审查地方环境执法的决定，对地方环境政策的实施进行监督。三是强化环境部工作能力。德国环境部组织机构如图 10-14 所示。联邦环境局（UBA）主要任务是为环境部提供环境科技支持，负责对公众进行宣传和教育、搜集环境信息并向社会发布、参与实施土壤保护战略和污染地的恢复工作。联邦自然保护局（BFN）主要职能是为联邦政府提建议，为联邦的发展计划提供支持。四是跨部门的高级协调机构。国家可持续发展委员会制定德国可持续性战略，综合考虑生态、经济和社会目标，并在实施可持续战略时强调所涉及的所有社团组织参与的重要性。

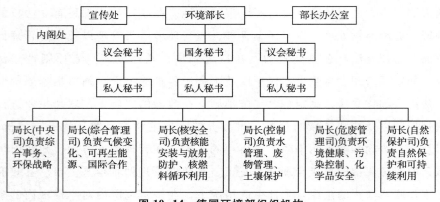

图 10-14　德国环境部组织机构

第五节　中国空气污染防治管理组织体系的重构

一　纵向上建立统一领导的科层组织体系

科层组织又称官僚政治，属于自上而下的权威性管理组织。科层组织的理论基础是德国社会学家马克斯·韦伯提出的科层制，它建立在组织社会学的基础之上，是一种权力依职能和职位进行分工和分层，以规则为管理主体的组织体系和管理方式。也就是说，它既是一种组织结构，又是一种管理方式。韦伯认为，实行科层组织管理能够保证组织成员行为的准确性、稳定性和可靠性（海伍德，2013）。韦伯构建的科层组织管理模式主要有以下三个特征。第一，明确的权威等级。科层组织类似于金字塔，上层组织拥有最高权威，有直接制定整体规划和发展方向的权力，当上层组织制定好政策后，行政命令自上而下传递，上一级组织控制和监督下一级组织。第二，严格而缜密的规则。在组织的各个层次都有成文的规章制度，它指导着各个层次的组织及人员的行为，从而使组织的行为有章可循。第三，明确的分工。组织内部有明确的分工，每一个成员的权利和责任都有明确的规定。

在空气污染防治的科层组织中，上级环保部门通过权力的上收，加强对下级环保部门的监管和控制，以保证自上而下执法权的独立性。也就是说，上级环保部门通过制定和规划机构设置、人事编制、干部管理和经费管理等方面内容对下级环保部门实行权威性管理。在科层制管理模式下，更多采取的是上级政府、部门在对环境政策进行顶层设计的同时，将环保压力逐级传导至下层主要负责的环保部门。当前，我国已经建立起了"中央—省—市—县"四级环保机构架构，依据我国现有的法规制度，规定县级以上的政府环境保护主管部门对本行政区域环境保护工作实施统一监督管理。环境保护部门作为地方政府的组成部门，人、财、物受地方政府管理，有时难以避免地方保护主义的干扰，无法真正独立开展对地方政府及相关部门的监督管理。因此，有必要建立统一的科层组织体系，其具体的做法是建立环保机构垂直管理制度。

2016 年，中共中央办公厅、国务院办公厅颁布《关于省以下环保机构监测监察执法垂直管理制度改革试点工作的指导意见》，指出省级环保厅（局）党组负责提名市级环保局局长、副局长，县级环保局作为市级环保局的派出分局，县级环保局的主要领导班子成员任免由市级环保局负责。也就是说，省级环保部门直接管理市（地）县的监测监察机构，承担其人员和工作经费，原市（地）级环保局实行以原省级环保厅（局）为主的双重管理体制，原县级环保局不再单设而是作为原市（地）级环保局的派出机构。环保机构垂直管理制度虽然能够将"以块为主"转变为"条块结合"的监督管理模式，但是这种统一的科层制组织也应该注意以下问题：第一，要明确地方政府、环保组织的环保责任，按照 2014 年修订的《环境保护法》等相关法规要求，明确地方政府及环保部门权力清单和法定责任，具体到每个环保职能部门和主要负责人；第二，划清环保部门的职责边界，对一些与相关部门有交叉的责任事项，环保部门应切实担负起牵头责任，相关部门要各司其职和积极配合环保部门的工作。此外，在环境执法中相关部门必须按照职责边界履行本部门的责任和义务，避免互相推诿而造成执法困境。

二　横向上推行参与式组织体系

我国空气污染防治的管理组织包括政府环保部门、企业部门和非营利组织。生态环境部、省环境厅等政府环保部门在空气污染防治管理中处于核心主导地位，承担着管理、规划空气污染治理的宏观把控责任；企业部门作为空气污染物排放的主体，在节能减排、排放方式、控制污染物排放总量方面起着重要作用；非营利组织是介于政府和市场之间起中介作用的公益性社会组织。图 10-15 构想了参与式组织体系在空气污染防治中的运行。

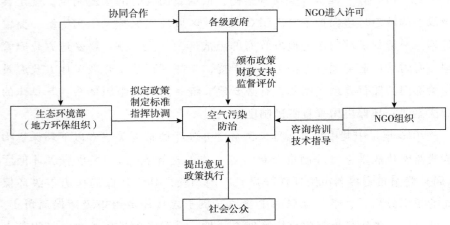

图 10-15　参与式组织体系的构建

推行参与式组织体系要求不再仅仅依靠政府环保组织单方面的治理，而是将非营利组织、企业甚至是公众等社会公共组织以直接或者间接的方式加入空气污染的治理范畴内。当前，我国参与式组织的治理还没有实现较大范围的推广，政府部门在公共事务的管理上还处在决策合作的发展阶段，政府和社会公众之间的职责需要加以界定，政府组织结构有待优化调整，需要进一步明确政府、社会组织和公众个人三者之间的合作关系和分工责任。参与式组织作为政府、社会组织和公众共同参与社会公共决策、公共事务和公共利益实践的一种行为体现，在空气污染治理中发挥着重要作用。

在实际的治理过程中，政府环保组织将重心更多放在治理空气污染的宏观事务上，如负责建立健全生态环境基本制度、负责重大生态环境问题的统筹协调和监督管理、统一负责生态环境监督执法等，而将具体的空气污染治理事务交由企业部门或是非营利组织去承担。在参与式组织中，政府环保组织通常会在法律层面对企业或非营利组织进行鼓励，在税收上实行优惠政策，在财政上进行资助，在项目实行上进行引导。企业在遵守政府部门制定的环保法规的基础上，降低空气污染排放量，采用更为清洁减排的生产设备。非营利组织一方面宣传、普及环保知识，让更多公众意识到空气污染治理的必要性和重要性，另一方面在治理空气污染过程中提供资金、设备、技术等方面的援助。可见，参与式组织强调的是将多方治理组织结合起来，发挥各部门的治理作用，提高空气污染治理的水平。

三 构建网络化组织体系

高效的空气污染治理需要多元、合作的组织网络，网络化组织体系主要指的是在各级政府组织的指导下，将市场、社会组织、媒体公众等多元主体结合起来治理。网络化治理是 20 世纪后期，欧美国家为解决由新公共管理运动带来的公共部门碎片化、市场失灵和政府失败等问题而逐步产生的一种新的治理模式（戈德史密斯、埃格斯，2008）。由于政府单中心治理和多中心合作组织治理均是以国家和市场相对立的角度为逻辑起点，所以其在空气污染治理过程中存在局限性。具体体现在政府单中心治理把国家政府作为城市区域治理的绝对主体，从宏观结构途径试图解决城市问题；基于公共选择理论的多中心合作组织治理则把市场作为基本动力，从经济理性的角度出发寻求治理方式。但随着污染物的不断增加以及相关社会问题的凸显，需要更加迫切地权衡政府与市场的关系，将社会这一维度纳入区域空气的治理范畴，探索构建政府、市场、社会网络化的治理结构，强调多层治理、多方参与、多重价值，形成跨区域的良性生态循环系统。2015 年 1 月 1 日正式实施的《环境保护法》明确规定"一切单位和个人都有保护环境的义务"，从法律层面强调多主体参与环境治理的必要性和重要性。同年，环境保护部出台了《环境保护公众参与办法》，鼓励公众这一主体参与环境治理。由此可见，网络化治理与传统的行政控制不同，它是由政府部门和非政府组织、公众及媒体等多个主体构成合作网络，彼此相互作用、共同进行治理，众多参与治理的行动者在相互依存的环境中共同治理空气污染问题。因此，在网络化治理过程中，政府需要担当环境政策的引导者和宣传者，非政府组织、企业、公众及媒体作为参与污染治理的第三方，从政府系统的外部强化空气污染治理的监督作用，共同建设生态治理合作网络体系（韩兆柱，2018）。图 10-16 是我国空气污染防治的网络化组织体系。

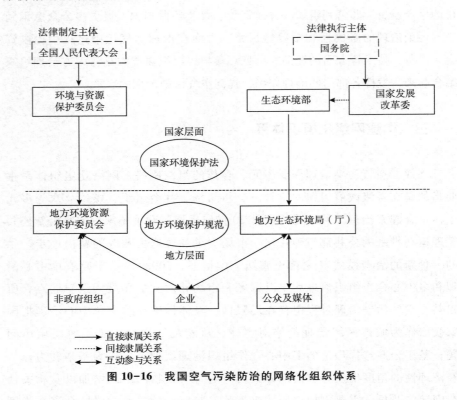

图 10-16 我国空气污染防治的网络化组织体系

从我国空气污染防治的网络化组织体系可以看到，这种运行模式一方面表现为上级政府对下级政府的行政命令，另一方面表现为不同主体之间的合作协商。也就是说，中央政府对地方政府的领导与行政命令关系，呈现出自上而下的行政等级关系（黄爱宝，2009）。中央政府通过出台行政法规、依靠行政命令等方式，严格要求各个政府在治污目标下采取强有力的治污行动。各地方政府设立相应的地方环境保护局，依据各辖区的实际空气污染问题制定适合当地空气污染治理的政策，服从上级政府尤其是中央政府的指导。不同主体的互动协商能够为空气污染治理提供高效的治理手段，非政府组织、企业、公众及媒体除了遵循国家的环保法律法规之外，在网络化治理中分别发挥其应有的作用。非政府组织在环境保护中，通过宣传环境政策和组织各类环境活动，提高公众和社会对环保的重视，有利于政府在思想意识方面进行宣传，同时提出有针对性和行之有效的建议；企业作为排污的主体，在网络化治理过程中严格遵守国家规定的排放标准，做到不超过国家的排放上限，同时还可以引进先进的排污设备、技术和人才以降低排污量，不同企业之间在排污技术方面还能进行互动交流，实现信息、数据、技术的共享，实现信息的公开化和透明化，在社会中建立良好的"绿色企业"；公众和媒体作为新时代环境治理的重要力量，不仅需要加强自身环保意识的培养，而且要对政府、企业环保信息的公开起到监督作用。此外，公众还可以对社会中出现的破坏环境的事件进行曝光和及时检举揭发。网络化组织体系的构建和发展不仅能形成一个彼此依赖、互相合作的网络关系结构，而且能够快速、高效地解决复杂的空气污染问题，实现区域之间的可持续发展。

四　横纵向节点间组建多中心合作组织

由于空气的跨区域流动性等特点，空气污染的跨域治理需要构建一个政府、市场、社会三大主体共同合作的新型多中心治理模式。多中心治理实现了治理主体的多元化，从单一政府扩展为多个行政主体，甚至还将企业、社会组织等市场主体纳入。多中心治理模式强调的是对各主体的角色定位和责任分配。政府的主要角色是在空气污染治理的资源分配问题上制定公平合理的分配准则；市场的角色主要是通过建立完善的市场运行机制，积极参与和调节空气污染治理的进程；社会公众与非政府组织不应该只是空气污染治理的被动接受者，而应该通过对政府和企业的有效监督起到积极的治理作用。各主体的责任分配指的是政府把握好宏观治理空气污染的框架，将市场机制引入空气污染治理进程中，积极营造环境友好型经济，并将社会公众及非政府组织的监督纳入空气污染治理的进程中。

在推进空气污染联防联治方面，既要落实好不同行政区域的主体责任，又要落实同一行政区域中的政府、企业、公众之间的主体责任。政府是监管企业的主体，要切实开展空气污染综合治理专项督察和执法检查，通过暗查暗访、突击检查、交叉执法、巡回执法，严厉打击环境违法行为；企业是空气污染治理的主体，要自觉守法经营，尽可能降低空气污染物的排放，真正做到节能减排；社会公众是监督政府和企业的主体，作为空气环境的治理者和监督者，要自觉监督企业和政府部门的环境违法行为，在全社会形成"防治污染、人人有责"的共识。综上所述，多中心合作组织的建立需要以政府为核心、通过引入市场机制和加强社会公众的参与加以实现。

在多中心空气污染防治过程，各治理主体之间的关系有 6 种。一是政府与企业，二者转变为相互合作的关系；企业作为空气环境治理主动参与者与政府达成减排协议。二是政府与公众，政府依法公开相关信息，向公众宣传环境治理知识，畅通公众利益表达的渠道；公众主动提高自身环保意识，对政府采取的空气污染治理措施进行监督，并提供合理化建议。三是企业与公众，企业应当树立绿色生产理念，要采取环境友好的生产方式，对公众负责；公众对企业生产过程和空气污染治理情况进行监督。四是企业与非政府环保组织，二者不是简单的监督与被监督的关系，非政府环保组织利用自己的专业化技术帮助企业进行技术革新，提升企业节能减排的能力。五是非政府环保组织与公众，公众可以选择加入非政府环保组织，利用集体的力量维护自己的环境权利，影响政府的决策、监督企业污染行为；非政府环保组织开展环境保护宣传教育，提高公众对空气污染防治的关注度与参与度。六是政府与非政府环保组织，主要是合作互补的关系，在政府无法监管的领域，非政府环保组织可以进行有效协助（汪泽波、王鸿雁，2016），同时督促政府履行职责。以京津冀为例，多中心合作组织架构如图 10-17 所示。

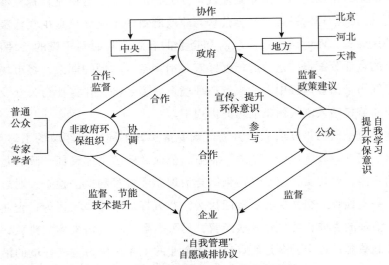

图 10-17　京津冀多中心合作组织架构

第六节　中国空气污染防治管理的网格化组织

一　建立网格化组织的意义

空气污染防治管理的网格化组织因其具有实时监控、精准定位控制、调用社会多元治理主体等特征而成为一种改善空气质量的重要途径和发展趋势。利用网格化技术与方法，建立完善的网格化监测体系和环境信息发布平台，明确区域治理主体的各方责任，正确处理好责任分配和利益补偿问题，从根本上提升空气污染治理成效。

首先需要强调网络化组织和网格化组织的差异，网络化组织的治理模式注重强调政府间的多向度、交织性关系，更多强调的是社会流动性（秦上人、郁建兴，2017）。而网格化组织的治理模式主要是将现代信息技术嵌入科层制的管理模式中，在固有的属地管理基础上实行网格式的精确管理。网格化组织最早由西方国家提出并应用于城市规划，如今作为全新的治理方式引入中国，在诸多领域得到充分验证。有学者认为，引入网格化治理、细分管理网格有利于促进基本公共服务供给的精准化和精细化，通过借助信息技术平台实现基本公共服务供给的智能化和高效化，理顺网格化管理体系多元主体的制度化关系，有利于推动政府—市场—社会力量的协同共治（唐皇凤、吴昌杰，2018）。也有学者将网格化运用于社区自治组织的治理中，尝试在同一个社区网格内重新定义"网格员"角色，力图将社区居委会工作人员与社工整合进同一个网格员队伍，以政社整合的方式再造社区自治组织，实现社区治理体制的创新（张正州、田伟，2017）。相应地，在空气污染治理上，网格化组织同样能够发挥出重要作用，原因在于网格化的治理理念是将治理的对象按照一定的标准划分成若干网格单元，然后运用计算机信息技术，使各网格单元形成协调互动，这实际上是一种整合组织资源、提高管理效率的现代化管理思想。此外，也有学者指出网格化组织的治理包含六种要素，即社会协同的运作机制、权责统一的服务团队、协调统一的组织机构、信息技术、资源共享的服务平台和专心服务的人本理念，这六种要素所形成的综合体是其能够取得良好治理效果的根本保证（陈荣卓，2015）。

当前，我国在空气污染防治上更多采用的是区域联防联控的形式，先后实行酸雨和二氧化硫的"两控区"管理、六大区域督察局、联席会议制度、环境影响评价会商机制等省际空气污染联防联控治理模式。虽然在空气污染治理方面取得了一定的成效，但是并没有形成长效机制，很多区域在重大活动结束之后就无法继续发挥排污治污效果，具有运动式治理的特征。而网格化组织在空气污染治理中能够实现监测范围的全覆盖，精确地区分各地区的污染情况，协调区域内主体利益冲突，分清各地的治污责任和利益。空气污染的网格化治理能够对采集的海量动态数据进行分布存储并加以整合分析，从而对实时的空气质量做出尽可能精准全面的判断，实现各类空气信息及资源的高速传送，输出预警或空气污染处理决策；同时运用网格化技术对空气监测数据等进行加工、分析，对空气质量实行仿真和预测，使各个环境管理部门和网点能够实现协同治理。此外，空气污染防治网格化系统的应用，能够实时监督与管理地区的主要污染物排放情况，有效管理地区中的部分重工业较为集聚的重点区域，通过对特色重点区域的把控加大对整个地区空气污染的管控力度（季寅星，2020）。

二 网格化组织形成的条件

（一）技术设备的支持

空气污染数据的准确性是确保空气污染治理有效的根本保障，如果监测技术和监测手段导致监测数据出现偏差，不仅无法采用针对性的措施去治理污染，还可能引发其他的社会问题。网格技术的快速发展为环境智能化治理提供了可能，但是我国现有的设备实力和技术基础还不能准确地对各个区域实现空气污染的监测。我国发布的《环境空气质量监测规范（试行）》（2007 年）要求，空气质量监测网应客观反映空气污染对人类生活环境的影响，而且需要结合当地多年的空气状况、产业和能源结构特点、人口分布情况、地形和气象条件等因素，注重选取具有代表性的监测数据和监测站点。但是部分地区还存在手工监测、监测设备缺失或者老化的现象，因此需要及时引进精度更高的监测设备和具有丰富网格化经验的技术人才。专业的网格化人才通过实时监控企业的排放量，真实反映出各地空气质量状态，在第一时间准确有效地实现监测数据的共享，并及时通知有关部门和企业污染排放情况，方便环保部门和企业及时进行空气污染治理。此外，网格化组织的监测技术还可以用于预测固定时期内空气污染的变化趋势，预估空气污染排放情况，提前做好治理空气污染的方案，提高空气污染的网格化治理效率。

（二）网格管理员权责统一

在空气污染防治的网格化治理中，由于我国并未出台相关法律法规来明确网格管理员的权责范围，因此需要规定网格管理员的职责与权利，才能使空气污染防治的网格化组织顺利开展工作。当前，我国的网格管理员主要由三类人群组成：第一类是社区和街道办事处的工作人员，这类网格管理员有公务员编制；第二类是经过网格管理中心统一考试后招聘录取，经过一定的培训后上岗，但是没有被纳入国家公务员编制；第三类是社区或居委会的热心居民，类似于志愿者。第一类人群一般是网格管理的网格长，基本不存在身份模糊的问题；第二类人群规模最大，是网格管理员的主体部分，但是由于身份问题会影响到这部分人的招聘录用、工作积极性、福利待遇和职业发展；第三类人群属于志愿者性质，对环保事业充满热情，积极性不容易受影响。虽然第二类网格管理员经过统一的考试后被聘用，但并没有真正的执法权，只能进行信息的收集与上报传递工作，事务的决策处罚权依然在相关部门手中，这导致了很多网格员巡查工作不积极，缺乏主动性。比如当公众发现空气污染问题向网格管理员反映时，因网格管理员没有处理权限，导致污染事件无法在第一时间得到处理，同时由于没有相关法律法规来明确规定网格管理员的权责，这导致网格管理员的权利和责任模糊、公众不认可网格管理员身份等现象，甚至会引起网格管理员和企业、居民之间的冲突。因此，需要明确界定网格管理员的身份和权利，规定网格管理员具体的职责范围、确保网格管理员有足够的权利参与空气污染治理。

（三） 建设网格化治理的长效机制

空气污染网格化治理在理念和效果上具有一定的优势，尤其是面对重大活动时，能够在短期内实现空气质量的提高，但这种"运动式"治理只是为了完成上级指派的任务，并不能实现长期的治理效果，这种情况下的空气污染网格化治理就变成了一个"面子工程"，只有当上级进行检查时才会发挥作用。事实上，网格化组织的空气污染治理不仅是一种技术手段，更是一种价值倡导，它是政府各部门对权责的细化和再分配，是倡导公民积极参与公共事务的治理理念，也是政府和市场、社会开展合作的平台。同时，这种"运动式"的网格化空气污染治理不仅会影响空气污染治理的实际效果，还会让公众失去对政府的信任。网格化管理应该在政府行政力量的推动下成为治理空气污染的重要手段，成为一种标准化行为规范，不能采取"选择性"执法来敷衍，否则这种治理模式只会流于形式。

因此，建设网格化治理的长效机制一方面需要在法律法规上明确网格化组织的法律地位和权威性，确保网格化组织在执法过程中有法可依；另一方面要提高网格化组织的管理效率，加强监督，规范网格管理员的工作内容，强化网格管理员的责任意识，从而实现网格化治理空气污染的长效机制。

三 网格化组织的运行

将网格化组织引入空气污染防治，能起到有效的污染监管和控制效果。这种网格化治理改变了以往自上而下的垂直管理方式，将政府、社会、公众等多元主体协调起来，社会和公众可以自下而上地参与到空气污染防治中，可随时向政府或其他环保部门反馈降低空气质量的行为，使政府与社会、公众的交流更加便捷和快速。在具体的运行层级上，网格化组织按照4个层级设置网格系统，即市（区）网格管理中心、街道网格管理中心、社区网格管理中心、网格单元，我国空气污染网格化组织的治理系统如图10-18所示。

在我国空气污染网格化组织的治理系统中，街道网格管理中心主要负责统筹协调本级网格内的各项工作，及时联系下级网格管理员，处理下级

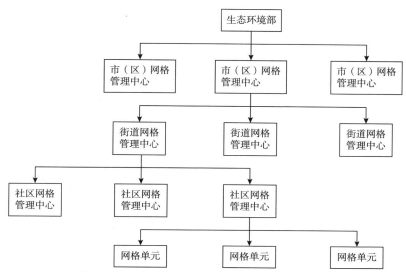

图 10-18　我国空气污染网格化组织的治理系统

网格管理员上报的问题，分析汇总各项数据；社区网格管理中心主要负责本级网格内各项工作的安排部署和任务分解，督促落实并负责解决下级网格管理员上报的问题，如不能解决，则按照"例外原则"汇总上报；网格单元主要负责管理范围的监控，负责调查和上报本级网格内的污染信息和举报信息的受理、上级治理任务的宣传、违法行为的调查以及处理结果的回访。

空气污染网格化治理在选定范围后，具体的运行包括网格化监测、网格化预警、网格化处理和网格化维持（陈思玉，2014）。其中，空气污染网格化监测的内容主要是空气污染类型、污染物时空分布、演化特征、危害程度和扩散趋势等；空气污染网格化预警的任务是对空气污染浓度指标、空气质量监测结果、预警等级标准、数据分析模型等提供预警提示；空气污染网格化处理的核心部分主要是协调政府、企业、非政府组织和公众等多元行动主体的治理过程，实现各个利益集团的利益诉求，从而细化治污责任、制定行动决策；空气污染网格化维持的目的在于实现高质量空气的可持续性，实现科学研究成果的推广应用，从而实现污染的长效治理。空气污染网格化组织的运行流程如图 10-19 所示。

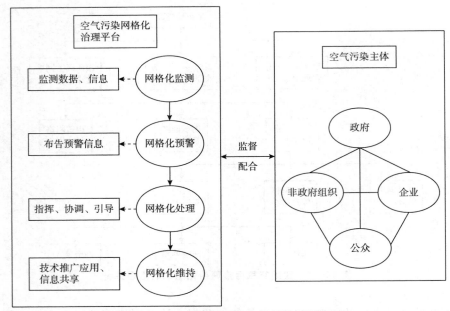

图 10-19　空气污染网格化组织的运行流程

四　建立空气污染防治网格化组织的对策建议

（一）提高网格化组织的技术设备投入

由于我国在采用网格化技术治理空气污染问题时并未形成比较系统和完善的治理模式，所以在设备水平和管理技术方面都需要加以提高。为了提高监测信息的准确性和空气污染的治理效率，可从以下四个方面推进网格化治理：第一，鼓励政府大力引进高精度监测空气质量的网格化设备，增加财政资金用于先进设备的引入，提高设备测量的精确度；第二，将更多的精力用于建立全面的空气质量实时监测网格化网络，可以通过引进高水平网格化人才的方式建立起排放监控网络以及相关的数据分析中心，实时更新网格化地区的 PM2.5、PM10 等主要污染物的监测数据；第三，搭建信息共享平台，扩大信息共享范围，在已建立的监测信息共享平台基础上，增加污染防治信息内容，实现污染物排放、执法情况等信息的共享和互通；第四，重视科技手段在信息处理能力建设中的应用，利用现代数字信息技术最大限度地发挥信息处理和共享机制的价值，使部门层级之间相互协同、联防联控，一旦监测到某个区域出现空气质量恶化的问题，网格化组织在第一时间启动污染治理预警，确保各个治理主体能在最短时间内对空气污染进行处理，实现空气污染的智慧化管理。

（二）明确界定网格管理员的权责

当前，网格管理员存在权责不一的问题主要是由网格管理员身份不明确引起的，因此需要专门为网格管理员建立权责一致的制度，以明确网格管理员的监督工作和职权范围。具体做法是通过立法来规定网格管理员的权利范围，具体规定哪些是网格管理员必须执行的事项，哪些是需要向上级汇报才能做出决策的。建立统一、科学、合理的工作考核指标体系，有利于对网格管理员进行合理的选拔、激励、考核和辞退（陈瑾等，2016）。这样既解决了网格管理员的身份问题，又能提高网格管理员的专业化水平和积极性。这种网格管理员制度对外可以为基层社会组织提供公共服务，对内可以规范网格管理员工作流程、维护网格管理员的行业利益。为保障网格管理员的基本生活，政府应以专项财政拨款的方式为网格管理员提供适合的薪资待遇。为了鼓励更多高素质的人员加入网格管理员的行列中、提高空气污染网格化治理水平，可以对网格管理员设置统一的考核标准，根据考核结果来确定奖金分配与职级晋升。此外，还可以为网格管理员设立专门的晋升渠道，设立更合理的职级，提高网格管理员的素质，规范网格管理员的工作流程。

（三）建立社会广泛参与的长效机制

现阶段，新闻媒体、非政府环保组织和公众等社会力量越来越关注环保问题。因此，在相关环保工作中，要主动吸收社会力量加入，发挥新闻媒体的宣传引导作用，鼓动和组织公众与环保志愿者积极参与到网格管理监督工作中。要畅通信息沟通渠道，扩大非政府环保组织的影响范围，充分保障社会力量在参与环保过程中的知情权以及利益、需求和意见的表达权，不断提高公众的参与度。在此基础上，以网格化管理为牵引，凝聚社会力量，建立企业主体责任明确、属地负责具体到位、行业监督管理清晰、社会广泛参与、群众主动作为的网格全覆盖、管理精细化、服务精准化的环保长效管理机制（李文青等，2015）。

（四）建立多元评价体系

采用网格化组织治理空气污染需要建立内部评价和外部评价的多元评价体系。内部评价是指网格系统各层级按照评价指标体系，根据上级布置的工作任务与要求，对本级和下一级的工作做出考核评价。内部评价可以根据信息共享平台的电子记录来进行，因为网格管理员的信息收集、上报、反馈和职能部门的处理情况都会在信息系统中留下记录。当然，信息系统记录的数据并不能完全反映网格化治理空气污染的实际效果，因此需要结合外部评价。外部评价就是第三方人员在征集市民和其他方面的意见后，根据相关要求对网格管理员、各级网格管理中心和职能部门做出评价。内部评价相对客观，评价分数计算都来自信息共享平台的记录数据；外部评价则相对主观一些，主要基于评价者的主观感受。多元评价体系的特点是引入第三方评价，这种做法的好处在于不会因内部评价而产生所谓的"一票否决"，从而减少上级部门对下级部门的"绝对控制"，也有利于打造一种更为公正、合理的评价体系。

第十一章

中国空气污染防治的协同管理

协同管理是把局部力量合理地排列、组合来完成某项工作和项目，是通过对某系统中各个子系统进行时间、空间和功能结构的重组，产生一种具有"竞争、合作、协调"的能力，其效应远远大于各个子系统之和产生的新的时间、空间、功能结构。由于空气会在不同行政区域自由流动，空气污染防治是一项综合性很强的系统工程，难度大，技术性强，且涉及经济建设、环境工程和城市治理的方方面面，仅靠环保部门的努力是难以有效治理的，因此建立协同管理有助于提高空气污染治理成效。空气污染治理要符合空气流通的自然性质，同时要调动地方政府治理的积极性，各级部门、各个主体之间需要构建空气污染协同治理组织，并形成常态化的协同治理机制（魏娜、孟庆国，2018）。本章将探讨空气污染防治的主体、区域维度的协同性以及存在的障碍，研究空气污染协同防治的保障，探讨重点区域空气污染联防联控的优化路径。

第一节　空气污染防治的协同性

一　协同防治的维度

空气污染的协同治理问题可以从区域空间和协同主体两个维度出发：从区域空间的维度出发，协同问题主要是因为空气污染的跨区域传播使得各地之间在空气污染治理的过程中不再是割裂开的独立个体，更加需要区域之间进行合作协同治理，目前区域之间空气污染协同防治比较成功的有京津冀、长三角、珠三角等区域；从协同主体的维度出发，协同问题主要是因为协同主体之间的目标与动机存在冲突，此时需要协同治理发挥其多样性的功能，对利益不一致的主体进行协调。空气污染协同防治的主体可分为政府、企业、公众和社会组织（见图 11-1）。政府是空气污染管辖区域的主要管理者，也是管辖区各方利益的集中分配者；企业更多指的是在生产过程中排放空气污染物的工业生产型企业，这种生产型企业排污量较大，是空气污染物排放的主要源头，因此企业是空气污染防治的重要力量；公众作为空气污染的直接受害者，空气质量的好坏直接关系公众安全和满意度，公众可以监督和参与政府有关空气污染治理的决策；社会组织作为社会中治理空气污染的一股力量，能够为公众和政府之间的信息传递起到衔接作用，同时能够积极为空气污染治理提供有益的建议。因此，构建多元主体共同参与的协同治理体系，形成"以地区联动为要义、政府为主导、企业为主体、公众与社会组织共同参与"（刘华军、雷名雨，2018）的治理模式具有重要意义。

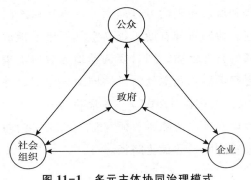

图 11-1　多元主体协同治理模式

（一）我国区域间的协同形式及关系

空气污染防治问题不仅仅是简单的地方治理问题，单边治理和局部治理难以从根本上解决空气污染问题，更是一个需要多方协同治理的问题，控制和治理空气污染问题需要发挥区域大气污染联防联控机制的作用。基于此，我国在区域空间内相继成立了京津冀、长三角、珠三角等多个联防联控区，以下重点介绍京津冀区域和长三角区域的协同形式。

1. 京津冀区域的协同

为推动区域空气污染治理，2014 年 9 月成立了京津冀及周边地区大气污染防治专家委员会。2018 年 7 月，经党中央、国务院同意，将京津冀及周边地区大气污染防治协作小组（成立于 2013 年 10 月）调整为京津冀及周边地区大气污染防治领导小组，以推动完善京津冀及周边地区空气污染联防联控协作机制。至此，京津冀地区形成了较为完整的组织管理系统。针对当前京津冀地区的空气污染协同治理机制，从组织管理机制、协调联动机制、科技操作机制和制度保障机制这四个方面来进行阐述。

①组织管理机制。针对京津冀区域的空气污染问题，2013 年 10 月，京津冀及周边地区等六省市联合住房和城乡建设部、生态环境部等八个部门共同筹建了京津冀及周边地区大气污染防治协作小组（简称"协作小组"）。协作小组下设办公室，由北京市政府和环境保护部负责办公室的运行，并且授权北京市环境保护局下设的大气污染综合治理协调处处理协作小组办公室日常运转的具体工作。协作小组在污染预警及信息共享等方面建立一系列的制度，充分考虑地区差异，不断完善顶层设计，共同破解关键问题。通过区域环境保护管理机构，统一规划和协调区域性空气污染协同治理的具体工作（李云燕等，2017），进而推动京津冀区域空气污染治理工作的进行。协作小组于 2018 年 7 月调整为京津冀及周边地区大气污染防治领导小组（简称"领导小组"），牵头单位为国务院，领导小组办公室设置在生态环境部，成员单位包括七省区市十部门，地位与权力进一步升格。协同治理组织架构如图 11-2 所示。

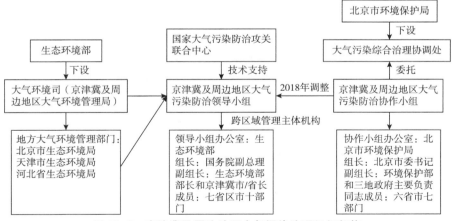

图 11-2　京津冀及周边地区大气污染治理组织架构

②协调联动机制。京津冀地区要实现协调联动首先要实现协调治理理念的一致，也就是说要打破各自为政的治理理念，先从治理理念和思想上

进行协同，除了打破"重视经济发展、忽视环境保护"的理念之外，还需要具有合作共赢的精神；其次要协调利益的平衡，通过构建区域内各地方政府的利益共享机制，公平科学地协调分配三地利益，避免出现未受益、先受损以及恶性竞争的局面，京津冀区域的地方政府之间可以通过相互协调，逐渐完善横向协调机制，建立一个适于对话、协商的平台，肩负起各自应该承担的责任，降低信息的不确定性和社会交易的成本。

③科技操作机制。当前，京津冀地区通过科技成果转化、科技创新和科技资源共享方式在科技操作机制方面已经取得了一定的成果。在科技成果转化方面，京津冀地区采用新技术大力提高企业所排放烟气的脱硝、脱硫、脱氮水平及消除其他有毒有害气体，大幅度减少悬浮颗粒物和烟尘的排放。在科技创新方面，京津冀地区投入大量资金和精力，2013 年河北省启动"京津冀区域大气污染联防联控支撑技术研发及应用"项目的研究，目的是建立一个专门的京津冀地区空气污染治理的数据库。2014 年京津冀地区首台满足燃气机组排放标准的"近零排放"洁净机组顺利投产使用。2018 年科技部社会发展科技司对"京津冀区域大气污染联防联控支撑技术研发及应用"项目技术进行验收并一致同意通过项目技术验收，该项目不仅优化了京津冀区域环境综合监测网络，而且还建立了京津冀区域空气污染防治评估技术体系，形成了长效的监管机制。在科技资源共享方式方面，京津冀地区不仅建立了各种网络平台来实现信息共享，还共同制定了关于科研仪器、实验室管理使用及开放共享等方面的实施办法，比如北京的共享服务网、天津的大型仪器协作共用网和河北的科技基础网络平台。

④制度保障机制。京津冀区域在空气污染治理方面已经颁布了一系列的法律法规、地方性规章和规范性文件。最早针对空气污染防治的专门法律是 1987 年通过的《大气污染防治法》，该法提出空气污染治理需要进行区域合作。2010 年，国务院办公厅转发环境保护部、国家发展改革委等部门联合发布的《关于推进大气污染联防联控工作改善区域空气质量的指导意见》，将京津冀在内的"三区六群"设为开展空气污染联防联控工作的重点区域，要求对 PM2.5 等污染物进行实时监测。2013 年，环境保护部、国家发展改革委等 6 部门联合颁布的《京津冀及周边地区落实大气污染防治行动计划实施细则》指出了京津冀地区的防治具体措施。与此同时，各地区为了配合法律法规的使用，还出台了相关的地方性规范，包括 2013 年

天津市人民政府颁布的《天津市清新空气行动方案》以及 2015 年天津市人大会议通过的《天津市大气污染防治条例》，2012 年河北省人民政府颁布的《河北省机动车排气污染防治办法》，2014 年北京市人大会议通过的《北京市大气污染防治条例》等。此外，2018 年 9 月生态环境部联合北京、天津等 6 省市共同印发《京津冀及周边地区 2018—2019 年秋冬季大气污染综合治理攻坚行动方案》，通过完善京津冀区域的空气监测制度，丰富空气保护制度体系，为空气污染治理工作的开展提供了制度保障。

2. 长三角区域的协同

长三角通过制定区域空气污染协作治理重点工作，组建区域范围的空气质量监测预警网络，形成了区域空气质量管理体系等运行机制。针对当前长三角地区的空气污染协同治理机制，可以从组织机构设计、法律制度保障和治理对象及措施三个方面来进行阐述。

①组织机构设计。2013 年 9 月，国务院印发了《大气污染防治行动计划》，明确要求建立京津冀、长三角区域大气污染防治协作机制，协调解决区域突出环境问题。2014 年 1 月 7 日，由沪苏浙皖三省一市和环境保护部、住房和城乡建设部等八部门共同组建了长三角区域大气污染防治协作小组。长三角区域大气污染防治协作小组遵循"协商统筹、责任共担、信息共享、联防联控"的工作原则，协作小组下设协作小组办公室、长三角区域空气质量预警中心、长三角区域大气污染防治协作专家小组等机构（见图 11-3）。其中协作小组办公室地点设置在上海市环保局，其工作内容主要包括会议协商、协调推进、工作联络、信息发送、情况报告和通报、调研交流、研究评估、文件和档案管理等；长三角区域空气质量预警中心总部设立在上海市检测中心，预警中心以一个区域中心、三个分中心为组织框架，其中三个分中心分布在江苏、浙江、安徽三地，主要负责空气预警、信息预报等内容；长三角区域大气污染防治协作专家小组，具体由长三角区域环境科学、城市建设、能源化工等相关的多学科资深专家组成，主要负责长三角区域空气环境问题研判、防治效果评估等。

②法律制度保障。为了实现区域间的空气污染协同治理效果，长三角区域颁布了相关的法律制度和行政法规。2010 年 5 月，国务院办公厅转发环境保护部、国家发展改革委等部门联合发布的《关于推进大气污染联防联控工作改善区域空气质量的指导意见》明确提出，将长三角地区作为空

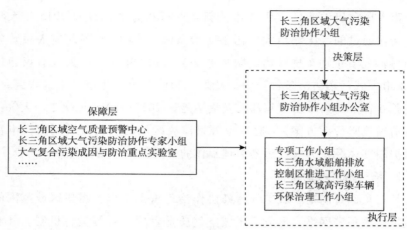

图 11-3 长三角区域空气污染防治协同架构

气污染联防联控的重点工作区域之一，并针对重点污染物进行统一规划、统一监测、统一监管、统一评估、统一协调。2013 年 9 月，由国务院颁布的《大气污染防治行动计划》明确要求建立长三角区域协作机制，规定区域内省级人民政府和国务院有关部门共同协调解决区域内突出的环境问题，同时国务院对长三角区域的空气污染治理提出了明确的治理目标，即要求 2017 年长三角区域细颗粒物浓度下降 20%。2014 年 1 月，沪苏浙皖三省一市和国家八部门联合颁布了《组建区域大气污染防治协作小组》，明确提出将"协商统筹、责任共担、信息共享、联防联控"作为协作原则。2018 年 10 月，生态环境部、国家能源局等 11 部门共同颁布《长三角地区 2018—2019 年秋冬季大气污染综合治理攻坚行动方案》，要求全面推进产业结构、能源结构、运输结构和用地结构调整优化，强化重大活动主办地及其周边城市、主要输送通道城市空气污染防治协作。

③治理对象及措施。长三角在空气污染治理方面更多的是针对不同的气体来源实行一系列的制度和政策来加强监测和预警能力，沪苏浙皖三省一市主要采取的措施包括以下六个方面：第一，实行总量控制制度，建立环境质量监测网络和污染源监控平台，增强空气污染防治监测和预警能力；第二，防治能耗型空气污染，制定能源结构调整规划，控制煤炭消费总量，建设和完善供热系统；第三，防治工业源空气污染，调整取消高污染工业项目，实时监测工业园区大气环境和污染源排放情况，监督规范企业排污行为；第四，防治交通源空气污染，实行标志管理、限期治理和更

新淘汰等措施；第五，防治扬尘空气污染，要求相关责任单位采取各项防风防尘措施，推行道路机械化清洁作业方式，修复矿山开采区生态环境；第六，管控其他空气污染物排放行为，如餐饮服务、秸秆燃烧等。

3. 区域协同的关系

区域协同的关系主要体现在横向与纵向的协同合作以及公平与效率并存的协调合作上。区域之间的纵向协同表现为上级环保部门综合考虑区域经济社会承受能力和空气质量需求，制定区域空气污染防治目标，将空气污染治理目标任务分配至下级环保部门，并提供一定的财政或技术上的支持并进行指导活动，下级环保部门与上级环保部门签订环保责任书，并制定实施细则，分解执行相应指标任务，将协同执法过程中出现的问题或者可改进建议反馈至上级环保部门。区域之间的横向协同主要表现为地方政府的联席会议，通过平等的谈判和协商（蒋敏娟，2016），实现分工协作、共享联动、科技协作和跟踪评估，对局部区域的空气质量变化做出及时反应和监督控制。实际上，区域之间的协同更多的是通过建立区域大气污染联防联控机制，成立区域领导协调小组，实施省际（市际）联合、部门联动的环境监管模式，统一执法机制等创新性举措开展区域空气污染的联防、联控、联治工作。这种协同模式打破了区域之间"各自为政"的治理方式，为合作共治提供了可能和发展机会，同时区域之间的协同要求各个地方采取一致的规则和行动，建立无壁垒、无障碍、各地利益最大化的共同市场和共同规则（王春业、任佳佳，2013）。

我国跨省区域级的大气污染协同治理组织主要有京津冀及周边地区、长三角、汾渭平原等的领导小组或协作小组，这些协同组织在治理跨区域空气污染方面起到了一定的效果，但是各区域主体之间的协同还存在一个难题，即区域内各地方政府均有自身的法律条例和规章制度。在进行区域联防联控时，各地的规定容易产生一定程度的冲突，因此，梳理清楚各个地方的职责和权限是实现区域协同的关键。开展区域协作立法是有效解决区域内法律法规冲突的途径之一，制定统一规则，减少多头立法，同时将区域间的空气污染防治协定上升为法律（余俊，2018）。通过缓解区域之间协同过程中的矛盾，提高区域合作的治理效果。

（二）我国主体间的协同形式及关系

针对当前空气污染跨区域动态传输的污染特点，区域内的各级地方政府必须进行协同治理，包括纵向政府间的协同和横向政府间的协同。与此同时，在治理空气污染进程中还应注重市场和社会这两大主体的作用。

1. 纵向政府间的协同

纵向政府间的协同主要指的是上级政府和下级政府间的协同。虽然我国法律明文规定，全国性的、综合性的事务应由中央政府负责，区域性的、小范围的、相对单一的事务由地方政府负责（崔晶、孙伟，2014），但是上级政府和下级政府的职责并不是完全对立的，尤其具有流动性质的空气污染问题更应该注重上下级政府间的协同合作。而空气污染协同治理的顶层设计对协调上级政府与下级政府间的关系有着至关重要的作用。协同治理空气污染的顶层设计包括如何确定上级政府和下级政府的职责范围、地方政府绩效考核的标准、大气环境质量达标标准、产业区域的合理规划、全国能源结构标准的统一与优化。

此外，上级政府与下级政府之间的协同具体表现在两方面。一方面是中央政府对地方政府的财政资金、技术设备的支持；另一方面是下级政府作为空气污染治理的执行者，与上级政府及时共享监测信息和执行处理方案。2016 年 9 月，中共中央办公厅、国务院办公厅印发了《关于省以下环保机构监测监察执法垂直管理制度改革试点工作的指导意见》，要求省级环保部门对市县两级环境保护进行监督管理，同时要协调好环保部门统一监督管理与属地主体责任、相关部门分工负责的关系。这种纵向上下级政府间的协同主要通过畅通沟通渠道、统一监测规制和标准、共享数据监测信息、明确相应责任范畴等方式展开，该制度的施行有利于充分调动上下级政府协同治理空气污染的积极性和更高效地治理空气污染问题。

2. 横向政府间的协同

横向政府间的协同指的是同级地方政府或部门间的协同。属地治理模式下的区域空气污染治理容易出现条块分割、各自为政的现象，横向政府间的协同打破了"各家自扫门前雪"的治理方式。横向政府间的协同方式主要包括以下几个方面。第一，设立跨地区环保机构。2017 年 5 月，中央全面深化改革领导小组第三十五次会议通过《跨地区环保机构试点方案》，该方案提出在京津冀及周边地区开展跨地区环保机构试点，实现规划、标准、环评、监测、执法的统一，推动形成区域环境治理新格局。2018 年 9 月，生态环境部"三定"方案公布，将原环境保护部的"大气环境管理司"更名为"大气环境司",同时加挂京津冀及周边地区大气环境管理局牌子,成为我国首个跨区域大气污染防治机构,这为其他区域进行协同合作提供了明确的借鉴。第二,设立区域空气污染联防联控的工作机构,效仿京津冀、长三角、汾渭平原等区域建立区域联防联控工作领导小组或协作小组,负责解决联防联控工作中的重大问题,比如治理方案的选择、权责的划分、排污效果的评估以及资源的分配,组织和协调区域空气污染联防联控工作。第三,严格落实区域内各地方政府的责任。根据空气质量达标情况,制定空气质量达标方案或空气质量改善方案,将各项工作任务分解落实到各地方政府,根据各地方政府所承担的责任与实际落实情况的对比,当超过排污标准时,应给予一定的处罚,同时及时调整空气污染治理方案,确保在接下来的工作中改善空气质量。第四,加强区域环境监管。明确区域内重点排污单位名单,组成空气质量保障联合检查组,不定期地开展区域大气环境联合执法检查,集中整治违法排污企业。

3. 政府和市场之间的协同

政府在区域空气污染治理中占有重要地位,能够从宏观上把握经济生产结构以及利用法律政策等强制性手段行使资源分配权、空气污染物排放权,但政府不是万能的,并且存在政府失灵的情况。此时,需要充分发挥市场这只"看不见的手"的调节作用,按照"谁污染、谁负责""多排放、多负担"的原则进行调节。

政府和市场的协同机制主要分为以下几个方面。第一,强化政府与市场的合作。2018年10月修正的《大气污染防治行动计划》规定"企业事业单位和其他生产经营者应当按照国家有关规定和监测规范,对其排放的工业废气和本法第七十八条规定名录中所列有毒有害大气污染物进行监测,并保存原始监测记录。其中,重点排污单位应当安装、使用大气污染物排放自动监测设备,与生态环境主管部门的监控设备联网,保证监测设备正常运行并依法公开排放信息"。从中可以看出,国家将排污治污的任务分解到地方政府和企业,政府通过帮助企业改进环境监控设备来提高环境管理能力,企业通过严格遵守政府的产业空间布局和产业调整政策来减少空气污染。第二,明确地方政府和企业的主体责任。企业不仅仅是被监督的对象,更是责任共同体。也就是说,企业在完成利益追求的前提下,应自觉履行自身的环境保护责任。一方面,通过设立信息共享平台,将企业排污数据信息及时、准确地上报政府，政府在接收到数据后，统计分析并且根据现有的排污规章给出排污建议，同时设置排污红线，当企业的排污数值接近或者超过排污标准时，平台将及时告知相关企业进行降低排污的工作；另一方面，政府将相关的政策文件、规章要求发布在该信息共享平台上，方便企业进行信息的接收并进一步实行排污减排工作。

4. 政府和社会之间的协同

随着公众环保意识的不断提高和政府信息公开力度的逐渐加大，社会参与空气污染治理是跨区域协同治理的重要支撑，也是时代发展的必然趋势。在空气污染治理中，公众、环保社会组织、媒体等社会主体发挥着越来越重要的作用。政府也在相关的法律条文上不断强调公众在环境监管上的地位和作用，比如 2006 年 2 月国家环境保护总局颁布的《环境影响评价公众参与暂行办法》第十二条规定"建设单位或者其委托的环境影响评价机构应当在发布信息公告、公开环境影响报告书的简本后，采取调查公众意见、咨询专家意见、座谈会、论证会、听证会等形式，公开征求公众意见"。2013 年 9 月，国务院印发的《大气污染防治行动计划》提到，"各级环保部门和企业要主动公开新建项目环境影响评价、企业污染物排放、治污设施运行情况等环境信息，接受社会监督。涉及群众利益的建设项目，应充分听取公众意见。建立重污染行业企业环境信息强制公开制度"。此外，为保障公众和相关环保组织获取环境信息、参与和监督环境保护的权利，畅通参与渠道，促进环境保护公众参与依法有序发展，2015 年 7 月环境保护部专门为公众和相关环保组织参与环境保护制定了《环境保护公众参与办法》，其中第七条规定"环境保护主管部门拟组织召开座谈会、专家论证会征求意见的，应当提前将会议的时间、地点、议题、议程等事项通知参会人员，必要时可以通过政府网站、主要媒体等途径予以公告"。

环保社会组织在环境治理中发挥着促进公众环保参与、开展环境维权与法律援助、参与环保政策制定与实施、监督企业环境行为等重要作用。一直以来，国家对环保社会组织等非政府组织给予了宽松的成长环境，鼓励和促进各个环保社会组织的建立和发展，同时在法律上也提供合法性的保障，比如 2014 年修订的《环境保护法》，明确规定符合条件的社会组织可以依法提起公益诉讼，提高企业破坏环境的违法成本，监督工业污染排放。同时，环保社会组织与政府的协同还表现在购买服务的方式上，即政府通过向环保社会组织购买环保服务，环保社会组织配合政府从事诸如推进环保宣传、垃圾分类、污染报告等环保工作，提高社会环境保护的意识。

媒体承担着环境政策宣读、分析和告知的重要职责，一方面起到环保宣传的作用，另一方面起到引导网络舆情的作用。媒体时代的到来，促使媒体在空气污染治理中的作用越发显著，媒体不仅可以宣传、讲解相关环保政策，推动政策议题的形成、政策文本的宣传，更为重要的是可以实时跟踪监督政策的执行，对危害社会的环保事件进行曝光，有利于形成强大的社会舆论压力，倒逼政府重视并采取相应措施，起到舆论监督的作用。

综上所述，空气污染防治的协同需要建立由政府、市场、公众、环保社会组织等多元主体参与的治理机构，综合运用法律、市场、公众参与等多元治理手段。同时应不断完善以行政管制为主导、市场机制和公众参与相结合的区域空气多元治理机制，包括完善区域长效治理机制、公众参与机制、评估监督机制、信息共享机制等，从而构建空气污染的协同治理体系。

二　协同防治中存在的障碍

（一）各协同主体的自我趋利主义

各区域空气污染协同治理的主体主要包括中央政府、地方政府、区域内造成空气污染的企业、环保类非政府组织、公民等，每一个利益主体都希望实现自身利益最大化，希望尽可能获取多的效益，而对空气污染的持续恶化并不太敏感。由于空气污染的治理具有外部性的特征，但是各主体存在自我趋利的想法，这就容易出现"搭便车"的行为，也就是说如果某一主体选择了治理空气污染，那么该主体必然会在治理空气污染方面耗费更多的成本，而那些没有治理空气污染的主体不仅可以不用增加成本，甚至还可能因为其他主体的治理而免费享受优质的环境。

此外，地方政府对大气环境管制有较大的自由裁量权，有时为了招商引资、提高当地经济发展水平，会降低环保准入门槛，为高污染、高耗能企业提供机会，有时甚至对环境效益较好的企业的污染行为视而不见。这种重视本辖区发展而忽视邻近区域空气污染的行为，会导致各地方政府缺乏协同意识和动机，极易引发府际之间生态污染及治理矛盾（Burby et al.，2008）。因此，各区域的协同主体基于自身利益最大化的理性选择，更有可能选择不去治理空气污染，从而增加了空气污染治理的难度。

（二）各协同区域管理体制的差异

我国在空气污染治理中仍实行以属地管理为原则的地方政府负责制，地方政府主要负责本辖区以及特定辖区内产生的环境问题，中央政府主要负责全国范围内的公共物品提供，而空气污染的负外部性特征使一些交接地带存在空气污染治理"真空"现象，这就容易出现责任推诿的问题。除了地方政府与中央政府管理体制上的问题导致空气污染治理无法顺利开展下去之外，地方政府与地方政府之间也存在同样的问题。一方面是各地区独立的管理体制不同，另一方面是各协同主体之间没有形成成熟的协同管理组织。也就是说，区域联防联控的组织和细化方案没有得到落实，《大气污染防治行动计划》（2013 年）只是给出了原则性的规定，关于具体的工作机制、管理范围、执法监督、信息共享、预警应急等实施细则并未明确规定。因此，各区域协同主体在管理体制上存在的问题进一步抑制了协同防治的发展。

（三）各协同区域资源禀赋的差异

由于不同地区自身的经济发展状况、自然环境状况、环境治理进度以及地区功能定位的差异，各地区在空气污染治理上的立场和重心不同。比如一些发达地区或者城市过去因为经济发展的需要不得不以破坏环境为代价，走"先污染、后治理"的道路，如今经济得到了极大的提升，城市发展重心由经济增长转变为环境治理，此时该地区就会在空气污染治理上投入更多的精力、财力等资源；但对于有些欠发达地区，经济增长或许是当地政府更为重视和关注。即使这些欠发达地区试图改善当地空气质量，但由于资金、资源、技术上的限制，它们无法开展空气污染治理活动。这就会造成当两个地方政府尝试协同治理时，如果一个地方政府的资源配置水平低下，拥有较高资源配置水平的政府就会产生一定的逆反心理，心态上的不平衡会驱使其不会倾其所有用于空气污染治理，除非较低资源配置水平的地区能够提供更多或者与之相匹配的资源，方能促成两个区域通力治理空气污染，这种非对称的资源依赖结构是制约区域协同治理的主要因素（蔚超、聂灵灵，2016），可见不同地区的资源差异也是束缚空气污染协同治理的障碍之一。

（四）各协同区域绩效考核标准不一

之前我国官员的绩效考核标准以"政绩锦标赛"为主，过分注重经济增长在考核中的比重，官员能否顺利晋升很大程度上取决于经济的增长状况。虽然党的十八届三中全会对官员的绩效考核进行了修改，不仅考核经济增长指标，同时还将资源消耗、生态效益、环境损害等环保绩效指标纳入官员晋升的衡量标准，但因环境质量指标在绩效考核中所占的比重不大，各个地区的官员仍然以经济发展为首要任务目标，忽略了环境保护对经济的影响。而且在空气污染的治理过程中，部分官员往往采取"敷衍"的做法，只有当国家进行严格的空气监管时，官员才会在短期内重视并进行治理，各地区均未考虑采取长期有效的措施去治理空气污染问题，甚至部分地区还出现修改空气监测数据、更改监测污染较轻微的地点、隐瞒空气污染的实际数值等现象。此外，当协同区域的空气污染治理取得成效时，应如何进行具体的绩效考核、如何评定哪个地区贡献大，这些都是区域协同治理过程中面临的现实问题。

（五）环保治理机构职能不清晰

我国空气污染治理的发展时间较短，面对包括工业企业排污、化石燃料燃烧和机动车尾气排放等成因复杂的空气污染问题时，我国将管理这些污染源的职能分散在生态环境部、国家发展改革委、国家能源局等多个部门，并没有设立专门的机构部门进行治理。虽然2014年4月全国人大常委会修订通过的《环境保护法》明确规定地方各级人民政府应当对本行政区域的环境质量负责，但是仍未规定各环保部门的具体职责。因此，环保治理机构存在职责边界不清、责任不明和交叉重叠等问题，尤其是职能定位模糊或权限不明确的地方往往成为利益的交叉点。上级政府将环保任务分配到下级政府，但是给予下级政府的财政资金和技术是有限的，下级政府需要完成上级政府的环保指标，于是就形成一种博弈关系。同理，横向之间的协同部门也存在这种博弈问题。因此，环保机构会通过成本—效益的原则来评估空气污染的治理问题，如果评估结果为高成本、低效益，并且当治理主体职责不明确时，该环保机构往往会选择性地执行或者直接不执行，以减少治理成本。这种"理性的"选择逃避和不作为，在各地政府之间容易互相效仿从而形成集体的非理性选择，造成环境问题的"公地悲剧"（赵树迪、周显信，2017）。由于部门之间存在利益相争、分工不明、责任推诿的问题，这就容易造成环保治理机构职能交叉重叠、错位缺位等职责不清晰的问题，从而难以实现高效的协同治理效果。

第二节　构建中国空气污染协同防治的机制

为保证我国空气污染形成长效的协同防治效果，需要完善利益分配机制、法律保障机制、生态补偿机制、伙伴协作机制、主体联动机制和信息共享机制等（见图 11-4），通过构建良好的、稳定的协同关系，为空气污染防治提供可持续的动力，提高空气污染协同治理的效率。

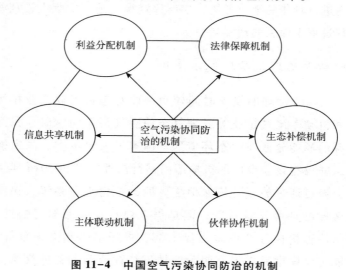

图 11-4　中国空气污染协同防治的机制

一　利益分配机制

利益分配机制指如何分配各主体在空气污染协同防治工作中所产生的利益，从而激发各主体治理空气污染的积极性，使空气污染的协同治理工作稳步开展。利益的合理分配关系到参与主体在空气污染防治中的积极性和持续性，模糊不清的绩效会引发利益分配中各参与主体的矛盾并阻碍协同治理的进一步发展。

（一）成本分摊

在利益分配机制中，更为重要的是利益分配的公平问题，地域上相邻的地区共同享有区域空气容量资源，共同承担空气污染治理的责任，并根据各自治理责任的承担情况完成相应的治理任务。但是从获得的效益来看，各地区在发展进程中对空气污染的破坏程度和投入治理空气污染的财力、物力不尽相同，因此各地区的污染治理成本也会有所差异。此外，空气污染具有流动性，即使某些区域未排放过量的污染物，也可能因空气跨区域传播的特点而导致严重污染。

从责任、义务和治理效率的角度考虑，那些通过高排放、重污染实现经济长远发展的城市应当承担更多的空气污染治理任务，在成本分摊机制中应明确地区应肩负的空气污染治理责任，根据地区过去的发展历程以及实际的财政状况，科学制定成本分摊标准，完善成本分摊制度，在确保公平的同时实现治污效率的帕累托改进，促进各地区在空气污染治理利益上的平衡。

（二）利益共享

在空气污染协同治理的利益分配机制中，根据"谁污染、谁治理""谁治理、谁得益"的原则，建立政府间的协同利益分配机制。另外，在实施空气污染治理行为之前，应事先制定政府间的收益分配共享机制，确立区域协作机构的责任机制，详细规定区域整体上的成本分摊标准，合理进行不同区域的利益分配。搭建平等、共赢的利益协调沟通平台，解决部门职能重叠或交叉时的利益分配问题，以提高部门之间协同治理空气污染的积极性。此外，在利益共享的过程中尤其要注重空气监测结果的共享，将监测的空气数据及时、透明地在信息平台上公开，以便在最短的时间内查明污染源，采取有效的应急联动措施，将污染影响降到最低，最大限度地规避合作风险。

二　法律保障机制

我国空气污染防治效果的提高，除了依靠先进的排污设备和技术之外，环保法规制度所起到的法律保障作用也不可小觑。法制体系的建立不仅是地区大气污染治理机构权威性的保障，也是大气污染防治政策有效实施的保障。虽然空气污染防治中仍存在治理效率低下，治理过程中出现错位、缺位、越位现象和治理的碎片化问题等，但是国家已经采用法律的形式对空气污染防治组织的职责范围进行了一系列规定。我国空气污染协同防治的法律保障机制主要体现在立法协同和执法协同两个方面。

（一）立法协同

1987年颁布的《大气污染防治法》是我国关于空气污染防治的第一部法律，此后又陆续颁布了《环境保护法》（1989年）、《大气污染防治行动计划》（2013年）等，自此空气污染防治的法律体系得到不断完善和健全。为了确保不同区域在协同治理空气污染过程中有法可循，国家越来越重视空气污染的立法协同，协同设立的法律包括《京津冀及周边地区落实大气污染防治行动计划实施细则》（2013年）、《京津冀大气污染防治强化措施（2016—2017年）》（2016年）、《京津冀及周边地区2018—2019年秋冬季大气污染综合治理攻坚行动方案》（2018年）等。值得注意的是，京津冀地区专门设立立法协同法律，即2017年3月，由河北省人大牵头起草，经京津冀人大立法工作联席会议原则通过《京津冀人大立法项目协同办法》，该办法的颁布使三地逐渐统一环保方面联防联治的措施，有效地遏制了违法排污排放等现象在省际转移，为其他区域实现立法协同提供了可供参考的借鉴。

在立法协同过程中需要注意的是：第一，避免协同的法律与宪法等上行法相冲突、相违背，《中华人民共和国立法法》（2015年）明确规定各地方政府可在不与宪法、法律、行政法规相抵触的前提下，根据各区域的实际情况设立与之相符合的协同法律或地方性规范（王小萍，2018），当协同法律与宪法等上行法发生冲突时，协同法律便失去法律效力；第二，结合本区域的生态环境情况，综合考虑发展模式从而形成相匹配的污染物排放控制、环境评价等方面的法律，避免单方面立法；第三，强调不同地区之间在空气污染中的政府协同治理，以协同立法的形式破除空气污染治理的行政隔阂，同时中央政府要协调好各个政府在协同立法过程中的矛盾与问题。

（二）执法协同

地方政府之间的协同立法在法律上拥有权威性，确保了各主体之间需要遵守的基本义务，能够起到一定的威慑力，但是真正落到实处还需要实现执法的协同。执法协同要求各个区域通过空气污染协同治理组织，对破坏大气环境的行为进行执法处理，比如对秸秆焚烧行为的处理、对超标排放的机动车的处理等。此外，在协同执法中需要注重执法主体、执法标准、执法流程和执法方式的统一。其中，执法主体的统一指的是各个区域在进行联合执法时，需要统一派出或任命执法团队及执法人员去处理空气污染问题，避免出现多头治理的问题，降低政府的公信力；执法标准的统一指的是对于破坏大气环境的相同违法行为，各个协同区域应采取一致的处罚标准，不能因区域的不同而产生执法的差异性，不能出现"特殊化"的处理方式；执法流程的统一指的是在空气污染防治的检查和处置中，统一进行执法行动的步骤，按照规定的程序进行操作；执法方式的统一指的是在协同区域的环境执法中，综合区域发展模式、社会文化等因素，采取行政命令、治理奖励、指导鼓励等弹性手段，提高空气污染治理的效率。

三　生态补偿机制

生态补偿机制是以保护生态环境、促进人与自然和谐为目的，根据生态系统服务价值、生态保护成本、发展机会成本，综合运用行政和市场手段，调整生态环境保护和建设相关主体利益关系的一种制度安排。该机制主要针对区域性生态保护和环境污染防治领域，是一项具有经济激励作用、与"污染者付费"原则并存、基于"受益者付费和破坏者付费"原则的环境经济政策。以下对生态补偿机制的基本原则、补偿形式、标准制定进行阐述。

（一）基本原则

1. 公平性原则

生态补偿机制很重要的一点就是体现社会的公平。在空气污染治理过程中，如果某部分群体为空气污染治理做出了较大的牺牲，这时通过生态补偿机制的利益补偿就能够纠正利益分配的偏差或是弥补利益的损失。因此，生态补偿要综合考虑税费制度、财政横向转移、专项基金、资源支持、政策优惠等多种方式，不仅要在资金上对相对薄弱的地区或环节进行补偿，而且要在人才、技术、政策等方面填补空气污染治理中的"凹陷"部分，以扩大生态补偿的覆盖面、提升生态补偿的公平效益（郭施宏、齐晔，2016）。生态补偿的公平性原则有利于促进区域内的经济与环境、社会与经济的协调发展，使经济欠发达地区也有平等的生存与发展机会，能有效缩小地方政府之间的贫富差距，促进社会公平。

2. 可行性原则

通过考察地区间的经济实力、财政能力以及相关政策制度等，客观地对区域性空气污染治理中环境现状及经济损益情况进行考察，依据实际需要制定针对性的补偿，补偿数量不可超出现实经济能力也不能过低。对补偿机制的相关要素进行较为科学的规划，充分论证并确定补偿标准、补偿年限、补偿形式，并在实践中不断改善，构建起相关的保障措施，将有限的利益补偿在区域性空气污染防治上发挥出最大的效益。

3. 可持续性原则

生态补偿机制是在可持续发展的新时代背景下，对失衡的生态环境进行修复，加强空气污染治理的有效性，促进生态环境的可持续利用。对不同主体进行利益的补偿时应遵循可持续性的原则，尤其是对利益受损地区的补偿要实现可持续性，不能仅仅采取资金扶持的方式，而是应该将空气污染治理与经济援助相结合，发展替代性项目及绿色环保型产业，扶持发展生态经济。

（二）补偿形式

生态补偿机制的补偿形式是多样化的，主要包括资金补偿、实物补偿、技术补偿和政策补偿。其中，资金补偿是较为直接的补偿，也是受偿区最为迫切需要的，一般通过财政转移、社会捐款、减免税收、补贴等形式使政府具备生态建设的资金；实物补偿是通过物质、劳动力与土地等生产资料和生活资料进行补偿，可在一定程度上改善受偿区的生活质量与生产能力；技术补偿是通过为一些亟须改善生态环境的地区提供排污降污设备或者引进高科技人才，通过技术引导的方式为生态破坏地区提供技术援助；政策补偿是通过制定有利于受偿区的政策，比如在投资项目、产业发展和财政税收等方面给予政策性的支持，加大政策倾斜力度，支持受偿区的生态项目建设、产业升级、高新技术发展等。

（三）标准制定

由于各个地区之间在资源禀赋、生态破坏程度、恢复成本等方面存在差异，如果不设定相应的补偿标准就无法实现复杂利益关系的调整，无法做到公平公正，而且容易引发社会矛盾，因此很有必要制定统一的生态补偿标准。第一，借鉴国内外已有的、较为公认的生态补偿计算方法，根据各地的实际情况、环境评价体系和空气监测指标范围进行调整，从而确定合理的生态补偿标准；第二，在生态补偿标准的制定过程中尽可能与补偿客体进行协商讨论，一方面可以制定出令补偿客体较为满意的补偿方式，另一方面能够对补偿客体在生态保护方面产生激励和约束作用，从而发挥生态补偿在生态环境修复和生态保护方面的作用；第三，生态补偿标准的设定应根据不同环境区域、不同时间节点及各种资源稀缺程度的变化进行相应的调整，应着重向欠发达地区、重要生态功能区、水系源头地区和自然保护区倾斜，优先支持生态环境保护作用明显的区域性重点环保项目，以适应我国未来发展的空气质量需要，实现空气污染治理的可持续发展。

四　伙伴协作机制

伙伴协作机制更多指的是跨地区的府际伙伴协作机制，根据局部区域的空气污染问题，鼓励地方政府之间打破既有的层级约束和条块隔阂，利用各方优势实现资源共享，以形成良性合作、多方共赢的机制。

（一）协作内涵

地方政府空气污染协同防治的伙伴协作机制仅仅是围绕空气污染防治这一公共事务主题开展活动，并不会影响各个地方政府原有的权力组织架构。因此，在跨区域的空气污染防治进程中，各地方政府的府际关系更多是协商式的工作形式。从实际功能上看，伙伴协作机制使各地方政府从原有复杂的权力关系网络中脱离出来，促使各地方政府在空气污染防治上产生内在动力，寻求共同利益，加快构建良好的伙伴协作机制（郭施宏、齐晔，2016）。

（二）协作方式

府际伙伴协作机制是空气污染协同治理的重要政策工具，它作为一种公共政策工具，与原有的地方政府行政等级关系相互独立，呈现出双轨制的运行模式（见图 11-5）。

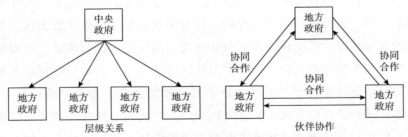

图 11-5 地方政府空气污染协同防治的伙伴协作机制

各地方政府应积极构建府际伙伴协作机制，消除由政治地位的不对等和经济发展水平的差异带来的各自定位和相互关系的偏误，以及由既有的行政级差和固有的权力格局形成的阻碍，平等协商，形成防治空气污染的共识，充分发挥出府际的协作作用。此外，中央政府的适度引导和鼓励对当前的府际伙伴协作机制的形成可以起到一定的推动作用，中央政府应该为各地方政府的府际伙伴协作创造良好的氛围，在财政援助、政策引导、法律保障等方面为伙伴协作机制提供帮助。

五　主体联动机制

2013 年 9 月国务院颁布的《大气污染防治行动计划》被称为有史以来最为严格的空气污染治理行动计划，该计划明确规定要建立京津冀、长三角、珠三角区域大气污染协同治理机制，由区域内省政府和国务院有关部门参加，协调解决区域突出环境问题，组织实施环评会商、联合执法、信息共享、预警应急等空气污染防治措施，通报区域空气污染防治工作进展，研究确定阶段性工作要求、工作重点和主要任务。自此，主体联动机制上升为国家层面的制度，而具体的联动机制又可分为中央政府与地方政府的联动机制、地方政府与地方政府的联动机制、政府与社会的联动机制，以下分别进行阐述。

（一）中央政府与地方政府的联动机制

由于空气污染具有远距离传输的特点，会造成局部地区污染物与外来污染物相互作用，这就需要中央政府与地方政府之间开展广泛的协同治理和监管。在中央与地方政府的联动过程中，首先要注意进行顶层设计，若在进行空气污染协同治理机制设计时没有做出适当的安排，则容易造成治理层级过多、应对程序烦琐等问题。通过压缩中央政府和地方政府间的层级，建立一个基于扁平化的跨行政区划的空气污染联防联控权力机构，可以更好地统一排污标准和监测手段。其次是中央与地方政府的协同立法，中央政府从国家整体发展和宏观控制的角度出发，制定国家层面的法律，比如《环境影响评价法》（2002 年）、《大气污染防治行动计划》（2013年）、《大气污染防治法》（2018 年）等。地方政府依据中央政府的指导原则，在不违背中央政府所制定的法律法规的前提下，按照当地政府的发展需要结合实际空气质量状况，制定区域性的法律法规，比如 2014 年北京市颁布的《北京市大气污染防治条例》、2014 年海南省出台的《海南省大气污染防治行动计划实施细则》、2016 年浙江省颁布的《浙江省大气污染防治条例》等。最后是考核制度，2014 年国务院与长三角区域三省一市人民政府签订的《大气污染防治目标责任书》，将目标任务具体分解落实到协作区内各级人民政府和企业，通过建立以政府考核为主、兼顾第三方评估的综合考核体系，提高监测结果的公正性和准确性。

（二）地方政府与地方政府的联动机制

由于不同区域进行空气污染治理的模式和标准不一样，空气监测结果不一致，因此需要开展地区间的平等协商会议，组建地方政府之间的协调联动治理机构。首先，京津冀、长三角地区分别成立了京津冀及周边地区大气污染防治协作小组和长三角区域大气污染防治协作小组，通过确定区域环境空气质量改善目标和重点任务，将空气污染治理指标和资源配额分发给相应的地方政府。在实际执行中，根据空气污染的变化情况，可在地方政府之间进一步协商和调整，从而实现资源的合理配置。其次，建立大气污染联防联控协调机制即联席会议机制。通过不定期召开联席会议，及时通报区域内的空气质量状况，分析区域环境空气质量变化趋势，明确区域空气质量改善目标、污染防治措施和重点治理项目，协调解决影响空气质量改善的突出环境问题。

（三）政府与社会的联动机制

政府与社会的协调联动主要通过保证空气污染信息的公开透明、设立统一的收费标准及处罚标准、鼓励治污效果显著的企业这三种手段来实现。第一，保证空气污染信息的公开透明。政府机关除了及时发布监测的空气污染信息之外，还应当扩大社会的参与，邀请公众代表和专家参与空气污染治理的活动，使社会力量能够及时了解空气污染治理的状况、提出改善空气质量的建议、监督治污方案的制定与执行。第二，设立统一的收费标准及处罚标准。针对不同区域的空气污染情况，应秉承公平合理的原则对造成公民生活和产业损失的污染设立统一的处罚标准，同时向社会公开说明。此外，还应该进一步细化和统一排污权交易制度、使用者收费制度、环境税费制度等关于污染治理的收费标准，使其有参考标准。第三，鼓励治污效果显著的企业。政府要对治污效果显著的代表企业进行政策性支持，对先进治理制度和技术建立绿色通道，进行免费的市场推广。此外，还应对一些进行减排生产的企业或者研发减排设备的企业进行补贴和技术上的援助，鼓励全社会加入空气污染的治理过程中。

六　信息共享机制

信息的交流是一切活动开展的基础，信息交流的渠道必须为各参与主体所熟知，并尽可能成为惯例使之固定化，同时，信息传递的线路要直接且不能中断。当前，多元信息不完全、不对称是阻碍空气污染协同治理的重要因素，治理主体在空气污染和治理信息的收集、处理、发布和反馈上均不协调。信息共享机制的建立与健全是空气污染联防联控的前提，也是多元诚信合作的保证。为此，空气污染协同治理的信息共享机制应包括以下几方面内容。

（一）共建信息共享平台

建立信息共享平台的关键在于打破环境信息部门间的壁垒，使环保、水利、交通、国土、农业、林业等部门的环境信息实现共享，同时也应该打破环境信息地区之间的壁垒，因为空气的自由流通会影响不同地区的环境质量，尤其是邻近区域相互之间的影响会更明显。空气信息共享平台的建立首先要搭建专业的信息共享网络数据库，在此数据库上可以及时发布空气质量状况的信息，同时深入报道空气污染防治工作取得的成果和存在的问题，使全社会能对空气污染防治工作进展情况有更全面的认识；其次要实现各省区市之间信息的共享对接，做好各省区市共享信息的审查与核对，通过外在监督的方式获取群众和企业的监测数据，进一步确保共享信息的真实性和有效性。

（二）畅通信息交流渠道

我国的环境信息主要由国家机关进行公布，如空气质量公报和日报、地区和流域环境状况公报、国家环境质量公报等公开发布环境质量信息。这种由政府机关向社会单向公开信息的形式难以有效保障公众的环境知情权。政府掌握着环境信息公开的主动权，这容易导致国家机关及其工作人员从自身利益出发，公布对自身有利的资料，此时公开信息的全面性、真实性、及时性都得不到保证。此外，目前的信息公开只是单方面的公开，由政府机关单位进行发布，导致有些公众想获得相关的环境信息、文献资料时却因不在公开范围之列而无法获取，从而使公众环境知情权不能有效地实现。因此，畅通信息交流渠道，将单向的信息公开形式转变为双向互动的形式，可以实行公众依法申请公开环境信息的方式。国家环保机构在信息交流方面应尽可能接受公众的信息咨询并进行回复，只要公众申请法律禁止范围外的环境信息，政府都应该给予回复，若拒绝公开应说明理由，从而提高公众与政府部门的信息交流频率。

（三）信息公开扩大化

加大环境信息公开力度能有效实现信息的公开扩大化。相关环保部门可以选择覆盖面广、方便快捷的公开方式，如政府网站、大众传媒广播、电视、报纸、期刊等，每个月公布空气质量最差的 10 个城市和最好的 10 个城市的名单。各省区市除了公布本行政区域内的地级及以上城市的空气质量排名，还应该公布区域空气污染的具体信息，包括污染物名称、排放浓度、排放方式、排放总量以及污染防治运行情况和设施建设情况。此外，各级环保部门和企业要主动公开新建项目环境影响评价、企业污染物排放、治污设施运行情况等环境信息，接受社会监督，尤其对于重污染行业企业的环境信息要求强制公开。

第三节　重点区域空气污染联防联控

空气污染具有区域性和复合性特点，不同行政区域之间防治空气污染的手段不尽相同，因此需要以联防联控方式防治空气污染。虽然《大气污染防治法》在联防联控制度、相关政策和立法方面有所规定，近些年一些联防联控措施也起到了较好的作用，但仍面临一些挑战（于文轩、杨敏，2016）。

一　联防联控的必要性

（一）空气污染的跨域流动需要联防联控

空气污染物中的颗粒物（PM2.5、PM10）、硫氧化物（SO_2、SO_3）、

碳氧化物（CO、CO_2）等进入空气后容易稀释扩散。风力越大，空气越不稳定，污染物的稀释扩散就越快。也正是因为空气具有流动性，所以空气污染是相互作用、相互影响的，由局部的点源污染逐渐转向区域复合型空气污染，空气污染物可以跨越城市甚至省际的行政边界远距离输送。空气污染物在流动过程中因为没有明确的地域限制，所以仅从行政区划的角度考虑单个城市空气污染防治已难以解决空气污染问题。因此，空气污染的跨域流动要求空气污染治理须从源头出发，同时也促使城市与城市之间甚至各个省份之间进行空气污染的联防联控。

（二）空气污染的公共属性需要联防联控

空气污染是一个公共议题，具有不可分割的公共性，不能仅依靠一个地区或单个部门独自承担责任，而是需要不同的地方政府和组织部门进行联防联控治理。空气污染是典型的负外部性问题，作为"理性经济人"的各级地方政府和相关生产企业都不愿意主动承担责任，或者感觉到承担责任后获得的治理效果不能达到预期，便会不自觉地产生"搭便车"的行为（李雪松、孙博文，2014）。这一特征表现为空气污染对经济生产、居民健康等造成了严重的影响，排污主体有时候不愿承担责任，其产生的成本和后果需要其他区域的各主体共同承担。因此，为了避免"公地悲剧"的发生、使排污主体产生的外部费用"内部化"，需要将相关的地方政府部门、生产企业等联系起来，提高联防联控的内生动力，建立完善的联防联控合作机制。

（三）空气污染治理模式的转变需要联防联控

空气污染问题的复杂性和严重性要求空气污染治理模式的不断优化，联防联控的合作式治理成为当下治理的普遍共识。我国空气污染治理模式是按照行政区划由中央政府和地方各级政府负责的属地治理模式。空气污染防治的政府责任主体包括国务院和地方各级人民政府，其中国务院负责全国范围内的空气污染治理状况，地方各级人民政府负责各自辖区内的空气污染治理状况。虽然属地治理模式能够明确和追究地方政府的空气污染治理责任，但是空气污染和其他固体废弃物有着本质上的不同，因为空气有自由流动的自然属性，所以在流动过程中无法很好地实现属地治理效果。因此，鉴于空气污染属地治理模式的劣势，中央及地方政府充分认识到加强各个区域、部门之间的联防联控的必要性和重要性，由属地治理模式转为区域间的联防联控治理模式。

（四）整合治理资源需要联防联控

属地治理模式下的空气污染治理往往不会将各个区域的监测数据、空气信息、防治手段、治理技术资源等进行共享，而是将这些资源"占为己有"，仅用于本辖区范围内的空气污染治理。一方面，这种情况导致各个地方政府信息的相对封闭，无法快速得到最新的空气质量信息，尤其是当紧急事件发生时，无法及时应对空气污染带来的威胁，陷入被动治理的局面；另一方面，当面临难度系数大、资源需求多、不确定因素多的空气问题时，单一的地方政府或者管理部门受制于资源的可获得性、技术水平等因素，往往得不到其他地方政府的帮助和支持，空气污染治理的效果、进度都会大打折扣。而重点区域空气污染联防联控能够有效地整合各区域的优势资源，实现信息、技术、人员、管理模式的共享，从而提高空气污染治理效率。

二 联防联控的形式

（一）跨部门的联防联控

由于各个环境治理部门的职能不尽相同，在重点区域进行空气污染的联防联控时，每个部门不仅能充分发挥本部门的优势，而且能联合并借助其他相关部门的特点，共同治理空气污染。《关于推进大气污染联防联控工作改善区域空气质量的指导意见》（2010 年）是国务院首次针对空气污染防治制定的综合性政策文件，明确提出了推进区域联防联控工作的指导思想和工作目标。也就是说，国务院环境保护主管部门会同国务院有关部门，根据重点区域经济社会发展和空气环境承载力，制订重点区域空气污染联合防治行动计划，优化区域经济布局，统筹交通管理，发展清洁能源，提出重点防治任务和措施，促进重点区域环境空气质量改善；国务院经济综合主管部门会同国务院环境保护主管部门，结合国家空气污染防治重点区域的产业发展实际和空气质量状况，进一步提高环境保护、能耗、安全、质量等要求。在跨部门治理过程中，各部门之间会进行信息的公开与共享，国务院环境保护主管部门联合其他部门组织建立国家空气污染防治重点区域的空气环境质量监测、空气污染源监测等相关信息共享机制，利用监测、模拟以及卫星、航测、遥感等新技术分析重点区域内空气污染来源及其变化趋势，并向社会公开。

条块分割是我国科层制政府管理模式的重要特点，这使得地方政府的各个部门组织成了一个相对独立的自组织，也导致在应对突发空气污染时无法形成有效的联防联控机制。因此，在空气污染治理的过程中需要将各个组织部门联合起来，从而发挥协同合作的作用。目前，政府各部门在处理突发空气污染问题时采取的是"预案管理"，也就是各治理部门必须依据预案规定的职责行使其职能。通过这份预案的协调，明确各部门的职责和该采取的措施，将涉及空气污染治理的相关部门有效联合起来，将平时分散的空气污染治理的各职能部门整合起来，调动现有的治理资源，实现信息情报、应急资源的共享。

（二）跨区域的联防联控

跨区域的联防联控强调的是将空气污染问题类似、治理需求迫切的相邻地区在空间上进行协同治理。因为不同区域政府之间的法律法规、治理方式、技术手段都存在一定程度的差异，所以国家将跨区域联防联控作为治理空气污染问题的重大战略手段。重点区域内有关省、自治区、直辖市人民政府应实施更严格的机动车空气污染物排放标准，统一机动车检验方法和排放限值，并配套供应合格的车用燃油。需要注意的是，重点区域内有关省、自治区、直辖市建设可能对相邻省、自治区、直辖市环境空气质量产生重大影响的项目，应当及时通报有关信息并进行共同商量讨论。将商讨后的意见及其采纳情况作为环境影响评价文件审查或者审批的重要依据。

跨区域的地方政府在实现联防联控的过程中通常的做法有两种。第一，根据国务院的指令建立地区大气污染防治协作小组，如京津冀、珠三角、汾渭平原等大气污染防治协作小组，协作小组通过研究区域大气环境突出问题，根据区域大气环境质量改善目标和重点任务，制定有利于区域大气环境质量改善的政策方案，组织推进区域大气污染联防联控工作。第二，制定区域间的合作协议，比如苏浙沪两省一市陆续发布的《长江三角洲区域环境合作倡议书》（2004年）、《长江三角洲地区环境保护工作合作协议（2008—2010年）》（2008年），京津冀地区签署的《京津冀区域环境保护率先突破合作框架协议》（2015年）以及颁布的《京津冀大气污染防治强化措施（2016—2017年）》（2016年），这些合作协议的内容大体是通过制定污染排放标准、完善环境监管制度、强化污染源控制、搭建信息共享平台等手段，以联合立法、统一规划、统一标准、统一监测等措施进行跨区域之间的联防联控治理，共同改善区域的空气质量。

（三）全社会参与的联防联控

重点区域空气污染联防联控的全社会参与主体，除了地方生态环境主管部门之外，还包括建设单位、环评机构、环保NGO、环评及法律专家等。由于涉及众多的利益相关者，所以国家也从法律层面规定了公众的参与形式。

《规划环境影响评价条例》（2009年）规定公众可以参与规划环境影响评价，同时还具体规定了公众参与的形式、环节、提出意见的方式等，比如在规划草案报送审批前，采取问卷调查、座谈会、论证会、听证会等形式，公开征求有关单位、专家和公众对环境影响报告书的意见；《关于推进大气污染联防联控工作改善区域空气质量的指导意见》（2010年）指出，通过定期公布空气污染防治工作进展情况和区域空气质量状况，让社会大众充分享有知情权，让新闻媒体充分发挥其舆论引导和监督作用。《环境保护法》（2014年）第五十三条提出，公民、法人和其他组织依法享有获取环境信息、参与和监督环境保护的权利，其中获取环境信息就是要求政府进一步建立和完善公众环境知情机制，通过将环保行政审批、环保规划、政策制度等方面的信息公开，提高政府透明度，在让公众方便、及时了解并获得所需信息的同时，为其更好地表达意愿、实现对政府的有效监督提供依据。《环境保护公众参与办法》（2015年）对公众参与空气污染治理做出了较为细致的规定，公民、法人和其他组织可以通过电话、信函、传真、网络等方式向环境保护主管部门提出意见和建议。另外，该办法的第七条规定环境保护主管部门拟组织召开座谈会、专家论证会征求意见的，应当提前将会议的时间、地点、议题、议程等事项通知参会人员，必要时可以通过政府网站、主要媒体等途径予以公告，以保障公众的知情权和参与权。《环境影响评价公众参与办法》（2018 年）针对的是建设项目环评过程中的公众参与，规定专项规划编制机关应当在规划草案报送审批前，举行论证会、听证会，或者采取其他形式，征求有关单位、专家和公众对环境影响报告书草案的意见，公民、法人和其他组织发现任何单位和个人有污染环境和破坏生态行为的，可以向相关环保部门进行举报。此外，《大气污染防治法》（2018 年）在总则第七条也对公众参与做出规定："公民应当增强大气环境保护意识，采取低碳、节俭的生活方式，自觉履行大气环境保护义务。"

三　联防联控的保障

（一）健全制度保障

联防联控的制度化设计是对跨区域合作治理程序合法性至关重要的基本协议和规则。因此组建制度化的区域空气污染协调组织、制定长期的区域大气环境管理制度需要充分考虑联防联控对象广泛的包容性、明确的规则以及透明的程序等（锁利铭、阚艳秋，2019）。

为了有效防治酸雨和二氧化硫污染，1998 年，国务院批准了关于"两控区"的划分方案，进行分区管控。经过空气污染治理的实践和探索，国家进一步认识到只有转变以行政区划为界线的属地治理模式，在一定区域内开展联防联控才能有效解决空气污染问题。2010 年，国务院办公厅转发的《关于推进大气污染联防联控工作改善区域空气质量的指导意见》，提出了建立统一规划、统一监测、统一监管、统一评估、统一协调的区域大气污染联防联控工作机制。2014 年修订的《环境保护法》明确规定要建立跨行政区域的联防联控协调机制。随后在 2018 年对《大气污染防治法》进行了第二次修正，空气污染联防联控的工作机制以法律的形式被确定下来，包括定期召开联席会议、划定重点防治区、制订区域联合防治行动计划、重要项目环评会商、信息共享、联合执法等。在空气污染联防联控制度的实施过程中，逐渐形成以京津冀地区、长三角地区、珠三角地区为跨区域空气污染典型地区的联防联控模式（王文兴等，2019）。

（二）做好规划评估

在对重点区域进行规划时，统筹考虑区域环境承载力、排污总量、社会经济发展现状、城市间相互影响等因素，兼顾长期和短期利益，科学地确定重点区域环境质量改善目标、污染防治措施和重点治污项目，并制订年度实施计划。基于重点区域环境问题特征、污染超标情况，根据重点区域环境空气质量目标要求，合理设定排污标准，设置适合该区域的产业准入门槛。在对重点区域进行评估的过程中，建立以政府考核为主、兼顾第三方评估的综合评估体系，提高评估结果的客观性和公正性。将空气质量纳入地方政府的评估指标中，对空气质量不达标的地区，绩效考核实行一票否决制。对于第三方评估而言，将 NGO、媒体、社会公众等第三方评估主体吸纳到评估环境的进程中，鼓励第三方评估主体采用实地考察、抽样调查等方法，在获取真实可靠的数据后再进行客观评估。

（三）加强资金保障

通过建立大气污染防治基金、创新生态补偿等市场化手段，形成"成本共担、效益共享、合作共治"的联防联控模式，有效化解环境外部性矛盾，使政策实施效果得到保障。比如，通过建立政府性、市场化跨区域空气污染联防联控基金，强化跨区域联防联控资金保障。其中，政府性基金由中央财政与地方财政共同投入，并提取部分排污费组成，以资金支持方式保障区域空气污染联防联控工作的开展，以及防控技术的攻关研究等；市场化基金可在区域内设立专门的污染防治筹资及咨询机构，如空气污染防治基金投融资与信息办公室，以促进跨区域空气污染治理资金的专款专用（郑军等，2021）。

四　联防联控的优化路径

（一）立足责任共识

联防联控区域之间需要形成"协调合作、互利共赢"的责任共识。地方政府是环境标准管制的责任主体，要加强制度创新、畅通交流机制，构建起良好的区域间战略合作伙伴关系。需要明确划定不同区域的权益与责任，赋予联防联控区域领导小组或协作小组有效的统筹权力，形成空气污染责任"一张图"（李牧耘等，2020）。要科学评估不同区域的发展状况、防治水平与污染传输影响等因素，健全完善空气污染区域联防联控绩效考核制度。同时需要明确跨区域执法主体的执法责任，保障联合执法、跨区域执法、交叉执法有效开展。

（二）推进组织向内收缩

当前我国各区域的空气污染联防联控组织结构有所不同，在职责上可能存在交叉、模糊、多头管理等情况，降低了行政效率，增加了行政成本，造成组织资源浪费。因此，需要明确规定不同组织的地位及职责权限，对某些联防联控组织职能进行归并或整合，在一定程度上实现组织的向内收缩（见图11-6）。一方面要破解组织内部职责交叉与机构重叠的问题。充分考虑不同层级中空气污染问题复杂程度及协同层级，拆分或合并出现职能重叠的空气污染治理常设组织。对于空气污染联防联控应急组织，由于其具有间歇性特征，在保证组织结构完整的基础上，可将其合并为空气污染联防联控常规型组织的隶属工作组。另一方面要加强上级政府在组织运行中的权力运用（锁利铭、刘龙，2021），进一步树立各级联防联控组织的权威，实现空气污染跨区域、跨层级的协作治理，并以此推动相关协作机制进一步深化。

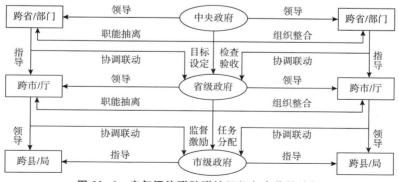

图 11-6　空气污染联防联控组织向内收缩路径

（三）提高公众参与度

空气污染防治属于公共事务，跨区域的空气污染协同治理与区域内和不同区域间的每一位居民密切相关，因此除了跨区域环保相关部门的密切协作外，还需要公众的积极参与，以促进空气污染区域联防联控措施的有效实施（孙永旺等，2019）。在制定大气污染联防联控政策时，环境保护主管部门可以通过问卷调查，组织召开座谈会、专家论证会、听证会等方式向社会公众征求意见，并采纳有益的环保建议，提高公众建言献策的积极性；在执行大气污染的联防联控政策时，社会公众除了遵循国家规定的环保法规政策之外，要支持和配合相关环保部门的空气污染治理工作，积极加入环保政策的执行中；对大气污染联防联控的公众监督主要体现在当社会公众发现肆意污染空气的行为时，可以通过信件、举报电话和举报网站的方式向环保组织进行检举。公众在评价大气污染联防联控政策的过程中，应当将政府发布的相关空气污染的治理结果和实际产生的效果进行对比，客观公正地进行评价，针对联防联控过程中已经出现或者未来可能遇到的问题，向相关环保部门反馈意见。同时，通过积极组建民间环境保护组织，加强对环境保护的宣传与相关的交流，并对一些环境保护技术与方法进行推广，有效提高公众参与环境保护的意识，推进政府的环境治理与保护工作落实、落细、落到位。

| 第十二章 |

中国空气污染防治的监督管理

按照现代行为科学理论，环境政策的制定与执行总是存在偏差的，究其原因在于决策人与行为人在思想、情感倾向、价值观念等方面的不同（杨曙光等，2019）。正因如此，环境管理过程中可能出现扩大或者缩小的行为现象，有时甚至不执行或做出完全背道而驰的行为。因此建立监督体系来防止或消除执行主体的偏离行为十分必要。本章在厘清我国空气污染防治监督管理体系的基础上，分别对空气污染防治的监督保障制度、监管障碍进行介绍，并提出完善空气污染防治监督管理的建议。

第一节　中国空气污染防治的监督主体及运行体系

根据不同监督主体的角色分工，我国空气污染防治的监督管理包括政府监管主体的主导作用、企业监管主体的能动作用和社会监管主体的促进作用。三者有机结合，形成完整的监督体系，共同提升监管效果。

一　政府监管主体的主导作用

（一）政府监管概念及特征

政府监管又称政府规制，是指政府及其环保职能部门通过项目审批、现场检查、排污收费和行政处罚等方式对空气污染责任主体进行规范和制约，从而实现环境公共政策目标（董丽英等，2016）。我国政府监管主体既包括生态环境部，也包括省、市、县三级人民政府及其所属的地方生态环境保护部门。政府监管的基本方向和内容制约着企业自我监管和社会监管，也直接决定着环境监管体制的运行和环境监管目标的实现（郭修远，2020）。

在空气污染防治中，政府监管具有以下主要特征。第一，权威性。政府监管是一个对排污主体实施行政约束的管理过程，需要国家权力机关授予的行政权威做支撑。政府监管的权威性不仅保证了管理者行政强制措施的有效性，也保证了行政对象对行政命令的完全接受。第二，强制性。空气污染防治监督检查是由国家依法授权的机关进行的。《环境保护法》规定，一方面，地方政府及其环境保护行政主管部门要忠于职守，正确地履行职责，认真做好对环保法律法规规章和环保制度贯彻执行情况的监督，不得随意放弃对各种环境违法行为的查处权；另一方面，各级环境保护行政主管部门在行使职权时，被检查单位和个人必须予以配合，不得干涉、阻挠或者拒绝检查。第三，具体性。具体性主要体现在"自由裁量权"原则的应用上，即行政命令、指示、规定实施的方式和方法视排污责任主体的具体情况而定，严禁"一刀切"，且往往只对某一特定主体有效。以节能减排为例，北京、广东、上海等工业发达地区通过财政补贴或政府奖励等激励政策引导企业淘汰落后产能；安徽、浙江等地则通过实行区域限批或项目审计等约束政策，强化责任落实，促进减排任务完成。第四，公益性。大气环境作为纯公共物品，具有经济负外部性，容易造成"公地悲剧"。因此，空气污染防治需要政府监管主体发挥主导作用，通过统一调动技术、资源投入或强制性权力等手段，直接安排排污主体的生产、开发行为，进而达到调控纠正的目的。

（二）政府监管职责

政府的监管职责主要包括五种。第一，环境规划。为确保环境与经济的协调发展，地方环境保护行政主管部门需研究制定空气污染防治的整体规划大纲，从时间和空间的角度对区域空气污染问题进行合理的安排，从而以规划促进落实。第二，环境监测。环境监测是地方环境保护行政主管部门运用现代科学技术方法监视和检测全面反映环境质量和污染源状况的各种数据的全过程（李浩生，2019）。空气质量监测通过收集空气污染有价值的信息，为环保部门的污染治理指明了方向，是空气污染防治的基础工作，也是判定空气污染治理效果的重要参考。第三，空气质量信息公开。《环境保护法》规定，各级人民政府环境保护主管部门和其他负有环境保护监督管理职责的部门应公开环境信息，重点排污单位应公开污染物以及防治污染的相关信息（王海芹、高世楫，2017）。政府必须依法向社会公开环境质量、行政处罚、排污费的征收和使用情况等信息，定期考核空气污染治理目标任务完成情况，并将其作为地方官员政绩考核的参考资料。第四，环境质量监察。环境质量监察是地方环境监察机构通过现场执法监督检查、污染认定、执法纠正、法律惩戒等方式，依法对本辖区内一切单位和个人贯彻、执行环境保护相关法律法规情况进行生态环境监察（李宋，2016）。空气污染的环境监察范围包括重空气污染项目、重污染企业，以及可能遭受重污染的重点区域。第五，提供司法监督。《民事诉讼法》（2017年）第五十五条规定，对污染环境等损害社会公共利益的行为，法律规定的机关和有关组织可向人民法院提起诉讼。司法机关是各级人民法院和检察院依法运用司法手段对环境行政机关做出的执法行为进行监督和限制，包括合法性、合理性、及时性的监督（张婷，2015）。法院主要是通过行政司法诉讼进行事后监督，而检察院则侧重于对公职人员的环境执法行为是否渎职违法、是否侵犯公民权利的事中监督。

二　企业监管主体的能动作用

（一）企业监管概念及特征

企业监管又称企业自我监管，是指企业作为生产经营主体，运用技术、教育、管理等综合手段，限制生产经营中的排污行为，从而协调好企业生产和环境保护的关系（邹友根、刘芝辉，2007）。随着我国产业结构调整的持续推进，企业环境监管在国家环境治理工作的进程中扮演着重要角色。转移支付制度的不完善和事权、财权配置的不对称也使治污工作无法单纯依靠增加政府治污投入来完成。因此，强化企业环境监管是合理组织生产过程，防治空气污染和其他公害，实现地方经济和生态协调发展的必然选择。

企业自我监管具有以下特征。其一，全过程性。企业必须加强自身的环境责任意识，将自身生产经营活动同环境保护目标紧密结合并作为企业管理核心目标之一，将全员教育、全程控制、全面管理有效地在实践中落实。其二，综合性。在自我监管过程中，企业需要综合运用宣传、教育、管理、科技等手段，增强全员的环境意识，完善环境责任清单制，同时依托先进技术实现生产绿色化。其三，预防性。企业需坚持"预防为主、管制结合"的原则，主动做好防范工作，查找污染隐患，纠正因员工违规操作导致污染的行为，提高全体员工的环境意识，采用净化处理技术，减少污染物的排放，预防或减少污染的发生。其四，区域性。企业环境监管旨在实现达标排放、改善区域环境质量，因此企业自身监管需与当地区域环境规划的要求相对应。

（二）企业监管职责

空气污染企业的自我监管职责包括以下五方面。

第一，定期进行环境监测。开展企业污染源调查，掌握原材料、能源的消耗情况和空气污染物的排放现状，做好定期的环境监测、统计，客观评价空气质量。

第二，推行清洁生产。用少污染甚至无污染的新设备替代重污染、陈旧的设备，减少空气污染物的产生；调整产品结构，升级技术，提高能源的使用效能，开发清洁能源，引进净化处理设施设备，确保达标排放。

第三，建立环境管理制度。建立常态化的企业内部环境保护部门或设置专职环保岗位，明确相应的职权与职责，并进行定期或不定期的督促检查；实行责任追究制，对因污染物排放问题造成生态环境破坏的人员追究责任，将责任落实到个人，强化企业内部的自身监督机制。

第四，开展环境技术研究。组建专业技术团队进行企业环境技术研究，加强环保信息交流，积极采用防治空气污染的新技术，吸取国外或国内同行业先进的治污经验。

第五，增强职工的环保意识。安排企业职工进行环保知识教育和相关技术培训，提高"红线"意识，增强职工保护环境的积极性和主动性，使企业空气污染防治的实际需要与工作岗位要求相适应。

三　社会监管主体的促进作用

（一）社会监管概念及特征

社会监管是指独立于政府和市场之外，具有较强专业性和自愿性，以促进公益进步为活动宗旨的社会组织或个人对空气污染主体所进行的环境监督与管理（曲国华等，2021）。空气污染防治的政府监管至关重要，然而，空气污染具有区域性和复杂性的特征，并且政府监管存在自身的局限性，这也造成单纯依靠政府监管主体完成空气污染防治的效果往往不如人意，因此需要社会全体成员参与共治。社会监督主体较为广泛，包括公众、NGO、媒体、环保志愿者等，他们往往以利他主义为价值取向，实行自我管理，能够弥补政府监管的不足。社会主体参与空气污染防治监督的行为一般包括直接制止、行政申诉、司法诉讼、媒体曝光以及向各级环保部门表达相关建议等（齐晔等，2008）。

社会监督的特殊性主要表现为监督主体法律地位和自身身份的特殊性。其一，作为行政相对人。社会监管组织作为行政相对人与作为行政主体的地方政府及其环保职能部门共同构成法律相对关系主体。社会监管组织具有法人或其他组织的资格，享有监督登记管理机关与业务主管单位的权利、请求司法救济的权利和请求补偿的权利（李建光，2020）。同时，社会监管主体必须在环境法律法规的约束下服从行政命令、指示，维护政府权威，协助政府监管部门开展调查。其二，作为准行政主体。经法律法规的授权或地方政府及其环保职能部门的委托，社会监督组织可以以准公共管理主体的身份参与公共环境事务。具体来说，社会监督主体享有自主制定章程、按照章程开展活动，并进行自我管理的权力（于亢亢等，2020）。其三，作为民事主体。作为民事主体的社会监管组织或个人分三种不同情况：若是依法经核准登记的法人，则独立享有民事权利并承担民事义务；如若无法人资格但具有合伙性质，则在环境监管过程中须对债务负无限连带责任；若无法人资格且仅为个体性质，则承担无限责任。

（二）社会监管职能

社会监管主体作为地方政府及其生态环境职能部门的重要补充，其参与监管的职能主要表现为以下五个方面。

第一，监督环境政策的制定与执行工作。空气污染的形成需要经过一系列复杂的生态演化过程。社会组织的民间属性和畅通的沟通渠道，能够帮助其通过实地调查、客观分析、合理评价，为空气污染防治工作提供建设性建议，推动政府部门调整空气污染防治政策，担当政策监督者与促进者的角色。

第二，动员更多的社会力量参与。由于空气污染物会给不特定人群的生产生活造成不良影响，其影响广泛且深远，因此空气污染防治工作需要全社会的参与。社会监管主体深厚的民众基础和政府所持的支持态度，使其能够较容易地吸收到更多的社会力量参与环境管理。

第三，提高公众的环保意识。社会主体发挥受众广、传播快等优势，通过宣传有用的环境信息，开展环保专项活动，进行社会互动，有利于增强其环境保护意识。

第四，代表污染受害者维护正当权益。空气污染受害者在捍卫自身环境权益时经常处于弱势地位，其环境知情权、享用权等正当权益易被侵犯。具有团体优势和专业优势的社会组织不仅能够为污染受害者提供法律援助并提起环境公益诉讼，还能够通过多种形式向相关环保职能部门施压，促使其满足受害者的合法要求。

第五，从事其他具体的环境保护活动。社会主体揭露空气污染事件以引发社会关注，迫使政府及时应对、遏止非法排污，吸引社会资金和技术的支持，协助开展空气污染治理工作，实现地方环境目标。

四　监管体系的运行

我国空气污染防治已逐步形成以政府为主导，企业、社会各主体共同治理的模式（郑石明，2018）。政府不仅是社会和企业的领导者，同时各主体之间还存在相互合作的关系。政府通过制定合作原则、方式、程序和实现路径等，确保企业和社会有畅通的渠道参与空气污染防治的监督。空气污染防治监督体系不仅包括上下级主体间的纵向监督，同时包括横向上的监督，具体运行关系如图12-1所示。

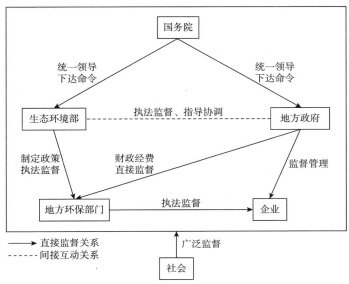

图 12-1　我国空气污染防治监督体系的运行

（一）纵向监督关系

我国空气污染防治的纵向监督体系指的是从国务院到生态环境部、地方政府，再到地方环保部门以及企业的监督。国务院在空气污染的监督中起着统筹规划和全面监管的作用，通过对空气污染防治监督的顶层设计制定法律法规，将治理目标、治理计划和治理任务下达至生态环境部和地方政府，并直接对其进行监督管理。生态环境部对地方环保部门有直接监督和问责的权力，地方环保部门一方面执行生态环境部下达的政策文件，另一方面接受空气质量的检测、评价方面的监督以及各部门相关履职情况的监察。地方环保部门作为生态环境部的地方常驻机构，除了要接受生态环境部的监督，还要接受地方政府的监督。

地方政府管理和监督地方环保部门的空气污染治理工作。从法律层面上看，《大气污染防治法》（2018 年）第三条明确规定："地方各级人民政府应当对本行政区域的大气环境质量负责，制定规划，采取措施，控制或者逐步削减大气污染物的排放量，使大气环境质量达到规定标准并逐步改善。"另外，地方环保部门作为地方政府所属部门之一，其财政经费划拨、人事任免以及人员晋升等方面也都由地方政府管理，因此在纵向上地方环保部门同时接受生态环境部和地方政府的监督。上级政府对下级政府除了有指令下达的权力之外，还可对地区官员进行严格的行政问责，通过压力倒逼的方式迫使地方政府提高空气质量。

对于排污生产单位而言，地方政府及其相关环保职能机构都有权对其进行现场检查并要求企业提供必要的排污资料。具体来说，地方环保部门对企业的监督除了日常采用空气监测仪器进行空气质量数据的监测之外，还体现在严格控制企业的排污量和利用市场机制降低空气污染物的排放。

因此，纵向监督体系的良好运行关键在于明确各地区、各部门之间的职责范围，理顺各主体的关系，确保自上而下的空气污染防治监督体系的顺利实施。

（二）横向监督关系

横向监督体系要求各监督主体在开展相应监督工作的过程中，不仅要服从上级单位领导，还必须接受同级单位的监督。因此，横向上的空气污染监督主要体现在生态环境部对地方政府的监督、地方政府之间的相互监督、地方环保部门之间的横向监督、企业之间的监督以及社会的监督。

生态环境部对地方政府的监督表现在生态环境部依照相应的监督程序对地方政府的环保政策执行进行监督，对大气环境质量改善目标、节能减排重点任务完成情况进行考核，提出相关空气污染治理问题及整改方案并督促地方政府进行整改，监督地方政府履行环保的主体责任。

地方政府之间的相互监督打破了各地域之间独立监管的局面，这种协同监督治理模式的有效运行有赖于区域联防联控机制的设立，对跨区域的环境污染进行联合执法，查清污染源，分析污染原因，相互合作监督，共同商讨解决跨区域空气污染问题的有效对策或者报上一级政府处理。

地方环保部门之间的横向监督体现在地方环保部门在地方政府的领导下，发挥各自职能作用，畅通长期沟通的渠道，共同进行空气质量的监督。通过对各个地方环保部门设立监督的标准，使监督的方式和内容能够有章可循。

企业之间的监督不仅是对不同企业之间进行空气污染排放的监督，更是对企业自身的监督。企业自身内部监督主要是通过绿色设计、绿色管理、绿色规划、绿色市场、清洁生产、绿色营销等途径履行自己的环境治理责任（王玲玲，2015）。换句话说，企业自身通过环保宣传教育，提升企业管理人员对环保相关法律法规的认知水平，增强企业人员的环保意识及社会责任感，促使企业主动担责。企业往往通过引入治污效果较好的排污设备、提高治污人员的技术水平、加大企业内部自身的监管力度等来实现企业自身的监督。

社会这一监督主体由于包括的人群规模庞大，同时拥有大量的监督资源，对政府、环保组织、企业能进行广泛的监督。通过充分发挥 NGO 等环保组织的作用，联合社会各界的监督力量，建立多元共治的外部监管机制。社会主体可通过书信、电话、网络、走访等形式对政府工作人员进行监督，并对破坏空气质量的不当行为检举揭发，发挥监督职能。

总之，横向空气污染监督体系的运行更加注重的是各主体之间的责任与互动联系，而且监督的过程也是不同利益集团之间的博弈。

第二节　中国空气污染防治的监督保障

一　环境行政执法保障

（一）环境行政执法的法律依据

空气污染防治监督管理的法律法规具有强制性，是政府、企业、社会在进行生产活动过程中必须遵守的行为准则，具有对各主体进行约束并规范排污行为的作用（张炳淳、陶伯进，2010）。我国从成立初期到现在，通过制定一系列的法律制度和排放标准，对排污主体的生产生活以及执行空气污染防治的行政部门进行监督管理，使得空气污染监督的法律制度体系不断丰富、监督内容不断细化。我国空气污染行政执法监督的法律依据主要包括法律、行政法规、部门规章（见表12-1）。

（二）环境行政执法的监督内容

环境法律能否得到严格执行直接决定了政策落实的效果，因此监督环境法律的执行情况也成为在空气污染防治过程中地方政府责任的关键内容

表 12-1 我国空气污染防治行政执法监督的相关法律法规

类型	政策名称	制定及修订年份	颁发机关	实施部门
法律	《环境保护法》	1979、1989、2014	全国人大常委会	各级政府及相关部门
	《大气污染防治法》	2000、2015、2018	全国人大常委会	各级政府及生态环境相关部门
	《清洁生产促进法》	2002、2012	全国人大常委会	各级政府及相关部门
	《环境影响评价法》	2002、2016、2018	全国人大常委会	各级政府及生态环境部门
	《环境保护税法》	2016、2018	全国人大常委会	各级政府及生态环境部门
行政法规	《关于注意处理工矿企业排出有毒废水、废气问题的通知》	1957	国务院	各级政府
	《关于保护和改善环境的若干规定（试行草案）》	1973	国务院	各级政府
	《排污许可管理条例》	2020	国务院	各级政府
	《征收排污费暂行办法》	1982	国务院	各级政府及企业、事业单位
	《酸雨控制区和二氧化硫污染控制区划分方案》	1998	国家环境保护局	各级政府
	《建设项目环境保护管理条例》	1998、2017	国务院	各级生态环境部门
	《排污费征收使用管理条例》	2003	国务院	各级生态环境部门
	《环境保护税法实施条例》	2017	国务院	各级生态环境部门
	《全国污染源普查条例》	2007	国务院	各级政府及生态环境部门
	《大气污染防治行动计划》	2013	国务院	各级政府、国务院各部门、各直属机构

续表

类型	政策名称	制定及修订年份	颁发机关	实施部门
行政法规	《生态文明体制改革总体方案》	2015	中共中央、国务院	各级政府、国务院各部门、各直属机构
	《新污染物治理行动方案》	2022	国务院办公厅	各级政府、国务院各部门、各直属机构
	《"十四五"节能减排综合工作方案》	2022	国务院	各级政府、国务院各部门、各直属机构
部门规章	《关于治理工业"三废"开展综合利用的几项规定》	1977	国家计划委员会、国家建设委员会等	各级生态环境部门
	《环境保护标准管理办法》	1983	城乡建设环境保护部	各级政府
	《汽车排气污染监督管理办法》	1990、2010	国家环境保护局、公安部等	各级生态环境部门及公安机关
	《燃煤电厂大气污染物排放标准》	1991	国家环境保护局	各级政府及企业、事业单位
	《排放污染物申报登记管理规定》	1992	国家环境保护局	各级生态环境部门
	《排污许可管理办法（试行）》	2018	环境保护部	各级生态环境部门
	《清洁生产审核评估与验收指南》	2004、2018	国家发展改革委、国家环境保护总局	各级发展改革委及环保部门
	《污染源自动监控管理办法》	2005	国家环境保护总局	各级生态环境部门
	《关于加快火电厂烟气脱硫产业化发展的若干意见》	2005	国家发展改革委	各级发展改革委及生态环境部门
	《环境监测管理办法》	2007	国家环境保护总局	各级环境监测中心（站）和辐射环境监测机构
	《燃煤发电机组脱硫电价及脱硫设施运行管理办法（试行）》	2007	国家发展改革委、国家环境保护总局	各级地方政府、环保部门、国家电网等公司

续表

类型	政策名称	制定及修订年份	颁发机关	实施部门
部门规章	《排污费征收工作稽查办法》	2007	国家环境保护总局	各级生态环境部门
	《"十三五"挥发性有机物污染防治工作方案》	2017	环境保护部、国家发展改革委、财政部、交通运输部、国家质量监督检验检疫总局、国家能源局	各级发展改革委及生态环境相关部门
	《环境监测管理办法》	2007	国家环境保护总局	县级以上环境保护部门
	《环境信息公开办法（试行）》	2007	国家环境保护总局	各级生态环境部门
	《企业事业单位环境信息公开办法》	2014	环境保护部	各级生态环境部门
	《环境影响评价技术导则（大气环境）》	2008、2018	环境保护部	各级生态环境部门
	《大气污染防治目标责任书》	2014	环境保护部	各级生态环境部门
	《工业炉窑大气污染综合治理方案》	2019	生态环境部、国家发展改革委、工业和信息化部、财政部	各级生态环境部门
	《关于加强排污许可执法监管的指导意见》	2022	生态环境部	各级生态环境部门

之一。环境行政执法监督是指一切国家机关、社会团体、政党、公民等对国家行政机关及其工作人员的行政执法行为是否合法、充分、合理进行审查，以及采取必要的措施予以纠正的总称（冯思羽、谭力，2016），其监督内容包括三方面。

第一，对环境行政执法行为的合法性进行监督。主要内容包括通过审查环境行政执法的依据及其程序是否合法，监督地方人民政府空气污染防治的执法依据是否超出法律范畴，是否有法可依；监督其执法程序是否按照相关法律要求和规定进行，是否保证执法结果的正义。

第二，对环境行政执法行为的充分性进行监督。充分性监督目的在于保证地方政府及其环保职能部门及时、充分地履行相应职责。监督相关机构在行使监督权时是否以事实为依据，是否遵循"先取证、后裁决"的规则，是否存在趋利避害、懈怠责任的现象。

第三，对环境行政执法行为的合理性进行监督。环境行政执法行为除了符合"有法可依、有法必依"的原则，还需要考虑其自由裁量权的行使问题，判断执法行为是否合乎理性、合乎比例。

（三）环境行政执法的构建框架

环境行政执法监督的建立需结合各地区的不同发展阶段、不同季节空气污染的特征，以及重污染发生前后空气质量的时间、空间变化，以实现高效精准防治、降低污染治理的政府支出以及社会成本。环境行政执法需要解决的核心问题是如何有效预防和精准打击。科学合理地构建环境行政执法监督框架有助于生态环境部门有效防治并有的放矢地调整环境监督检查方案。环境行政执法监督的构建框架是一种贯穿重污染前后的责任落实机制，通过建立信息共享平台、开展合作侦查、加强联动执法、严格执行责任共担方案来实现（李云燕等，2018）。我国京津冀地区空气污染区域环境执法监督检查的构建框架如图12-2所示。

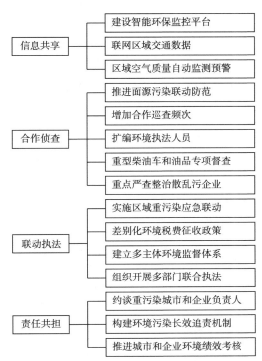

图 12-2　京津冀地区空气污染区域环境执法监督检查的构建框架

二 环境空气质量监测体系保障

(一) 环境空气质量监测体系概述

随着生态文明建设成为国家"五位一体"总体布局的重要内容之一，中央文件和有关法律也对加强生态环境监测网络建设做出新规定（见表12-2），对环境监测管理体制改革做出新安排（见图12-3和图12-4），从补齐短板、完善机制建设等方面提出新举措。

表12-2 中央文件和有关法律对生态环境监测网络发展的要求

文件名称	对生态环境监测提出的要求（摘录）
党的十八大报告	要把资源消耗、环境损害、生态效益纳入经济社会发展评价体系，建立体现生态文明要求的目标体系、考核办法、奖惩机制
《关于加快推进生态文明建设的意见》	1. 加快水、大气、土壤环境等统计监测能力建设 2. 实现监测信息共享
《生态文明体制改革总体方案》	1. 完善覆盖全部国土空间的监测系统，动态监测国土空间变化 2. 建立污染防治区域联动机制，统一监测、统一执法 3. 建立资源环境承载能力监测预警机制
《环境保护法》	1. 统一规划国家环境监测站（点）的设置 2. 建立监测数据共享机制 3. 对跨行政区域的重点区域、流域实施统一监测 4. 重点排污单位向社会公开污染排放信息 5. 环境监测弄虚作假将受到处罚和承担连带责任
《环境保护税法》	应税大气污染物、水污染物、固体废物的排放量和噪声的分贝数，按照下列方法和顺序计算：按照污染物自动监测数据、监测机构出具的监测数据计算；按照排污系数、物料衡算方法计算；按照抽样测算的方法核定计算
《大气污染防治法》	1. 国务院环境保护主管部门负责组织建设与管理全国大气环境质量和大气污染源监测网 2. 统一发布全国大气环境质量状况信息 3. 重点区域内大气污染开展统一监测 4. 国家建立重污染天气监测预警体系 5. 开展大气环境质量预报 6. 开展突发环境事件大气污染物监测，并向社会公布
《大气污染防治行动计划》	1. 加强环境监测、信息、应急、监察等能力建设 2. 建立国家空气质量监测网络 3. 构建重点污染源在线监控体系，到2015年地级及以上城市全部建成PM2.5监测点和国家直管的监测点 4. 建立重污染天气监测预警体系 5. 实现环境监测信息公开

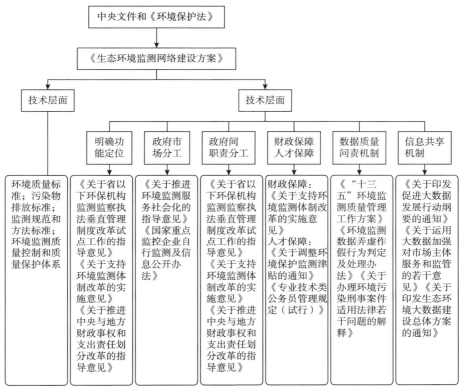

图 12-3 中央对生态环境监测网络建设的总体部署

我国建设生态环境监测体系始于 20 世纪 70 年代末，经历了从无到有、从弱到强的发展历程（邹军等，2021）。截至 2020 年 9 月，共有监测技术机构 3500 余个、监测有关人员约 6 万人，另有社会机构即各行业监测人员约 24 万人，全国监测力量合计达 30 万人左右（生态环境部，2020）。其中，我国环境空气质量监测网包含国家、省、市、县四个层级（解振华，2018）。我国环境空气质量监测网监测范围如表 12-3 所示。

①城市点，对城市地区环境空气质量整体状况和变化趋势进行监测，开展城市环境空气质量评价。截至 2012 年，我国环境保护部门共计在全国 338 个地级以上城市（含地、州、盟所在城市）设置了 1436 个监测点位。

②区域点，对区域范围空气质量状况和污染物区域传输及影响范围进行监测，开展区域环境空气质量评价。截至 2012 年，我国共建成了 96 个区域（农村）环境空气质量监测站，进一步提升了环境空气质量监测的精

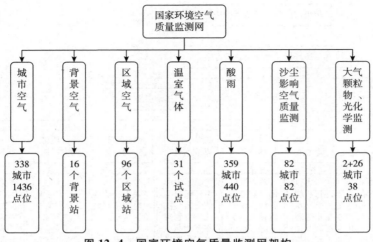

图 12-4　国家环境空气质量监测网架构

准度。

　　③背景点，对国家或大区域范围的环境空气质量进行监测。我国已建成西藏纳木错、新疆喀纳斯等覆盖全国的 16 个背景环境空气质量监测站。

表 12-3　国家环境空气质量监测范围及监测项目

	监测范围	监测项目
城市空气	338 个地级以上城市、1436 个监测站	SO_2、NO_2、CO、O_3、PM2.5、气象五参数、能见度等
区域（农村）空气	96 个区域监测站	SO_2、NO_2、PM10、气象五参数、CO、O_3、PM2.5、酸沉降、能见度等
背景空气	16 个背景监测站	SO_2、NO_2、PM10、CO、O_3、PM2.5、PM1、能见度、气象五参数、酸沉降、温室气体、黑炭、颗粒物成分、粒子数浓度、VOCs 等
酸沉降	440 个监测点	降雨量、PH、EC 和 SO_4^{2-}、NO_3^-、F^-、Cl^-、NH_4^+、Ca^{2+}、Mg^{2+}、Na^+、K^+ 九项离子
沙尘天气	北方 14 个省、自治区和直辖市，82 个监测点位	必测项目：TSP 和 PM10 选测项目：能见度、风速、风向和大气压
温室气体	直辖市和省会城市、31 个温室气体监测站	CO_2、CH_4、N_2O 等

　　资料来源：中国环境监测总站网站，http://www.cnemc.cn。

（二）环境空气质量监测服务范畴

我国环境空气质量监测机构的服务范畴包括以下四部分。一是服务于地方政府，为地方政府履行环境保护职责提供信息支撑。二是服务于生态环境行政主管部门，为标准的修改、环境规划目标的制定提供科学依据（见表12-4）。三是对下级开展业务指导。中央层面的中国环境监测总站对全国环境监测工作提供专业技术指导；省级和地市级环境监测站在接受上一级业务指导时，也需要指导下一级的环境监测站工作（王海芹、高世楫，2017）。四是服务于社会。根据规定，各级各类环境监测站以完成指令性监测任务、做好公益服务为基础性工作，在条件允许的情况下可为社会提供有偿服务。

表 12-4　环境监测对生态环境空气污染防治监督的支撑

制度名称	环境监测类型	环境监测支撑
环境影响评价制度	环境影响评价监测	环境影响报告书（表）的编制及其所包含的现状监测
"三同时"制度	验收监测	建设项目竣工后需要通过现场监测证明其符合有关环保要求
排污许可制度	污染源监测	排污许可的申报、登记、审批、换证、交易等环节涉及的监测工作
排污收费制度	污染源监测	根据监督性监测对环境违法企业征收排污费
主要污染物总量控制	总量减排监测	监测排放总量以及减排总量
环境质量考核制度	环境质量监测	对辖区内环境质量开展考核，为国家开展的重点生态功能区县域生态环境质量财政转移支付提供支撑
环境污染举报和投诉	投诉监测	对公众的环境污染投诉开展现场监测
环境污染应急制度	应急监测	提供现场污染情况监测
企业排污信息公开	企业自测/监督性监测	政府对企业排放情况开展监督性监测，企业对自身排污开展主动监测
生态环境质量信息公开制度和环境公报制度	环境质量例行监测	对空气、水、土壤、噪声、辐射等要素开展例行监测，并定期发布环境质量报告
环境质量预报预警制度	环境质量预警监测	对环境质量未来变化情况开展监测、预报、预警

2012 年 2 月之前我国环境空气质量监测采用《环境空气质量标准》（GB 3095—1996），之后实行标准便调整为《环境空气质量标准》（GB 3095—2012）。两个标准的区别在于：一是增加 O_3 和 PM2.5 两项环境空气因子，二是降低 PM10 和 NO_2 两项污染因子评价的阈值（王海芹等，2015）。我国环境监测数据的公开依据行政层级展开，中央政府承担国家空气质量监测信息公开的义务。地方空气质量监测信息的公开则由地方各级人民政府负责。监测信息公开需依照《信息公开条例》，并要求取得生态环境行政主管部门的批准（王海芹、苏利阳，2014），发布频次分为年度、月度和实时三种（见表 12-5）。

表 12-5　环境空气质量监测报告发布

类型	报告名称	发布频次	开始年份
国家总体环境质量和环境统计	《中国环境状况公报》	年度	1989
	《中国环境统计年报》	年度	1998
国家大气环境质量	《重点城市空气质量日报》	实时	2000
	《空气质量月报》	月度	2000

（三）环境空气质量监测的实施流程

我国环境空气质量监测的实施流程大体包括以下步骤：前期资料搜集、监测方案设计、确定监测内容、监测点布设及选取监测方法、样品采集及数据分析和数据结果上报，具体如图 12-5 所示。其中，环境监测数据是监测结果最直观的反映，也是衡量某一特定区域内环境空气质量好坏和六大空气影响因子浓度最清晰的体现，更是处理环境纠纷事件最充分的证据。因此要验证每次监测数据的准确性。

三　环境审计保障

（一）环境审计概述

空气污染防治的环境审计是绿色经济体制下审计机关的重要内容。环境审计是指各级省级机关以检查空气污染防治的政策措施落实情况、专项

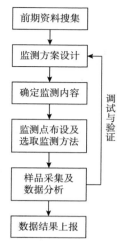

图 12-5　环境空气质量监测的实施流程

资料来源：陈晓红等（2020）。

资金的管理使用情况、重点项目的建设情况和污染治理目标的实现情况为主要内容，发现问题，提出整改意见，并上报有关部门，督促各责任主体进行整改，以优化空气污染防治效果为最终目的的审计活动（石洪景，2021）。各级审计机关在实践中需要依照国家的发展计划、工作安排、空气污染治理的政策，结合当地实际情况，对各自管辖区域内的污染治理情况开展审计工作（林忠华，2014b）。

环境审计监督的主体主要是指政府审计机关（林忠华，2014a）。环境审计监督的客体根据审计重点的不同、审计工作过程中遇到的问题不同也会有所差异（马志娟、从嘉琪，2019），主要包含以下几类：地方政府的生态环境局、交通局等负有环境保护责任的部门，环保政策制定、审批的政府部门和企事业单位或对环境具有破坏行为的企业组织等（潘怡，2016）。审计客体的多种组合源于实际工作情况的变化，可能需要单独或同时对多种审计客体执行审计监督（张玉斌，2014）。空气污染防治环境审计监督的内容如下。

第一，审计预防和控制空气污染的政策和措施的执行情况。评估执行情况是否符合《环境保护法》等规定，是否符合环境质量标准和空气污染物的排放标准，是否发挥了政策措施的"警戒线"作用（冯梅笑，2016）。如果出现污染物排放超过标准、预防和控制设施运作效率低下和空气污染没有得到显著改善的情况，则需仔细分析上述情况的发生是否缘于未遵守政策。如果不是，就及时查明在执行政策措施的过程中遇到的问题，促进有关政策、法律法规的优化与修订。

第二，评估空气污染治理资金的管理和使用情况。对防治和控制空气污染项目的审计可以从资金审计开始，重点评价专项资金使用的真实性和合规性，以及对重点领域资金的分配和使用（黄锡生、余晓龙，2021）。评估资金使用的效率、预期效果是否已经实现当初的目标，以及有关部门在资金支出方面的责任是否得到履行。如果在资金的使用方面出现违法违规行为，应及时进行调查。

第三，对预防和控制空气污染项目的建设和运营情况进行审计，并评估其影响。审计机关的重点是：项目设施的建设是否得到环境当局的批准；重点项目建设是否按照计划完成；是否达到了减排的效果（沈丽丽，2019）。此外，还应分析和评估空气污染防控目标的实现程度。

（二）审计评价指标体系

有关空气污染防治的环境审计监督属于较新的审计专业领域，可参考的审计案例较少。本节参考 2009 年 9 月 15 日审计署发布的《关于加强资源环境审计工作的意见》、2017 年 9 月 19 日中共中央办公厅、国务院办公厅印发的《领导干部自然资源资产离任审计规定（试行）》，借鉴前人对环境类审计的探讨，试图建立一套涵盖从项目产生到完成的全过程的绩效评价指标体系（见表 12-6）。

（三）我国环境审计监督工作概况

2009 年，审计署第一次强调，审计工作应该延伸到环境空气领域；2011 年，审计署印发《"十二五"审计工作发展规划》，指出加强对空气污染项目的审计；我国分别于 2015 年 8 月和 2018 年 10 月进一步修订和修正了《大气污染防治法》，强调加强对雾霾的治理；2015 年 12 月，中共中央办公厅、国务院办公厅发布了《关于完善审计制度若干重大问题的框架意见》及《关于实行审计全覆盖的实施意见》两份文件，对如何推进环境审计工作提出框架性意见；2016 年 5 月，审计署在"十三五"规划中要求，重点监督项目污染防治行动计划的执行情况；2018 年，在北京召开了

表 12-6　空气污染防治的评价指标体系

一级指标	二级指标	三级指标	一级指标	二级指标	三级指标
立项审批指标	制度情况	制度的适用性	项目实施指标	资金落实情况	财政资金（配套资金）到位率
		内容的完整性			市级财政部门资金拨付率
	立项依据	依据的充分性			区县级财政部门资金拨付率
		目标的合理性			区县级财政部门配套资金到位率
		目标的量化性			项目主管部门资金拨付率
		目标的细化性			项目实施单位资金拨付率
	决策程序	论证的科学性			财政资金（配套资金）到位及时率
					市级财政部门资金拨付及时率
		立项的程序性			区县级财政部门资金拨付及时率
					区县级财政部门配套资金到位及时率
业绩成果指标	经济性指标	投入的合理性			项目主管部门资金拨付及时率
		项目实施成本控制			项目实施单位资金拨付及时率
		间接费用的控制		资金使用情况	项目执行与预算批复的相符性
	效率性指标	目标完成率			资金使用的合理性
		目标完成质量			资金使用的合规性
		完成的及时性			资金结构的合理性
		验收的有效性		财务管理情况	财务核算的真实性
	效果性指标	投资拉动比			财务信息的完整性
		生态环境效益			财务核算的及时性
		可持续发展			财务及内控制度建设、执行情况
				业务管理情况	项目管理制度的健全性
					责任分工及落实情况
					招标、采购的规范性

全国环境保护工作会议，并拟定了《打赢蓝天保卫战三年行动计划》。

2009~2019 年，审计署发布的审计结果公告累计 322 个，其中，涉及环境方面的共 29 个，占公告总数的 9.0%（据表 12-7 计算）。虽然暂未有单独的空气污染治理审计结果公告，但在 2009~2013 年的几份节能减排项目审计结果公告中，均有涉及减少 SO_2、氮氧化物排放等对空气质量产生影响的事项，这也说明我国的审计工作开始将空气污染治理审计重视起来。

审计署 2011 年、2013 年和 2017 年的几份企业节能减排项目审计结果公告（见表 12-8），可以说是包括了空气污染防治审计的部分内容。这几份审计项目的关注内容有三部分：专项资金管理是否符合规范、节能减排效果是否符合预期、节能减排任务是否完成。

表 12-7 审计署 2009~2019 年环境审计结果公告数量及占比

单位：个，%

指标	2009 年	2010 年	2011 年	2012 年	2013 年	2014 年	2015 年	2016 年	2017 年	2018 年	2019 年
审计结果公告总数	15	22	38	35	32	23	34	31	32	50	10
环境审计结果公告数	6	3	5	2	4	0	2	3	2	1	1
环境审计结果公告占比	40.00	13.64	13.16	5.71	12.50	0.00	5.88	9.68	6.25	2.00	10.00

表 12-8 审计署 2011 年、2013 年和 2019 年节能减排相关公告

2011 年第 11 号	20 个省有关企业节能减排情况审计调查结果
2011 年第 38 号	20 个省有关企业节能减排审计调查整改结果
2013 年第 16 号	10 个省 1139 个节能减排项目审计结果
2017 年第 9 号	18 个省节能环保重点专项资金审计结果

从各级审计机关公布的空气污染防治审计工作的有关事项和结果公告来看，不同审计项目的关注重点有所不同（见表 12-9）。有的关注进行空气污染防治的专项资金，审计这些资金的管理与使用情况；有的关注空气污染防治目标的实现状况；有的关注节能改造任务的完成程度，比如燃煤锅炉淘汰、小火电机组关停等；有的关注移动污染源控制政策的执行进度；等等。

表 12-9 2013~2019 年各地空气污染防治环境审计项目

年份	地域	项目名称	审计重点
2013	昆明市	大气污染减排情况审计	政策措施落实情况
2014	上海市	大气污染防治财政资金使用管理及绩效情况审计	专项资金使用管理
2014	陕西省	大气污染防治雾霾治理审计	专项资金使用管理、雾霾治理工作开展情况

续表

年份	地域	项目名称	审计重点
2015	兰州市	大气污染防治审计	专项资金使用管理、政策措施落实情况、项目建设和运行情况、环境指标绩效
2015	北京市	大气污染防治专项资金管理和使用情况审计	专项资金使用管理
2016	成都市	大气污染防治专项审计	专项资金使用管理
2016	泰州市	大气污染防治情况审计	专项资金使用管理
2017	聊城市	大气污染防治政策措施落实情况审计	政策措施落实情况、专项资金使用管理
2017	杭州市	大气污染防治资金管理使用情况专项审计	专项资金使用管理
2018	山西省	大气环境保护和污染防治审计	专项资金管理使用、政策措施落实情况、项目建设和运行情况
2019	河南省（10个市）	大气污染防治专项审计调查	专项资金管理使用、政策措施落实情况、项目建设和运行情况
2019	徐州市	大气污染防治政策措施落实情况专项审计	专项资金管理使用、政策措施落实情况、项目建设和情况
2019	京津冀地区	大气污染联防联控政策落实情况审计	政策措施落实情况

四　公众参与保障

（一）公众参与的法律依据

公众已成为空气污染防治监督中一支不可忽视的力量。《环境保护法》规定，社会公众拥有对环境保护工作的监督权。公众的社会属性使其能够及时将排污责任主体的违法现象反映给相关监管部门，便于监管部门第一时间展开核实、处置，有效防止环境污染的进一步恶化。但由于我国环境保护事业起步相对较晚，且受限于制度的不明晰和参与渠道的不畅通，公众参与环保事业的发展进程缓慢。为扭转这一现状，我国相继制定出台了一连串法律法规保障措施（见表12-10）。

表 12-10 公众参与的相关法律法规保障

年份	法律法规	相关条款
2002	《环境影响评价法》	对可能造成不良环境影响的建设项目,应该提前举行论证会、听证会,或者采取其他形式,征求有关单位、专家和公众对环境影响报告书草案的意见
2014	《环境保护法》	公众依法享有获取环境信息、参与和监督环境保护的权利;发现任何单位和个人有污染环境和破坏生态行为的,有权向环境保护主管部门或者其他负有环境保护监督管理职责的部门举报,且举报机关必须对举报人的信息进行保密
2014	《关于推进环境保护公众参与的指导意见》	公众参与环境保护是维护和实现公民环境权益、加强生态文明建设的重要途径;大力推进环境监督的公众参与
2015	《大气污染防治法》	环境保护主管部门和其他负有大气环境保护监督管理职责的部门应当公布举报电话、电子邮箱,方便公众举报
2015	《环境保护公众参与办法》	鼓励公众对环境保护公共事务进行舆论监督和社会监督;鼓励各级地方政府设立环境保护有奖举报专项资金

(二) 公众参与的表现形式

1. 对违法行为进行举报

举报制度是比较常见的公众对公权力机关和排污主体进行监督的方式。《环境与资源保护法》规定,公民、法人和其他组织发现有环境污染和环境破坏行为,可以向环境保护有关部门举报。如若发现责任主体违法排污或者监管主体未合理履职,公民、法人和其他社会组织均有权向有关部门举报。

2. 听证制度

听证制度具体又可分为环境影响评价听证制度和环境行政处罚听证制度。在《环境影响评价公众参与暂行办法》中有关于环境影响评价听证制度的具体说明,其中规定对可能造成不良环境影响的专项规划,环境保护行政主管部门可以在项目审批之前举行听证会,征求有关单位、专家和公众对项目环境影响报告书草案的意见。在《环境行政处罚办法》中则有环境行政处罚听证制度的相关规定。在环境听证中,公众作为听证会的参加者,在环境标准实施、项目审批或在对排污主体做出正式的行政处罚决定之前，通过表达意见和建议等方式对环境处罚和环境影响评价的过程进行监督。

3. 新闻媒体的舆论监督

新闻媒体具有传播速度快、影响范围广、受众反应积极迅速等天然优势，在生态环境监管领域也发挥着不可替代的作用。新闻媒体的舆论监督是指新闻媒体以全面新闻报道的方式对环保政策制定和执行全过程进行监督，把公众的意见和评论报道出来，给环保相关部门和排污主体带来压力，在舆论压力之下，他们不敢轻易地滥用职权，更不敢轻易地行贿受贿，从而起到一定的监督作用，促进政府环保工作的公开、透明。

4. 环保社团和环保专家的监督

2003 年以来，我国环保组织以平均每年新增超过 100 家的速度快速发展。在生态环境保护中，环保社团已成为最重要的非政府力量，在环保监督方面也发挥着不可否定的作用。环保社团一般是经过工商部门登记确认的团体，其法律地位具有特殊性，可作为行政相对人、准行政主体和民事主体，拥有环境民事公益诉讼权。环保专家的监督主要通过在环境影响评价过程中邀请相关专家参与听证会的形式来体现。

5. 公众评审员

公众评审员是公众监督方式上的一种创新，也是第三方监管的主要形式。主要通过选聘一些公众然后进行集中培训，最后由公众对环境案件进行点评，该做法包含了"督政"与"督企"两方面的职能，不仅有利于遏制政府主体不作为或乱作为的行为，也有利于制约生产企业的生态环境违法行为，打破了独自司法监督的尴尬局面，形成了多元主体共同参与监管的良性格局。

第三节　中国空气污染防治的监管障碍

一　环保部门监管障碍

一是环保部门自身定位偏颇。环境保护行政主管部门在空气污染防治过程中承担计划、组织、协调、监督四项基本工作内容，完成指导和服务两项辅助工作（冼解琪，2021）。空气污染的形成要经过较长时间的化学演变过程，其防治需要地方环境保护行政主管部门综合发挥多项基本职能。然而，现有的政府监管部门仅局限于单一监督职能的执行，忽视了计划、组织、协调等职能的履行。换言之，地方环境保护行政主管部门自身定位偏颇，重环境监督，而轻综合管理。此外，地方环保职能部门在发挥监督职能时往往侧重于现场监督和对企业的监督，而忽视预先监督、反馈监督和对自身内部的监督。

二是环保职能存在交叉重叠。我国环境治理体系中部门利益、地方利益的冲突及多个行政主体管理体制的并存是造成环保部门监管障碍的根源（冯贵霞，2016）。地方环保部门权力分散，虽然上一级生态环境部提供业务指导，但地方政府才是真正决定环保部门人、财、物等的投入量的主体。同时，地方环保部门缺乏综合协调机制，其环保职能常常由环保、发改、工信、建设等多个部门共同完成，容易造成横向部门利益分化矛盾的局面（张忠民、冀鹏飞，2020）。

二　地方政府监管障碍

一是环保问责监督不成熟。空气污染防治问题已成为区域共性的环境污染问题。然而，我国除京津冀等重点区域外，其他区域均缺乏具有独立执法权的监管机构。《大气污染防治法》简略地规定了各级地方政府应该对其管辖的行政区的环境空气质量负责，但是并未详细说明到底谁负责、负怎样的责、如何评估这些责任。地方政府和部门领导往往倾向于支持经济发展的某些关键领域，而忽略空气污染防治的责任。

二是发展观和政绩观存在偏颇。在现代工业化进程中，一些地方政府常常只注重数量而轻质量，一味追求增长，漠视可持续发展，通过"指示""签字""亲自出面"等方式为重污染企业说情、免责，枉顾其环境违法的事实，默许了企业对环境的破坏，造成财政征收的排污费不足以支撑污染治理和环境修护的开支，也使重污染企业对超标排污行为更加有恃无恐，严重阻碍了治污工作的推进。

三　企业自我监管障碍

一是执法不严，"守法成本高、违法成本低"。党的十八大以来，我国越发意识到生态环境保护的重要性，也不断加强立法工作，然而，环境污染状况却并没有因此显著改善，究其原因在于环保机关执法不力和排污责任主体对环保法律、标准的漠视。由于企业治污投入成本高、收效慢，企业主动推行清洁生产技术的积极性不强烈。另外，环保行政主管部门对排污主体的惩治力度不够，与守法相比，违法意味着更多的经济利益，即"守法成本高、违法成本低"。

二是引导不足，主动守法意愿低。企业监管即企业通过成立内部排污治污机构、设置专业的治污人员、引入排污设备等方式对自身生产经营行为进行限制，实现节能减排的目的。企业环境监管是当前解决污染问题的有力手段。然而，现阶段我国环境行政执法重惩戒、轻培育，缺少对企业环境监管的引导，未发挥好企业治污的主体作用，不利于妥当地解决污染问题，更加剧了企业守法困境，阻碍其将自我环境管理的理念渗透到各个生产环节中。

四　公众参与监督障碍

第一，公众参与缺乏信息支持。各级地方政府不仅是环境监测的管理主体，也是环境监测数据公开的责任主体。空气质量信息的及时公开有助于培养公众环境保护的危机意识和责任意识（张明、孙瑞凤，2020）。对空气污染受害者而言，政府环境空气质量信息更是其维护自身环境权益的直接证据。但目前，由于信息公开制度的不足和政府官员思想观念上的偏差，公众环境参与仍流于形式。信息不通畅使公众丧失参与环境保护的基础条件，同时公众参与环保的渠道诉求不能满足，严重影响了公众监督作用的发挥。

第二，公众参与缺乏责任约束。虽然现行环境保护相关法律对公众参与环保工作的准则、范畴、时间、渠道做出了明确的规定（刘莹、赵孝贤，2020），却没有关于妨碍公众环境参与应承担的责任及其责任追究方式、责任追究机关的论述，因此，公众环境参与缺乏责任约束是影响其参与度的重要原因之一（张明、孙瑞凤，2020）。

第四节　完善中国空气污染防治监督管理的建议

为提高空气污染防治的综合协调能力，加大对空气污染的监管力度，保证国家空气保护法律法规的贯彻落实和环保目标任务的实现，亟须对现行空气污染防治监管体系进行调整和完善，逐步建立健全空气污染防治监督体系。为此本节提出如下几点建议。

一　完善监管机构设置

为打破单一、低效的传统监管方法，改变"条条""块块"相结合的环境监管模式，有必要通过区域监管、专项监管、流动监管和网格化监管等多种途径，调整监管机构内部设置，深化空气污染防治监管方式改革，如图 12-6 所示。

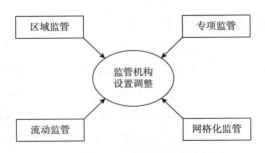

图 12-6　监管机构调整路径

（一）结合实际完善区域监管

在我国目前的政府监管中，自身定位的偏差与政绩观的错位造成地方政府常常以各种理由干预、阻挠环境保护监督管理和环境行政执法活动。此外，空气污染通常具有区域性的特征，单纯依靠某一地方政府难以达到有效治理的目的。为扭转这一状况，需要根据污染物的形成过程和影响范围，打破地域限制，设立区域联防联控专项小组，明确职责，建立组内部门之间的协调与沟通机制，通过授权或分权的方式优化部门关系，确保空气污染防治政策的顺利执行，防止因经济负外部性而产生的相互推诿，促使地方政府严守空气污染防治政策而不干预，进一步有效监督专项小组的工作并给予反馈。

（二）明确目标开展专项监管

依据现行的行政法规，地方环境保护部门需在当地人民政府和上级环保部门的领导下对所在辖区的环境保护工作实施统一监督管理。然而，空气污染的形成具有一定时间周期，其影响具有广泛性、突发性。这就要求打破现有的行政规则，以客观实际为依据，协调处理统一与灵活的关系，运用权变思维对空气污染防治进行专项监管。专项监管一般以上下级环保部门之间的合作方式展开。

（三）加强协作推进流动监管

流动监管侧重于强调对流动污染源的监管，打破只针对生产企业监管的传统模式。跨区域空气污染已成为综合化、社会化的问题，依靠单个县、市级政府的治理难以取得成效，而流动监管不仅能够提高基层环境监管效率，还能充分彰显环境正义。流动监管需要通过上级环境保护部门指派的环境监管机构与特定地方环境保护部门之间的协作来推进，且这种协作关系通常具有一定的时效性。

（四）创造条件实施网格化监管

网格化空气污染监督主要是通过建立市、县（开发区）、乡（镇、街道办）三级网格环境监管体系来实现的。一级网格按照"定区域、定职责、定人员、定任务、定考核"的要求，统筹规划全市空气污染监管工作，着重加强对下级网格的督导、稽查和考核；二级网格和三级网格全面承担辖区内空气污染监管工作任务，将各项工作任务和责任全面落实到具体单位和人员；三级网格负责对网格内排污单位、生态环境、建设项目情况等进行定期巡查，发现问题并及时上报、处置，保障第一时间发现并解决空气污染问题。①

二 加强监管能力建设

（一）加强空气污染的监督立法

我国空气污染防治监督在立法方面存在范围不够全面、内容不够具体、程度不够规范等问题，正是这些问题的存在导致无法明确规定政府、企业和社会主体之间的职责，进而造成交叉监督、重复监督、监督遗漏等问题。因此，空气污染的监督立法可从以下方面进行。第一，制定系统性的环境法律。我国空气污染跨区域治理要求在空气污染的立法过程中注意各相关主体的关系，应制定不偏袒任一主体的空气污染防治法律，同时还要注意与既有的法律内容相衔接，整合相关空气污染治理的法律，避免制定的监督法律过于碎片化和分散化。第二，明确划分监督职责。我国现有空气污染监督体系规定，地方环保局不仅要接受地方政府的领导，同时还要接受上级环保部门的领导，但因地方政府和上级环保部门的监督目标和发展需要存在差异，所以对下级环保部门的监督要求也不一样。在此情况下，需要对我国当前的政府职责进行更为详细的立法规定，制定各主体之间的权力清单和责任范畴，防止各部门因职能不清而降低空气污染监督的效果。第三，制定有效的监督法律。立法机关应立足各地区实际，借鉴过去成功的治理经验，因地制宜地制定地方空气污染监督法律。此外，在监督立法过程中不能盲目设定过高的治理目标，应结合排污主体的生产技术和治污手段，制定切实可行的空气排污标准。

（二）构建空气污染公益诉讼制度

根据《行政诉讼法》的规定，只有与行政行为有直接利害关系的个体才能提起诉讼。只有造成严重的危害后，国家才会启动刑事诉讼追究责任等，而空气污染往往难以定位直接受损的个体，仅依靠有直接利害关系进行空气污染公益诉讼无法有效制止空气污染者的行为和改善空气质量（任

---

① 《聊城推进网格化环境监管》，中国青年网，2017 年 4 月 20 日，http：//news. youth. cn/jsxw/201704/t20170420_9531592. htm。

中玉，2019）。同时《环境保护法》（2014 年）规定，对污染环境、破坏生态、损害社会公共利益的行为，符合一定条件的社会组织可以向人民法院提起诉讼，将诉讼主体限定为符合条件的环保团体，极大地限制了公众参与程度。因此，扩大空气污染公益诉讼主体范围是建立空气污染公益诉讼制度的根本要求。建议对于已经造成或可能造成空气污染的行为，即使没有侵犯个人安全或财产权益，任何个人、单位和组织也有权向法院提起公益行政诉讼（黄锡生、余晓龙，2021）。空气污染公益诉讼制度除了赋予普通公众、单位或其他组织的诉讼权利之外，同时应该赋予诉讼能力和诉讼地位较高的检察机关（赵悦，2019），建立检察机关对政府环境监管行为的司法审查机制，对破坏大气环境的政府进行责任追究。

（三）构建基层环境监测网络体系

环境监测具有综合性、持续性等特征，监测体系的健全离不开基层环境监测网络体系的构建。建立科学的基层环境监测网络，有利于精准评估地方环境空气质量，为设置科学的监管机构提供重要决策参考。优化基层环境监测管理，建议形成由各乡、镇、县三级环境监测点所组成的基层环境监测网络体系，系统地掌握污染物排放动态，从根源上预防空气污染。

三 提高政府监管效率

（一）落实环境保护目标责任制

环境保护目标责任制是一项明确和落实地方政府环境保护内容、责任的管理制度。在明确目标方面，建议以责任制为重点，将环境目标任务依据行政层级逐层细化、量化，并据此签订责任书，确保责任落实。在落实责任方面，建议形成权、责、利对等的监管机制，强调首长环保第一责任和地方行政机构内部之间的制约平衡，确保以目标为核心的环境管理活动顺利开展。

（二）健全政府空气污染问责制

环境空气污染问责制的贯彻和落实可分为以下两个阶段：首先，出台详细的环保责任追究法律，详细说明监管失职行为和与之对应的处罚措施，避免执法过程中出现"模糊地带"，造成无法追究或从轻处理的局面；其次，建立长效的环保责任问责制，流动监管在短期内能够迅速提升空气质量，但是这种治理方式不具有长效性，往往在重大活动结束后便会失效。长效的环保责任问责制要求建立常设的监督机构或者监督小组，对政府和排污企业进行常态化的监督，可以在更大程度上发挥环保问责的制度性约束作用，提高空气污染防治监督的效度。

四　促进企业主动守法

（一）利用市场机制引导企业行为

空气污染防治与企业工业生产息息相关。为转变企业"守法成本高、违法成本低"的现状，政府部门需要利用市场激励工具遏制企业排污行为。其一，利用排污许可证、执行保证金等市场政策工具引导企业行为，促使企业合理利用资源，防止空气污染物的排放，实现区域经济与生态环境协调发展；其二，利用经济优惠（如税收、贷款、价格优惠）、综合利用奖励、空气污染防治补贴等市场激励工具引导企业自觉守法，促使企业能够按照与政府环保部门共同协商的内容约束自身行为并接受监督。

（二）鼓励企业积极进行清洁生产

第一，转变观念。污染企业要转变观念，改变经营管理方式，确立清洁生产意识。第二，将清洁生产纳入企业发展战略规划或具体决策。第三，环境绩效评价要求包含清洁生产指标，定期考核。将清洁生产目标纳入企业中长期战略发展规划中，采用目标管理方法，层层压实责任，确保清洁生产的延续性。第四，要加大政府的引导。地方政府及其环保职能部门要创造条件，组织经验交流活动，开展清洁技术推介会等，积极引导和培育企业进行清洁生产。第五，督促企业树立绿色生产的产品形象，形成独有的绿色品牌价值，提高市场认可度和接受度。

五　完善公众参与机制

（一）提高公众环保意识

公众参与环境保护的积极性取决于其意识水平。有关统计表明，2007～2019年，我国公众的环保意识评价得分以年均3%的速度在增长（李爱霞、尹艳敏，2019）。相关部门可通过适当的鼓励或奖励的方式，激励公众积极参与到环保事业中来，承担起环保责任，形成环境监管的第三方监督力量。

（二）促进环境信息公开

信息公开是指依托公开的环境信息和其他相关信息，保障参与者的知情权，进而指导空气污染防治的方法（刘梦雨，2020）。在实际工作中，政府部门可通过打破"信息孤岛"、进行线上政务公开等方式，帮助公众及时获得环境行政执法的信息，同时也提醒环保职能部门对本辖区内重大的环保建设项目，应当主动自觉地予以通报，依法接受公众监督。

（三）畅通信息反馈渠道

畅通信息反馈渠道，有助于获得有效的反馈信息，进而提高基层政府环境治理的决策效率。通过开通举报电话、举报信箱等各种沟通途径，公众能够拥有一个畅通的途径和渠道来表达意见，政府部门应当及时审查公众意见，积极反馈调查情况，有效解决群众关切问题，同时将公众举报情况进行公开，接受公众监督。

（四）保障决策参与落实

决策参与的功能在于让公众参与者参与到政府环境决策之中，充分彰显公共环境事务管理的"共建、共治、共享"理念，从而形成符合客观实际的政策、标准，确保空气污染防治政策文件的可行性。以建立完善公众参与的听证制度和公益诉讼制度为基础，鼓励公民提起行政复议和环保公益诉讼，保障公众的知情权、享有权和参与权。

第十三章

中国空气污染防治的预警管理

空气污染防治的预警管理是政府及相关职能部门通过对生态环境监测系统所获取的空气质量信息进行科学研判、预测，评估可能出现的空气污染事件的形式、性质、规模以及影响区域等，并以此为基础发出警示、启动应急预案的管理行为（施凯等，2017）。污染预警管理包括预报和预警两个内容，空气质量预报是环境空气质量预警的先决条件，预报准确与否直接影响预警预案的制定与实施效果（陈斌，2013）。本章将基于空气污染防治的预警相关理论，分别介绍我国空气污染防治的预警管理体制和发达国家空气质量预警管理的成功经验，并在此基础上提出完善我国空气污染防治预警管理的建议，为我国空气污染防治应急管理服务。

第一节　空气污染防治的预警理论

一　预警内涵

空气质量的精准监测、预警预报是有效应对空气污染防治的基石，只有及时精准地监测、预警预报重点的空气污染因子，追溯污染源，才能为科学应对提供依据。空气污染灾害预警具体是指根据大气颗粒物扩散情况、下垫面因素等各种环境要素影响因子，通过实际空气监测、评估、预测等多种技术手段，确定周围大气环境中的主要环境污染状态及其周围环境空气质量的变动速度和持续时间，预测未来一段时间内各种主要大气污染的严重程度以及对人们的实际日常生活可能带来的安全威胁，把相应级别的警示通报信息和处理对策，经过规范的通报程序、现代化的通报信息系统呈报给地方政府和社会公众的过程（施凯等，2017）。空气质量的预警工作具有先觉性、预见性和超前性的特征，并且对大气环境发展的趋势、方向、速度及其后果起到了警觉效应（马骏，2020）。

空气污染预警管理旨在有效地应对重污染的天气，加强对空气质量的预测和预报，科学、有序、高效地预警和处置各种突发的空气污染问题，以减小各种空气重污染的突发情况对人们生产生活的直接影响。通过污染严重程度和相关预警措施的公开发布，让人民群众能够及时地了解到空气污染的情况，合理地安排日常生产生活，减少各类突发事件的危害。因此，在开展空气污染综合防治工作时，空气污染预警管理工作不可忽视，它是我国空气污染防治的重要内容和组成部分。

二　预警指标与分级

（一）空气质量指数（AQI）

根据 2017 年环境保护部颁布的《重污染天气预警分级标准和应急减排措施修订工作方案》，统一使用空气质量指数作为空气预警分级标准。空气质量指数（AQI）是以 PM10、PM2.5、SO_2、NO_2、CO 和 O_3 为重要因子，量化评定空气质量的核心指标（见表 13-1）。依据各项评价因子的环境生态效应及其对人们的影响共分为六个等级，相对应的空气质量指数依次为 0~50（优）、51~100（良）、101~150（轻度污染）、151~200（中度污染）、201~300（重度污染）、>300（严重污染）。空气质量指数的数值越高，意味着空气质量越差，对人们的危害也越大。

表 13-1　空气质量指数及对应的污染物浓度限值

空气质量分指数（IAQI）	SO_2 24 小时平均（μg/m³）	NO_2 24 小时平均（μg/m³）	PM10 24 小时平均（μg/m³）	CO 24 小时平均（mg/m³）	O_3 1 小时平均（μg/m³）	O_3 8 小时滑动平均（μg/m³）	PM2.5 24 小时平均（μg/m³）
0	0	0	0	0	0	0	0
50	50	40	50	2	160	100	35
100	150	80	150	4	200	160	75

续表

空气质量分指数（IAQI）	SO₂ 24 小时平均（μg/m³）	NO₂ 24 小时平均（μg/m³）	PM10 24 小时平均（μg/m³）	CO 24 小时平均（mg/m³）	O₃ 1 小时平均（μg/m³）	O₃ 8 小时滑动平均（μg/m³）	PM2.5 24 小时平均（μg/m³）
150	475	180	250	14	300	215	115
200	800	280	350	24	400	265	150
300	1600	565	420	36	800	800	250
400	2100	750	500	48	1000	—	350

资料来源：《环境空气质量标准》（GB 3095—2012）。

在表 13-1 中，当 O_3 8 小时平均浓度超过 $800\mu g/m^3$ 时，则不再计算分指数报告 IAQI。当 AQI 值大于 50 时，6 个 IAQI 最大的空气污染物就是首要污染物。AQI 取自 IAQI 的最大值，污染等级是根据 AQI 划分的，具体划分标准如表 13-2 所示。

表 13-2　空气质量等级划分说明

AQI	空气质量级别	空气质量状况	颜色
0~50	一级	优	绿色
51~100	二级	良	黄色
101~150	三级	轻度污染	橙色
151~200	四级	中度污染	红色
201~300	五级	重度污染	紫色
>300	六级	严重污染	褐红色

注：环境空气质量指数及空气质量分指数的计算结果全部取整数，不保留小数。
资料来源：《环境空气质量指数（AQI）技术规定（试行）》（HJ 633—2012）。

（二）空气污染预警分级

不同地区可根据当地环境空气污染程度、气象特点和持续时间，选择严格的预警启动条件。空气质量重度污染预警一般包括四个等级，从轻到重依次为蓝色预警（四级）、黄色预警（三级）、橙色预警（二级）和红色预警（一级）（生态环境部，2017）。

蓝色预警：预测 AQI 在 201 和 300 之间，未来 1 天出现重度污染；

黄色预警：预测 AQI 在 301 和 500 之间，未来 1 天出现严重污染或 AQI 在 201 和 300 之间，未来 3 天持续出现重度污染；

橙色预警：预测未来 3 天持续交替出现重度污染或严重污染；

红色预警：预测 AQI 在 301 和 500 之间，未来 3 天持续出现严重污染。

三　预警步骤

环境空气质量的预警大体上可以分为警源分析、警兆辨识、警情判定、警度预报四个主要步骤。根据警度预报的结果，采取相应的预警应急措施，持续推进空气质量的改善（杨薇薇，2017）。

（一）警源分析

警源分析包括污染源和环境评价因子的分析两方面（中国环境监测总站，2017）。基于现有的环境监测点，构建覆盖全国的区域空气质量监测网络，为科学预警提供专业支持，同时建立详细的区域污染源排放清单，清晰掌握区域气象条件和污染物的分布特征、排放情况等。

（二）警兆辨识

警兆辨识的主要目的是在警源分析的理论基础上寻找一个对空气污染贡献度最大的影响因子，常用的辨识方法有 API 指数法，其计算公式如下：

$$I = \frac{I_大 - I_小}{C_大 - C_小}(C - C_小) + I_小$$

式中，I 表示某污染物的污染指数；C 表示该污染物的浓度；$C_大$、$C_小$ 表示 API 分级限值表中最接近 C 的两个值；$I_大$、$I_小$ 表示 API 分级限值表中最接近 I 的两个值，$API = \max(I_1, I_2, \cdots, I_n)$。

（三）警情判定

空气污染警情判定需要依次进行以下两个步骤的工作：一是建立环境空气质量评价指标体系和污染数据库、图形库；二是针对评估单元中各个环境空气污染严重程度分别进行定量评估和分级，从而得出各个区域内的空气污染警情（施凯等，2017）。空气质量警情趋势判定方法有潜势预测、数据统计预测和特定数值模式预测三种类型（Bai et al.，2018）。潜势预测是指当空气质量的严重污染状况达到了可能会产生严重污染物的标准，就会发出一个警告。它的工作原理主要是基于对大气中的稀释和扩散浓度能力进行测量，但是它无法准确地预测空气中各种影响因子的具体浓度值，只能预测一个大致范围，它的浓度预测结果也并非一个定量值。而基于统计学的方法和数值模式的预测则属于一种定量预测，它们直接预测某一区域的大气污染物浓度，因而成为现代应用最广泛的空气质量预测方法。

（四）警度预报

根据警情判定结果，将该地区所处的不同功能区环境空气质量的标准差视为一个预警线，并通过对环境空气质量进行预测分析，以获取大气污染蔓延的动态趋势、速度等结果，然后做出警度预报（王玲，2011）。各地区的警度预报发布程序有所差异，但大致都是由各个地方政府负责人组织发布，区域性的预警须经过应急响应办事处审批并由市政府相关负责人组织发布，省级的预警必须经过省大气污染综合防治工作领导小组组长审批并由各市政府负责人组织发布（中国环境监测总站，2017）。

四　预警系统工作机理

空气质量监测预警系统一般由一个中心台站和若干个子台站组成（子站规模和数量大小可依据本地实际天气情况确定），并装有网络式环境监测装置。换言之，系统管理的应用软件将由中心站管理系统软件和子站管理系统软件共同组建，二者相互配合、补充，共同协调远程监控网络系统的正常工作，以实现对远程监测仪器的信息数据收集、对远程通信的自动控制和有关信息处理，并即时生成数据报表（梁松筠，2014）。其具体工作机理如图13-1所示。

第一步是收集空气质量数据和气象资料。对数据做预处理，分析是否存在错误，及时剔除错误数据。将统计得到的各项空气质量数据和气象资料进行非数值信息化处理，所有数据统一存放在数据库中，确保工作人员

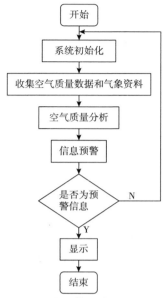

图 13-1　预警系统工作机理

能够随时得到数据信息。第二步是完成空气质量分析。实时监测区域空气质量状况，分析区域空气污染物含量以及气象条件的动态变化，并用可视化图表呈现出来。第三步是进行信息预警。在这三步中，按预警功能的不同，又将预警分为监测性功能预警和分析性功能预警。监测性功能预警是通过当前的信息状况对未来的信息状况做出预报，而分析性功能预警则是通过当前状况分析当前某地区是否出现了各类空气污染物浓度超标等异常情况。

五　预警技术方法

（一）识别和追踪污染源技术

污染形成的复杂性，使得污染浓度和前体物源排放呈现非线性关联，易导致污染预报的偏差。而我国早期的解决方法主要是污染源分析、气象溯源两种。这两种方法都需要对模型进行多次的情景设计，因此花费的时间相对较长。而识别和追踪污染源技术则融合了两者的优点，通过采用在线分析手段，有效减少了因物理化学过程的非线性特征所造成的偏差，也无须重复进行情景设计，从而提高了预测效率。这项技术充分考虑了当前城市污染复合性、区域性的特征，较传统技术手段更加快捷、精确，还可以测量污染源的性质和行业贡献（周慧，2016）。

（二）大气污染资料同化技术

常规的记录空气污染状况的方法主要是观察和建模。观察的主要目的是真实反映大气环境的状况，并没有预测功能。建模采用了参数化流程，模拟了三维空间和时间上的大气环境，同时具备预测作用，但不足之处是由于输入指标如排放源、气象场、初始边界状态等存在偏差，建模结果的不确定性大大提升。而大气污染资料同化技术则融合了观察和建模的功能特性，基于大气环境建模信息与监测信息的统计分析，输出了最优的组合方法，给出了较为准确的大气环境三维分析数据，结果的可信度获得了进一步提高。

（三）污染源反演技术

污染源反演技术主要是为了精确、迅速地判断污染源类型、数量等特点，为空气质量模拟与预测提供了数据来源。伴随市场经济的迅速发展，大气污染源类型和特点也在迅速发生变化，实地获取证据的方法有效性低、获取数据的准确度存疑、数据信息具有一定的时间滞后性，因此大气环境污染源反演技术采用构建地区和城市尺度下大气污染反演系统的新方法，将集合卡尔曼滤波同化法进行综合运用，自动逆向订正初始源清单，并通过细化时间分辨率获取反演源清单，从而尽可能地减少源清单系统性偏差，确保动态性的污染源清单及时更新，从而有效提升统计的准确性和时效性（景学义等，2018）。

（四）集合预报

集合预报属于数值预报的一种，其显著特征是"群策群力"，强调各个不同模型的预测。通过综合比较各个模型的技术优势，获得比以往单项预测方法更加全面、更有说服力的大气环境预测。与传统单项预测技术相比，集合预报的主要优点体现在：一是预报信息覆盖范围更全面，数据资料更丰富，能够提供各种空气污染事件的发生概率；二是博采众长，利用集合决策方式，增加了预测的准确度。目前常见的集合预报方式有算数平均、加权平均、多元回归、神经网络等，其中以神经网络的应用效果最为明显。

（五）　区域大气污染预警系统

区域大气污染预警系统是一种新型的预警技术，该项预警方法主要建立在多模式集合预警平台及区域污染特点解析平台的先进技术基础上（刘娟，2012）。空气污染防治预警的根本目的是为各级政府及其相关单位提供预测报告，以此为依据制定措施，尽量减少污染物给生产生活带来的危害。区域大气污染预警的内容主要涉及污染物的来源、种类、持续时间及其影响范围（陆涛，2013），关键是报告的内容是否精确，尤其是污染的持续时间、转折点。可供选择的预警手段主要包括三种：一是延长地区的环境污染灾害预警时间，以空气污染和当地气象系统间的关联资源库为基础，及时追踪和捕捉周边地区环境污染灾害变化；二是编制重污染灾害预警所对应的应急预案，依托在不同范围内的相互传播输送量，在决策库实现信息匹配，提供最佳的解决方案；三是通过对区域大气污染预测的修正，综合解析数据信息，对核心参数和变量做出适当调整，实现再模拟和数据分析，以提高大气污染预警的准确性（王永飞、邱阳，2018）。

（六）　大数据认知技术

采用包含网络和大数据认知等新技术手段的大气环境污染监测预警系统，可以发挥网络技术和大数据分析、认知等新一代信息技术的综合与信息化优势，并通过对长期以来积累的大气污染监测数据资料进行综合分类和运用，形成一个集合各种模型和有关专家知识库的空气污染预警系统与网络平台，完成对大气污染现状数据的有效分析，更高效地处理复杂的环境污染变化，满足多重功能需求（李云婷等，2017）。基于大数据中心，为客户提供全国统一的大数据共享平台，可以更高效地融合全国所有地区不同类别的空气质量监测、不同预报系统的产品数据和其他基础与辅助数据，从而形成基于大数据分析的信息交汇、数据共享、服务质控三个机制，以及更上层的预测、综合数据分析、案例评价、应急策略支持等四个子系统。该平台主要是为了从多模型的集成预报中结合技术专家调优来支持高性能预报会商的应用，从多维度的历史污染进展过程和对天气状况的全自动化分析来支撑重污染过程的研判，从业务化的仿真情境解决方案和污染追溯角度助力应急决策（李云婷等，2017）。

第二节 中国空气污染防治的预警管理体制

空气污染防治的预警管理体制是指国家组织管理政府预警工作的体系和制度。具体来说，它是国家对政府预警实施组织、预警管理机构中各层次、各部门之间的隶属关系、职责范围、管理方式等一系列问题制度化、法律化的表现形式。科学的预警管理体制的确立，有利于促进预警管理工作的开展，有利于确保空气质量发布信息的准确性和及时性。

一 中国空气质量预报预警服务体系架构

我国空气质量预报预警服务体系包括"国家—区域—省级—城市"四个层级。国家级空气质量预报预警服务中心（以下简称"国家中心"）是我国环境空气质量预报服务的指导中心、数据支持中心和产品数据中心，并承担开展国家层级的空气质量预报服务管理工作。国家中心主要承担影响特别重大、危害范围大的跨地区或跨省的空气污染预警工作，为全国预报服务提供指导，统一获取全国预报预警信息，建立空气质量预报预警的统一信息网络。同时利用可视化会商平台、预报产品自动化分配系统，完成四个层级空气质量预报预警服务中心的数据信息交流和共享。同时组织对其他各类预报预警中心进行技术指导、培训等工作。

区域空气质量预报预警服务中心（以下简称"区域中心"）完成各自区域空气质量预报数据的整合、联合预报、专家会商工作，重点承担辖区内的空气质量业务预报预警工作的总体统筹安排、数据信息资源共享与预报会商，以及为省级空气质量预报预警服务中心提供技术指导。截至目前，我国已确立7个区域中心，分别是京津冀及周边、长三角、珠三角、东北、西北、华北和西南。

基于国家中心和区域中心，各省、自治区、直辖市分别设立省级空气质量预报预警服务中心（以下简称"省级中心"），它是省级的数据中心和预报中心，承担省域内空气质量预警工作统筹、省级预警管理工作、数据信息资源共享与专家会商，以及为各地级以上城市预警管理工作提供技术指导等。

各地级以上城市设立城市空气质量预报预警服务中心，主要承担城市辖区内的日常环境空气质量和城市重污染过程的精细化预警。针对各地区的实际情况，如果地级以上城市预警力量严重欠缺，则由省级中心组织实施城市空气质量预报预警信息服务平台的建设工作，为辖区内各地级以上城市提供预警指导产品服务和技术支持。

在实施具体业务的过程中，空气质量预报预警管理工作实际上是由地方各级政府生态环境部门和地方气象部门共同推进的。环境部门下属的监测机构主要承担对空气污染因子的监测和动态变化趋势的分析工作，气象部门主要承担对污染的气象条件、重污染天气的观测和预警工作。预报预警中心和气象部门通过建立专线电话网络，充分共享监测信息数据资源，联合成立专家顾问咨询小组，搭建交流平台，共同推动全市各地区环境空气质量监测、重大污染天气的监测和预警。当前，我国已初步建成了较为完善的空气质量预报预警产品及服务体系（见图13-2）。该体系涵盖短时预报、三天预报、中期预报以及基于短期天气尺度的空气质量变化及趋势预测，向国家主管机关提供技术信息专报，以及为大型社会活动提供预报预警的空气质量保障。

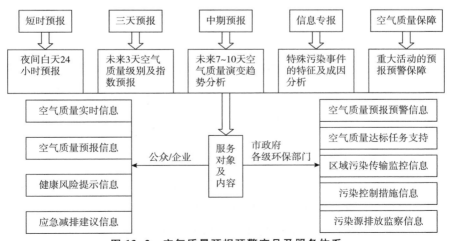

图 13-2　空气质量预报预警产品及服务体系

二 中国空气污染防治预警管理机制

(一) 机构设置与职责

1. 指挥部

指挥部组长通常由分管的副省长或副市长担任，副组长则由省生态环境厅或市生态环境局、省气象局或市气象局主要负责领导担任，成员单位包括市相关环保职能部门和各区政府。指挥部一般承担对重污染天气的应急领导，编制与修改重污染天气应急方案，统一组织预警的发布、调整、解除，应急处置重大污染事件。此外，指挥部也要对各县市区、所属开发区的重污染应急响应工作进行督导，指导协调地方信息发布管理工作。对于超出本地区应急处理能力的情形，第一时间向上级应急领导机关汇报。

2. 监测预报组

监测预报组主要承担对重污染天气监测工作预案的编制工作，开展环境空气质量和气象变化的监测，向指挥部提交监测、预测信息，为响应方案的制定提供数据支撑。

3. 信息宣传组

信息宣传组承担对重污染天气进行即时信息发布、新闻宣传和舆情引导等工作。

4. 专家咨询组

专家咨询组主要承担对重污染天气监测、预测、响应和汇总专家联合会商的结果，并根据重污染天气响应所涉及的重大问题提出措施和意见，就重污染天气的响应管理工作提出指导意见。

5. 督导考核组

督导考核组由重污染天气应急指挥部办公室组建，对各有关单位重污染天气应急准备、监测、预警、响应等工作落实情况进行督导考评，第一时间反映相关情况并对履职不到位的工作单位提出问责处置建议，并进行重污染气象成因研究、应对成效评价和损失调查等工作。

（二）工作原则

1. 以人为本，预防为主

坚持把维护和保障广大人民群众的身体健康安全作为当前我国应对大气重污染问题的一项首要工作，坚持将预防和处置有机结合，切实加强对区域大气重污染的联防联控，尽可能多地预防和降低大气重污染所带来的危害。

2. 区域统筹，属地管理

进一步加强对大气重污染应对的区域统筹组织领导，各地级以上政府实行责任人任务清单制，对辖区内的大气重污染预警工作实施统一的指挥。

3. 因地制宜，差异化预警

按照各个区域空气质量情况实行精细化、差别化的监督管控机制，从而推动区域空气质量绿色化。不同的生态功能地区自身的灵活性、脆弱性及其所受影响的人口等特征都有巨大差异，因此在进行空气污染防治管理时，不仅要依据地区大气环境现状，还应根据人们反映的情况，进一步做好差异化预警（杨海等，2019）。特别是对于国家重点地区及人口密集地区，更应该构建一套更加科学细致的空气污染情况评估和预警技术体系，以更好地维护区域的生态安全与人民群众的身体健康。

4. 及时预警，快速响应

积极做好对环境空气质量和气象状态的日常监测，及时、准确地把握当前环境空气质量和气象状态的变化情况，加强对大气重污染的监测、预报和灾害性预警等工作，开展大气污染发生趋势的分析和评估，做好应对大气重污染的各种准备，确保及时、快速和有效地进行应对。

（三）制度保障

1. 预报分级负责制度

空气质量预报实行分级负责制度，即由区域预报预警管理中心承担并进行空气质量的趋势预测、重污染预报专家会商和信息对外发布；负责同中国环境监测总站的衔接，进行各专项区域性预报和重污染时段大气污染成因、来源研究，向大气污染联防联控小组办公室报送各省（市）级分中心的预警信息发布情况，参与因能力限制未设立预报预警中心的城市空气质量预报工作，并参加省级和区域预报中心组织的预报会商。

2. 预报会商制度

区域空气质量预警工作实行预报会商机制，由区域预警中心与各省、市级的预报员队伍共同协作完成，涵盖了资源调取、技术研究、模拟数据分析和专家判断等一系列技术环节，并采用专家联合会商等方法得出最终结论。

3. 首席预报员轮换制度

预报员队伍分为首席预报员、副首席预报员、预报员等。其中，首席预报员由区域预报预警中心和分中心推荐的拥有较丰富预测经验的预报员担任。区域空气质量预报采用首席预报员轮换制度，组织实施全区空气质量统一预测会商。

4. 首席预报员负责制度

首席预报员负责开展区域空气质量的预报工作，同时组织专家会商，最终形成区域空气质量趋势预测结论；按照当班预报员的要求，参与疑难污染过程的会商；拥有对区域空气质量预测结果做出调整的权利，并对调整的结果负责。

5. 预报员值班制度

空气质量预报工作一般实行主班/副班相配合的预报员值班制度。主班一般承担每日预报、预报会商和信息公开，负责安排过去一段时间空气质量预报回顾、未来天气形势研判和空气质量预报等工作；副班一般是协助主班完成上述工作。

6. 数据和信息共享制度

各地生态环境厅（局）、监测中心（站）加强信息沟通，依托区域间的协作与联合预警机制，逐步建立了数据和信息资源共享制度、数据使用标准与信息保密制度等，包括环境监测数据、污染源数据、定期更新的重点排污名录等。

（四）预警管理流程

1. 监测

科学、准确、及时地进行空气质量监测是组织开展空气污染预警和应急处理工作的基本前提。目前，我国所有的重点城市和重点区域都已经实现了对空气质量的统一监测，在每个地级及以上城市均建有专门的监测点，可以进行包括 PM2.5、PM10、O_3、CO、SO_2、氮氧化物等在内的六项环境空气质量评价因子的监测。同时，对环境监测数据信息也做到了"一点三发"，即资料信息一经收集得到，将分别自动发送至市站、省站和总站，从而保证了原始资料信息可以在第一时间直接发送至各站点。为持续推进空气污染防治工作，中国环境监测总站建设了国家质量管理信息平台、地区质控实验室、城市环境监测实验室等至少三层级的空气质量控制体系，对空气质量监测指标数据进行了追踪溯源和对比分析。

2. 预报和会商

按照各区域空气质量重污染应急响应预案的有关规定，在预测未来可能发生重度污染天气时，空气预报预警中心应当第一时间与环境气象信息中心开展联合会商。目前，我国重点区域都已建立了实时联动会商平台，并依托该平台共商减排举措和应对措施，推进空气质量的改善。此外，这些区域也实行定期会商制度，规定领导小组每半年会商一次，其下属办事机构每季度会商一次。

此外，当前针对大型活动的环境空气质量管理制度已基本建立，通过定期监测预报会商来引导应急减排调控措施的实施（见图 13-3）。以上海合作组织青岛峰会为例，每日预报会商由气象分析组、监测分析组、预测预报组、污染源分析组组成，会商流程为：气象分析组首先分析过去 24 小时气象实况及未来 3~5 天天气趋势；监测分析组介绍保障期间空气质量变化以及 O_3 等关键前体污染物浓度变动；污染源分析组分析活动举办城市和周边区域空气质量控制措施执行情况；预测预报组分别预测未来 24 小时、3~7 天空气质量变化。到会专家根据各小组介绍的信息共同研判、达成共识，提出空气质量管控意见，为城市相关环保职能部门提供决策依据。

3. 预警发布

（1）发布主体与程序

地级及以上城市预警工作：由地级及以上城市环境监测管理中心（站）与气象台共同进行本市未来 24 小时、48 小时重污染天气监测预警以及随后 2 天的重污染天气潜势研究等工作。如果预计到辖区内可能发生重

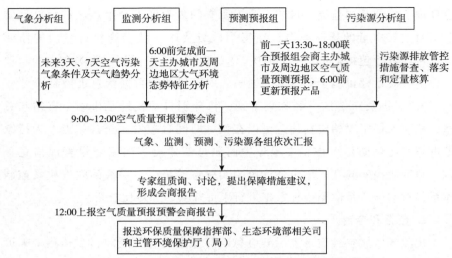

图 13-3 重大活动环境空气质量监测预报评估会商流程

污染天气，应及时召集预警技术专家开展会商工作，根据会商结果，适时向所在地市政府、有关政府应急主管、环保主管、气象主管和上一级的环境监测中心（站）和气象台滚动上报预警信号（见图 13-4）。地级及以上城市的重污染天气预警信息经所在城市政府审定后，由城市环境监测管理中心（站）和气象台统一向社会公布。

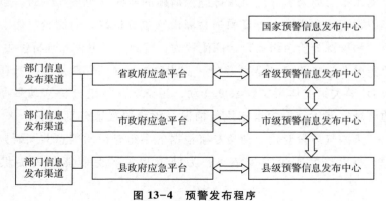

图 13-4 预警发布程序

省级预警工作：由各地环境监测中心（站）和气象台负责统一开展未来 24 小时、48 小时内重污染天气预警以及之后 2 天气象环境潜势研究，并为辖区内地级以上城市提供技术指导，以及采集、分类和研判辖区城市所发布的重污染天气预警信息。如果预计到京津冀区域内可能存在重度污染天气，应第一时间发布警报信号，并召集预警技术专家开展会商。根据会商结果，适时向省政府、省有关应急主管机构、省生态环境局和省气象台、中国环境监测总站和中央气象台滚动上报预警信号。

区域预警工作：由中国环境监测总站与中央气象台联合实施区域重污染物预报预警工作，根据各省区市政府提交的区域重污染物监测报告，在进行专家会商后，及时向地方政府联动预警小组滚动报告未来24小时、48小时重污染物预警信号，以及之后2天气象环境潜势研究结果。地方政府联动预警小组在认为有需要时，可以向社会公众发布，同时将预警信号通知有关省区市和地市级及以上城市的环保主管和地方气象主管，为省、市级城市的重点污染物天气监测预警工作提供信息支撑。

（2）发布时间与方式

原则上，重污染的预警信号提前2天发出。如果提前1天就预报到了重度环境污染天气，已经确定该天气符合预警要求的，应及时依照程序发出相应等级的预警信号。如果系统没有发出预警信号，或者出现了重度环境污染天气时，经过会商，确定该天气符合预警要求，也应及时紧急发出预警信号。预警信息一般包含三方面内容。一是重污染的预警结果：基于例行预警结果（空气质量等级、AQI和主要污染物浓度），描述重污染产生、演进及消退过程，包含影响区域、程度和时间及其峰值浓度区间等的预警信号。二是对公民的健康防护建议：主要针对公民，尤其是存在健康问题的敏感群体。三是对参与应急减排工作的建议：主要是为个人或生产企业提供短期减排对策的建议。

各级政府均可依据各自的具体情况制定信息发布方案，主要包括生态环境部、中国环境监测总站、空气质量预警联网信息公开平台和各省生态环境厅和市监测中心（站）的官方网站，同时还可针对各地方的具体情况选用电视传媒、微博、微信、手机App等信息发布形式。

4. 预警级别调整和预警解除

在警报等级调整方面，各区域空气质量重度污染应对预案规定，当空气污染程度和影响区域范围等客观因素发生重要变动而造成原警报级别需要变动时，应当由原警报发出单位依据警报发出程序规定进行变更申请，调整原警报等级。另外，当空气指数频繁波动造成警报等级不一时，须参照最高级别警报实施。在警报取消方面，黄色警报、橙色预警、红色警报必须根据发布程序进行取消，而蓝色警报可自行取消。

第三节　发达国家空气污染预警管理的实践与启示

一　发达国家空气污染预警管理的实践

（一）美国的空气污染预警管理

美国在空气污染预警和应急管理领域是一个起步比较早的国家。经过多年的探索和完善，美国已经形成了一套相对先进、成熟的管理制度、机制。为了大大提高风险预警的精度和准确率、发布的广度及时效性，美国政府进行了积极的探索，采取了诸多方式。在传统传播方式的基础上，美国政府为了充分利用其在网络信息技术上的优势，广泛通过各种网络渠道实时发布有关空气污染预警的信息。其中，电子邮件免费订阅服务是利用比较广泛的一种方式。美国还通过各种社交网络媒体以及公众账号免费提供预警服务，实现了美国社会公众与国家预警发布单位之间的良好信息互动，也大大提高了国家预警监测信息公众传播的覆盖广度和时效性。为了确保能够充分调动各个单位的积极性，美国政府专门设置了一个负责开展空气污染预警处置协调管理工作的领导机构，并制定出台相应的法律法规，各个单位按照规章履行相应的管理职责，开展应急措施处置任务，并及时上报其应急处置的任务重点及主要内容。在此基础上，各个单位通过网络和媒体向群众发布各自在应对自然灾害方面所采取的措施，并严格要求群众充分配合自己。这种模式充分地结合了当局各部门、媒体和公众的各方力量，共同有效应对紧急情况。

（二）日本的空气污染预警管理

日本所处的位置决定了其防灾措施重点是极端地震、台风等自然灾害。日本空气污染预警按照影响程度及紧急情况不同，分为"注意报"和"警报"。无论是哪种等级的灾害预警，都会涵盖发生时间、预计受到影响的区域和具体灾害类型。为了有效应对严重的空气污染，日本政府建立了各个行动层面的应急联动机制，在各个行政当局接收到日本气象厅发布的紧急警报后，各个行政当局都将在第一时间启动相应级别的行动响应方案。相关部署文件要求交通、通信、卫生、食品等各个部门迅速组织开展救灾任务，最大限度地降低人员、财产损失。为了有效避免因信息不实而引发的恐慌，日本政府还建立健全了"紧急特别报道机制"，保证了公众能够在当地第一时间获取真实的自然灾害信息，如当台风超过6级时，当地媒体就会中断节目，随时插播有关灾情的信息。

（三）英国的空气污染预警管理

相比其他发达国家的预警管理而言，英国的管理工作更具实用性。英国一直以来都是浓雾、暴雪等各类严重空气污染最频发的国家，在多年来与空气污染的斗争中，英国政府进一步摸索并研究总结了一系列行之有效的预警长效机制及管理措施。为了应对频发的空气污染，英国组建了由各级地方政府部门共同组成的全国空气污染状况监测与预警系统，为广大社会公众提供精准的空气预警。英国气象局重点加强了天气预警信息服务系统化建设，其自主设计研发的"全国恶劣天气预警服务"在多次预警服务中所产生的经济效益明显。与此同时，英国的自然灾害预警联动管理机制也十分健全，每当出现各种极端天气灾害，政府各职能部门都会根据联动管理机制，及时开展相应的应急工作。为了进一步扩大预警报告信息的覆盖范围，英国广电部门甚至随时不间断地向全国提供预警情报，并针对重灾区反复播放。预警情报的主要内容包括空气污染可能发生的时间和地点、发生强度以及防灾建议，时效性从6小时到5天不等。

二　发达国家空气污染预警管理的启示

相比国外而言，尽管近年来我国不断加大对空气污染预警监测信息发布的人力和财力投入，建立了完善的管理机制，研发了预警信息发布系统，但是仍旧难以彻底摆脱"国家管理模式"的垂直管理，在实现扁平化和网络化上的探索仍不足。为有效地解决部门间的互相推诿，需要建立一个以中央和各级地方政府为主导、相关部门协调联动、全社会共同积极参与的预警管理网络（孟茹，2019）。因此，虽然近年来我国对空气污染预警的发布力度和投入不断增加，但是各个方面的自然资源未得到充分利用，优势并未充分发挥出来，空气污染防治的成效不显著。而英美等国家的空气污染预警应急机制建立时间较早，经过多年实践和检验，已经相对成熟，其所采取的自主性和系统化相结合的决策和运作模式也相对简明、高效，对提升危机管理的总体合力起到了很好的推动作用，产生了良好的危机防治效果。我国与发达国家空气污染预警管理对比如表 13-3 所示。

表 13-3　我国与发达国家空气污染预警管理对比

国家	体系架构	业务流程	法制及技术保障	综合应对情况	其他
英国	地方政府为主；中央设防灾紧急事务委员会	预警和应急机制一体化的防洪减灾措施计划	灾害预警和防范系统		推行非工程防范措施
日本	以首相为首的防灾委员会，政府各部门专门设有防灾机构	组建综合性危害防治管理体系	法制体系完善；雷达监测网健全		危机管理成为行政理念，实施灾害补贴
美国	国土安全部；紧急救援管理局	指挥协调、预警应急救援体系完备	法律体系、空气污染预警系统	以法律形式规定政府、部队、社会组织、公民的责任和义务	推行非工程减灾措施保险体制
中国	政府部门统一领导，有专门的机构	应急预案、应急平台、救援队伍规范；联动、协同抗灾	专门的法律法规；预警发布系统；气象保险	空气污染预警与应急网络	空气污染防治意识；非工程减灾措施

第四节　空气污染防治预警管理的完善

一　空气污染防治预警体系存在的问题

（一）预警保障制度不完善

在我国目前发布的政府文件中，尽管已对重点地区的预警工作要求和具体方案进行了明文规定，但并没有细化说明相关保障措施，使得预警工作缺乏必要保障条件，基层预报预警服务处在勉强保障的状态下。具体表现在三方面。一是预警专业人才严重匮乏，队伍结构不稳定。以京津冀地区为例，有的城市监测站没有专业的天气预报主管部门，且大多是由自动检测设备或大气监测机关的技术人员兼职担任。在日益增多的监测任务中增加新工作，致使人员缺乏假期，因而频频发生天气预报主管部门人员集体申请离岗的情形。二是非重点城市"省级代管"存在不足。尽管文件中规定非重点城市空气污染预警服务可由省环保部门统一负责实施，但严峻的空气污染形势使得对非重点城市的预警需求日益增加，而实行城市代管的省环保部门较市级政府而言对地方实际状况认识有限，同时还增加了省级预警机关的工作量和工作压力。三是预警工程建设进度缓慢。对于已建成或正在进行预警工程建设的部门来说，所需建设内容繁杂，投资巨大，往往由于办理流程多、申请过程慢而耽误工程建设时间，无法按计划准时进行预报预警管理工作。

（二）预警管理技术不规范

1. 有效预报资料不足

目前的预警管理气象资源，主要从海外和国内的官方网站上免费下载获取，且资源空间、时间分辨率都较低，对于精细化的城市预警管理工作而言，资源质量却较为粗糙，难以使用。尽管空气质量监测站点的监测数据已实现共享，但受限于市县级监测站之间并未全面互联，受空气污染影响较大的市县无法充分掌握外来污染物信息，也无法了解污染物扩散规律，从而严重影响了预警的精准度。且随着发展的加快，污染源排放量的变动越来越大，各地污染源清单更换工作较为滞后，排放清单与实际情况严重不符，原始数据的遗漏导致预警结果严重失真。

2. 地方预报技术经验不足

空气质量预警系统网络平台的构建，不仅包括对空气质量与大气污染源监测资料的综合利用，以及对大气环境化学与大气物理数据模拟仿真和集合预报预警技术的协同运用，还包括对云计算以及其他互联网信息技术的综合运用，要求较丰富的专业信息技术知识与管理工作经验。而鉴于我国各地的预报工作实施时期相对较短，非重点城市的预报预警经验、技能也十分薄弱，当面临平台建设所需要的计算机系统配置、机房施工、后期软硬件保障等重大问题时，非重点城市预警系统开发单位常常束手无策。

（三）预警能力发展不平衡

在国家层面厘清环境保护和气象管理两部门协调运作的情形下，地区层面两部门的合作仍需要逐步完善。不少地区这两个部门的协作也只是停留在表面会商，并没有实质性的信息共享。对于还未独立开展空气监测预警服务工作的地方来说，其环保机构的空气预报预警服务力量较为单薄。虽然地方气象机构拥有一定的空气质量预报能力，但受限于当前两部门分工合作不协调，地方气象机构还未独立对外公开发布重污染天气预警信息。这样"有能力使不出、有信号不能发"的状况不但导致了公共资源的浪费，而且造成了重污染天气预报预警盲点的出现，不利于真正推进空气质量的改善。

二 空气污染防治预警体系的改进建议

（一）健全预警工作制度保障

1. 完善组织保障

空气污染预防工作的推进离不开组织保障，必须打破利益分歧，将污染所牵涉的地方各级政府和环保有关主管部门联系起来，形成合力。按照京津冀地区目前的空气预警工作管理体制，各预警工作组成单位已经在区域合作管理方面发挥了一定的作用，但警报工作目前仍处在起步阶段，存在一些不足。而目前的组织系统在工作中也面临着诸多问题与挑战。为了更加优化污染防治预警工作体制的运转，需要完善现有天气预警协调小组，建立专业的空气污染工作组织，专职承担污染预警工作。

图13-5为区域空气污染防治预警工作的组织框架。在国家层面，生态环境部内可设置相关的下属机构，如地方空气监督管理机构，专职承担地方空气污染防治的预警职责。在区域层面，地区内应设置跨区域主体组织，对本地区的空气污染实施专门监督管理，该组织可以涵盖各地政府部门及其环保职能机构，并受上级环境保护部门的管理与监督。区域级主体组织的权力应超过当地政府，可以直接调动各省级人民政府和环保部门，

实施区域统一的重污染天气预警。为了明确组织内部人员的权责，可以在主体组织内分别设置决策、执行等子机构，以便于职能分工，提升工作质量。此外，为确保主体机构的工作取得实效，可建立专门的考评制度和监督机制，对主体机构工作的完成情况和落实效果进行监督和评估。在地方层面，应在各地大气环境管理部门内设置重污染天气预警的责任部门，承担本辖区的大气环境治理，贯彻主体机构的政策，并定期与其他地区大气环境管理部门进行横向交流与合作。

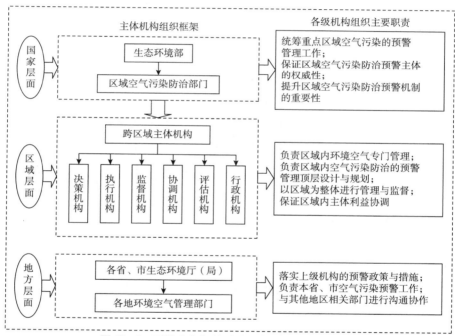

图 13-5　区域空气污染防治预警工作的组织框架

2. 加强资金保障

预警管理的资金投入是空气污染防治事业顺利开展的物质基础。区域内政府需要共同成立专项资金，以加大对空气污染防治的预警支持力度，并为重污染天气的预警、应急处理和救助、环境监督员检查等方面提供资金保证。将地方空气质量监控网建设项目、地方公共环境信息公开网络平台等基础设施建设资金和运营、维护费用等工作资金，统一纳入地方各级政府管理职能部门的支出计划。另外，在环境预警资金使用上，一是提高预警资金在环境保护专项资金中的比例，并成立资金监督管理委员会或审核工作组，以指导地方政府预警设施建设的改善；二是科学合理划分空气污染防治的预警管理任务清单，督促各地区依法按程序整合预警资金，提高预警资金的使用效率。

（二）强化预警业务合作

1. 加强信息共享

一是为了提高空气质量的数据实时性，各地区应积极建设信息资源共享平台，以实现监测数据的资源共享；二是在资源共享的基础上，构建空气质量仿真信息系统，对地区空气质量发展状况、主要污染组成、重要污染源及其所在区域等进行模拟分析，依托空气质量监测预警系统，第一时间发出空气质量警报，并建立对应的预警应急制度；三是区域内各地的重污染天气预警等级标准应当统一，以减少地方政府间联动的操作性障碍，确保在重污染天气发生前，合理地扩大范围，增强响应力量；四是充分考虑空气污染的区域性，建立由区域环境、气象等部门共同参与的联合会商平台，最终形成区域联动的长效机制。

2. 加强技术合作

空气污染相比于普通的环保问题更为复杂，需要建立一个区域性的气象预警中心或大气污染防治研究中心，运用大数据分析、数学建模等科学工具，对空气污染的有关问题开展科学研究，推动省际、城市间的技术合作。其中，研究中心还需针对地区污染的主要成因溯源分析等问题开展深入研究，在目前地区细颗粒物来源分析的基础上，逐步细分至各个行业，通过分析各个行业对污染问题的贡献，制定地区细颗粒物污染名录，厘清重污染天气的生成机理，进一步完善空气质量监测与仿真模拟。在已有空气质量监测的基础上，依托模拟系统对地区空气质量进行评价和预测（陆楠等，2015），提高监测预警的精准度。另外，在研究中还应成立一个独立的环境治理费用效益评价小组，对区域内重点污染物联防联控的成本和收益加以评估，并制定各个合作主体的利益分配办法，明确分配依据，确保各参与主体的利益均衡。

（三） 加强预警能力建设

1. 提高空气污染监测能力

以提高气象现代化为基本原则，根据区域预报预警业务需求，调整优化监测站功能、布局，统筹推进气象监测网络建设。所有乡镇要建有包含空气污染六要素的自动气象站，国家级气象站要完成新型自动气象站建设任务。构建省、市、县三级气象自动观测平台，特别是要进一步加强县级业务平台的建设，提高软硬件水平、规范业务流程、完善管理制度。

2. 提高空气污染预警水平

部分省份受地理位置的影响，灾害性天气的预报预警难度较大。因此，需要加强雷达数据资源、卫星资源、闪电定位信息、地面自动站资源、探空站资源等的预警应用，分析各种尺度下的空气变化规律、要素预报方法和修正指标，提高预报预警精准度，同时建立多功能、多媒体和可视化的综合预报预警平台。重点加强对中小尺度下空气质量系统的研究，建立适应灾害天气特征的物理量化指标体系。

3. 完善预警信息保障

更新改造主干通信网，完成自动站资源 2 分钟、专项观测站 5 分钟以及雷达资源省内 6 分钟、省际 10 分钟到达天气预报员工作系统，30 分钟实现全球 90% 常规监测数据的采集。建设完成区域、省级集约化的高速局域网络，建设完成省际 10Gbps 链路交换，以及地市级、区县级 1Gbps 以上链路交换。制定应急通信业务和技术标准，统筹管理无线通信网络资源。

第五节　空气污染防治的应急管理

一　应急管理的法律依据

按照效力的差异，中国目前的环境应急管理法律规范大致分为以下形式（罗晨煜，2015）：一是由我国最高权力机关和行政机关颁布的国家层面应急法律、部门规章，二是具体指导国家重污染天气应急制度的地方性规章，三是用于确定相关执行规范的国家标准等（见表 13-4）。

表 13-4　我国应急管理的相关法律规范

类别	名称	具体内容
国家法律	《环境保护法》	各级人民政府及其有关部门和企业事业单位，应当依照《突发事件应对法》的规定，做好突发环境事件的风险控制、应急准备、应急处置和事后恢复等工作
	《突发事件应对法》	建立健全突发事件应急预案体系，为各地政府出台相关应急制度提供法律依据
	《大气污染防治法》	单位因发生事故或者其他突发性事件，排放和泄漏有毒有害气体和放射性物质，造成或者可能造成大气污染事故、危害人体健康的，必须立即采取防治大气污染危害的应急措施，通报可能受到大气污染危害的单位和居民，并报告当地环境保护行政主管部门，接受调查处理
部门规章	《关于推进大气污染联防联控工作改善区域空气质量的指导意见》	列出了空气污染特别严重的区域，提出实施区域大气治理监控一体化建设的设想
	《关于加强重污染天气应急管理工作的指导意见》	应将重污染天气应急管理工作纳入地方大气污染防治行动计划实施细则或其他规定，将应急管理的各项工作分解落实到相关部门和辖区地方人民政府
	《城市大气重污染应急预案编制指南》	对城市应急预案的管理与实施做出详细说明
	《大气污染防治行动计划》	为各级政府应对大气重污染划定行动路线图
技术标准	《环境空气质量标准》和《环境空气质量指数（AQI）技术规定（试行）》	

二　应急管理的运行机制

各级政府主要根据《关于加强重污染天气应急管理工作的指导意见》《城市大气重污染应急预案编制指南》《大气污染防治行动计划》，充分考虑地方经济发展、污染排放情况以及地理条件等环境因素以制定大气重污染应急管理制度（邓林等，2014），形成以政府为主导、各级部门协同、社会公众普遍参与的新型城市环境应急防控体制。

一是各级政府均在行政区域内设置了重污染应急管理指挥中心。大气重污染应急管理指挥中心将在城市应急委员会的统一领导下办公，在应对大气重污染天气时具体承担组建、领导、统筹整个大气重污染应急管理体系的重要任务。各级政府对大气重污染应急管理的关注度不同，因此各地指挥中心的领导机构也有所差异，但是其职责都大同小异，具体包括承担大气重污染指挥、组织、协调等工作，对各部门应急措施的落实情况进行监督考评，保障应急预案实施所需的人、财、物补给，对全年大气重污染应急实施工作情况进行总结，为今后编制更为有效的应急工作规划奠定基础。

二是各级政府的有关职能部门必须在国家大气重污染应急管理指挥中心的统一部署下，认真履行相应的工作。在处理大气重污染问题时，环保机构必须主动协助指挥中心的具体工作，包括有关信息的获取和发布、环境问题的成因分析和调查等。此外，在减少固定源的空气污染物排放上，国家发展改革委、工商局等部门也必须认真履行相应工作；在减少移动源的污染物排放上，交通和公安等部门必须制定较为严厉的措施；针对开放型污染源，城市管理、建设等单位必须采取必要措施加大整治力度；为降低重度污染天气带来的危害，卫生防疫、教育部门必须做好预防准备；最后政府监督检查部门必须继续督促各政府部门落实措施。

三　应急响应的措施

一旦应急管理指挥中心发布空气重污染警报，那么应急预案就进入了落地实施阶段，即应急响应阶段。按照不同的警报级别，执行的具体措施和严格程度也有所不同。按照约束力的不同，政府采取的重污染天气应急措施可以分为如下三类。

第一，政府行政引导类措施。行政引导类措施要求符合社会公众共同利益，并且只是提供指引建议，并没有强制性要求（蒋爱鑫，2017）。这类措施通常是在预警等级较低、污染危害较小时采取。这些举措所针对的领域一般与公众的生产生活密切相关，比如出行问题、减少烟花等污染物的燃放、限制公共领域活动等。此外，有一部分措施是为了指导居民做好健康防护的，如建议易感人群不宜参加户外活动等。

第二，行政命令类措施。行政命令的首要特征就是有约束力。环保部门必须坚持协调发展原则，即政府在设置环保政策法规时应当在社会、经济和环保三个方面之间达到均衡（徐德伟等，2021）。只有当环境污染十分严重，甚至直接影响到了公民身体健康、经济效益和社会发展水平时才能进行干预，这就必须使用具有约束力的行政命令对社会生活和生产经营活动加以适当的制约，比如对机动车单双号限行、对重污染排放企业停产限产、限制污染项目审批等。

第三，行政强制类措施。行政强制类措施是要求社会市场经济主体必须履行应急预案中所明文规定的义务，强制义务人按照应急预案采取行动的措施。当个体利益损害了公众利益时，行政机关就必然需要采取强制措施，迫使其承担相应的法律义务。一般来说，履行此类义务对生产单位的经济利益会产生较大负面影响，因此唯有通过行政机关的强制手段才可以取得预期效果，比如强制对非法排污企业实施停电、停水等。

四　应急预案的保障

空气重度污染应急预案的实施需要完善的安全保障制度，只有具备了一个比较完善的安全保障机制，才能够支撑应急预案彻底执行。故此，政府必须进一步加大对有关政策措施和资源的整合投入，健全政策措施和保障制度，主要涉及组织保障、信息保障、应急服务人员保障、应急物资保障。

（一）组织保障

组织保障是整个国家应急管理的一个人员配置架构，唯有一个稳定、科学、高效的国家紧急救灾机构才能够切实起到最高效的应急保障作用。重污染天气应急管理的组织保障通常有较为详尽的条款规定，如纵向管理层级的设立、横向部门的分工与协作、岗位职责与监督等。

（二）信息保障

信息保障对于编制应急预案来说有着重大意义，重点工作包括准确获取和分析监测污染状况，准确追踪污染的变动状况，保证预警信息的准确性，保证信息发布渠道的畅通，确保重要信息可以在第一时间通过各种媒介公开发布出去，最后还需要保证政府的应急处置指令发布保持畅通状态。

（三）应急服务人员保障

应急警报发出后，执勤工作人员必须处于随时待命的工作状态，尤其是交通运输主管部门更需要严阵以待，因为重度污染天气常常伴随道路能见度明显降低等恶劣状况，对整个城市公共交通将会产生很大影响。为避免整个城市交通大面积拥堵的状况出现，交通主管部门就必须及时配备工作人员，做好疏导。此外，政府也需要积极动员和引导社会各界力量参与。

（四）应急物资保障

应急物资保障力量的强弱，是决定能否顺利应对突发事件的关键因素之一。在重污染天气爆发以前就应当定期对应急物资进行清点、评估，积极合理地储备应急救灾时所急需的物资。同时，应将应急需要的投入列入财政预算范围，确保整个应急工作得以顺利高效进行。

| 第十四章 |

中国空气污染防治的产权管理

党的十八大报告提出，"深化资源性产品价格和税费改革，建立反映市场供求和资源稀缺程度、体现生态价值和代际补偿的资源有偿使用制度和生态补偿制度。积极开展节能量、碳排放权、排污权、水权交易试点"。空气是公共产品，有很强的外部性。作为一种通过发挥市场机制作用有效控制环境污染的新型环境经济政策，空气污染物排放权交易制度是我国进行环境政策创新的必然选择。产权明晰和市场交易可以解决外部性问题，从而可以解决由"公地悲剧"带来的环境污染，也是环境保护市场化有效运作的基础和前提条件，有利于对责任主体的激励与约束。

第一节　空气污染防治的产权作用机理

一　环境产权的内涵

环境容量是指在一定时期内特定区域环境质量不降低的前提下，环境对人类排放污染物的最大容纳量。环境容量产权（环境产权）是对环境容量而不是具体的环境资源施加产权。环境产权是指行为主体对某一环境资源具有的所有、使用、占有以及收益等各种权利的集合。环境产权的客体是环境容量资源，主体是人（自然人和法人）。我们时时刻刻都在使用环境容量资源。它有时是有形的，如水和土壤；有时是无形的，如空气；还有如阳光、气候、生态、山川、声音等。环境容量资源是依附于自然物（实体物）的无形客观存在物（无形物），即自然资源（自然物）是环境容量资源的实物载体。环境产权就是环境容量资源商品的财产权，包括环境容量资源商品的所有权、使用权、占有权、收益权和处置权。环境资源产权包括自然资源产权和环境产权。环境产权的使用权就是环境容量资源商品的使用权，即排污权和排放权以及固体废弃物的弃置权等。

环境容量产权交易是指涉及环境的一切权益交易活动，目前我国实行的排污权交易、污染许可证交易、排放权产权交易（废气、碳产权交易）等都属于环境容量产权交易的范畴。这种制度可以缓解环境产权供求之间的矛盾。环境容量产权交易的提出及实践已经有了较长的历史，美国经济学家戴尔斯（H. Dales）于 1968 年最先提出了排污权交易的理论，并首先被美国国家环境保护局用于大气污染源及河流污染源管理。

（一）环境产权的功能

①界区功能。它是环境产权最基本的功能，是在界定各环境产权主体之间、环境产权主体与非环境产权主体之间的权利与义务区间上的功能。环境产权的确立过程就是界定环境产权主体权利和义务的过程，任何一个环境产权主体都享有运用环境产权谋取利益的权利，同时又承担着尊重和不侵犯他人环境产权的义务，为环境产权主体交易环境容量资源商品创造了条件。

②激励功能。它是指因环境产权确立而使环境产权主体产生积极行为的功能。环境产权归根结底是一种物质利益关系。任何环境产权主体对其产权的行使，都是在收益最大化动机支配下的经济行为，使用环境产权来谋求自身的利益。

③约束功能。它是指环境产权确立后对环境产权主体行为所产生的强制力和约束力，这是由于环境产权的确立使环境产权主体外在的环境污染责任内在化，形成了环境产权主体的内在约束力，改变了以往环境产权主体任意排污、让社会和他人来承担环境污染责任的局面。

④资源配置功能。它是指环境产权制度的安排本身所具有的调节或影响环境容量资源配置状况的作用。依据价格信号，环境产权主体自由交换流转环境容量资源，有利于环境容量这种稀缺资源的优化配置。

⑤收入分配功能。它是指环境容量资源财产权的清晰和确立，财产关系的明晰及其制度化是一切社会得以正常运行的基础。环境产权自由交换和重新分配的过程就是环境容量资源财产收入重新分配的过程。

（二）环境产权的特征

第一，环境产权的实质是对环境资源的使用权，与其他自然资源权存在区别。环境产权（排污权）并不是指企业拥有污染环境的权利，而是由环境资源的产权主体分配给企业的有限制的污染排放权。也就是说，环境产权属于环境资源使用权，即人们对环境容量的使用权。

第二，环境产权是一种法定或制度安排的权利，权利人拥有依法收益、处置环境产权的权利。环境产权是指环境产权的权利主体按照相应的规定，排放相应污染物的权利。与拥有其他权利的权利人一样，环境产权的权利人拥有行使这一权利、利用这一权利获得正当收益并禁止其他人妨碍其行使该权利的权利。

第三，环境产权的行使是有条件的，权利人并没有随意排放的绝对自由。环境是一种资源，国家拥有环境资源的专有权，所以环境产权必须在国家许可的前提下使用，要受一定条件的制约，并要求权利人履行一定的义务，以便合理地使用和保护环境资源，防治环境污染。排污权是污染物排放主体在环境保护部门分配的指标额度内，在确保其行使权利不至于损害其他主体的合法产权时，依法享有排放污染物的权利。但是，排污权的权利人只能按照规定的排放标准，在规定的时间、地点以规定的方式行使排污权。

（三）环境产权制度

环境产权制度是指在环境领域建立一整套包括产权界定、产权交易、产权保护的现代产权制度。环境产权界定制度主要是对环境产权体系中的诸种权利的归属做出的明确界定和制度安排。环境产权交易制度主要是指环境产权所有人通过一定程序的产权运作而获得产权收益。环境产权保护制度是由各类产权取得的程序、行使的原则、方法及其保护范围等所构成的法律保护体系。

二 排污权交易的经济逻辑

排污权交易制度充分运用市场机制激励排污者减少排污量，使排污者对环境造成的负外部性向内部转化，进而达到治污减排的目的，实现资源的优化配置。对于排污权交易的经济运行逻辑，我们从排污权交易的宏观与微观效应两个方面进行分析。在宏观层面上，排污权交易的效应如图14-1所示。

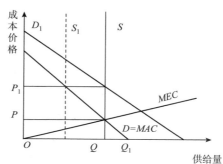

图14-1　排污权交易宏观效应示意

资料来源：原毅军（2005）。

图14-1中，D表示排污需求曲线，S表示排污供给曲线。MAC、MEC分别表示边际治理成本与边际外部成本。

当市场中有新增加的排污者的时候，排污需求曲线（D）将向右移动，此时，排污权的价格为P_1。因为P_1大于P，所以该排污者会购买排污权。当市场中的排污者减少的时候，排污需求曲线（D）将向左移动，排污权的价格下降，其他的排污者就会购买排污权。此时，排污者的成本支出就会减少。

在微观层面上，排污权交易的效应如图14-2所示。

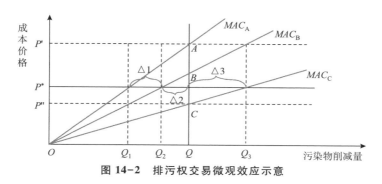

图14-2　排污权交易微观效应示意

资料来源：原毅军（2005）。

图 14-2 中，纵轴表示治理成本价格，横轴表示污染物削减量，△1+△2＝△3。MAC 表示边际治理成本。

假设在整个排污权交易市场中只有 A、B 和 C 三个排污者，依据国家的环境质量标准需要减少的排污量为 3Q。政府将减排量平均分给三个排污者，即 A、B 与 C。此时，三个排污者所拥有的排污量都减少了 Q。

当市场中排污权的价格为 P′ 的时候，因 P′ 高于 B 与 C 减排的边际治理成本，此时为了降低生产成本，两企业便产生治污减排的积极性，从而售出一定排污权。但对于 A 来说，P′ 等于其减排的边际治理成本，买入排污权得不偿失，因此没有购买意愿。此时，排污权交易市场有市无价。

当市场中排污权的价格为 P″ 的时候，因 P″ 低于 A 与 B 减排的边际治理成本，此时为了降低生产成本，两企业便产生购入排污权的积极性。但对于 C 来说，P″ 等于其减排的边际治理成本，出售排污权得不偿失。此时，排污权交易市场有价无市。

当市场中排污权的价格为 P* 的时候，因 P* 介于 A 与 B 减排的边际治理成本之间，此时购买排污权有利可图。此时对于 C 来说，P* 等于其将排污量减至 Q_3 所需的边际治理成本，进而产生出售排污权的意愿。又因△1+△2＝△3。排污权供求平衡，交易得以顺利进行

综合以上分析可知，可将排污权交易制度的经济逻辑归纳为：在排污总量一定的前提下，通过市场交易对排污者形成激励机制（治污成本降低，收益增加），使其主动减排治污，最终达到治污减排与保护环境的目的。

三　排污权交易的特殊性

（一）　排污权交易是环境资源的商品化

在交易市场上，环境容量资源被视作一种特殊的商品进行买卖交易。对于以环境容量资源为交易对象产生的特殊交易结果，可以视作全体成员对环境资源的重新分配与最优化分配。

（二）　排污权交易赋予排污许可证制度市场化特性

在排污者排放的污染物总量不高于政府制定的该环境区域的污染物排

放总量的前提之下，由政府向排污者发放可以进行买卖交易的排污许可证，排污者与排污者之间通过市场平台对排污权进行买入卖出的行为。实施排污权交易不需要事先确定排污标准和相应的最优排污费率，只需确定排污权数量，并找到发放排污权的一套机制，然后让市场去确定排污权的价格。通过排污权价格的变动，排污权市场可以对经常变动的市场物价和厂商治理成本做出及时的反应。

（三）排污权交易是一种环境总量控制措施

排污权发放量是一定的，却不是恒定的，它会随着特定时期的环境状况的变化而变化。排污单位以政府制定的环境排放量为交易限度，又因总量控制对环境质量标准有绝对的控制权，所以，排污权交易实质是实现环境总量控制的有效举措。有了排污权交易，政府机构可以发放和购买排污权来实施污染物总量的控制，影响排污权价格，从而控制环境标准。政府组织如果希望降低污染水平，可以进入市场购买排污权，然后把排污权控制在自己的手上，不再卖出，这样污染水平就会降低。

（四）排污权交易的最终用意在于通过市场机制来激励排污者减排

在总量控制的前提之下，排污权交易运用市场机制鼓励企业不断更新技术以减少污染，进而开展对排污权的交易活动。交易不仅能够降低排污者的治污成本，提高治污效率，更重要的是通过交易使排污者之间的排污量得到调剂，进而达到使排污者减排的目的，有利于刺激企业的技术革新。老企业可以通过技术革新降低污染物的排放，从而出售排污权来获得收益；新企业进入时采用清洁生产的技术也可以购买排污权从而节省成本，所以企业有动力去进行革新。排污权交易使减排变得有利可图，客观上产生了对污染治理技术的需求，促使环境保护产业迅速发展。

四　排污权交易的基本事项

排污权交易的一般做法是：政府机构评估出一定区域内满足环境容量的污染物最大排放量，并将最大允许排放量分成若干规定的排放份额，每份排放份额为一份排污权。政府在排污权一级市场上，采取一定方式，如招标、拍卖等，将排污权有偿出让给排污者。排污者购买到排污权后，可根据使用情况，在二级市场上进行排污权买入或卖出。具体操作包含以下几个主要环节。

1. 明确排污交易对象

首先在法律上对可交易的排污权做出具体规定。法律或相应的法规对每持有一份排污权所拥有的权利做出明确界定，如允许排放的污染物的种类和数量、排放地点和方式、有效时间等。法律还确保排污权持有者的合法权益，排污权持有者可按规定排放污染物。排污权交易对象主要有二氧化硫、二氧化碳、污水等。

2. 核定区域内排污权总量

排污权总量一般由环境主管部门根据区域的环境质量标准、环境质量现状、污染源情况、经济技术水平等因素综合考虑来确定。排污权总量虽是一个技术指标，但对排污权交易市场影响显著。排污权总量如何核定不仅对一个区域的环境质量有着很大的影响，并且直接关系到排污权交易能否顺利开展。排污权数量过多，会使区域内污染物的排放超过环境容量，并使排污权交易价格偏低，甚至无价，导致交易无法开展。排污权数量过少，会使排污权交易价格过高，可能造成排污成本超过社会经济技术承受能力，导致排污者不购买排污权，而采取非法排污或偷排等冒险行为。

3. 排污权初始分配

排污权初始分配是指在相关的政府部门或其他主管部门主导下，采取一定的分配原则和规则，在排污主体间进行既定的主要污染物排放总量分配行为以及所形成的各种法律关系的总和。它由污染物总量控制和初始分配两个方面构成。其中，总量控制是排污权初始分配的前提，初始分配是对排污权的具体分配过程。

根据科斯定理，在市场上的交易成本控制为零的情况下，不管排污权如何进行分配，都能使初始分配排污权达到最佳的状态。然而，市场交易的成本根本不能为零，因此，排污权的初始分配对环境污染的控制就十分重要了。

初始分配一般是有关部门通过核发排污许可证以证明排污单位拥有排污的权利。排污许可证是指依据排污单位的申请，核发部门依据相应的规范性文件，以一定区域的环境容量为基础，结合排污单位排污口的排污浓度，综合考虑后准予排污单位排污的一种资格。它既是对排污单位的排污行为在法律上的认可，也是一种具体的行政行为，还是环保部门对排污行为的控制，同时也是给予排污单位合法排污的凭证。目前，初始分配模式分为有偿和无偿两种，但从实践领域来看通常以无偿的分配模式为主。

4. 建立排污权交易市场

排污权交易市场分为一级市场和二级市场。一级市场是政府与排污者之间的交易。从美国等国家的情况看，一般情况下，政府就某种污染物排放权每年定期与排污者进行交易，交易形式主要有招标、拍卖、以固定价值出售甚至无偿划拨等。一般来说，对于社会公用事业单位、排污量小且不超过一定排放标准的排污者，可以采取无偿给予或低价出售的办法；而对于经营性单位、排污量大的排污者，多采取拍卖或其他市场方式出售。一级市场一般不需要固定的交易地点，交易时间也是由政府主管部门临时确定。二级市场是排污者之间的交易场所，是实现排污权优化配置的关键环节。排污者在一级市场上购买排污权后，如果排污需求大，排污权不足，就必须在二级市场上花钱买入；相反，如果企业减少排污，购买的排污权得到节省，则可以在二级市场上售出从而获利。二级市场一般需要有固定场所、固定时间和固定交易方式等。

5. 制定排污权交易规则和纠纷裁决办法

由于排污权本质上是排污者对环境这种公共产品的使用权，作为一种特殊的民事法律行为，它的整个过程都离不开政府的有效监管。在整个交易过程中，政府都需要对排污量进行实时监测，确定各个污染主体的排放量，建立一个排污交易平台，监督排污主体的行为，并进行各种审核和登记。

第二节　空气污染物排放权交易的主体结构和关系

依据我国排污权交易市场的运行机制及相关理论研究，将排污权交易制度中的主体分为交易主体和参与主体两大类；又依据排污权交易的不同运行阶段，将交易主体分为一级市场的交易主体和二级市场的交易主体。

所谓一级市场即排污权初始分配市场,它并非真正的排污权交易市场,而是排污权被确认的初始分配市场。二级市场是真正的排污权交易市场,在这个市场中,各市场主体都具有平等的法律地位,而他们参与市场活动的目的就是出售或购买作为交易标的的排污权。参与主体是除了交易主体以外的主要利益相关者,主要包括政府环境保护主管部门和公众两类。具体分类如图 14-3 所示。

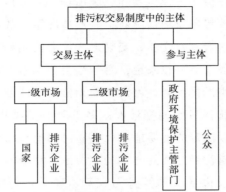

图 14-3 空气污染物排放权交易的主体结构

一 交易主体

排污权交易主体的确定是排污权初始分配和排污权交易的前提。在立法上明确排污权的法定权利主体范围和主体资格以及对排污权现实权利主体的选择原则和标准,直接关系到排污权交易制度实施的效果。关于排污权交易主体的范围,学者们存在不同的看法。有人认为,在排污权交易试点工作中应该明确排污权属于国家所有,国家将排污权有偿转让给企业,国家是当然的权利主体,有权将排污权通过某种分配方式转让给企业。所以,在排污权的初始分配领域,国家可以作为交易主体的一方存在。也有人认为,从理论和实践来看,排污权的交易主体应该只是企业。企业在生产经营过程中需要在一定环境容量下排放污染物,只要符合国家法律规定的要求,依法取得特定的"排污权"并且有富余的"排污权"又不得继续排污的企业。本书认为,在排污权交易的不同阶段有不同的交易主体,在排污权交易的一级市场即排污权的初始分配市场,交易主体由公共资源的所有者国家与排污企业共同构成。国家将一定的环境资源配额通过某种方式分配给需要排污的企业，而企业需要花钱购买或者免费获得配额后通过其他方式补偿环境资源，从而完成交易过程。在排污权交易的二级市场，即排污权的买卖市场，排污企业是主体，它通过一定的排污权交易平台购买或出售排污权以达到各自的利益目标。

二　参与主体

在排污权交易制度的整个运行过程中，参与人的范围是很广泛的，有承担监督管理职责的政府环境保护主管部门、提供排污权交易信息的中介机构、进行环境影响评价的专业研究机构，以及与环境质量息息相关的居民群体，还有环保组织等。本章确定的参与主体包括政府环境保护主管部门和公众两类：一类是对排污权交易制度行使监督管理职权的政府环境保护主管部门；另一类是享有环境知情权、参与权与监督权的社会公众以及环保组织。

政府环境保护主管部门在排污权交易的一级市场，代表环境容量资源所有者——国家将排污权分配给排污企业，这时的环境保护主管部门是排污权的交易主体。而当政府环境保护主管部门以排污权交易监督管理者的身份出现时，它就是排污权的参与主体。在这一阶段，政府环境保护主管部门不能直接与排污企业进行交易，只能对排污权交易市场、交易主体、交易信息等进行参与式的监督和管理。公众包括仅有微量污染贡献的企业、组织和个人。因为微量污染的企业和组织占有的环境资源较少，对环境污染只产生微量的影响，实践中往往不是以经济利益为目的，与排污企业的经济实力悬殊，不需要与之进行交易。个人当然是公众的主体部分，他们是排污权交易的直接利益相关者，受排污企业的排污行为影响最大、最直接的就是周边的居民，政府环境保护主管部门的排污许可行为也与排污企业的周边居民有重大的利益关系。所以环境保护主管部门在向排污企业分配环境容量资源时，应当根据公众参与原则让环保组织和公众的代表参与行政许可的决策，以便公众对行政许可的过程进行及时监督，防止政府环境保护主管部门分配排污权的不正当的交易和主观随意性，保护周围居民的环境利益不受到损害。当出现环境污染破坏时，应该允许周围居民提出合理的诉求。

三 主体关系

在排污权交易中，不同主体追求的利益目标是不相同的，不同目标驱使主体所做出的具体行为必然是趋利避害的，可能会产生行为上的冲突，需要处理好以下关系。

（一）政府环境保护主管部门与排污企业之间关系

排污权的初始分配是指环境保护主管部门在当地污染物排放总量控制的前提下，根据各污染源排放状况及经济、技术的可行性等，经排污单位的申请，核准污染单位和污染物允许排放量。因为环境容量资源是非常有限的，排污权初始分配给企业多少？采用何种分配形式？一般有三种初始分配方案，即公开拍卖、固定价格出售和无偿分配。如果采取无偿分配的方式，这种对排污权不收取任何费用的做法，使得有限的环境容量资源长期以来被排污企业无偿享有，造成了环境容量资源的所有者与使用者在利用资源过程中的权利和义务不对等。在这种情况下，一方面，现有排污企业缺乏持续削减排放指标的积极性，倾向于通过不正当手段占有更多的排污权；另一方面，新建的排污企业只能通过向已有排污企业购买排污权来进入市场，这对新建企业极不公平。如果采取拍卖方式，虽然对政府环境保护主管部门而言，管理成本和交易成本都不是很高，但对排污企业来说，它要承受有关拍卖信息的搜集费用，交易成本增加。如果采取有偿出售的方式，政府环境保护主管部门需要了解更多的信息以确定排污权的价格，无疑提升了排污企业的生产成本。

（二）排污企业之间关系

企业是排污权交易中最重要的主体。在排污权交易市场上，交易的企业分两类：一类是排污权的销售者，另一类是排污权的购买者。前者通过在排污权交易市场上出售多余的排污权，从而获得收益；后者则由于在排污权交易市场上购买生产所需的排污权导致生产成本的上升，所以，排污权交易势必对企业的成本、利润以及经营决策等方面产生一定的影响。企业可以把排污权作为商品在排污权交易市场上进行交易，即排污容量充裕的企业可以把多余的排污权卖出，这会激励一些污染程度低、排污总量少的企业更有动力减少污染物的排放量，通过交易多余的排污权获得利益，最终减少了向环境中排放的污染量。排污权交易通过倒逼企业改进产业结构、调整能源消费结构、促进技术创新、改进生产技术、提高污染排放治理水平，实现节能减排，减少污染物的排放。排污权交易就是通过排污企业之间的利益流动，促使企业行为的变化。

（三） 政府环境保护主管部门与公众之间关系

企业通过交易获得排污权后，会影响公众的环境权。如果企业通过排污权交易来获得更多的污染排放权，可能会对周围公众造成伤害。为了化解政府环境保护主管部门、排污企业和公众之间的利益冲突，维护公众的环境利益，在排污权的初始分配中必须将公众的环境利益纳入考虑范围，赋予公众伸张自我环境利益的权利和机会。

（四） 排污企业与公众之间关系

对于不同区域的排污企业之间的排污权交易，尽管不同区域的排污权交易是在对购买方所在区域的环境进行影响评价的情况下进行的，但仍然存在污染物的区域转移问题，会损害排污指标购买方所在区域公众的环境利益，从而引起地区间的不公平。政府环境保护主管部门在实施排污权交易制度时应该向公众公开相关信息，以保证公众的知情权和监督权，排污企业应将排污设备安装、排放监测数据、排污权交易费用、环境影响评价等信息向社会公众公开。

第三节　空气污染物排放权交易体系

空气污染物排放权交易体系，是通过排放配额分配、排放权交易市场、排放权初始定价、市场调控监管、风险应急管控等机制，实现排放权的市场化交易，完成空气污染防治市场化治理的过程。

一 一级市场

(一) 区域污染物排放总量额度

建立排污权交易体系的首要问题是在合理的环境目标下，综合考虑区域排污现状、经济技术水平、污染治理水平以及未来发展规划等因素，科学地测算出区域内污染物允许排放量，进而针对不同污染物确定相应的排放总量。

总量控制可划分为 3 个层次，根据所辖行政区范围大小依次为国家总量控制、省级总量控制和城市总量控制，相应的总量指标分别称为国家总量控制指标、省级总量控制指标和城市总量控制指标。国家总量控制指标是指国家制定的各省、自治区、直辖市和重要区域与重要流域的总量控制指标。国家总量控制指标是从国家角度综合国家经济发展战略与环境保护计划，同时考虑到不同地区发展不平衡状况确定的。省级总量控制指标根据国家总量控制指标和省级经济发展和环境保护计划确定，不宽于国家总量控制指标。省级总量控制指标包括城市、省内区域或流域的总量控制指标。城市总量控制指标根据省级总量控制指标和城市的实际情况确定，应不宽于省级总量控制指标。考虑到建立排污权交易市场需要足够多的市场参与者，以形成一个竞争性的交易市场，因此，总量控制应以省级总量控制指标为基础。

(二) 排污权初始分配形式

污染物排放总量一旦被确定，就需要将总量划分成若干可以交易的单位进行分配，一般的方法是环境管理部门将总量配额以许可证的形式进行分割和分配，也就是排污权的初始分配。排污权的初始分配方式主要有免费分配、公开拍卖、固定价格出售以及免费分配与拍卖相结合。

1. 免费分配

免费分配首先需要环境管理部门制定免费分配的标准，然后按照标准将区域内污染物排放总量指标的排污权免费发放给企业。免费分配的标准大致可分为两大类，即经济要素标准和非经济要素标准。经济要素标准是以某时期排污企业的历史排放水平、实际排放量或边际治污成本等经济因素为参照分配初始排污权，例如可以给历史排放水平高、实际排放量大、边际治污成本高的企业多分配排污权，对于历史排放水平低、实际排放量小、边际治污成本低的企业则少分配一些配额。这种标准虽然简单易行，但其弊端也显而易见，给排放污染多的企业多分配排污权等同于对企业的排污行为进行扶持，使得这些治污效率低的企业没有动力去改善这一状况，甚至促使企业为了获得排污权，故意增加污染排放，形成恶性循环。对于清洁生产的企业，也不利于调动其减排积极性。非经济因素则是将环境容量、面积、人数、人口素质、社会发展水平等非经济因素作为排污权免费发放的依据。这种分配标准尽管具有伦理上和政治上的可接受性，但是缺乏经济方面的考虑。

从免费分配的标准可以看出，它不增加企业的生产成本，对获得超额排污权的企业来说增加了一笔无形资产，因此，很容易被企业接受，在现实中也较易推广。但免费分配也有一些缺点，如不利于激励企业采取减排技术和措施从而导致效率损失，公平性难以保证等。

2. 公开拍卖

环境管理部门是卖方，同时也是拍卖的组织者，负责召集买方、确定排污权的底价等，拍卖过程则遵循拍卖规则，排污权最终流向出价最高的排污企业。拍卖方式将企业的污染排放纳入生产成本，有利于激励企业努力寻求降低污染排放的措施，促进减排技术的开发，使环境资源得到合理利用，因此相对于免费分配而言，拍卖具有更高的效率，也更符合市场经济条件下资源的利用方式。但对企业来说，其不仅要承担购买排污权的成本，还要承担参与拍卖的交易成本，这样有可能影响生产，因此企业参与拍卖的积极性不高，这就需要政府部门不断完善排污权交易制度和排污权交易市场，降低交易成本，鼓励企业积极参与排污权交易。

3. 固定价格出售

固定价格出售是环境管理部门在考虑国家宏观政策、区域发展方向、产业发展趋势、企业发展规模等因素后，对一定数量的排污权规定价格后出售，这一价格理论上由政府、企业和居民代表协商确定，但在实际中往往是管理部门在考虑上述因素之后确定。固定价格出售同拍卖一样也是对环境污染外部性的内部化，通过出售排污权，政府可以获得一定数量的资金用于环保事业。但固定价格出售存在两方面的困难：一是政府为了使制定的价格趋于合理需要搜集足够多的信息，这不仅增加了管理成本，而且很多关键信息很难收集到，关键信息的缺失可能导致政府不清楚一定数量的排污权对企业的价值高低，从而在定价上出现盲目性；二是与免费分配相比，固定价格出售增加了企业的生产成本，这会使企业及一些利益集团抵触、反对固定价格出售，即使不反对，部分集团也可能垄断、操纵市场，干预排污权买卖市场的顺利进行。正是由于这些困难的存在，所以固定价格出售方式目前还难以有效推行。

4. 免费分配与拍卖相结合

考虑到免费分配和拍卖各自的优缺点，有人提出我国现阶段对初始排污权全部免费分配或全部拍卖都不合适，较适宜的方式是采用免费分配与拍卖相结合的方式，以兼顾各方的利益。这种模式就是将排污权总量分为两部分，一部分免费分配给企业，这是考虑到我国处于经济欠发达状态，许多企业经营状况并不好，免费分配排污权不会增加企业的负担，容易被企业接受；另一部分用来拍卖，这主要是为了满足那些排放污染多、经济效益好的企业的要求。这种分配模式能够同时满足公平和效率的要求，因此在理论和实践上都易被推广和接受，但同时也存在一个关键的技术问题，即如何确定免费分配和拍卖的比例。能否正确确定这一比例，直接关系到该方式实施的效果。

二 二级市场

与商品交易市场一样，空气污染物排放权交易二级市场由市场主体、市场客体和市场中介构成，其职能主要是实现排污单位剩余排污权的交易活动。

1. 市场主体

排污权交易的主体是指有资格进行排污权买卖的个人和各种组织，从广义的交易角度来看，市场主体主要由政府、排污单位、社会公众等组成。目前由于我国现有的排污权交易中，市场主体只有政府和排污单位，而没有把社会公众纳入市场主体之中。实际上，在发达国家，社会公众也作为排污权交易的市场主体活跃于排污权交易活动中，他们可以通过购买排污权来降低污染物排放总量，从而改善环境质量。这在本章第二节已经有过这方面的阐述，在此不再多叙。

2. 交易产品

市场客体指在市场中被市场主体交易的对象，这些交易对象是市场主体之间经济利益关系的物质承担者，在市场交换活动中体现了一定的经济关系。在排污权交易市场中，排污许可证或污染物排放权等交易对象就是市场客体。我国排污权交易的主要污染物有二氧化硫（SO_2）、化学需氧量（COD）、氨氮（NH_3-N）、氮氧化物（NO_x），以及总磷（TP）、挥发性有机物（VOCs）、总氮（TN）等。市场中交易对象的重要特征就是排他性。污染物排污权或排放许可证具有排他性的特征，因此排污许可证或排污权可以作为市场客体用于交易，但其交易的必须是多余或富余的排污权，如果拥有的排污权额度尚不能满足自身发展的需要，就不能拿去交易，相反还要购买排污权。对富余排污权的定义是：依法承担环保法规所要求的污染物削减量以后，在污染物排放权限之内未曾使用的排放指标，它必须是真实的、有效的。排污权只有具备上述特征才能成为市场客体。

3. 中介机构

排污权交易不可能由政府环境保护主管部门直接操作，而是需要一个专门的中介机构。根据现有的国内外实践经验，排污权交易中介机构主要有两种类型，即以现有的交易所为平台或成立独立的交易机构。主要职责是确定排污权的有效性、监测和登记排污权的流动性、提供排污权余缺信息、组织排污权交易、协调交易主体关系、监督企业是否按照要求排污等。此外，还承担的任务有建立排放报告和核查报送平台，进行数据管理；组织编制气体排放报告，确保排放数据真实可靠，台账清晰完整；对重点排放单位数据进行核查，充分利用在线监测平台，加强对报送、核查数据等的验证。中介机构的电子交易平台应具备的交易模块有市场信息、公众查询、统计分析和交易审核。

4. 交易价格

初始分配中的有偿使用价格、交易基准价、政府回购价基本构成了我国主要污染物排污权有偿使用和交易价格体系。有偿使用价格是企业初次从排污权储备交易中心购买排污权的价格。有偿使用价格一般由省市级价格主管部门会同财政、环境保护主管部门综合考虑行业平均治污成本、经济发展状况、资源稀缺程度等因素制定。交易基准价是排污权配额再分配中的最低限制价格，是企业之间在二级市场交易以及新改扩建项目从二级市场获得配额的最低价格，也被称为政府指导价。不同试点省份的交易基准价都不一样。交易基准价是在有偿使用价格的基础上确定的，一般不低于有偿使用价格。排污权回购方式目前分为有偿和无偿两种。有偿回购是针对我国主要污染物排污权二级市场交易不活跃的现实制定的机制，旨在以政府为担保激励企业减排，企业通过减排，富余的排污权可以在二级市场上交易或者申请排污权回购。政府回购价考虑年限折旧，依据不盈利的原则制定。政府回购价一般不低于有偿使用价格或者交易基准价。无偿回购的对象主要是排污单位无偿使用的富余排污权，除此之外，还包括破产、取缔或者迁出本区域的排污单位持有的排污权等。

我国排污权配额期限在试点开始实行时有 1 年、5 年、20 年之分，现在都转化为 5 年，与国家主要污染物排放总量控制五年规划相衔接。5 年期限过后，排污企业需要重新缴纳排污权使用费以获取排污权配额。期满后应重新进行核定和申购。允许交易的排污权配额是需经政府核定、认定且配额覆盖排污量后剩余的那一部分。在时间上，主要污染物排污权不支持银行存储政策，不支持跨期交易。5 年期限结束后，原先购买排污权配额的企业虽然拥有优先购买权，但是需要缴纳排污权使用费重新获得排污权配额。在空间上，排污权交易原则上在各试点省份内进行，支持在省内市州之间交易，但是要通过省排污权交易管理中心的审批。火电企业（包括其他行业自备电厂，不含热电联产机组供热部分）原则上不得与其他行业企业进行涉及空气污染物的排污权交易。环境质量未达到要求的地区不得进行增加本地区污染物总量的排污权交易。

5. 监管核查

在不同地区建立的污染物排放监测系统，根据系统监测对污染物排放数据进行分析，制定区域性的污染物排放标准；监管空气污染物排放权交易平台的交易秩序，以及信息披露情况。主要污染物排污权交易流程见图14-4。

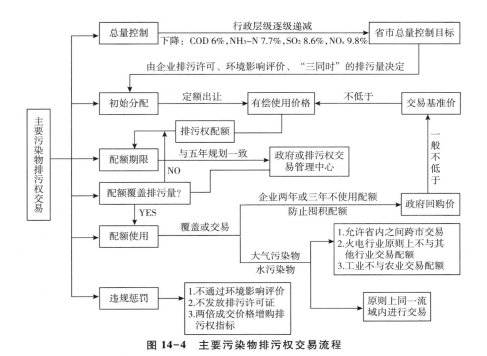

图 14-4　主要污染物排污权交易流程

第四节　中国空气污染物排放权交易的发展

一　发展历程与成效

（一）发展历程

我国排污权交易机制的酝酿始于 1988 年的排污许可证制度。而完全意义上的排污权交易的探索则始于 1999 年。1999 年 4 月，中美双方签署了"在中国利用市场机制减少二氧化硫排放的可行性研究"的合作意向书，开展了在中国引入 SO_2 排放权交易的可行性研究，南通、本溪被确立为首批试点交易城市。2001 年 11 月，江苏省南通市成功实现我国首例二氧化硫排污权交易，是我国首例真正意义上的 SO_2 排放权交易。总量控制下的 SO_2 排放权交易始于 2002 年。为进一步扩大 SO_2 排放权交易试点，国家环境保护总局将山东省、山西省、江苏省、河南省、上海市、天津市、柳州市等四省三市纳入交易试点，后因我国电力行业是重点排放单位，为减少我国电力行业中 SO_2 的排放，又将华能集团纳入试点，形成了"4+3+1"的格局。试点区的选取有其代表性，例如，上海为我国经济最发达地区之一，山东为 SO_2 排放大省，河南人口最多，山西是我国的煤炭基地、重工业基地，柳州酸雨问题突出，华能集团拥有全国 10% 的发电容量。2007 年 11 月 10 日，浙江嘉兴成立了我国第一个排污权交易所，标志着我国排污权交易从场外走进了场内，走上了规范化和制度化的道路。2008 年，天津排放权交易所、北京环境交易所和上海环境能源交易所相继成立，将 SO_2、CO_2、COD 排放权纳入交易范围。2008 年 12 月 23 日，我国第一笔基于互联网的 SO_2 排放指标电子竞价交易在天津排放权交易所顺利成交。2009 年，将浙江省纳入试点范围。2011 年 3 月发布的《国民经济和社会发展第十二个五年规划纲要》提出，"引入市场机制，建立健全矿业权和排污权有偿使用和交易制度。规范发展探矿、采矿权交易市场，发展排污权交易市场，规范排污权交易价格行为，健全法律法规和政策体系，促进资源环境产权有序流转和公开、公平、公正交易"。《国务院关于印发"十二五"节能减排综合性工作方案的通知》（国发〔2011〕26 号）也明确要求，"推进排污权和碳排放权交易试点。完善主要污染物排污权有偿使用和交易试点，建立健全排污权交易市场，研究制定排污权有偿使用和交易试点的指导意见"。2013 年党的十八届三中全会报告对排污权交易制度提出了更为明确的要求，即"实行资源有偿使用制度"，"加快自然资源及其产品价格改革，全面反映市场供求、资源稀缺程度、生态环境损害成本和修复效益"，"坚持使用资源付费"，"推行排污权交易制度"。

在 SO_2 排放权交易试点工作实施 12 年后，2014 年 8 月 25 日，国务院办公厅发布《关于进一步推进排污权有偿使用和交易试点工作的指导意见》，明文规定了我国要充分发挥市场在环境资源配置中的决定性作用，积极探索建立环境成本合理负担机制和污染减排激励约束机制，规定到 2015 年底前试点区全面完成现有排污单位排污权核定工作，到 2017 年底基本建立排污权有偿使用和交易制度，为全面推行排污权有偿使用和交易制度奠定基础。在财政部、生态环境部、国家发展改革委的积极推动、指导下，各地试点工作取得积极进展。

财政部联合国家发展改革委、环境保护部于 2015 年印发《排污权出让收入管理暂行办法》，指导地方开展试点工作，规范排污权出让收入管理；2018 年 8 月，大多数试点地区选取火电、钢铁、水泥、造纸、印染等重点行业作为交易行业，浙江、重庆等部分地区扩展到全行业范围；在污染因子的范围上，近一半的试点地区选取纳入"十二五"国家约束性总量指标的四项主要污染物（即二氧化硫、氮氧化物、化学需氧量和氨氮）作为交易的污染因子，另有部分地区结合当地实际的污染特征进行了扩展，如山西和甘肃兰州增加了烟粉尘；全国有 18 个省区市对试点工作做出了明确规定，包括专门针对排污权有偿使用和交易政策制定发布了管理办法、指导意见等文件，以及发布了多份排污权有偿使用和交易实施方案、实施细则以及相关技术文件。

2021 年底，全国已开展或正在开展排污权交易试点工作的地区包括 28 个省、自治区、直辖市及青岛市。其中，江苏、浙江、天津、湖北、湖南、山西、内蒙古、重庆、河北、陕西、河南及青岛等 12 个地区（以下简称试点地区）是三部门批复开展试点的地区，福建、安徽、江西、山东、广东、青海、甘肃、宁夏、新疆等地是在省级行政区域内或部分区域自行开展排污交易工作的地区。西藏、广西和吉林三省区暂未开展过排污权交易试点工作。

到 2021 年底，全国排污权有偿使用和交易总金额为 245 亿元，一级市场（含排污权有偿使用费）金额约 176 亿元，占比 72%；二级市场（企业间）交易约 69 亿元，占比 28%。从排污权交易的地区分布来看，试点地区交易额占全国总交易额的 83%，其二级市场贡献率为 85%（段佳丽等，2020）。

从交易标的物来看，全国排污权交易工作共有 12 种标的物，包括"十三五"规划中的 4 种约束性指标即二氧化硫、化学需氧量、氨氮、氮氧化物。此外，浙江还开展了总磷和 VOCs 的排污权交易，山西开展了烟粉尘、工业粉尘的排污权交易，广东开展了 VOCs 的排污权交易，青岛开展了烟粉尘的排污权交易，江苏开展了总氮、总磷的排污权交易，甘肃开展了烟粉尘的排污权交易，湖南开展了铅、镉、砷等重金属的排污权交易。到 2021 年底，全国二氧化硫、氮氧化物、化学需氧量和氨氮 4 项标的物交易金额为 139 亿元（见图 14-5），约占总交易额的 98%。

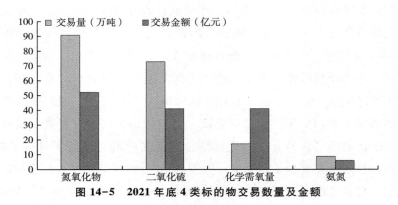

图 14-5　2021 年底 4 类标的物交易数量及金额

资料来源：张进财和曾子芙（2020）。

从绿色金融情况来看，全国共有 12 个省、自治区、直辖市开展了排污权抵质押融资，总金额达到 632 亿元，租赁金额超过 2 亿元；到 2021 年底，浙江省排污权抵押贷款为 619 亿元，占全国的 98%。

（二）成效

2022 年与 2014 年推进试点时的形势相比，试点地区特别是浙江、山西、湖北、湖南等省做到了全国前列、先行先试，试点地区交易金额占全国的 80% 以上，发挥了试点应有的作用。同时，福建、广东、宁夏等省区也开展了富有成效的探索，排污权交易制度有了很好的试点基础。排污权有偿使用和交易工作迎来了新的发展机遇。

一是排污权市场化交易成为生态环境治理的重要手段。2021 年 11 月，《中共中央　国务院关于深入打好污染防治攻坚战的意见》提出，健全生态环境经济政策，加快推进排污权、用能权、碳排放权市场化交易。2022 年 3 月，《中共中央　国务院关于加快建设全国统一大市场的意见》提出，培育发展全国统一的生态环境市场。推进排污权、用能权市场化交易，探索建立初始分配、有偿使用、市场交易、纠纷解决、配套服务等制度。排污权交易制度大有可为。

二是排污权交易发挥了更大作用。以排污许可证制度为核心的固定污染源监管制度体系、以"政府主导、企业主体、社会组织和公众共同参与"为特征的现代环境治理体系，推动了环境治理的市场机制形成。

三是碳排放权交易市场和排污权交易市场融合发展。截至 2022 年 3 月，全国碳市场碳排放配额（CEA）累计成交量 1.89 亿吨，累计成交额 82 亿元。"两权"交易在体制、法制、理论和交易模式等方面可以相互借鉴、共同发展。

四是激发了企业引进新工艺、新技术，加大污染治理力度的积极性。空气环境资源有价理念深入人心，通过减少污染物排放腾出富余的排污权指标交易来获利，排污权交易试点中各地行政主体全程参加，推进交易模式创新，出现众多典型案例；各地交易平台纷纷建立，这些平台各具特色；相继开展排污权的租赁、抵押、储备等金融化机制工作的相关探索。各地积极培育二级市场（即企业间的自主交易市场），因地制宜地制定了工作总体框架和办法，统一制度、统一交易、统一平台，鼓励企业参与，不断形成较为完善的政策体系。

二　存在的不足

排污权交易制度对其配套的环境管理制度有着较高要求，尤其是排污权的市场规模、分配方式、排污许可管理与交易跟踪、超总量处罚等制度。从实践角度来看，我国排污权交易制度尚不完善，还处于试点阶段，而且排放交易模式和管理机制也由于种种原因存在较大差别，并且难以达到预期效果，主要表现在以下几个方面。

（一）以地区为试点的排污权市场规模过小

目前，我国排污权交易市场的范围与规模非常受限，这主要是因为当前的排污权交易是以各省区市污染排放总量来进行的，而且行业间的排污权交易也受到限制。另外，在企业节能减排压力较大而减排潜力却并不大的情境下，随着环保要求的逐渐加严，企业为了避免因排污权的减少而导致产能无法达到更高水平的状况，往往更倾向于在手中掌握一定的排污权，自然更加不愿意出售排污权，而许多尚未使用的排污权则因此被闲置下来，并没有被其他企业或者政府回购，并未获得充分利用。不仅如此，一部分行政和经济手段的实施，比如越发严格的排放标准、排污收费或收税等，使得排污权的市场空间受到挤压，导致交易范围、规模和流动性受限，难以充分发挥市场机制在环境资源配置中的作用。

（二）排污权分配和定价机制不完善

初始排污权分配是形成交易的基础和前提。从当前情况来看，排污权初始分配机制尚且没有达到公开公正的程度，排污权总量在一些区域无法得到有效控制，排污权指标分配也并不规范。在这种情况下，企业便有机会从一级市场无偿获得排污权配额，并且难度相对较低，更没有必要从二级市场购买配额，而排污权交易也因此没有受到重视。此外，环境资源稀缺程度、供求关系、地区经济发展水平等各种因素也是有偿使用排污权需要充分考量的因素。另外，排污权有偿使用定价方法也有待加强，目前排污权定价依据并不明确，存在有偿使用价格的制定严重依赖行政职能部门以及有偿使用年限不均衡等突出问题，这些都是定价机制不完善的体现。对污染排放的准确核算和强有力的污染源监管是确保排污权交易市场机制健康稳定运行的根本保障。受环保监测、监管、监察能力不足影响，目前各地开展的排污权交易试点在初始配额分配、交易情况跟踪和核查等方面尚未建立科学、统一、规范的管理体系，从而影响了交易市场的运行效率，甚至给政策的执行带来了一定风险。在我国，多种污染物排放权交易同时进行，不仅包括二氧化硫、氮氧化物、化学需氧量等，还包括烟尘排放权的交易。但由于不同企业污染物排放指标并不一样，这就导致企业想要获得排污许可，需要在市场中购买多个排污指标，导致企业交易的积极性受到了影响。

（三）技术支撑不够

环境容量的科学测定是排污权交易的前提，但由于跟踪监测数据、长期的积累以及先进的环境检测手段与经验的不足，在线自动监测网（CEMS 系统）还没有普及，大多数地区仍采用定期检测排污口污染物浓度的方法统计排污信息，缺乏连续统一的排污监测数据，使得企业真实的排污量难以被准确核算，还无法精确地计算出自然环境对污染物的最大容量，影响了排污权交易的开展。

（四）二级市场不活跃

现行排污权交易通常分为一级市场和二级市场，前者在政府和企业间进行，如排污权初始分配、政府回购等，后者才是企业间的配额买卖。试点情况表明，试点地区都曾出现不同程度的二级市场交易记录"断层"，有的地区甚至连续数月未有交易量。有的地方政府对排污权交易存在过度干预的现象，为顾全当地经济的发展，对区域内企业排污权交易规定了较多的约束，比如只能在本地区交易、政府控制交易价格等。由于这种"保护"的存在，市场化机制难以建立，二级市场的活力受到抑制。与此同时，有的地方政府更重视一级市场的发展，培育二级市场的意识不强，从而影响二级市场的发展前景。

（五）排污权交易与排污许可证制度不够衔接

排污许可证制度是排污权交易的前提条件，政府通过颁发排污许可证的方式将排污权分配给相关污染排放企业，企业根据预期需要排放量进行排污权交易，预期排放量大于许可证规定排放量的企业从排污权市场以货币形式购买排污权，预期排放量小于许可证规定排放量的企业从排污权市场以货币形式出售排污权，实质上就是排污权通过市场机制在各污染源之间合理配置的过程。从当前各地区的开展情况来看，各地排污权交易和排污许可证制度尚未有效衔接。污染指标量的差异化、主体范围的不一致以及有效期限的交错使得两者的衔接难度加大。在污染指标量方面，新建企业的排污量难以有效估计，交易指标量和实际排污许可证指标量存在巨大差异；在主体范围方面，排污许可证制度规定的污染物种类比排污权交易的主体种类范围更广泛。

（六）监督管理机制不完善

目前监督管理机制的规定过于原则化，缺乏可操作性。对排污权相关制度的监督需要将技术手段与法律手段相结合才能充分发挥作用，因此在实际操作过程中难度较大。由于我国排污权的初始分配基本上离不开财政、物价以及环境等公权力部门的介入，相关的公权力部门在排污权的初始分配过程中起着相当重要的作用。但是，目前缺乏相应的监督管理机制进行监督，容易造成权力的滥用。环境保护主管部门作为排污权初始分配最主要的主体，在对排污权进行有偿和无偿的初始分配过程中对排污权份额的分配具有一定的操纵权。在缺少相关的法律法规和社会公众对其行为进行监督和约束的情形下，容易造成权力寻租。

第五节　中国空气污染物排放权交易制度的完善

一　完善的原则

（一）公平原则

公平原则是进行空气污染物排污权初始分配应当遵循的基本原则，也是保障该项法律制度顺利实施的前提，这一原则要求所有的分配接受主体在同等条件下获得初始排污权的机会相等，所享有的权利、要承担的社会义务与责任也应相同。公平本身意味着某种程度的平等，排污权分配的平等原则要求所有主体在环境资源分配上地位平等，都有获得排污权的平等权利。为了保障分配结果的公平性，在分配过程中应当严格遵守考虑相关因素的原则，对排污主体状况的认定应当将与空气污染物排污权初始分配相关的因素纳入考虑范围，剔除无关因素的影响，避免分配不公的现象。

（二）总量控制原则

总量控制具体指的是为了防止排污数量的恶性增长，环境保护主管部门在一定时期内，将一定范围的排污区域确定为一个整体，并在这一时期限定该区域污染物的排放总量。总量控制中的"总量"有两种理解：一是资源总量，即该区域环境资源所能承受的最大排污数量；二是目标总量，即环境保护主管部门根据环境保护的需要确定的区域排污数量。根据排污权交易法律制度的目的，其遵循的总量控制原则的"总量"应该为目标总量。在排污权交易法律制度中确立总量控制原则就消除了浓度控制原则的缺陷，即排放稀释后的污染物。总量控制原则的确立同时彰显了环境资源的生态价值和经济价值，从动态上维护了环境的整体质量，是排污权交易法律制度的重要原则。

（三）交易法定原则

交易双方在依据排污权交易法律制度签订排污权交易合同的过程中需以"意思自治"理念为主，如排污权交易的对象、额度、价格等应当由当事人自主选择约定，而不应受到不正当的干预。在环境保护主管部门监管的过程中又要注意对污染防治进行宏观调控的理念，毕竟排污权交易的初衷是污染防治，所以一定要防止因交易市场混乱而带来截然相反的后果。

（四）有偿原则

有偿原则是指获得排污权应当付出相应的代价。人们最初排放污染物是无须付出代价的，之后对排污征收费用一般也是针对过度的排污行为。考虑到以下因素，首先，排污权的有偿分配是将排放污染物的外部成本内部化，这有利于环境问题的解决；其次，排污权有偿分配有助于实现环境公平。现实中排污权的分配不可能做到绝对的平等，因此无偿分配显得不公平，而有偿分配可以在一定程度上解决这一问题。

（五）尊重历史原则

虽然排污权的初始分配是一个政府主导的自上而下的过程，但现实中污染排放的实际状况也是必须考虑的因素。排污权分配的尊重历史原则要求在确定排污权分配范围甚至具体的排污权持有人时，应当以污染排放的现实状况为依据，优先考虑原有的合法排污者。一是出于对历史上既存权利的承认和继承。在环境污染成为一个严重的社会问题之前，人类一直在利用环境资源，其中一部分排污行为已经获得正式制度的接纳而成为法律上的权利，另一部分则可能以法律之外的自然权利的状态存在。排污权分配制度作为社会制度演化的结果，应当对历史上既存权利予以承认和继承，如此方能顺应社会的发展并获得自身的合法性地位。二是出于对现实需要的尊重。现有排污者通常在经营方面具有相对优势，承认这种优势既可以提高管理的效率，又较容易获得社会的认可。

（六） 效率原则

公平与效率都是空气污染物排污权初始分配制度追求的价值目标，然而在实践过程中二者的关系历来存在一定程度的冲突。兼顾效率与公平，实现二者的平衡是最为理想的状态。初始分配的最佳结果是既能实现环境保护目标又能实现经济发展，因此在对空气污染物初始排污权进行分配的过程中遵守效率原则的重要性不言而喻。

效率原则主要体现在两个方面。第一，在根据排污主体申报的数据材料进行分析衡量的基础上，将排污权分配给最能实现相应价值的排污主体，政府相关部门在进行排污权的分配时要充分考虑企业的排放效率，争取以最小的空气污染物排污量换取最大的经济效益。排污主体在获得相应排污权之后，应当高效利用排污权，积极研发减排技术，节省排污权的使用，可以将剩余部分在二级市场上进行交易。第二，效率原则也包括空气污染物排污权初始分配这项法律制度在实施过程中要讲求效率，对各部门的职权和责任进行合理配置，精简分配部门根据既定的分配原则、分配方式和规则在分配接受主体间进行主要污染物排放总量分配的行为、过程以及所形成的各种法律关系的总和。

二 构建技术支撑体系

完善污染源监测监督制度，由企业安装排污在线检测系统，建立信息公开制度；由地方环保部门负责对企业的检测系统进行监督，建立排污数据实时查询系统，保证排污数据的准确性。建立排污权交易信息系统，实时查询企业排污权的初始配额、交易规模和剩余指标，保证企业排污权交易的真实性。环保部门要与气象部门、统计部门、经济部门等一些相关部门联合，建立在线监测网络数据库，便于监测数据的统一，可以对交易的前期和后期都进行监测。

我们可以借鉴美国的经验，采取两级监控措施并依靠 3 个信息系统来完善我国的监测系统。两级监控措施：第一级由企业自行承担连续在线监测任务，保证排放的污染物数量不超过其持有的排放权所允许的排污量；第二级由当地环保部门负责对企业的连续监测系统进行不定期的检查和监督，以保证企业所提供数据的准确性和有效性。3个信息系统包括排污跟踪系统、许可证跟踪系统和年度调整系统。建立这3个信息系统一方面可以掌握排污单位持有排污权配额的信息，有富余指标的单位在系统中一目了然；另一方面也方便环保部门对企业的排污指标进行核算，确保企业的排污量与其持有的许可证相等，从而保证企业在市场上进行排污权交易的真实性、一致性。

三　培育规范合理的排污权交易市场

制定合理的交易规则和初始排污权分配的指导性办法，制定财税激励政策，提高企业参与交易的积极性。建立区域性排污权交易市场开放平台，扩大交易范围，鼓励更多企业参与交易，为参与交易的企业提供交易信息与交易机会，实现资源的最优配置。引入环境合同制度，规范排污权交易形式，将排污许可证以环境分配合同的形式从主管部门转移到排污企业，排污权以环境消费合同的形式在交易者间买卖，建立排污企业的环境信用制度，利用税收、信贷等手段规制排污主体的信用情况。改变排污权市场"有价无市"现象，充分发挥企业主动获权、积极减排、降低成本并获利等方面的主观能动性，以期真正形成价格竞争机制和排污权交易二级市场。

四　加强监督管理

空气污染物排污权交易制度并非单纯依靠市场的力量就能发挥作用，加强对分配过程的监督必不可少。开展排污权交易后，环境容量资源转变为有价资产，企业违规的动机也会增强。相关部门要在思想上强化监督意识，综合运用排放检测、许可证审核等手段监督企业交易行为是否符合排污规定。加大监管投入。政府应加大环境监测技术、设备以及专业人员的先期投入，环保部门要保证监管设施运行顺畅，使每一个污染源、每一种污染物都处于检测范围之中，保障排污权交易的公开、公平、公正。确保监管不留死角。政府应监督企业在排污权交易中的一切行为，包括出卖、购买、减排、制定交易价格等，保证将交易中相关信息最大化地提供给需要交易的企业，并监督交易合同的履行。要建立一套对排污权交易的监督机制。参与的决策机关和执行机关要自觉公开相应程序，提供决策与执行的依据，并将分配过程、企业申请材料、企业历史排污情况等相关信息、数据予以公开，自觉接受监督，让空气污染物排污权的交易过程自始至终在监督下运行，在制度层面上保证排污权交易在法治的框架内运行。跟踪各排污单位的排污限额遵守情况需要由具备专业技术的环境监测机构进行，对超标排放、偷排、编造虚假排放数据、伪造申请材料等行为制定相应的处罚机制，以保障排污权得到合理的使用。还要制定与其配套的处罚机制，对违法排污、不严格依照分配指标进行排污的主体，根据其性质、情节给予相应的处罚，体现空气污染物排污权交易的制度性。

五　建立网络交易平台

由生态环境部组织设立排污权网络交易平台，建议设立成事业单位而不是企业单位，这样可以避免企业为了获得经济效益，而不公平地行使其职责。在各省区市建立分部，建议将排污权网络交易平台嵌入各省区市生态环境部门网站，实现交易平台统一管理，这样方便沟通管理。排污权网络交易平台组成如图14-6所示。

在建立空气污染物排放权交易平台的同时，还应当对交易平台进行监管，以将市场风险控制在可控范围之内。为此，一是要成立专门机构。负责监管空气污染物排放权交易平台的交易秩序，并赋予该机构行政处罚的职权，这样的监管才能够体现强制力。二是要监管信息披露行为。由专门机构负责监管空气污染物排放权交易平台的信息披露情况，在交易过程中，首先应当监管交易价格的公布，因为空气污染物排放权交易价格应当在公开透明的状态下由参与竞买者集中竞价，价高者得，而及时公布相关交易价格可以避免场外交易的出现；其次应当监管信息的披露，如企业因污染而被处罚的信息，对此类信息发布情况进行监管有利于交易秩序的维护。

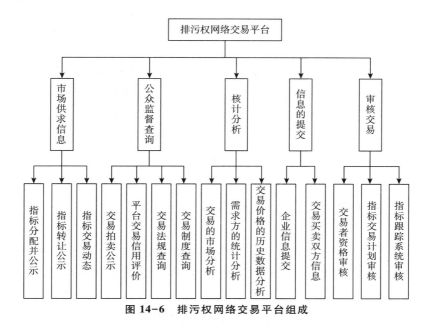

图 14-6　排污权网络交易平台组成

六　确保总量控制的有效实施

排污权交易是以总量控制为出发点和归宿的，总量控制既是实施排污权交易制度的前提，也是保障环境质量的关键。总量控制是以环境质量目标为基本依据，对区域内各污染源的污染物排放总量实施控制的管理制度。通常有三种类型：目标总量控制、容量总量控制和行业总量控制。推动总量预算管理制度的实施，确保总量指标问题以及总量指标的来源问题得到解决，并以定量化、精细化的方式来进行管理。加强对淘汰落后产能总量指标的收储，充分盘活和利用主要污染物总量减排成果，由交易机构进行统一收储和分配，统一进行交易和监督管理。

对总量控制制度以及初始排污权核定规则的完善应遵循以下思路。第一，区分现有排污主体和新建排污主体。对于现有排污主体而言，可以根据历史数据来确定其可允许排放大气污染物的总量，具体应当包括排污主体历史排污量、企业产量、减排量等数据，但在确定可允许排放的总量之前应当确保数据来源的可靠性以及准确性，同时应当确定分配基准年，即明确规定以哪一年的数据为总量核定的依据。对于新建的排污主体而言，总量核定规则需要与环境影响评价制度共同发挥作用来确定新建污染源的可允许排放量。新建的排污主体应当遵循该地区制订的减排计划，在大气环境容量资源限度内制定排污方案，对于符合大气环境保护目标的新建污染源确定其可允许排放量。第二，区分不同行业，进行不同规定。对于不同行业而言，排放污染物的种类、造成环境污染的情况都存在区别，将污染主体按照行业特点予以细化分类，针对不同的行业制定相应的总量核定规则尤为重要。

七　衔接排污权交易与排污许可证制度

要建立健全相关政策，加强技术指导。在制定排污权交易管理办法实施细则时，应充分考虑排污权交易和排污许可证制度的衔接问题，明确衔接原则和衔接方法，为实际操作提供理论指导。同时也要加强对各地衔接工作的技术指导，排污权交易和排污许可证制度在指标量、期限上的衔接涉及大量复杂的核算，核算的准确性将关乎经济成本，对衔接工作开展进度和开展程度都有重大的影响。加强对衔接工作过程的监管。如对于排污指标量的确定，政府需秉承公正、客观的原则，严格审查企业排污指标的核算，监测企业排污情况和排污权交易情况，根据企业预期排污量和实际排污量之间的关系进一步确定企业下一年度的排污指标。各地应当建立排污权交易管理平台，对企业的排污许可指标和排污权交易情况进行统一管理，积极推进两者的衔接工作。

八　科学确定排污权初始分配方式

我国应逐步改变分配模式，采取以公开拍卖分配方式为主、免费分配与政府定价分配方式并存的模式。通过对各种分配方式的综合利用，加以配合，共同发挥作用，可以实现扬长避短的效果，达到高效公平的分配目的。目前我国已经确立了排污权有偿使用的基本思想，对空气污染物初始排污权进行有偿分配可以提高企业减排积极性。排污企业为了追求经济利益，会减少购买的排污权数量，会发挥能动性研发减排技术，提高污染物治理能力，更换生产设备和治理设施，实现大气环境与经济发展的良性循环。公开拍卖是最能体现排污权法律属性，也是最能实现对大气环境容量资源配置的分配方式。在采取以公开拍卖为主的分配方式的前提下，辅之以免费分配方式、政府定价出售的分配方式，是实现资源优化配置的最优方案。这样多元化的分配方式可以兼顾经济发达地区与经济欠发达地区、经济实力强大的企业与经济实力微薄的企业的关系，针对不同的经济特征与环境状况灵活选择相应的分配模式能够被更多的排污主体接受，使得空气污染物排污权初始分配制度顺利推行。

第十五章

中国空气污染防治的智能化管理

随着大数据、数据处理能力和算法等基础层技术的突破，计算机视觉、智能语音、自然语言处理等人工智能通用技术和平台已逐步产业化，人工智能已进入技术爆发和大规模应用阶段。在人工智能和大数据融合并广泛应用的形势下，空气污染防治的模式和手段也必然出现变革。人工智能技术一方面通过空气污染防治的精细化管理，改变了经济发展与空气质量保护相对立的局面；另一方面也为解决空气污染动态监管、跨区域空气污染防治难题提供了新的解决方案。本章将探讨如何科学合理地利用人工智能，通过信息化体系建设，构建起"空气污染治理最强大脑"，让空气污染治理进入即时、全量、全网数据的"智能+空气质量"时代，提升空气质量管理的水平。

第一节　中国空气污染防治管理的智能化形势

2020 年 3 月 3 日，中共中央办公厅、国务院办公厅印发的《关于构建现代环境治理体系的指导意见》明确提出，加快构建陆海统筹、天地一体、上下协同、信息共享的生态环境监测网络，实现环境质量、污染源和生态状况监测全覆盖；实行"谁考核、谁监测"，不断完善生态环境监测技术体系，全面提高监测自动化、标准化、信息化水平，推动实现环境质量预报预警，确保监测数据"真、准、全"；推进信息化建设，形成生态环境数据一本台账、一张网络、一个窗口；加大监测技术装备研发与应用力度，推动监测装备精准、快速、便携化发展。中国空气污染防治管理的智能化已经成为必然趋势和当前的重要任务。

一 空气污染防治管理智能化的内涵

（一）环保智能化

智能化的界定主要有两种。第一种界定是，智能化呈现的是一种状态，是在某个领域的具体应用，具体是将现代化的通信技术、信息处理技术通过运用网络技术实现智能化控制的应用状态。第二种界定是，现代通信和计算机网络技术、智能控制技术、行业技术和信息技术组合在一起形成了对某一个方面有针对性的应用的智能集合。环保智能化是基于网络空间和网络化的发展，利用一些信息技术如物联网、云计算、大数据等，使得环境污染和治理主体之间的联系被重新塑造，提高环境治理的水平和层次，优化治理过程，使其变得越来越智慧和科学。

（二）智慧环保

智慧环保是利用物联网技术、云计算技术、4G 和 5G 技术、业务模型技术，以数据为核心，把数据获取、传输、处理、分析、决策服务，形成一体化的创新、智慧模式，让环境管理、环境监测、环境应急、环境执法和科学决策更加有效、准确，通过"智在管理、慧在应用"，为环境管理和环境保护提供全方位的智慧管理与服务支持。其总体目标、总体框架和主要任务分别如图 15-1、图 15-2 和图 15-3 所示。

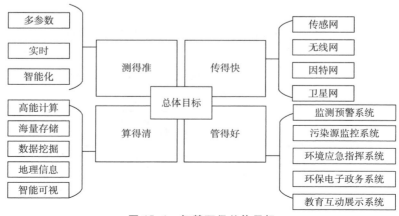

图 15-1 智慧环保总体目标

图 15-2　智慧环保平台总体框架

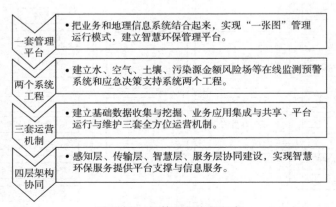

图 15-3　智慧环保主要任务

智慧空气环保则是以天地独特的气体测量模块为基础，结合空气质量自动监测站以及其他测量方式，将监测数据汇总至空气监测网，针对环境管理部门的需求，建立环境空气质量在线监测系统平台，可实时监控环境质量，实现在线数据查询及统计报表、在线数据自动报警、电子地图与环保信息综合发布等。

二 空气污染防治管理智能化的积极作用

人工智能的普及和广泛应用给空气污染防治带来了深刻变革。人工智能的感知功能能够增强环境信息的获取能力，人工智能与大数据结合能够拓展空气污染防治的时空范围，人工智能的决策规划能力能够优化空气污染防治的决策机制，人工智能的多场景应用为实现空气污染防治的精细化管理奠定了基础，人工智能的交互和学习能力能够提高空气污染防治的知识和理念传播效率。

（一）有利于便捷地获取空气质量信息

人工智能的图像识别和处理技术、更加敏锐的态势感知能力使得环境信息的来源和获取方式更加丰富和多元，能够提升空气质量的感知和观测能力，大幅降低了信息的收集难度和成本。依托人工智能的无人机等设备能够携带各种传感器，对大气环境污染信息进行长时间动态检测，既可以实现广域信息的普查，也可以实现动态实时监测。例如，中国科学院开展的无人机大气立体监测系统实验，运用无人机进行空气和颗粒物采样，克服了大气污染源采集和分析的难题，填补了大气环境监测的盲区。此外，无人机设备还能够到危险、恶劣的环境中搜集数据，既可以提升应对环境风险和环境事故的能力，又能够实现对排污企业的隐蔽性监控和临时性抽检。

（二）有利于实现全天候、全空间的空气监测

人工智能与大数据的结合，增加了环境监测的时间频次，扩大了环境监测的区域范围，降低了空气污染信息的处理难度和成本，使得海量数据的处理成为可能，从而可以广泛地布设环境污染传感器，增加监测时长和

频次来扩大空气质量数据的覆盖范围，延长覆盖时间，使得环境决策者对长时间、高频次、大范围的数据进行挖掘和处理，延伸了环境监测的时空维度。物联网技术也使得汽车、建筑、电器设备等成为环境监测的数据源和信息源，既可以多渠道获得环境信息，对环境事故和环境风险进行预判，减少响应时间，也可以为环境变化态势控制和预测提供更多信息。

（三）有利于空气污染防治管理的科学决策

人工智能技术通过对数据、案例的挖掘和建模分析，可以对不同的决策方案进行量化分析，辅助空气污染防治主体进行决策。具体表现在复杂系统模拟和预测、辅助决策两个方面。系统模拟和预测为空气污染防治决策提供更多分析手段。人工智能的数据挖掘和系统建模能力，既可以更加精准地分析环境变化影响因素，也可以实现趋势预测和风险预警，从而为空气污染防治决策提供更加高效的变革。首先，人工智能在因果推断算法和数据挖掘方面的进步，可以在环境信息数据的基础上，对环境影响因素及其影响进程进行定量分析，及时做出政策响应。其次，人工智能应用于复杂系统模拟和预测领域，可以对潜在的环境风险、环境事故进行概率分析，及时做出应急处理方案。例如，目前已经广泛应用的大气污染和气象变化模拟系统，能够对大气污染的扩散机制、潜在的自然灾害等进行分析和预警，为环境管理者制定环境管制方案、自然灾害紧急预案提供支持。最后，影响因素分析和系统模拟也为进一步细分环境影响责任、划分环境保护职责提供了依据。人工智能的规划决策能力提升了环境决策的精确性和快速响应能力。

人工智能给空气污染防治决策带来的影响，主要集中于三个领域。一是政策量化评估。人工智能技术可以优化环境政策实施效果的评估方法，从而更加精准科学地评估和量化环境政策实施效果，为政府环境管理绩效的核定和政策评估等工作提供数据依据。二是方案分析和比选。通过系统模拟和预测，不同政策方案的优势、成本和潜在风险能够得到进一步量化，方案选择的利弊信息更加全面，分析工具更加科学。例如，神经网络技术具有较强的自适应性，能够较好地分析复杂的非线性关系，可以用于分析大气污染和气象系统等复杂系统，从而更好地分析不同污染治理方案的优劣。三是备选方案生成。为环境政策制定者搜寻和筛选政策资源，快速生成备选方案和决策参考，从而使得空气污染防治政策的响应时间更短，时效性和精准性更高。

三　智能化将促进空气污染防治管理方式的转变

（一）从封闭式到开放式的转变

长期以来，政府信息被看作"秘密"，这使得政府在国家管理机制中处于垄断地位，扮演着"家长"的角色，这种地位和角色对决策的质量、管理模式以及政府管理能力有着直接的影响。决策机制的闭塞式管理导致信息滞后、信息不畅、信息接收缓慢等问题，影响了公众的参与。人工智能的出现是对过去传统的数据管理模式的重大变革，颠覆了传统的数据思维模式、数据来源以及数据处理方式，获得数据的渠道更加多样化，数据更加综合和真实，空气污染防治将变得更加开放，政府治理模式将走向多元主体合作治理，可以使政府、市场、社会突破时空限制，进行深层次、宽领域的合作。同时，随着智能媒体的兴起，特别是微博、微信等新兴社交媒体的普及，公众监督权的行使更为灵活和便利，为公众参与生态治理提供了更即时的渠道和更广阔的平台。各种环保微公益活动在社会化新媒体中得到广泛普及，如"随手拍家乡污染""随手拍黑烟囱"等活动。"人人都是观察员，人人都是监督员，人人都是环保员"的理念逐渐深入人心。

（二）从碎片化到整体化的转变

目前，空气污染防治的碎片化主要有两种具体表现：第一，政府同社会组织之间没有畅通的合作渠道，信息垄断造成信息不对称；第二，政府内部各部门之间碎片化。一方面，上级部门有关空气污染防治的数据资源是由下级部门进行汇总后上报得到的，经过部门之间的层层汇总，容易出现因数据过滤导致数据失真的问题；另一方面，根据职能和分工，政府由多个职能部门组成，空气污染防治的内容涉及环境保护等多个部门，各职能部门之间相对独立的局面不利于空气污染防治的整体性和协调性。借助人工智能促使政府与社会组织之间、政府与企业之间、政府与政府之间的信息共享，促进环境治理集体行动的形成。

（三） 从部分群体到全民的转变

人工智能将改变环境信息的传播方式和公众获取信息的方式，进而提升环境知识和理念的传播效率。从信息传播的角度来看，人工智能技术通过对新闻的文本挖掘和分析，能够优化信息的呈现方式，通过分析用户上网习惯和信息接收领域，可以向不同群体有针对性地推送信息，从而使信息更加容易被转发和传播，受众的接受程度也大幅提升。新的信息传播方式被应用于环境信息和环保宣传，能够使得环境信息和环保理念加速传播，并形成广泛认同。环境管理者应用这一技术，引导公众的舆论，加快空气质量保护知识的普及，塑造空气环保理念和行为习惯。从信息接收的角度来看，人工智能可以根据不同公众推送相关的环境信息，从而对全体公众的发展观念、出行选择和生产生活方式进行引导，使得空气管理从政府组织向各领域甚至全社会延伸。

第二节 中国空气污染防治管理智能化的主要内容

由图 15-4 可知，感知层是开始，它通过传感器构成一个传感器网络，然后利用无线通信模块将采集到的大气环境数据传输到网络中去；传输层则在其中起到纽带作用，在传输层中有多个网络子节点，可以组成多条传输路径，经过汇总后将数据传递到处理层；服务层则是对这些数据进行最后处理，可以利用人机交互平台将这些数据一一呈现出来，供人们应用。

一 空气污染信息感知层智能化

空气污染一般可分为物理污染、化学污染、生物污染、颗粒物污染四种类型，针对污染物的多样性、复杂性和变化性，人工智能首先要建立感知系统。在空气污染防治管理系统中感知层又被称作大气环境实时动态监测无线传感网络硬件系统。该层主要包括用于空气监测采集的仪器、用于监测站环境监控和辨别的设备以及用于数据智能读取和传输的环保网络设

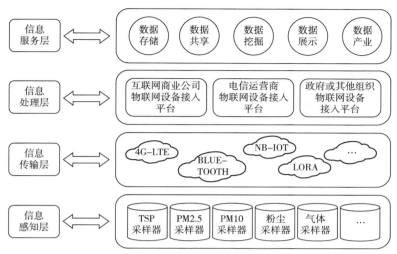

图 15-4　智慧环保体系结构

备。感知层针对不同的污染包含了多种类型的传感器，如烟雾传感器、温湿度传感器、二氧化碳传感器、气压传感器等。烟雾传感器专门依靠空气中的烟雾浓度检测电路。烟雾传感器自带信号放大器，利用该放大器将信号放大，并将信号和烟雾传感器引脚相连，然后对烟雾数据进行采集。温湿度传感器（见图 15-5）主要利用互补金属氧化物半导体材料放大电压，然后利用其中的能量对环境温度进行监测，利用电容体对环境湿度进行监测。传感器网络由多个传感器组成，这些传感器所起到的作用都不同，它们互相协作，各自发挥着重要的作用。利用任何可以随时随地感知、测量、捕获和传递信息的设备、系统或流程，实现对空气质量、污染源等环境因素的"更透彻的感知"。

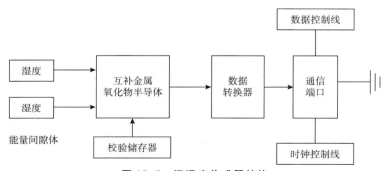

图 15-5　温湿度传感器结构

感知层是实时动态监测无线传感网络硬件系统，起着采集信息并将之传输的作用，主要由传感器和传感器网络组成。

传感器包括对温度、湿度、大气压、CO 浓度、CH_4浓度、甲醛浓度、烟雾浓度、粉尘等方面进行感应的温湿度传感器、气压传感器、CO 传感器、CH_4传感器、甲醛传感器和烟雾传感器等。具体地，智能化扬尘监测及视频监控系统见图 15-6。

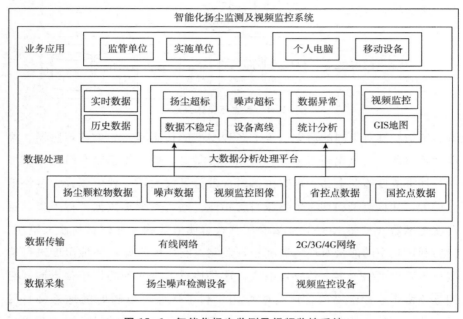

图 15-6　智能化扬尘监测及视频监控系统

传感器网络是由许多在空间上分布的传感器组合而成的。这些不同功能的传感器相互协作，共同监测某一区域的各项空气指标。传感器网络的基础结构组成是大量部署在所要监控区域内、具有单独无线通信能力的微小传感节点（见图 15-7）。根据周围环境条件和所要完成的监测任务，传感器节点以自组织方式构成分布式智能化网络系统。

二　空气污染信息传输层智能化

传输层位于感知层和服务层两者之间，由多个网络节点组成。利用环

图 15-7　传感器节点组成

保专网、运营商网络，结合 4G 和 5G 技术、卫星通信技术，将个人电子设备、组织和政府信息系统中存储的环境信息进行交互和共享，实现"更全面的互联互通"；在网络层中这些通信子网络节点互相连接、互相组合形成了多个传输路径。网络节点在接收到传感器传输的信息后，需要进行路由选择，选择合适的信息传输路径。信息交换网络拓扑结构如图 15-8 所示。

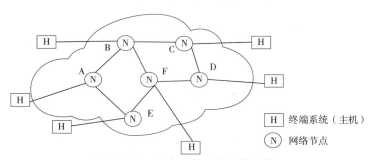

图 15-8　信息交换网络拓扑结构

三　空气污染信息处理层智能化

处理层智能化是以云计算、虚拟化和高性能计算等技术手段，整合和分析海量的跨地域、跨行业的环境信息，实现海量存储、实时处理、深度挖掘和模型分析，实现"更深入的智能化"；空气中各种环境参数通过感知层中的传感器采集，在传感器网络中经过嵌入式计算技术进行处理计算，完成数据的接收和解析，后经过无线传感网络传入网络层中，通过路由算法选择传输途径，实现信息的汇集后传输至多个应用层终端。大气环境条件参数在应用层经过云计算系统进一步分析整理，通过统一的信息平台实现集成，以形成具体信息汇集、资源共享及优化管理等综合功能的系统。

四　空气污染信息服务层智能化

服务层是对感知层采集的数据进行处理，然后将这些数据采用人们需要的方式展现出来，人们根据这些数据进行治理。应用层工作共有两个方面：一是对数据的管理和处理，然后采用合适的方式将这些数据呈现出来；二是应用，将经过处理的数据和空气污染治理相结合，使其更加智能化。比如在大气环境监测中可以利用相应的传感器对空气中的污染进行实时动态监测；放置在目的区域的污染在线监测仪在收集到空气中的浓度以后，利用物联网结构中的网络层将传感器收集的信息进行汇总并发送到环境监测中心的电脑上。在服务层中计算机是最为主要的部分，利用计算机对收集到的数据进行处理，然后对这些信息进行分析和判断，选择合适的治理措施。建立面向对象的业务应用系统和信息服务门户，向社会公众发布信息，便于公众参与污染治理与监督；建立合理的数据共享机制，向平台内外用户提供数据支撑，扩展数据使用范围，提高数据使用价值，通过数据分析和数据挖掘等手段，深层次挖掘数据背后的环保价值，同时也可以向决策者提供科学的分析结果和决策依据。该层还可扩展到污染物追溯、污染物防控等更宽泛的服务层面，为空气污染防治提供"更智慧的决策"。

五　空气污染防治管理智能化应破解的问题

（一）管理部门的数据信息权责不明

空气污染治理结构体系由纵向垂直结构和横向水平结构两个方面组成。从纵向看，条与条部门之间的壁垒是造成"数据鸿沟""信息孤岛"的重要因素，上下级政府部门之间在数据资源上应保持一致性；从横向看，区域政府之间、部门之间往往局限于自身的工作职责，在环境治理上缺乏协同性。其原因主要是对数据权责、算法权责、信息权责的划分不明。其实，在科层体制支配下，基于层级制，操作部门之间与人工智能时代的万物互联互通、数据开放兼容并不十分适应。在空气污染治理过程中，海量的需求信息数据通过智能应用设备汇集到决策中心，治理主体由于担心数据开放共享会带来相关利益损失，进而可能面临被问责的危险，往往不愿与其他治理主体分享部门化的信息数据。同时，由于部门职责权限的差异和模糊性，在信息数据的使用范围、标准设置与应用流程等方面有着较大差异，也难以实现部门间的数据编码共享。因此，由数据权责划分不明所带来的壁垒现象、孤岛问题，会影响人工智能对空气污染治理的赋能程度。

（二）不同组织之间存在信息鸿沟与数据壁垒

现阶段，人工智能的核心功能是智能筛选数据信息、自动识别应答模糊任务以及智能辅助判断决策。在空气污染治理过程中，人工智能的这些技术功能主要体现在整合信息、提升效率、降低成本等方面。但由于行政组织结构固化所带来的数据壁垒问题，有些部门该公开的信息不公开，该上网的数据不上，该建的数据中心不建，建设的数据中心不共享，将数据藏起来甚至用来牟利，使得重要数据形成一个个"信息孤岛"。信息系统的功能还是停留在表层的信息存储和传递，在业务处理自动化、查询搜索智能化方面有待进一步深化。对此，要明确空气污染信息的使用权限、应用范围，建立国家、省、市、县四级联动的服务信息管理系统，加强对人工智能算法和智能应用系统安全性能的测评和完善，确保数据资源共享的权威性、可持续性和安全性。同时，要利用已有的数据库、信息管理系统，加强对不同地域不同行业的智能归并处理。以适应人工智能发展要求，构建管理机构合作机制和信息供给模式，强化空气污染治理信息数据的共享性，提升空气污染治理的精准化水平。

第三节　中国空气污染防治管理智能化的推进对策

人工智能给空气污染防治管理带来智能化变革。但目前人工智能对空气污染防治管理能力的提升和倍增效应尚未充分释放，人工智能的深层次融合和系统化集成应用尚未充分开展。随着公众对空气质量要求的提升，全社会信息化和智能化水平提高，推进空气污染防治智能化已刻不容缓。

一 智能化的顶层设计

空气污染防治智能化是一个长期的、循序渐进的过程，应遵循其发展规律，加快构建环境信息化战略管理体系，从前瞻性、战略性、全局性高度制定发展规划，构建总体布局，为防治智能化保驾护航。根据 2015 年 7 月 26 日国务院办公厅发布的《生态环境监测网络建设方案》和 2016 年 3 月 8 日环境保护部办公厅发布的《生态环境大数据建设总体方案》中我国生态环境大数据建设实施目标，在设计空气污染防治智能化体系时，需要将涉及的各方面工作作为一个整体进行统筹考虑，在各个业务系统设计和实施之前进行总体架构分析，厘清每个项目环节在整体布局中的位置，以及横向和纵向的关联关系，提出各子系统之间统一的架构参照和标准，带动数字环保向智慧环保转变，推动空气污染防治智能化稳步向前发展。做好顶层设计，还需在现行环境管理机制下条块的部门、区域以及各级各类环保机构之间建立起发达的信息通道。空气污染防治智能化顶层设计的重点和难点是整合，发现和寻找能够打破现行体制条块分割壁垒的绿色通道。要协调好环保信息化与规划、建设、气象、国土、林水和城管等相关部门领域信息化的关系，保证部门间的互联互通。

二 推进标准化、规范化

空气污染防治智能化必须以统一的环境信息标准规范为基础，推进空气信息标准的贯彻落实。通过对空气数据进行整合，梳理出规范的编码体系和数据规则，建立统一规范的空气数据标准和环境信息管理体系。各业务系统的建设应遵循统一的标准规范。在国家、省环境信息标准规范体系的基础上，建立符合区域环境共保与共管的规范与制度，保证空气信息化建设的统一性和协调性。在进行标准体系建设时，既要考虑空气污染防治智能化的监测需要，又要满足空气污染防治智能化的决策功能。

三　推进智能信息共享

空气污染防治智能化需要建立统一的环境综合业务数据库。建立全生命周期的污染源管理机制，整合及规范集污染普查、环境统计、行政审批、排污申报、排污许可证、排污收费、总量减排、行政处罚、环保信访、环境质量监测数据、污染源监测数据、环境应急等环境信息于一体，自动将污染源自产生后的相关信息转环保监管部门共享，并且后续的空气监管信息自动归到同一污染源之下，以反映污染源的动态管理状况。为加强空气质量数据管理，在污染源排放状况与空气质量状况之间建立模型，从而达到通过加强点源管理改善宏观环境质量的目标，进而为空气污染防治智能化打下夯实的数据基础。实现空气信息数据的全面共享与统一调用，不仅能实现空气数据的整体统计、查询、分析，实现污染源从产生到许可、日常管理、移动执法再到注销的全过程管理，而且能为决策提供依据。

四　提升智能综合决策水平

空气污染防治智能化的重要目的是得到空气信息之后能够发挥云计算等信息处理的能力，对数据进行挖掘与分析。应着力开发智能系统，引入先进的模型技术，构建环境模型模拟与预测体系，利用空气信息感知平台获取的数据，进行数据组织、建模，提供数据产品，综合利用大气模型及数据分析模型，实现基于空气数据仓库的数据应用，通过对空气管理信息的集成、梳理和通盘把握，建立污染源和环境质量的分析方法论，实现统一的分析方法，力求厘清污染源及其产生原因，对污染源和空气质量之间的相互溯源关系进行探索，为空气管理提供模拟、分析与预测。同时与相关环境政策与目标责任相挂钩，提升环境信息资源利用和开发及其综合分析的能力，打造环境管理的决策支持中心，为决策提供依据，实现"有数可依、有据可依"。升级空气质量集成预报系统，开发基于地理信息系统的综合评价与预警系统。建设污染源排放清单数据平台，实现空气污染源数据的动态更新。通过有关空气的时空数据，开展"社会经济发展—污染减排—空气质量改善"的预测模拟，识别经济社会发展中的重大空气问题。探索建立各类政策模拟分析模型系统，预测环境经济政策如环境税、排污权交易、排污收费、价格补贴等手段对经济社会的影响。

五　优化智能服务

建立空气数据智慧应用发布平台，建立数据发布机制和流程，将统计分析的空气数据按不同的属性分不同的模块向用户展示，为公众提供查看和查询相关环境信息的服务。通过浏览器或其他终端设备，访问环境数据目录和内容，提供强大的搜索服务功能，以保证公众快速查询到所需要的信息，实现"智慧环保"的相关信息在综合网站和移动应用系统中进行展示，提供权威、丰富的空气信息及方便的检索查询功能。通过多方式多渠道提高空气信息的披露程度，加强与公众的互动交流，提高空气信息整体服务水平。

六　完善智能化的合作机制

逐步联通区域间的空气数据，建立智慧环保资源监测管控平台、智慧环境云服务平台等，完善共建共享机制。优化布局区域空气监测网络，开展空气环境监测合作，逐步实现区域环境空气监测信息联合发布。建立第三方科技服务体系和机构，包括研究机构、咨询机构、监测部门、评测部门等，为检测采集设备的准确性、稳定性等提供标准与判断，为软件运维及可持续性建设与应用提供支撑。构建适应空气污染防治智能化的管理体系与管理机制，明确智慧环保建设主体和应用主体，充分发挥政府部门、第三方服务机构、生产和污染治理企业以及社会公众的积极性，特别是调动企业参与的积极性，使空气污染防治智能化的供给主体和应用主体共同推动智慧环保的建设。

七　完善智能化的硬件建设

系统建设空气污染防治智能化综合平台，主要包括以下几个方面。一是环境监测监控系统，包括污染源在线监控系统、重点污染源自动监控系统、机动车尾气综合管理系统等。二是环境综合管理系统，包括环境应急管理系统、网格化环境监管系统、环境保护行政处罚系统、总量减排信息系统等。三是服务平台，通过信息化手段的应用，采用网络与实体相结合的方式，为企业和公众提供"一站式"的环境信息服务。四是决策支持系统，系统辩证地分析污染减排与环境质量之间的关系，阐明环境风险源的等级和分布与环境安全格局之间的关系，识别区域性环境污染的成因，通过对区域环境容量的网格化分析，确定各区域减排类型和产业结构发展趋势，为制定联防联控措施、环境影响评价等提供决策依据。五是环境信息标准规范体系，主要包括总体标准、数据模型规范、技术规范、安全管理规范和管理标准等。六是环境信息安全保障体系，包括物理安全、网络安全、数据安全、应用安全等，主要由安全策略、安全技术、安全运作和安全组织管理组成，对终端、应用系统、网络层等方面进行安全防护。七是信息运维管理体系，对各类系统软件和业务应用的实时监控，使多种类型的用户可以通过多种接入渠道访问平台，包括 Web、手机客户端、微信、电子屏和有线电视。智慧环保信息化平台系统总体框架见图 15-9。

八 应对智能化的潜在风险

在引导和推动人工智能与空气污染防治深度融合的同时，人工智能的风险和隐患仍然存在，应当从以下几个方面应对和预防。一是加快完善人工智能开发应用的监管制度。人工智能固有的技术缺陷和应用场景的限制，应通过制定人工智能的技术备案规程和测试规范，防止滥用和误用带来的风险，建立严格的安全审查制度，从算法、数据、应用等层面综合评判人工智能的安全程度，完善校验、试用和备份机制。二是建立健全空气数据的核准反馈机制。数据是人工智能的基础，空气数据的来源和质量直接决定了人工智能的精确性。建立空气数据的审核规范和反馈校验机制，及时反馈和纠正人工智能运行中的数据偏误。三是增强环境信息平台的互通性和交互能力。增强环境信息平台的互通性，使得不同源头和领域的环境数据和信息能够互通和相互校验，增强环境信息的准确性；通过完善的

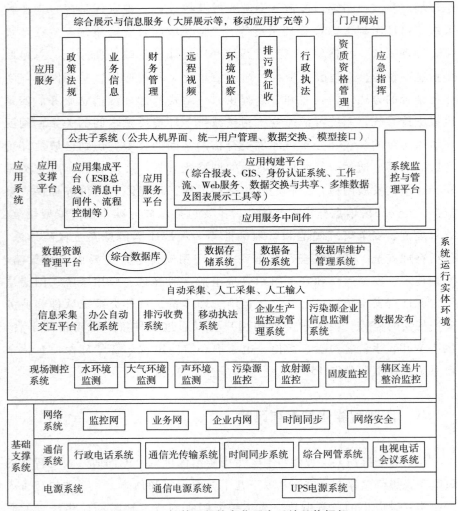

图 15-9 智慧环保信息化平台系统总体框架

人工智能应用规范，确立人工智能应用中的责任主体，健全相应的追责机制，防止空气污染治理决策中可能出现的责任推诿和技术依赖等风险。

参考文献

艾小青，陈连磊，朱丽南 . 2017. 空气污染排放与经济增长的关系研究——基于中国省际面板数据的空间计量模型 [J]. 华东经济管理，（3）：69-76.

〔英〕安德鲁·海伍德 . 2013. 政治学（第三版）[M]. 张立鹏译 . 北京：中国人民大学出版社 .

白瑞清 . 2011. 环境治理中的政府作用研究 [D]. 首都经济贸易大学 .

白洋，刘晓源 . 2013. "雾霾"成因的深层法律思考及防治对策 [J]. 中国地质大学学报（社会科学版），13（6）：27-33.

〔美〕保罗·R. 伯特尼 . 2004. 环境保护的公共政策（第2版）[M]. 穆贤清，方志伟译 . 上海：上海人民出版社 .

本刊编辑部 . 2018. 2017 中国生态环境状况公报发布 [J]. 中国能源，40（6）：1.

蔡岚，魏满霞 . 2018. 京津冀空气污染联动治理研究 [J]. 探求，（5）：59-66.

蔡岚 . 2014. 空气污染整体治理：英国实践及借鉴 [J]. 华中师范大学学报（人文社会科学版），53（2）：21-28.

蔡艺 . 2012. 地方政府在污染场地治理过程中的生态行政责任研究 [D]. 武汉理工大学 .

曹锦秋，吕程 . 2014. 联防联控：跨行政区域大气污染防治的法律机制 [J]. 辽宁大学学报（哲学社会科学版），42（6）：32-40.

曹景山 . 2007. 自愿协议式环境管理模式研究 [D]. 大连理工大学 .

陈斌 . 2013. 抓紧推进环境空气质量监测预报预警体系建设 [J]. 环境保护，22（7）：24-25.

陈翀 . 2015. 环境治理中的地方政府职能转型 [D]. 华东政法大学.

陈国权, 徐露辉 . 2008. 责任政府: 思想渊源与政制发展 [J]. 政法论坛, (2): 31-38.

陈瑾, 程亮, 马欢欢 . 2016. 环境监管执法发展思路与对策研究 [J]. 中国人口·资源与环境, 26 (S1): 509-512.

陈强强, 孙小花, 王生林等 . 2009. 基于 STIRPAT 模型分析社会经济因素对甘肃省环境压力的影响 [J]. 西北人口, 30 (6): 58-61.

陈荣卓 . 2015. 城市社区网格化管理区域实践研究 [M]. 北京: 中国社会科学出版社.

陈思玉 . 2014. 区域空气污染网格化治理研究 [J]. 科技视界, (27): 263-264.

陈晓红, 蔡思佳, 汪阳洁 . 2020. 我国生态环境监管体系的制度变迁逻辑与启示 [J]. 管理世界, 36 (11): 160-172.

陈晓月 . 2010. 乌鲁木齐市大气污染特征与防治对策研究 [D]. 新疆医科大学.

陈雪娇 . 2012. 重庆市工业结构演变对大气环境影响的研究 [D]. 重庆大学.

陈永国, 董葆茗, 柳天恩 . 2017. 京津冀协同治理雾霾的 "经济-社会-技术" 政策工具选择 [J]. 经济与管理, 31 (5): 17-21.

崔晶, 孙伟 . 2014. 区域大气污染协同治理视角下的府际事权划分问题研究 [J]. 中国行政管理, (9): 11-15.

崔艳红 . 2015. 欧美国家治理大气污染的经验以及对我国生态文明建设的启示 [J]. 国际论坛, (5): 13-18.

邓林, 吴俊锋, 任晓鸣等 . 2014. 基于长三角地区空气重污染事件预警与应急机制的探讨 [J]. 生态经济, 30 (7): 161-163+178.

董丽英, 孙拥军, 牛晓叶 . 2016. 环保投入、政府监管与大气污染防治——基于省际面板数据的实证研究 [J]. 商业会计, (13): 16-21.

董丽英 . 2016. 雾霾治理审计监督机制探微 [J]. 财会月刊, (16): 62-64.

杜雯翠, 张平淡 . 2019. 人口老龄化与环境污染: 生产效应还是生活效应? [J]. 北京师范大学学报 (社会科学版), (3): 112-123.

段佳丽，张保会，畅畅，王晓春，韩琦 . 2020. 关于排污权交易市场设置的探索研究 [J]. 环境与可持续发展，45（2）：107-109.

段娟 . 2017. 中国环保产业发展的历史回顾与经验启示 [J]. 中州学刊，（4）：29-36.

范洪敏，穆怀中 . 2017. 人口老龄化对环境质量的影响机制研究 [J]. 广东财经大学学报，（2）：41-52.

方福前 . 1997. 当代西方公共选择理论及其三个学派 [J]. 教学与研究，（10）：31-36.

冯贵霞 . 2016. 中国大气污染防治政策变迁的逻辑 [D]. 山东大学 .

冯梅笑 . 2016. 空气质量审计内容框架研究——基于美、英等实践视角 [J]. 会计之友，（23）：120-123.

冯思羽，谭力 . 2016. 论行政边界区域环境行政执法监督——基于湘渝黔边区"锰三角"环境污染治理的法律思考 [J]. 赤峰学院学报（汉文哲学社会科学版），37（3）：154-156.

冯业青 . 2006. 循环经济下庇古手段与科斯手段的比较 [J]. 财政监督，（10）：70-71.

冯媛媛 . 2017. 基于空气质量数据解析"十二五"期间高平市空气污染特征及其影响因素 [D]. 山西大学 .

高峰 . 2015. 中国省际环境污染的空间差异和环境规制研究 [D]. 兰州大学 .

高桂林，陈云俊 . 2014. 大气污染防治公众参与的法经济学分析 [J]. 广西社会科学，（11）：81-87.

高鸿业 . 2014. 西方经济学（宏观部分·第6版）[M]. 北京：中国人民大学出版社 .

高明，陈丽 . 2018. 工业化国家大气污染治理政策比较及启示 [J]. 华北电力大学学报（社会科学版），113（3）：16-21.

高明，郭施宏，夏玲玲 . 2016. 大气污染府际间合作治理联盟的达成与稳定——基于演化博弈分析 [J]. 中国管理科学，24（8）：62-70.

高明，郭施宏 . 2014. 基于巴纳德系统组织理论的区域协同治理模式探究 [J]. 太原理工大学学报（社会科学版），32（4）：14-17.

高明，吴雪萍 . 2017. 基于熵权灰色关联法的北京空气质量影响因素分

析 [J]. 生态经济, 33 (3): 142-147.

高明, 吴雪萍. 2015. 企业大气污染防治的行为逻辑及其补偿探析 [J]. 北京科技大学学报 (社会科学版), (6): 84-89.

高云. 2014. 自然因素对环境空气质量的影响——以新疆昌吉市为例 [J]. 新疆环境保护, (4): 19-23.

葛察忠, 贾真, 李晓亮. 2017. 协同推进达标计划与排污许可制的政策建议 [J]. 中国环境管理, 9 (1): 29-32.

龚鹏鹏. 2016. 基于空间统计方法的空气质量影响因素研究——以北京市为例 [D]. 首都经济贸易大学.

郭庆. 2014. 环境规制政策工具相对作用评价——以水污染治理为例 [J]. 经济与管理评论, 30 (5): 26-30.

郭施宏, 齐晔. 2016. 京津冀区域大气污染协同治理模式构建——基于府际关系理论视角 [J]. 中国特色社会主义研究, 1 (3): 81-85.

郭修远. 2020. 论政府监管和公众网络舆论对生态环境的影响——基于中国省级面板数据检验 [J]. 现代传播 (中国传媒大学学报), 42 (9): 151-157+164.

郭宇燕, 扈航. 2016. 地方大气污染物排放权交易机制的法律经济分析——基于总量控制的要求 [J]. 经济问题, (4): 51-54.

郭治安等. 1988. 协同学入门 [M]. 成都: 四川人民出版社.

国家环境保护局办公室. 1988. 环境保护文件选编: 1973-1987 [M]. 北京: 中国环境科学出版社.

韩超, 刘鑫颖, 王海. 2016. 规制官员激励与行为偏好——独立性缺失下环境规制失效新解 [J]. 管理世界, (2): 82-94.

韩兆柱. 2018. 京津冀生态治理的府际合作路径研究——以网络化治理为视角 [J]. 人民论坛·学术前沿, (18): 75-85.

郝永佩, 宋晓伟, 赵文珺等. 2022. 汾渭平原大气污染时空分布及相关因子分析 [J]. 生态环境学报, 31 (3): 512-523.

何枫, 马栋栋, 祝丽云. 2016. 中国雾霾污染的环境库兹涅茨曲线研究——基于2001~2012年中国30个省市面板数据的分析 [J]. 软科学, (4): 37-40.

何翔舟, 金潇. 2014. 公共治理理论的发展及其中国定位 [J]. 学术月刊，（8）：125-134.

〔德〕赫尔曼·哈肯.2005.协同学：大自然构成的奥秘〔M〕.凌复华译.上海：上海译文出版社.

侯佳儒.2013.论我国环境行政管理体制存在的问题及其完善〔J〕.行政法学研究，（2）：29-34+41.

侯伟丽.2016.环境经济学〔M〕.北京：北京大学出版社.

胡冰.2016.长三角主要城市空气质量状况与经济社会发展的关联性研究〔D〕.江南大学.

黄爱宝.2009.论府际环境治理中的协作与合作〔J〕.云南行政学院学报，11（5）：96-99.

黄锦龙.2013.日本治理大气污染的主要做法及其启示〔J〕.全球科技经济瞭望，28（9）：65-69.

黄俊，廖碧婷，吴兑等.2018.广州近地面臭氧浓度特征及气象影响分析〔J〕.环境科学学报，38（1）：23-31.

黄清煌，高明.2016.中国环境规制工具的节能减排效果研究〔J〕.科研管理，37（6）：19-27.

黄清子，张立，李敏.2019.元治理视域下大气污染防治的政策框架及工具优化〔J〕.中国人口·资源与环境，29（1）：126-134.

黄锡生，余晓龙.2021.社会组织提起环境公益诉讼的综合激励机制重构〔J〕.法学论坛，36（1）：93-102.

霍艳斌.2012.长三角大气污染物排污权交易一体化研究〔J〕.生态经济，（12）：181-184+188.

季寅星.2020.大气污染防治网格化系统应用研究〔J〕.中国新技术新产品，（21）：119-121.

姜晓萍，张亚珠.2015.城市空气污染防治中的政府责任缺失与履职能力提升〔J〕.社会科学研究，（1）：44-49.

蒋爱鑫.2017.京津冀雾霾防治联合预警和应急制度研究〔D〕.中国地质大学（北京）.

蒋劲松.2005.传统责任政府理论简析〔J〕.政治学研究，（3）：104-112.

蒋敏娟.2016.中国政府跨部门协同机制研究〔M〕.北京：北京大学

出版社.

解振华.2018. 认清形势，提高环境监测服务效能［M］. 载《中国环境年鉴》编辑委员会编《中国环境年鉴2018》. 北京：中国环境科学出版社.

靳永翥.2006. 共同行动与新制度设计——《集体行动的逻辑》与《公共事物的治理之道》比较分析［J］. 中共浙江省委党校学，22（2）：104-108.

经济合作与发展组织.1996. 环境管理中的经济手段［M］. 张世秋，李彬译. 北京：中国环境科学出版社.

景学义等.2018. 哈尔滨市环境空气质量重污染应急预警技术研究［R］. 黑龙江省，哈尔滨市气象台，11月5日.

康春婷.2017. 社会经济因素对城市雾霾的影响研究［D］. 北京交通大学.

康丽丽.2007. 对地方政府间横向关系协调机制的探析［J］. 行政论坛，（5）：28-30.

孔志国.2008. 公共选择理论：理解、修正与反思［J］. 制度经济学研究，（1）：212-226.

K.哈密尔顿等.1998. 里约后五年：环境政策的创新［M］. 张庆丰等译. 北京：中国环境科学出版社.

蓝虹.2004. 外部性问题、产权明晰与环境保护［J］. 经济问题，（2）：7-8.

蓝庆新，陈超凡.2015. 制度软化、公众认同对大气污染治理效率的影响［J］. 中国人口·资源与环境，25（9）：145-152.

冷艳丽，冼国明，杜思正.2015. 外商直接投资与雾霾污染——基于中国省际面板数据的实证分析［J］. 国际贸易问题，（12）：74-84.

李爱霞，尹艳敏.2019. 公众环境保护意识对环保的影响［J］. 黑龙江科学，10（15）：152-153.

李斌，李拓.2014. 中国空气污染库兹涅茨曲线的实证研究——基于动态面板系统GMM与门限模型检验［J］. 经济问题，（4）：17-22.

李斌，彭星，陈柱华.2011. 环境规制、FDI与中国治污技术创新——基于省际动态面板数据的分析［J］. 财经研究，（10）：92-102.

李汉卿.2014.协同治理理论探析［J］.理论月刊，（1）：138-142.

李浩生.2019.环境污染案件相关问题分析——以汉阳仙山村苯酚泄漏案为例［J］.法制与社会，（14）：52+54.

李宏斌.2011.乌鲁木齐市大气污染治理对策研究［D］.中国政法大学.

李家才.2010.洛杉矶经验与珠三角地区灰霾治理［J］.环境保护，（18）：61-63.

李建光.2020.多中心治理下公众参与大气污染防治路径探析［J］.科技风，（11）：155.

李健，高杨，李祥飞.2013.政策工具视域下中国低碳政策分析框架研究［J］.科技进步与对策，30（21）：112-117.

李玲.2014.大气污染治理中的地方政府责任研究［D］.天津师范大学.

李牧耘，张伟，胡溪等.2020.京津冀区域大气污染联防联控机制：历程、特征与路径［J］.城市发展研究，27（4）：97-103.

李少林，陈满满.2018.中国清洁能源与绿色发展：实践探索、国际借鉴与政策优化［J］.价格理论与实践，（4）：56-59.

李胜.2009.两型社会环境治理的政策设计——基于参与人联盟与对抗的博弈分析［J］.财经理论与实践，30（5）：92-96.

李宋.2016.基于重金属污染条件下基层环境监管体制研究［J］.低碳世界，（15）：6-7.

李天相.2013.东北地区火电行业发展及雾霾防治对策［J］.环境保护，41（24）：23-25.

李文青，刘海滨，于忠华等.2015.网格化环境管理特征分析及实施建议［J］.中国环境管理，7（1）：56-58.

李显锋.2015.《大气污染防治法》修改的背景、问题及建议［J］.理论月刊，（4）：102-106.

李晓玉，蔡宇庭.2017.政策工具视角下中国环境保护政策文本量化分析［J］.湖北农业科学，56（12）：2385-2390.

李雪松，孙博文.2014.大气污染治理的经济属性及政策演进：一个分析框架［J］.改革，（4）：17-25.

李妍琳，石小平，胡锡健 .2021. 汾渭平原空气质量数据的函数型主成分分析 [J]. 新疆大学学报（自然科学版）（中英文），38（6）：675-680.

李艳芳 .2005. 公众参与和完善大气污染防治法律制度 [J]. 中国行政管理，（3）：52-54.

李永峰，梁乾伟，李传哲 .2015. 环境管理政策 [M]. 北京：机械工业出版社 .

李勇 .2007. 论环境治理体系 [J]. 安徽农业科学，35（18）：5546-5547.

李云婷，严京海，孙峰等 .2017. 基于大数据分析与认知技术的空气质量预报预警平台 [J]. 中国环境管理，9（2）：31-36.

李云燕，王立华，马靖宇等 .2017. 京津冀地区大气污染联防联控协同机制研究 [J]. 环境保护，45（17）：45-50.

李云燕，殷晨曦，孙桂花 .2018. 京津冀大气污染治理环境执法督察机制构建 [J]. 环境保护，46（10）：44-48.

郦建国，朱法华，孙雪丽 .2018. 中国火电大气污染防治现状及挑战 [J]. 中国电力，（6）：3-9.

梁若冰，席鹏辉 .2016. 轨道交通对空气污染的异质性影响——基于RDID方法的经验研究 [J]. 中国工业经济，（3）：83-98.

梁松筠 .2014. 关于在丹东市新城区建设环境空气自动监测点位的阐述 [J]. 黑龙江环境通报，38（1）：32-34.

林艳，周景坤 .2018. 美国雾霾防治技术创新政策经验借鉴及启示 [J]. 资源开发与市场，34（4）：520-525.

林忠华 .2014a. 大气污染防治的审计监督 [J]. 上海商学院学报，15（2）：1-5+11.

林忠华 .2014b. 加强对大气污染防治的审计监督 [J]. 理论建设，（6）：38-41.

凌亢，王浣尘，刘涛 .2001. 城市经济发展与环境污染关系的统计研究——以南京市为例 [J]. 统计研究，（10）：46-52.

刘丹鹤 .2010. 环境规制政策工具选择及政策启示 [J]. 北京理工大学学报（社会科学版），12（2）：21-26.

刘芳.2011.湘西州矿业可持续发展的影响因素及对策研究［J］.资源开发与市场,(7):655-659.

刘华军,雷名雨.2018.中国雾霾污染区域协同治理困境及其破解思路［J］.中国人口·资源与环境,28(10):88-95.

刘娟.2012.长三角区域环境空气质量预测预警体系建设的思考［J］.中国环境监测,28(4):135-140.

刘军,王慧文,杨洁.2017.中国大气污染影响因素研究——基于中国城市动态空间面板模型的分析［J］.河海大学学报(哲学社会科学版),19(5):61-67.

刘梦雨.2020.生态环境监管强化信用管理和信息公开［J］.中国信用,(10):41.

刘宁微,王扬锋,马雁军等.2008.复杂地形对城市空气污染影响的数值试验研究［J］.地理科学,(3):396-401.

刘清,招国栋,赵由才.2012.大气污染防治:共享一片蓝天［M］.北京:冶金工业出版社.

刘圣勇,袁超,蒋国良等.2003.全球性大气污染的现状及对策［J］.河南农业大学学报,37(1):74-77.

刘薇.2015.京津冀大气污染市场化生态补偿模式建立研究［J］.管理现代化,(2):64-65.

刘向阳.2008.环境问题的政治维度及其内在规定性——以伦敦空气污染治理为例的考察［J］.环境保护,(22):10-12.

刘小峰.2013.邻避设施的选址与环境补偿研究［J］.中国人口·资源与环境,23(12):70-75.

刘莹,赵孝贤.2020.大气污染防治公众参与法律机制研究［J］.现代商贸工业,41(35):123-124.

刘泽常,王志强,李敏等.2004.大气可吸入颗粒物研究进展［J］.山东科技大学学报(自然科学版),23(4):97-100.

卢洪友,祁毓.2013.日本的环境治理与政府责任问题研究［J］.现代日本经济,(3):68-79.

陆虹.2000.中国环境问题与经济发展的关系分析——以大气污染为例［J］.财经研究,(10):53-59.

陆楠，魏斌，朱琦等 . 2015. 区域大气污染防治管理系统建设需求分析 [J]. 中国环境管理，7（6）：66-70+83.

陆涛 . 2013. 上海世博会长三角区域空气质量预警联动系统开发与应用 [J]. 中国环境监测，29（1）：141-146.

吕忠梅 . 1995. 论公民环境权 [J]. 法学研究，（6）：60-67.

罗晨煜 . 2015. 大气重污染环境应急管理法律制度研究 [D]. 首都经济贸易大学 .

罗党论，赖再洪 . 2016. 重污染企业投资与地方官员晋升——基于地级市 1999-2010 年数据的经验证据 [J]. 会计研究，（4）：42-48.

罗文剑，陈丽娟 . 2018. 大气污染政府间协同治理的绩效改进："成长上限"的视角 [J]. 学习与实践，417（11）：44-52.

马骏 . 2020. 环境空气质量预报预警系统不确定性分析 [J]. 资源节约与环保，（5）：130.

马丽梅，张晓 . 2014a. 区域大气污染空间效应及产业结构影响 [J]. 中国人口·资源与环境，（7）：157-164.

马丽梅，张晓 . 2014b. 中国雾霾污染的空间效应及经济、能源结构影响 [J]. 中国工业经济，（4）：22-23.

马志娟，从嘉琪 . 2019. 基于企业生命周期的环境审计监督体系研究 [J]. 财政监督，（22）：83-88.

毛春梅，曹新富 . 2016. 大气污染的跨域协同治理研究——以长三角区域为例 [J]. 河海大学学报（哲学社会科学版），18（5）：46-51.

梅雪芹 . 2001. 工业革命以来英国城市大气污染及防治措施研究 [J]. 北京师范大学学报（人文社会科学版），（2）：118-125.

孟茹 . 2019. 区域大气污染预报预警新技术和协同控制分析 [J]. 低碳世界，9（8）：36-37.

牛海鹏，朱松，尹训国等 . 2012. 经济结构、经济发展与污染物排放之间关系的实证研究 [J]. 中国软科学，（4）：160-166.

潘怡 . 2016. 审计监督下环境信息披露研究 [J]. 商，（2）：138.

彭鹏 . 2013. 太原市工业结构调整与大气环境质量变化关系之研究 [D]. 山西财经大学 .

彭向刚，向俊杰 . 2015. 论生态文明建设中的政府协同 [J]. 天津社会科学，（2）：75-78.

齐晔等.2008.中国环境监管体制研究［M］.上海：上海三联书店.

钱翌，张培栋.2015.环境经济学［M］.北京：化学工业出版社.

秦上人，郁建兴.2017.从网格化管理到网络化治理——走向基层社会治理的新形态［J］.南京社会科学，（1）：87-93.

秦天宝.2015.新《大气污染防治法》：曲折中前行［J］.环境保护，43（18）：47-50.

秦晓丽，于文超.2016.政府科技投入对FDI环境效应的影响——基于257个地级市空间相关性的实证研究［J］.中央财经大学学报，（10）：3-12.

秦颖，徐光.2007.环境政策工具的变迁及其发展趋势探讨［J］.改革与战略，23（12）：51-54.

曲国华，杨柳，曲卫华等.2021.第三方国际环境审计下考虑政府监管与公众监督策略选择的演化博弈研究［J］.中国管理科学，29（4）：225-236.

任恒.2017.雾霾治理的美国经验：排污权交易机制［J］.公共管理研究，（1）：54-55.

任雪.2017.长江经济带雾霾污染的省域异质性与空间溢出效应研究［D］.重庆工商大学.

任中玉.2019.环境权到国家环境保护义务和环境公益诉讼研究［J］.法制与经济，（10）：98-99+108.

任卓冉.2016.环境污染第三方治理的困境及法制完善？［J］.中州学刊，（12）：49-54.

尚丽萍，谢学军，王鹏.2018.多中心治理下的地方政府大气污染防治——以兰州市为例［J］.环境与发展，30（7）：44-47.

邵帅，李欣，曹建华等.2016.中国雾霾污染治理的经济的经济政策选择——基于空间溢出效应的视角［J］.经济研究，（9）：75-76.

沈丽丽.2019.环境责任视角下审计监督全覆盖实施模式研究［J］.经济研究导刊，（28）：114-115+124.

沈满洪.2007.资源与环境经济学［M］.北京：中国环境科学出版社.

沈文辉.2010.三位一体——美国环境管理体系的构建及启示［J］.

北京理工大学学报（社会科学版），12（4）：78-83.

生态环境部.2020.生态环境监测规划纲要（2020—2035年）[EB/OL].中国产业经济信息网，7月11日，http：//www.cinic.org.cn/xw/zcdt/860488.html.

生态环境部.2017.重污染天气预警分级标准和应急减排措施修订工作方案[E].北京.

盛文沁.2003.浅析约翰·斯图亚特·密尔的代议制政府思想[J].历史教学问题，（6）：30-34.

施凯，蒋立加，戴龙海等.2017.环境空气质量预警方法的探讨[J].环境与发展，29（7）：126+128.

石洪景.2021.公众参与大气污染治理的意愿及促进对策研究[J].科技促进发展，17（1）：153-160.

石磊，王玥，程荣等.2018.京津冀产业结构调整对大气污染物排放的影响效应——基于向量自回归（VAR）模型的脉冲响应函数分析[J].科技导报，36（15）：24-31.

[美]斯蒂芬·戈德史密斯，威廉·D.埃格斯.2008.网络化治理：公共部门的新形态[M].孙迎春译.北京大学出版社.

宋锋华.2017.经济增长、大气污染与环境库兹涅茨曲线[J].宏观经济研究，（2）：89-98.

宋英杰.2006.基于成本收益分析的环境规制政策工具选择[J].广东工业大学学报（社会科学版），6（1）：29-31.

宋延清，王选华.2009.公共选择理论文献综述[J].商业时代，（35）：14-16.

孙克勤，徐海涛，沈凯等.2008.电力工业大气污染治理技术开发的反思与模式创新[J].中国工程科学，（6）：91-96.

孙明宇，程佳新.2017.哈尔滨市环境空气质量评价与经济增长关系研究[J].环境科学与管理，（7）：42-45.

孙文哲，任振将，赵建等.2011.园林绿化树木对大气污染的净化和指示作用[J].绿色科技，（4）：122-124.

孙晓伟.2011.从污染事故频发透视地方政府环境规制行为——基于公共选择理论视角的分析[J].长白学刊，（4）：81-86.

孙亚男，肖彩霞，刘华军 . 2017. 长三角地区大气污染的空间关联及动态交互影响——基于 2015 年城市 AQI 数据的实证考察 ［J］. 经济与管理评论，（2）：121-131.

孙岩，刘红艳，李鹏 . 2018. 中国环境信息公开的政策变迁：路径与逻辑解释 ［J］. 中国人口·资源与环境，28（2）：168-176.

孙永旺，琚会艳，李琳等 . 2019. 实施大气污染区域联防联控措施的建议 ［J］. 资源节约与环保，（7）：45.

锁利铭，阚艳秋 . 2019. 大气污染政府间协同治理组织的结构要素与网络特征 ［J］. 北京行政学院学报，（4）：9-19.

锁利铭，刘龙 . 2021. 中国大气污染协同治理组织的内外部关系结构及优化路径 ［J］. 中共宁波市委党校学报，43（3）：54-64.

谭溪 . 2018. 我国地方环保机构垂直管理改革的思考 ［J］. 行政管理改革，（7）：34-39.

谭奕 . 2013. 南宁市大气污染治理中的公众参与研究 ［D］. 广西大学 .

唐皇凤，吴昌杰 . 2018. 构建网络化治理模式：新时代我国基本公共服务供给机制的优化路径 ［J］. 河南社会科学，26（9）：7-14.

唐永顺 . 2004. 应用气候学 ［M］. 北京：科学出版社 .

陶品竹 . 2015. 城市空气污染治理的美国立法经验：1943～2014 ［J］. 城市发展研究，22（4）.

陶希东 . 2012. 美国空气污染跨界治理的特区制度及经验 ［J］. 环境保护，（7）：75-78.

滕世华 . 2003. 公共治理理论及其引发的变革 ［J］. 国家行政学院学报，（1）：44-45.

涂正革，张茂榆，许章杰等 . 2018. 收入增长、大气污染与公众健康——基于 CHNS 的微观证据 ［J］. 中国人口·资源与环境，（6）：130-139.

汪泽波，王鸿雁 . 2016. 多中心治理理论视角下京津冀区域环境协同治理探析 ［J］. 生态经济，32（6）：157-163.

王昂扬，潘岳，童岩冰 . 2015. 长三角主要城市空气污染时空分布特征研究 ［J］. 环境保护科学，（5）：131-136.

王超奕 . 2018. "打赢蓝天保卫战"与大气污染的区域联防联治机制创

新 [J]. 改革，(1)：61-64.

王春玲，付雨鑫.2013. 城市大气污染治理困境与政府路径研究——以兰州市为例 [J]. 生态经济，(8)：144-148.

王春业，任佳佳.2013. 长三角区域地方立法的冲突与协作 [J]. 唯实，(2)：63-65.

王冠岚，薛建军，张建忠.2016.2014 年京津冀空气污染时空分布特征及主要成因分析 [J]. 气象与环境科学，(1)：43-42.

王贵友.1987. 从混沌到有序——协同学简介 [M]. 武汉：湖北人民出版社.

王海芹，程会强，高世楫.2015. 统筹建立生态环境监测网络体系的思考与建议 [J]. 环境保护，43（20）：24-29.

王海芹，高世楫.2017. 生态文明治理体系现代化下的生态环境监测管理体制改革研究 [M]. 北京：中国发展出版社.

王海芹，苏利阳.2014. 环境空气质量监测体制改革的对策选择 [J]. 改革，(10)：136-142.

王红梅，王振杰.2016. 环境治理政策工具比较和选择——以北京PM2.5 治理为例 [J]. 中国行政管理，(8)：126-131.

王惠琴，何怡平.2014. 协同理论视角下的雾霾治理机制及其构建[J]. 华北电力大学学报（社会科学版），(4)：24-27.

王金南，段宁，杨金田等.1993. 中国九十年代城市环境污染控制战略（上）[J]. 环境工程学报，(1)：14-25.

王金南，龙凤，葛察忠等.2014. 排污费标准调整与排污收费制度改革方向 [J]. 环境保护，42（19）：37-39.

王晋，陆小成.2017. 城市群大气污染跨域治理与绿色营销机制 [J]. 企业经济，36（4）：34-39.

王京歌.2010. 排污权交易制度的若干思考——论建立有中国特色的排污权交易制度 [J]. 辽宁行政学院学报，12（11）：5-7.

王俊，陈柳钦.2014. 我国能源消费结构转型与大气污染治理对策[J]. 经济研究参考，(50)：32-39.

王立猛，何康林.2006. 基于 STIRPAT 模型分析中国环境压力的时间差异——以 1952～2003 年能源消费为例 [J]. 自然资源学报，21（6）：

862-869.

王玲 .2011. 环境污染预警应成为区域开发环评的重要内容 [J]. 湖北造纸, (2): 29-31.

王玲玲 .2015. 绿色责任探究 [M]. 北京: 人民出版社.

王萌 .2009. 我国排污费制度的局限性及其改革 [J]. 税务研究, (7): 28-31.

王清军 .2015. 文本视角下的环境保护目标责任制和考核评价制度研究 [J]. 武汉科技大学学报 (社会科学版), 17 (1): 68-96.

王庆梅 .1999. 大气污染预报技术及有关防治对策的研究 [J]. 中国环境监测, (2): 56-64.

王瑞鹏, 王朋岗 .2013. 城市化、产业结构调整与环境污染的动态关系——基于 VAR 模型的实证分析 [J]. 工业技术经济, 32 (1): 26-31.

王书肖, 邱雄辉, 张强等 .2017. 我国人为源大气污染物排放清单编制技术进展及展望 [J]. 环境保护, 45 (21): 21-26.

王帅 .2018. 预报预警, 大气污染防治精准施策的技术支撑 [J]. 世界环境, (1): 36-37.

王文兴, 柴发合, 任阵海等 .2019. 新中国成立 70 年来我国大气污染防治历程、成就与经验 [J]. 环境科学研究, 32 (10): 1621-1635.

王曦, 章楚加 .2015. 新《大气污染防治法》与环境治理新格局 [J]. 环境保护, 43 (18): 38-41.

王小萍 .2018. 协同: 区域环境立法模式研究 [J]. 环境保护, 46 (24): 44-47.

王兴杰, 谢高地, 岳书平 .2015. 经济增长和人口集聚对城市环境空气质量的影响及区域分异——以第一阶段实施新空气质量标准的 74 个城市为例 [J]. 经济地理, 35 (2): 71-76+91.

王艳红 .2001. 雾都伦敦治理空气污染的历史 [N]. 中国建设报, 10月 9 日.

王一兵 .2006. 空气污染治理中企业不合作问题的经济学研究 [J]. 当代财经, (10): 13-15.

王一彧 .2017. 雾霾污染联防联控的中国实践与环境法思考 [J]. 湖北警官学院学报, 30 (4): 25-32.

王翊，乔纳森·哈里斯，陈军才.2015.全球大气生态补偿：国家间减排累退效应的改进［J］.生态经济，31（9）：28-33.

王永飞，邱阳.2018.大气污染预警技术现状及发展趋势［J］.中国资源综合利用，36（3）：26-30.

王喆，周凌一.2015.京津冀生态环境协同治理研究——基于体制机制视角探讨［J］.经济与管理研究，（7）：68-75.

王臻荣，常轶军.2008.政府失灵的又一种救治途径——一种不同于公共选择理论的分析［J］.中国行政管理，（1）：55-58.

王志元.2016.经济发展、城镇化水平与大气污染——基于空间面板数据模型的实证分析［D］.东北财经大学.

蔚超，聂灵灵.2016.区域大气污染协同治理困境形成因素研究［J］.山东行政学院学报，（2）：66-71.

魏娜，孟庆国.2018.大气污染跨域协同治理的机制考察与制度逻辑——基于京津冀的协同实践［J］.中国软科学，（10）：79-92.

魏娜，赵成根.2016.跨区域大气污染协同治理研究——以京津冀地区为例［J］.河北学刊，36（1）：144-149.

魏琦，张明强.2004.简述排污许可证交易［J］.经济论坛，（4）：135-136.

魏涛.2006.公共治理理论研究综述［J］.资料通讯，（Z1）：56-61.

吴景城.1988.论《大气污染防治法》［J］.环境科学导刊，（2）：12-17.

吴柳芬，洪大用.2015.中国环境政策制定过程中的公众参与和政府决策——以雾霾治理政策制定为例的一种分析［J］.南京工业大学学报（社会科学版），14（2）：55-62.

吴晓娟，孙根年.2006.西安城区植被净化大气污染物的时间变化［J］.中国城市林业，（6）：31-33.

吴芸，赵新峰.2018.京津冀区域大气污染治理政策工具变迁研究——基于2004-2017年政策文本数据［J］.中国行政管理，（10）：78-85.

武苗苗.2016.山东省城市区域空气污染的时空变化特征研究［D］.华东师范大学.

席胜伟.2006.大气污染危害性分析及治理途径［J］.图书情报导刊，

16（12）：153-154.

夏光 . 2007. 新政开篇可圈可点——2006 中国环境保护评述［J］. 环境保护，（3）：35-42.

夏申，俞海 . 2010. 自愿性环境管理手段的研究进展综述［J］. 环境与可持续发展，35（6）：53-56.

冼解琪 . 2021. 我国生态环境监管制度优化研究［J］. 现代商贸工业，42（10）：103-104.

肖建能，杜国明，施益强等 . 2016. 厦门市环境空气污染时空特征及其与气象因素相关分析［J］. 环境科学学报，36（9）：3363-3371.

邢华，胡潆月 . 2019. 大气污染治理的政府规制政策工具优化选择研究——以北京市为例［J］. 中国特色社会主义研究，（3）：103-112.

邢华，邢普耀 . 2018. 大气污染纵向嵌入式治理的政策工具选择——以京津冀大气污染综合治理攻坚行动为例［J］. 中国特色社会主义研究，（3）：77-84.

熊鹰，徐翔 . 2007. 政府环境监管与企业污染治理的博弈分析及对策研究［J］. 云南社会科学，（4）：60-63.

徐健，冯涛 . 2013. 大气污染的几大特征与影响因素研究［J］. 科技与企业，（21）：125+127.

徐德伟，唐棣欣，孔繁国等 . 2021. 城市空气质量突出污染分析及应急防控对策［J］. 清洗世界，37（3）：52-53.

徐颖 . 2016. 我国空气污染空间统计分析及影响因素研究［D］. 江西财经大学 .

徐志成 . 2006. 我国二氧化硫排污权交易立法探讨［D］. 东北林业大学 .

许文轩，田永中，肖悦等 . 2017. 华北地区空气质量空间分布特征及成因研究［J］. 环境科学学报，37（8）：3085-3096.

许正松，孔凡斌 . 2014. 经济发展水平、产业结构与环境污染——基于江西省的实证分析［J］. 当代财经，（8）：15-20.

薛俭 . 2013. 我国大气污染治理省际联防联控机制研究［D］. 上海大学 .

薛澜，董秀海 . 2010. 基于委托代理模型的环境治理公众参与研究

[J]. 中国人口·资源与环境，20（10）：48-54.

薛志钢，郝吉明，陈复等 .2003. 国外大气污染控制经验［J］. 重庆环境科学，25（11）：159-161.

闫兰玲，徐海岚，唐伟等 .2014. 城市大气污染物排放与产业发展关系研究——基于杭州市 EKC 曲线的实证分析［J］. 中国人口·资源与环境，（S2）：147-150.

燕丽，贺晋瑜，汪旭颖等 .2016. 区域大气污染联防联控协作机制探讨［J］. 环境与可持续发展，41（5）：30-32.

杨超 .2015. 中国大气污染治理政策分析［D］. 长安大学 .

杨传贵，焦志延 .2002. 关于森林衰退与大气污染关系的研究概述［J］. 世界环境，（2）：45-47.

杨海，崔晋江，马琴 .2019. 区域环境空气质量预报预警的一般方法和基本原则［J］. 环境与发展，31（7）：241+244.

杨洪刚 .2009. 中国环境政策工具的实施效果及其选择研究［D］. 复旦大学 .

杨林，高宏霞 .2012. 经济增长是否能自动解决环境问题——倒 U 型环境库兹涅茨曲线是内生机制结果还是外部控制结果［J］. 中国人口·资源与环境，（8）：160-165.

杨曙光，王敦生，毕可志 .2019. 行政执法监督的原理与规程研究［M］. 北京：中国检察出版社 .

杨甫昌，马素琳 .2015a. 空气质量与城市发展——基于动态面板 GMM 模型的实证分析［J］. 经济问题探索，（8）：59-60.

杨甫昌，马素琳 .2015b. 城市经济增长对空气质量的影响——基于省会城市面板数据的分析［J］. 城市问题，（12）：4-11.

杨薇薇 .2017. 我国环境空气质量预报预警工作浅析［J］. 资源节约与环保，（11）：67-68.

杨旭 .2017. 京津冀地区空气污染特征与气象成因及其预报研究［D］. 兰州大学 .

杨阳，沈泽昊，郑天立等 .2016. 中国当前城市空气综合质量的主要影响因素分析［J］. 北京大学学报（自然科学版），52（6）：1102-1108.

杨烨，王璐 .2014. 大气治理尴尬：地方环保部门成污染企业"代言人"［N］．经济参考报，3 月 12 日．

叶林 . 2014．空气污染治理国际比较研究［M］．北京：中央编译出版社．

殷培红 . 2016．日本环境管理机构演变及其对我国的启示［J］．世界环境，（2）：27-29．

于亢亢，苏晶，赵华等 . 2020．公众态度和机构监督对大气污染的影响［J］．中国环境科学，40（12）：5520-5530．

于满 . 2014．由奥斯特罗姆的公共治理理论析公共环境治理［J］．中国人口·资源与环境，24（163）：419-422．

于文轩，杨敏 . 2016．论大气污染联防联控法律制度之完善［J］．南京工业大学学报（社会科学版），15（4）：5-11+18．

余俊 . 2018．大气污染治理中区域协同立法的问题［J］．环境保护，46（19）：28-33．

原毅军 . 2005．环境经济学［M］．北京：机械工业出版社．

臧星华，鲁垠涛，姚宏等 . 2015．中国主要大气污染物的时空分布特征研究［J］．生态环境学报，（8）：1322-1329．

曾峻 . 2006．公共管理新论：体系、价值与工具［M］．北京：人民出版社．

张炳淳，陶伯进 . 2010．论环境行政执法权的检察监督［J］．新疆社会科学，（6）：75-79．

张朝华 . 2006．政府失效及其治理对策分析［J］．理论月刊，（1）：127-129．

张川，何维达 . 2015．美国光伏产业政策探索及启示［J］．管理现代化，35（1）：19-21．

张进财，曾子芙 . 2020．论我国排污权交易制度的不足与完善［J］．环境保护，48（7）：51-53．

张菊，苗鸿，欧阳志云等 . 2006．近 20 年北京市城近郊区环境空气质量变化及其影响因素分析［J］．环境科学学报，（11）：1886-1892．

张军营，魏凤，赵永椿等 . 2005．PM2.5 和 PM10 排放的一维炉煤燃烧实验研究［J］．工程热物理学报，（6）：257-260．

张可，豆建民 . 2015．集聚与环境污染——基于中国 287 个地级市的经

验分析 [J]. 金融研究,(12):32-45.

张力增. 2016. 环境公益诉讼原告制度的困境及突破 [J]. 天津法学,32(1):76-83.

张明,孙瑞凤. 2020. 环境监管视角下信息公开对企业排污行为影响研究 [J]. 中国地质大学学报(社会科学版),20(4):60-71.

张明顺. 2005. 环境管理 [M]. 北京:中国环境科学出版社.

张婷. 2015. 我国环境行政处罚制度的现状、困境以及对策研究 [D]. 南昌大学.

张学刚,钟茂初. 2011. 政府环境监管与企业污染的博弈分析及对策研究 [J]. 中国人口·资源与环境,21(2):31-35.

张艳,余琦,伏晴艳等. 2010. 长江三角洲区域输送对上海市空气质量影响的特征分析 [J]. 中国环境科学,30(7):914-923.

张洋. 2012. 环境政策与环境技术创新对两类上市公司的影响差异研究 [D]. 北京化工大学.

张玉斌. 2014. 加强对大气污染防治的审计监督——访上海市审计局总审计师林忠华 [J]. 环境保护与循环经济,34(4):11-14.

张正州,田伟. 2017. 政社整合:城市社区自治组织的再造尝试——基于 XL 社区网格化管理服务改革实践 [J]. 中共福建省委党校学报,(9):56-63.

张忠民,冀鹏飞. 2020. 论生态环境监管体制改革的事权配置逻辑 [J]. 南京工业大学学报(社会科学版),19(6):1-12+111.

张梓太. 2007. 环境与资源法学(第二版)[M]. 北京:科学出版社.

赵晨曦,王云琦,王玉杰等. 2014. 北京地区冬春 PM2.5 和 PM10 污染水平时空分布及其与气象条件的关系 [J]. 环境科学,35(2):418-427.

赵承杰. 1989. 英国对大气污染的法律调整 [J]. 国外环境科学技术,(1):88-92.

赵城立. 2016. 日本空气污染治理经验的启示 [J]. 世界环境,(6):40-43.

赵定涛,洪进,魏玖长等. 2004. 我国流域环境政策与管理体制变革研究 [J]. 公共管理学报,1(3):67-70.

赵蜀蓉，陈绍刚，王少卓．2014．委托代理理论及其在行政管理中的应用研究述评［J］．中国行政管理，（12）：119-122．

赵树迪，周显信．2017．区域环境协同治理中的府际竞合机制研究［J］．江苏社会科学，（6）：159-165．

赵帅．2014．大气环境标准对工业结构合理化调整的影响研究［D］．大连理工大学．

赵新峰，袁宗威．2016．区域大气污染治理中的政策工具：我国的实践历程与优化选择［J］．中国行政管理，（7）：26-29．

赵悦．2019．气候变化诉讼在中国的路径探究——基于41个大气污染公益诉讼案件的实证分析［J］．山东大学学报（哲学社会科学版），（6）：26-35．

郑和平．2003．马克思主义产权学说和委托代理理论的现实意义浅析［J］．经济问题探索，（3）：28-31．

郑焕斌．2017．英国推进能源转变：首次"零煤"用电持续一天［N］．科技日报，4月24日．

郑军，孙丹妮，张泽怡．2021．区域联防联控，如何更长效？——借鉴国际经验完善我国"十四五"区域大气环境管理长效机制的思考［J］．中国生态文明，（3）：49-53．

郑庆荣．2005．对焦化行业环境保护问题的分析［J］．忻州师范学院学报，（2）：69-73．

郑石明，罗凯方．2017．大气污染治理效率与环境政策工具选择——基于29个省市的经验证据［J］．中国软科学，（9）：184-192．

郑石明．2018．改革开放40年来中国生态环境监管体制改革回顾与展望［J］．社会科学研究，（6）：28-35．

郑思齐，万广华，孙伟增，罗党论．2013．公众诉求与城市环境治理［J］．管理世界，（6）：72-84．

中国环境监测总站．2017．环境空气质量预报预警方法技术指南（第二版）［M］．北京：中国环境科学出版社．

中央编办赴英国培训团．2017．英国的环境保护管理体制［J］．行政科学论坛，（2）：9-12．

中央党校"生态文明建设"研究专题课题组．2018．关于"实行省以下环保机构监测监察执法垂直管理制度”改革的思考 [J]. 理论视野, (2)：22-28.

周慧. 2016. 空气污染气象条件预报预警技术及业务应用 [R]. 湖南省气象台, 11 月 18 日.

朱法华, 王圣, 赵国华等. 2013. GB 13223—2011《火电厂大气污染物排放标准》分析与解读 [M]. 北京：中国电力出版社.

朱京安, 杨梦莎. 2016. 我国大气污染区域治理机制的构建——以京津冀地区为分析视角 [J]. 社会科学战线, (5)：215-223.

朱留财. 2007. 应对气候变化：环境善治与和谐治理 [J]. 环境保护, (11)：62-66.

朱德米. 2010. 地方政府与企业环境治理合作关系的形成——以太湖流域水污染防治为例 [J]. 上海行政学院学报, 11 (1)：56-66.

朱喜群. 2006. 论政府治理工具的选择 [J]. 行政与法 (吉林省行政学院学报), (3)：39-41.

邹军, 毕丹宏, 孟斌等. 2021. 生态环境大数据监管平台的研究 [J]. 信息技术与信息化, (1)：28-31.

邹友根, 刘芝辉. 2007. 浅谈加强企业环境监测能力建设 [J]. 江西能源, (4)：110-111.

Aaker, D. A., Bagozzi, R. P. 1982. Attitudes toward public policy alternatives to reduce air pollution[J]. *Journal of Marketing & Public Policy*, 1(1): 85-94.

Aiken, D. V., Carl, A. P. J. 2004. Adjusting the measurement of US manufacturing productivity for air pollution emissions control[J]. *Resource & Energy Economics*, 25(4): 329-351.

Anderson, L. M., Bateman, T. S. 2000. Individual environmental initiative: Championing natural environmental issues in US business organizations[J]. *The Academy of Management Journal*, 43(4): 548-570.

Ashby, E., Anderson, M. 1981. *The Poltcies of Clean Air* [M]. New York: Oxford University Press.

Ashby, E. 1983. Environmental lobbies: Consensus or confrontation[J]. *Nature*, 304(5921): 91-92.

Bagliani, M. , Bravo, G. , Dalmazzone, S. 2008. A consumption – based approach to environmental Kuznets curves using the ecological footprint indicator [J]. *Ecological Economics*, 65(3): 650–661.

Bai, L. , Wang, J. , Ma, X. , et al. 2018. Air pollution forecasts: An overview[J]. *International Journal of Environmental Research & Public Health*, 15 (4): 780.

Bergin, M. S. , West, J. J. 2005. Regional atmospheric pollution and transboundary air quality management[J]. *Journal of Annual Review of Environment and Resources*, (30): 1–37.

Brimblecombe, P. 1988. The big smoke[J]. *Geographical Review*, 2(4): 44.

Bruyn, S. , Bergh, D. , Opschoor, J. 1998. Economic growth and emissions: Reconsidering the empirical basis of environmental Kuznets curve[J]. *Ecological Economics*, 25(2): 161–175.

Bulkeley, H. , Mol, A. P. J. 2003. Participation and environmental governance: Consensus, ambivalence and debate [J]. *Environmental Values*, 12 (2): 143–154.

Burby, R. , Dixon, J. , Ericksen, N. , et al. 2008. *Environmental Management and Governance: Intergovernmental Approaches to Hazards and Sustainability*[M]. Psychology Press.

Carnevale, C. , Finzi, G. , Anna, P. 2014. Exploring trade–offs between air pollutants through an Integrated Assessment Model[J]. *Science of the Total Environment*, 481: 7–16.

Carson, R. T. , Jeon, Y. , Donald, R. 1997. The relationship between air pollution emissions and income: US Data[J]. *Environment and Development Economics*, 2(4): 433–450.

Cent, J. , Jurczak, G. M. , Kaszyńska, P. A. 2014. Emerging multilevel environmental governance—A case of public participation in Poland[J]. *Journal for Nature Conservation*, 22(2): 93–102.

Cha, Y. J. 1997. Evolutionary environmental policy: An analysis of the US air pollution control policy[J]. *International Area Studies Review*, 1(1): 102–114.

Chauhan, A. , Pawar, M. 2010. Assessment of ambient air quality status in urbanization, industrialization and commercial centers of Uttarakhand (India) [J]. *New York Science Journal*, 3(7): 85-94.

Cheney, C. R. P. 2000. Lost in the ozone: Population growth and ozone in California[J]. *Population and Environment*, 21(3): 315-338.

Clapp, B. W. 1994. *An Environmental History of Britain Since the Industrial Revolution*[M]. Longman Publishing, New York.

Cole, M. A., Neumayer, E. 2004. Examining the impact of demographic factors on air pollution [J]. *Population & Environment*, 26(1): 5-21.

Cook, B. J. 2002. The politics of market-based environmental regulation: Continuity and change in air pollution control policy conflict[J]. *Social Science Quarterly*, 83(1): 155-166.

Dasgupta, S., Laplante, B., Mamingi, N. 2004. Inspections, pollution prices, and environmental performance: Evidence from China[J]. *Ecological Economics*, 36(3): 487-498.

Dholakia, H. H., Purohit, P., Rao, S., et al. 2013. Impact of current policies on future air quality and health outcomes in Delhi, India[J]. *Atmospheric Environment*, 75: 241-248.

Earnhart, D., Lizal, L. 2002. Effects of ownership and financial status on corporate environmental performance [J]. *Journal of Comparative Economics*, 34(1): 111-129.

Egri, C. P., Yu, J. S. 2012. The influence of stakeholder pressures on corporate social responsibility in East Asia[C]. IACMR Conference.

Ehrlich, P. R., Holdren, J. P. 1971. Impact of population growth[J]. *Science*, 171(3977): 1212-1217.

Engesgaard, P., Seifert, D., Herrera, P. 2007. *NATO Science Series*[M]. Riverbank Filtration Hydrology.

Eskeland, G. S., Jimenez, E. 1992. Policy instruments for pollution control in developing countries[J]. *World Bank Research Observer*, 7(2): 145-169.

Farzin, Y. H., Bond, C. A. 2006. Democracy and environmental quality [J]. *Journal of Development Economics*, 81(1): 213-235.

Feldman, D. L. 2012. The future of environmental networks—Governance and civil society in a global context[J]. *Futures*, 44(9): 787-796.

Fenger, J. , Hertel, O. , Palmgren, F. 1998. *Urban Air Pollution-European Aspects*[M]. Springer Netherlands.

Fenger, J. 1999. Urban air quality[J]. *Atmospheric Environment*, 33(29): 4877-4900.

Fodha, M. , Zaghdoud, O. 2010. Economic growth and pollutant emissions in Tunisia: An empirical analysis of the Environmental Kuznets Curve[J]. *Energy Policy*, 38(2): 1150-1156.

Frohlich, N. , Oppenheimer, J. A. 1970. I get by with a little help from my friends[J]. *World Politics*, 23(1): 104-120.

Fudenberg, D. , Holmstrom, B. , Milgrom, P. 1990. Short-term contracts and long-term agency relationships[J]. *Journal of Economic Theory*, 51(1): 1-31.

Gera, W. 2016. Public participation in environmental governance in the Philippines: The challenge of consolidation in engaging the state[J]. *Land Use Policy*, 52: 501-510.

Gormley, W. T. 1987. Intergovernmental conflict on environmental policy: The attitudinal connection[J]. *The Western Political Quarterly*, 40(2): 285.

Grossman, G. M. , Krueger, A. B. 1991. Environmental impacts of a north American free trade agreement[J]. *Social Science Electronic Publishing*, 8(2): 223-250.

Grossman, S. J, Hart, O. D. 1983. An analysis of the principal-agent problem[J]. *Econometrica*, 51(1): 7.

He, J. , Richard, P. 2010. Environmental Kuznets curve for CO_2 in Canada [J]. *Ecological Economics*, 69(5): 1083-1093.

Hofman, A. J. 2001. Linking organizational and field-level analyses: The diffusion of corporate environmental practice[J]. *Organization and Environment*, 14(2): 133-156.

Hughes, P. , Mason, N. J. 2001. *Introduction to Environmental Physics*[M]. Boca Raton: CRC Press.

Hussey, D. M. , Eagan, P. D. 2007. Using structural equation modeling to test environmental performance in small and medium-sized manufactures: Can

SEM help SMES[J]. *Journal of Cleaner Production*, 15(4): 303−312.

International Union of Air Pollution Prevention Associations (IUAPPA). 1988. Clean air around the world: The law and practice of air pollution control in 14 countries in 5 continents[R]. Brighton.

Iwata, H., Okada, K., Samreth, S. 2010. Empirical study on the Environmental Kuznets Curve for CO_2 in France: The role of nuclear energy[J]. *Energy Policy*, 38(8): 4057−4063.

Kalapanidas, E., Avouris, N. 2010. Air quality management using a multi−agent system[J]. *Computer−Aided Civil and Infrastructure Engineering*, 17(2): 119−130.

Kamieniecki, S., Ferrall, M. R. 1991. Intergovernmental relations and clean−air policy in Southern California[J]. *Publius: The Journal of Federalism*, 21(3): 197−221.

Kapaciauskaite, I. 2011. Environmental governance in the Baltic Sea Region and the role of non−governmental actors[J]. *Procedia−Social and Behavioral Sciences*, 14: 90−100.

Kofman, F., Lawarree, J. 1996. On the optimality of allowing collusion [J]. *Journal of Public Economics*, 61(3): 383−407.

Lang, W. 1993. Alexandre Kiss and Dinah Shelton, Manual of European Environmental Law (Cambridge: Grotius Publications Limited 1993), 525 pages [J]. *Yearbook of International Environmental Law*, 4(1): 639−640.

Lemos, D. M., Carmen, M. 1998. The politics of pollution control in Brazil: State actors and social movements cleaning up Cubatão[J]. *World Development*, 26(1): 75−87.

Li, G., Fang, C., Wang, S., et al. 2016. The effect of economic growth, urbanization and Industrialization on fine particulate matter (PM2. 5) concentrations in China[J]. *Environmental Science and Technology*, 50(21): 1−31.

Liu, Z., Hu, B., Wang, L., et al. 2015. Seasonal and diurnal variation in particulate matter(PM10 and PM2. 5) at an urban site of Beijing: Analyses from a 9−year study[J]. *Environmental Science & Pollution Research*, 22(1): 627−642.

Lott, M. C., Pye, S., Dodds, P. E. 2017. Quantifying the co−impacts of energy sector decarbonisation on outdoor air pollution in the United Kingdom[J]. *Energy Policy*, (101): 42-51.

Lurmann, F., Gilliland, F., Avol, E. 2015. Emissions reduction policies and recent trends in southern California's ambient air quality[J]. *Journal of the Air & Waste Management Association*, 65(3): 324-335.

Matthias, H. 2004. Air pollution control: Who are the experts[J]. *Experts in Science and Society*, 9(18): 87-92.

Mayer, H. 1999. Air pollution in cities [J]. *Atmospheric Environment*, 33: 4029-4037.

Merrifield, J. 2010. A critical overview of the evolutionary approach to air pollution abatement policy [J]. *Journal of Policy Analysis & Management*, 9 (3): 367-380.

Mirrlees, J. A. 1976. The optimal structure of incentives and authority within an organization[J]. *Bell Journal of Economics*, 7(1): 105-131.

Oliver, P. E. 1993. Formal models of collective action[J]. *Annual Review of Sociology*, 19: 271-300.

Oosterhaven, J., Broersma, L. 2007. Sector structure and cluster economies: A decomposition of regional labour productivity [J]. *Regional Studies*, 41 (5): 639-659.

Pandey, R. 2004. Economic policy instruments for controlling vehicular air pollution[J]. *Environment & Development Economics*, 9(1): 47-59.

Parker, C., Nielsen, V. L. 2009. Corporate compliance systems: Could they make any difference?[J]. *Administration & Society*, 41(1): 3-37.

Radu, O. B., Maarten, V. D. B., Klimont, Z., et al. 2016. Exploring synergies between climate and air quality policies using long-term global and regional emission scenarios[J]. *Atmospheric Environment*, 140: 577-591.

Rogerson, W. P. 1985. The first-order approach to principal-agent problems[J]. *Econometrica*, 53(6): 1357-1367.

Ross, S. A. 1973. The economic theory of agency: The principal's problem [J]. *American Economic Review*, 63(2): 134-139.

Savitch, H. V., Vogel, R. K. 2009. *Introduction: Paths to New Regionalism*

[M]. Division of Chemical Education.

Selden, T. M. , Song, D. 1995. Neoclassical growth, the J curve for abatement, and the inverted U curve for pollution[J]. *Journal of Environmental Economics & Management*, 29(2): 162–168.

Sharma, S. 2000. Managerial interpretations and organizational context as predictors of corporate choice of environmental strategy[J]. *Academy of Management Journal*, 43(4): 681–687.

Shen, Y. D. , Lisa, A. A. 2018. Local environmental governance innovation in China: Staging triangular dialogues for industrial air pollution control[J]. *Journal of Chinese Governance*, 3(3): 351–369.

Shinsuke, T. 2015. Environmental regulations on air pollution in China and their impact on infant mortality[J]. *Journal of Health Economics*, (3): 90–103.

Song, T. , Zheng, T. , Tong, L. 2008. An empirical test of the environmental Kuznets curve in China: A panel cointegration approach[J]. *China Economic Review*, 19(3): 381–392.

Spence, M. , Zeckhauser, R. 1971. Insurance, information, and individual action[J]. *American Economic Review*, 61(2): 380–387.

Stoker, G. 2002. Governance as theory: Five propositions[J]. *International Social Science Journal*, 50(155): 17–28.

Stradling, D. , Thorsheim, P. 1999. The smoke of great cities, British and American efforts to control air pollution, 1860–1914[J]. *Environmental History*, 4 (1): 6–31.

Sufrin, S. C. 1965. The logic of collective action: Public goods and the theory of groups. by Mancur Olson[J]. *Social Forces*, 52(1): 159–192.

Tietenberg, T. 2003. *Environmental and Natural Resource Eco-nomics*[M]. Reading, Mass: Addison Wesley Longman.

Toman, M. , Janusz, C. , Bates, R. 1994. Alternative standards and instruments for air pollution control in Poland[J]. *Environmental & Resource Economics*, 4(5): 401–417.

Underdal, A. 2010. Complity and challenges of long–term environmental governance[J]. *Global Environmental Change*, (3): 386–393.

Vazquez, D. A. , Liston, C. 2010. Stakeholders pressures and strategic prioritization: An empirical analysis of environmental responses in Argentinean firms [J]. *Journal of Business Ethics*, 91(2): 171-192.

Wagner, P. 1996. A volume formula for asymptotic hyperbolic tetrahedra with an application to quantum field theory[J]. *Indagationes Mathematicae*, 7(4): 527-547.

Wang, H. , Wheeler, D. 2005. Financial incentives and endogenous enforcement in China's pollution levy system[J]. *Journal of Environmental Economics & Management*, 49(1): 174-196.

Wilding, N. , Laundy, P. 1971. *An Encyclopedia of Parliament* [M]. St Martin's Press, New York.

Zhang, H. , Wang, S. , Hao, J. , et al. 2015. Air pollution and control action in Beijing[J]. *Journal of Cleaner Production*, 112: 1519-1527.

Zheng, S. , Kahn, M. E. , Sun, W. , et al. 2014. Incentives for China's urban mayors to mitigate pollution externalities: The role of the central government and public environmentalism[J]. *Regional Science and Urban Economics*, (47): 61-71.

后　记

　　本书立足我国"五位一体"发展战略布局的总命题，利用环境经济学和公共管理学的理论和分析方法，对中国空气污染防治管理的理论和实践进行了系统研究，围绕我国空气污染防治管理的主体、客体、影响因素，梳理管理进程、难点与趋势、管理路径、政策工具、组织体系，评价空气污染防治管理的方法和政策；客观论证了我国空气污染的污染源多元性、存量累积性、移动无界性和负外部性等特征及影响因素，分析了空气污染治理中多元利益相关主体结构，探讨了政府主体（中央政府、地方政府）、市场主体（排污企业、环境治理企业）和社会主体（公众、环保社会组织、媒体）三方的行为逻辑关系；在分析我国空气污染防治管理现状和国际经验的基础上，从横向体系、纵向体系、多中心协同合作以及网络化治理层面重构了我国空气污染防治管理组织体系；从行政-命令管理路径、市场激励管理路径和公众志愿参与管理路径，提出我国空气污染防治管理三种路径融合的"善治"；从空气污染防治管理方式综合化、空气污染防治管理措施精准化、空气污染防治管理主体多元化、空气污染防治管理组织结构网络化、空气污染防治管理技术智能化、空气污染防治管理协同化等方面的思路入手，提出新时期我国空气污染防治管理系统性的对策和建议，以期发挥本书的资政建言作用。

　　写作本书用了三年半的时间，理论分析、请教咨询、推导论证、对策设计……创作过程是艰辛的过程，创作过程是思辨的过程，创作过程是学习的过程，创作过程是锤炼的过程，创作过程是提高的过程，从茫然到清晰、从疑惑到自信、从苦闷到喜悦，书稿终于完成。本书受到众多先行学术研究的启发，得到中共福建省委宣传部、福建省科技厅、福建省财政厅、福州大学的指导，吴雪萍、陈丽强、廖梦灵、陈丽、陈巧辉、陈玉珠、陈文洲参与创作，在此笔者表示深深的谢意！党的二十大报告指出，中国式现代化是人与自然和谐共生的现代化，作为在高校长期从事生态环境管理研究的教学科研人员，笔者愿意为实现人民群众对美好生态环境的向往，在学术研究上"长途跋涉"、不辍努力。

图书在版编目（CIP）数据

中国空气污染防治管理／高明著． -- 北京：社会
科学文献出版社，2023.5
ISBN 978-7-5228-1837-5

Ⅰ.①中… Ⅱ.①高… Ⅲ.①空气污染控制-研究-
中国 Ⅳ.①X510.6

中国国家版本馆 CIP 数据核字（2023）第 094505 号

中国空气污染防治管理

著　　者／高　明

出 版 人／王利民
组稿编辑／陈凤玲
责任编辑／李真巧
文稿编辑／陈丽丽
责任印制／王京美

出　　版／社会科学文献出版社·经济与管理分社（010）59367226
　　　　　　地址：北京市北三环中路甲 29 号院华龙大厦　邮编：100029
　　　　　　网址：www.ssap.com.cn
发　　行／社会科学文献出版社（010）59367028
印　　装／三河市龙林印务有限公司

规　　格／开　本：787mm×1092mm　1/16
　　　　　　印　张：33.75　字　数：553 千字
版　　次／2023 年 5 月第 1 版　2023 年 5 月第 1 次印刷
书　　号／ISBN 978-7-5228-1837-5
定　　价／168.00 元

读者服务电话：4008918866